21 世纪高等教育建筑环境与能源应用工程系列规划教材

建筑安装工程造价与施工管理

第 2 版

丁云飞 编著

机械工业出版社

本书依据 GB 50500—2013《建设工程工程量清单计价规范》和 GB 50856—2013《通用安装工程工程量计算规范》对第 1 版相应内容进行了修订。

书中介绍了工程造价的定额计价方法和工程量清单计价方法。对安装工程造价的原理及计价方法进行了详细介绍，并给出了建筑电气工程、给水排水工程和空调工程的造价计价实例。为了方便学生更深入地了解定额计价方法和工程量清单计价方法，书中每一实例均给出了两种计价方法。

本书还介绍了安装工程项目管理的基本内容，这些内容既是从事施工安装活动必须具备的基本知识，也是工程造价计价工作过程中必须掌握的内容。

本书可作为高等院校建筑环境与能源应用工程、工程造价、工程管理、给排水科学与工程、消防工程等专业的教材，也可作为工程造价与项目管理从业人员的参考书。

本书配有电子课件，免费提供给选用本书的授课教师，需要者请登录机械工业出版社教育服务网（www. cmpedu. com）注册下载，或根据书末的"信息反馈表"索取。

图书在版编目（CIP）数据

建筑安装工程造价与施工管理/丁云飞编著 . —2 版 . —北京：机械工业出版社，2014.9（2018.5 重印）

21 世纪高等教育建筑环境与能源应用工程系列规划教材

ISBN 978-7-111-47651-1

Ⅰ.①建…　Ⅱ.①丁…　Ⅲ.①建筑安装-建筑造价管理-高等学校-教材②建筑安装-施工管理-高等学校-教材　Ⅳ.①TU723.3②TU758

中国版本图书馆 CIP 数据核字（2014）第 186607 号

机械工业出版社（北京市百万庄大街 22 号　邮政编码 100037）

策划编辑：刘　涛　　责任编辑：刘　涛　沈　红

版式设计：霍永明　　责任校对：刘怡丹

封面设计：路恩中　　责任印制：李　昂

北京瑞德印刷有限公司印刷（三河市胜利装订厂装订）

2018 年 5 月第 2 版第 4 次印刷

184mm×260mm · 24 印张 · 590 千字

标准书号：ISBN 978-7-111-47651-1

定价：46.00 元

序

　　建筑环境与设备工程（2012年更名为建筑环境与能源应用工程）专业是1998年教育部新颁布的全国普通高等学校本科专业目录，将原"供热通风与空调工程"专业和"城市燃气供应"专业进行调整、拓宽而组建的新专业。专业的调整不是简单的名称的变化，而是学科科研与技术发展，以及随着经济的发展和人民生活水平的提高，赋予了这个专业新的内涵和新的元素，创造健康、舒适、安全、方便的人居环境是21世纪本专业的重要任务。同时，节约能源、保护环境是这个专业及相关产业可持续发展的基本条件，因而它们和建筑环境与设备工程专业的学科科研与技术发展总是密切相关，不可忽视。

　　作为一个新专业的组建及其内涵的定位，它首先是由社会需求所决定的，也是和社会经济状况及科学技术的发展水平相关的。我国的经济持续高速发展和大规模建设需要大批高素质的本专业人才，专业的发展和重新定位必然导致培养目标的调整和整个课程体系的改革。培养"厚基础、宽口径、富有创新能力"，符合注册公用设备工程师执业资格，并能与国际接轨的多规格的专业人才以满足需要，是本专业教学改革的目的。

　　机械工业出版社本着为教学服务，为国家建设事业培养专业技术人才，特别是为培养工程应用型和技术管理型人才作贡献的愿望，积极探索本专业调整和过渡期的教材建设，组织有关院校具有丰富教学经验的教授、副教授主编了这套建筑环境与设备工程（建筑环境与能源应用工程）专业系列教材。

　　这套系列教材的编写以"概念准确、基础扎实、突出应用、淡化过程"为基本原则，突出特点是既照顾学科体系的完整，保证学生有坚实的数理科学基础，又重视工程教育，加强工程实践的训练环节，培养学生正确判断和解决工程实际问题的能力，同时注重加强学生综合能力和素质的培养，以满足21世纪我国建设事业对专业人才的要求。

　　我深信，这套系列教材的出版，将对我国建筑环境与设备工程（建筑环境与能源应用工程）专业人才的培养产生积极的作用，会为我国建设事业做出一定的贡献。

陈在康

前 言

　　工程造价的确定工作是我国现代化建设中一项重要的基础性工作，是规范建设市场秩序、提高投资效益和逐渐与国际接轨的关键环节，具有很强的技术性、经济性、政策性。安装工程造价是建设工程造价的一个重要组成部分，它涉及建筑设备工程范畴内的多学科知识，同时还要应用施工技术、项目管理等相关知识。通过"建筑安装工程造价与施工管理"课程的学习，培养学生的工程实践能力，为学生走向工作岗位打下良好的基础。

　　由于工程造价具有很强的政策性和时效性，其计价过程需要一套严格的操作程序，同时，也要求完善的规范来指导工程造价工作，我国相关部门针对工程造价计价发布了国家标准，本书编写过程中执行了相关国家标准，如 GB 50500—2013《建设工程工程量清单计价规范》及 GB 50856—2013《通用安装工程工程量计算规范》。

　　本书介绍了工程造价的定额计价方法和工程量清单计价方法，还介绍了安装工程项目管理的基本内容，这些内容既是从事施工安装活动必须具备的基本知识，也是工程造价计价工作过程中必须掌握的内容。

　　本书可作为高校建筑环境与能源应用工程、工程造价、工程管理、给排水科学与工程、消防工程等专业的教材，也可作为工程造价与项目管理从业人员的参考书。

　　本书承蒙周孝清教授主审。

　　在本书的编写过程中，得到了广州易达建信科技有限公司的大力帮助，易达公司为本书的造价计价实例提供了软件支持，作者对此表示感谢。同时，作者感谢广州大学和机械工业出版社对本书出版的支持。在本书的编写过程中参考了国内许多学者同仁的编著和国家发布的最新规范，并列于书末，以便读者在使用本书过程中进一步查阅相关资料，同时对各参考文献的作者表示衷心的感谢。

　　由于作者水平有限，本书不当之处在所难免，诚意接受广大读者批评指正。

编者　丁云飞

目 录

第 1 章
基 本 建 设

1.1 基本建设的概念

基本建设是指国民经济各部门中为固定资产再生产而进行的投资活动。具体地讲，就是建造、购置和安装固定资产的活动及与之相联系的工作，如征用土地、勘察设计、筹建机构、培训职工等。例如建设一所学校、一个工厂、一座电站等都为基本建设。这里提到的固定资产是指使用期限在一年以上、单位价值在规定标准以上，并且有物质形态的资产，如房屋、汽车、轮船、机械设备等。

1.1.1 基本建设的组成

1）建筑工程。建筑工程是指永久性和临时性的建筑物、工程，动力、电信管线的敷设工程，道路、场地平整、清理和绿化工程等。

2）安装工程。安装工程是指生产、动力、电信、起重、运输、医疗、实验等设备的装配工程和安装工程，以及附属于被安装设备的管线敷设、保温、防腐、调试、运行试车等工作。

3）设备、工器具及生产用具的购置：是指车间、实验室、医院、学校、宾馆、车站等生产、工作、学习所应配备的各种设备、工具、器具、家具及实验设备的购置。

4）勘察设计和其他基本建设工作。

1.1.2 基本建设项目的划分

基本建设工程项目一般分为：建设项目、单项工程、单位工程、分部工程和分项工程等。

（1）建设项目 建设项目是限定资源、限定时间、限定质量的一次性建设任务。它具有单件性的特点，具有一定的约束：确定的投资额、确定的工期、确定的资源需求、确定的空间要求（包括土地、高度、体积、长度等）、确定的质量要求。项目各组成部分有着有机的联系。例如投入一定的资金，在某一地点和一定时间内按照总体设计建造一所学校，即可称为一个建设项目。

（2）单项工程 单项工程是建设项目的组成部分，是指具有独立性的设计文件，建成后可以独立发挥生产能力或使用效益的工程。

（3）单位工程 单位工程是单项工程的组成部分，一般是指具有独立的设计文件和独立的施工条件，但不能独立发挥生产能力或使用效益的工程。

（4）分部工程 分部工程是单位或单项工程的组成部分，指在单位或单项工程中，按结构部位、路段长度及施工特点或施工任务，将单项或单位工程划分为若干分部的工程。

（5）分项工程 分项工程是分部工程的组成部分；它是指分部工程中，按照不同的施工方法、材料、工序及路段长度等将分部工程划分为若干个分期或项目的工程。

1.1.3 基本建设分类

基本建设分类方法很多，常见的有以下几种。

（1）按建设项目用途分 可分为生产性建设项目和非生产性建设项目。生产性建设项目是指直接用于物质生产或直接为物质生产服务的建设项目，主要包括工业建设、农业建设、商业建设、建筑业、林业、运输、邮电、基础设施及物质供应等建设项目；非生产性建设项目（消费性建设）是指用于满足人民物质、文化和福利事业需要的建设和非物质生产部门的建设，主要包括办公用房、居住建筑、公共建筑、文教卫生、科学实验、公用事业及其他建设项目。

（2）按建设项目性质分 可分为新建项目、扩建项目、改建项目、恢复及易地重建项目等。

（3）按建设项目组成分 可分为建筑工程、设备安装工程、设备和工具及器具购置及其他基本建设项目。

（4）按建设规模分 可分为大型、中型和小型项目。这种分类方法主要依据投资额度的大小。

1.1.4 基本建设程序

基本建设程序是指建设项目在整个建设过程中各项建设活动必须遵循的先后次序。建设工程是一项复杂的系统工程，涉及面广，内外协作配合环节多，影响因素复杂，所以有关工作必须按照一定的程序依次进行，才能达到预期的效果，按程序办事是建设工程科学决策和顺利进行的重要保证。我国的基本建设程序概括起来主要划分为建设前期、工程设计、工程施工和竣工验收四个阶段。基本建设程序的具体实施步骤如图1-1所示。

（1）建设前期阶段 主要包括提出项目建议书、进行可行性研究、组织评估决策等工作环节。

项目建议书是主管部门根据国民经济中长期计划和行业、地区发展规划，提出的要求建设某一具体项目的建设性文件，是基本建设程序中最初阶段的工作，也是投资决策前对拟建项目的轮廓设想，它主要从宏观上考察项目建设的必要性。项目建议书的内容主要有项目提出的依据和必要性，拟建规模和建设地点的初步设想，资源情况、建设条件、协作关系、引进国别和厂商等方面的初步分析，投资估算和资金筹措设想，项目的进度安排，以及经济效益和社会效益分析等。

可行性研究是根据国民经济发展规划及项目建

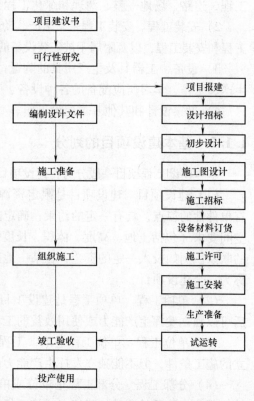

图1-1 基本建设程序的具体实施步骤

议书，运用多种研究成果，对建设项目投资决策进行的技术经济论证。通过可行性研究，观察项目在技术上的先进性和适用性、经济上的盈利性和合理性、建设的可能性和可行性等。

（2）工程设计阶段 主要包括设计招标、勘察设计、征地拆迁、三通一平、组织订货等工作环节。

设计文件是安排建设项目和组织施工的主要依据，一般由主管部门或建设单位委托设计单位编制。一般建设项目，按初步设计和施工图设计两个阶段进行。对于技术复杂且缺乏经验的项目，经主管部门指定，按初步设计、技术设计和施工图设计三个阶段进行。根据初步设计编制设计概算，根据技术设计编制修正概算，根据施工图设计编制施工图预算。

（3）工程施工阶段 主要包括施工准备、组织施工、生产准备、工程验收等工作环节。

按照计划、设计文件的规定，确定实施方案，将建设项目的设计变成可供人们进行生产和生活活动的建筑物、构筑物等固定资产。施工阶段一般包括土建、给水排水、采暖通风、电气照明、动力配电、工业管道以及设备安装等工程项目。为确保工程质量，施工必须严格按照施工图样、施工验收规范等要求进行，按照合理的施工顺序组织施工。

（4）竣工验收阶段 竣工验收是工程建设的最后一个阶段，是全面考核项目建设成果、检验设计和工程质量的重要步骤。当工程施工阶段结束以后，应及时组织验收，办理移交固定资产手续。

1.1.5 建设工程造价

建设工程造价是建设项目从设想立项开始，经可行性研究、勘察设计、建设准备、安装施工、竣工投产这一全过程所耗费的费用之和。建设工程造价具有单件性计价、多次性计价和按构成的分部组合计价等特点。

（1）单件性计价 所谓单件性计价是因为建设工程产品的固定性和多样性决定了不同的建设工程具有自身不同的自然、技术与经济特征，所以每项工程均必须按照一定的计价程序和计价方法采用单件性计价。

（2）多次性计价 所谓多次性计价是因为工程建设的目的是为了节约投资、获取最大的经济效益，这就要求必须在整个工程建设的各个阶段依据一定的计价顺序、计价资料和计价方法分别计算各个阶段的工程造价，并对其进行监督和控制，以防工程超支。建设工程造价不是固定的、唯一的和静止的，而是一个随着工程不断展开而逐渐深化、逐渐细化和逐渐接近实际造价的动态过程。建设工程造价具体进程如图1-2所示。

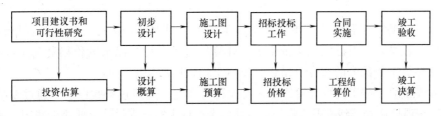

图1-2 建设工程造价进程

（3）分部组合计价 所谓分部组合计价是因为建设工程造价包括从立项到完工所支出的全部费用，它的组成十分复杂，必须把建设工程造价的各个组成部分按性质分类，再分解成能够准确计算的基本组成要素，最后再汇总归集为整个工程造价。建设工程划分与计价的基本顺序如图 1-3 所示。

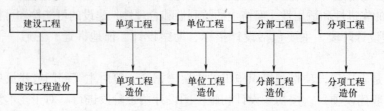

图 1-3　建设工程划分与计价的基本顺序

1.1.6　工程预算

通常所说的工程概预算或工程预算，从广义上讲是指通过编制各类价格文件对拟建工程造价进行的预先测算和确定的过程。建设工程造价是一个以建设工程为主体，由一系列不同用途、不同层次的各类价格所组成的建设工程造价体系，包括建设项目投资估算、设计概算、施工图预算、招投标价格、工程结算价格、竣工决算价格等。

（1）投资估算　投资估算是指在项目建议书和可行性研究环节，通过编制估算文件，对拟建工程所需投资预先测算和确定的过程。估算出的价格称为估算造价。投资估算是决策、筹资和控制造价的主要依据。

（2）设计概算　设计概算是指在初步设计环节根据设计意图，通过编制工程概算文件，对拟建工程所需投资预先测算和确定的过程。计算出来的价格称为概算造价。概算造价较估算造价准确，但要受到估算造价的控制。设计概算是由设计单位根据初步设计或扩大初步设计和概算定额（概算指标）编制的工程投资文件，它是设计文件的重要组成部分。没有设计概算，就不能作为完整的技术文件报请审批。经批准的设计概算，是基本建设投资、编制基本建设计划的依据，也是控制施工图预算、考核工程成本的依据。

（3）施工图预算　施工图预算也称为设计预算，它是指在施工图设计完成以后，根据施工图样通过编制预算文件对拟建工程所需投资预先测算和确定的过程。计算出来的价格称为预算造价。预算造价较概算造价更为详尽和准确，是编制招投标价格和进行工程结算等的重要依据，同样要受概算造价的控制。

（4）招投标价格　招投标价格是指在工程招投标环节，根据工程预算价格和市场竞争情况等通过编制相关价格文件对招标工程预先测算和确定招标标底、投标报价和承包合同价的过程。

（5）工程结算　工程结算是指在工程施工阶段，根据工程进度、工程变更与索赔等情况通过编制工程结算书对已完施工价格进行计算的过程。计算出来的价格称为工程结算价。结算价是该结算工程部分的实际价格，是支付工程款项的凭据。

（6）竣工决算　竣工决算是指整个建设工程全部完工并经过验收以后，通过编制竣工决算书计算整个项目从立项到竣工验收、交付使用全过程中实际支付的全部建设费用、核定新增资产和考核投资效果的过程。计算出的价格称为竣工决算价，它是整个建设工程的最终价格。

以上对于建设工程的计价过程是一个由粗到细、由浅入深，最终确定整个工程实际造价的过程，各计价过程之间是相互联系、相互补充、相互制约的关系，前者制约后者，后者补充前者。其相互之间的区别和联系如表 1-1 所示。

表1-1 各种建设工程造价的区别和联系

项 目	编制单位	编制时间	编 制 依 据	编 制 方 法
投资估算	建设单位 咨询单位	项目研究 项目评估	产品方案、类似工程、估算指标	指标、指数、系数和比例估算
设计概算	设计单位	初步设计	初步设计文件、概算定额（指标）	概算定额、概算指标、类似工程
施工图预算	招标单位 投标单位	施工图设计	施工图样、预算定额、费用定额	预算单价、实物单价、综合单价
招投标定价	招标单位 投标单位	工程招投标	施工图预算、市场竞争状况	预算单价、实物单价、综合单价
工程结算	施工单位	工程施工	施工图样、承包合同、预算定额	工程变更、施工索赔、中间结算
竣工决算	建设单位	竣工验收	设计概算、工程结算、承包合同	资料整理、决算报表、分析比较

1.2 基本建设定额

定额，即标准。具体到建筑安装工程来说，定额即是指在正常的施工条件下，采用科学的方法制定的完成一计量单位的质量合格产品所必须消耗的人工、材料、机械设备及其价值的数量标准。它除了规定各种资源和资金的消耗量外，还规定了应完成的工作内容、达到的质量标准和安全要求。

定额的种类有很多，通常的分类方法如图1-4所示。

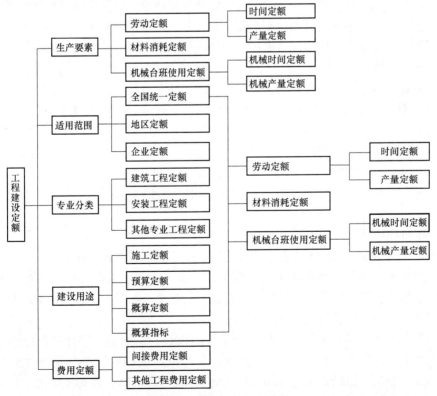

图1-4 建设工程定额分类

1. 按生产要素分类

按施工生产要素分为劳动定额、材料消耗定额、机械台班使用定额。

（1）劳动定额　表示在正常施工条件下劳动生产率的合理指标。劳动定额因表现形式不同，分为时间定额和产量定额两种。

时间定额，是安装单位工程项目所需消耗的工作时间，以单位工程的时间计量单位表示。定额时间包括工人的有效工作时间、必需的休息与生理需要时间、不可避免的中断时间，如2.2工日/10m DN25镀锌钢管（螺纹连接）。

产量定额是在单位时间内应安装合格的单位工程项目的数量。以单位时间的单位工程计量单位表示，如4.55m DN25镀锌钢管（螺纹连接）/工日。

时间定额和产量定额互成倒数。

（2）材料消耗定额　材料消耗定额是指在合理与节约使用材料的条件下，安装合格的单位工程所需消耗的材料数量。以单位工程的材料计量单位来表示。

例如：室内给水系统安装工程中，安装 DN25 的镀锌钢管 10m，需要消耗 DN25 镀锌钢管 10.2m，DN25 室内镀锌钢管接头零件 9.780 个，钢锯条 2.550 根，ϕ400 砂轮片 0.05 片，机油 0.17kg，铅油 0.13kg，线麻 0.13kg，DN25 管子托钩 1.16 个，DN25 管卡子（单立管）2.06 个，425 号普通硅酸盐水泥 4.2kg，砂子 0.01m³，8 号~12 号镀锌钢丝 0.44kg，破布 0.1kg，水 0.08t。

材料消耗定额规定的材料消耗量包括材料净用量和合理损耗量两部分，即

$$材料消耗量 = 材料净用量 + 材料损耗量$$

材料净用量可由计算、测定、试验得出，而材料损耗量 = 材料净用量×材料损耗率。

因此，　　　　　　　$$材料消耗量 = 材料净用量×(1 + 材料损耗率)$$

材料损耗率由定额制定部门综合取定，同种材料用途不同，其损耗率也不相同。

（3）机械台班使用定额　机械台班使用定额是在先进合理地组织施工的条件下，由熟悉机械设备的性能且具有熟练技术的操作人员管理和操作设备时，机械在单位时间内所应达到的生产率。即一个台班应完成质量合格的单位产品的数量标准，或完成单位合格产品所需台班数量标准。

例如：室内给水系统安装工程中，安装 DN25 的镀锌钢管 10m，需要消耗 ϕ60~ϕ150 管子切断机 0.020 台班，ϕ159 管子切断套螺纹机 0.030 台班。

同劳动定额一样，机械台班使用定额也有时间定额和产量定额两种表现形式，且互为倒数。

2. 按定额的用途分类

按定额的用途分类，有施工定额、预算定额、概算定额、概算指标。

（1）施工定额　施工定额是用来组织施工的。施工定额是以同一性质的施工过程来规定完成单位安装工程耗用的人工、材料和机械台班的数量。实际上，它是劳动定额、材料消耗定额和机械台班使用定额的综合。

（2）预算定额　预算定额是编制施工图预算的依据，是确定一定计量单位的分项工程的人工、材料和机械台班消耗量的标准。预算定额以各分项工程为对象，在施工定额的基础上，综合人工、材料、机械台班等各种因素（如超运距因素等），合理取定人工、材料、机械台班的消耗数量，并结合人工、材料、机械台班预算单价，得出各分项工程的预算价格，

即定额基本价格（基价）。由此可知，预算定额由两大部分组成，即数量部分和价值部分。

（3）概算定额和概算指标　概算定额是确定一定的计量单位扩大分项工程的人工、材料、机械台班的消耗数量的标准，是编制设计概算的依据。概算指标的内容和作用与概算定额基本相似。

3. 按定额的编制部门和适用范围分类

按定额的编制部门和适用范围分类，有全国统一定额、专业定额、地方定额、企业定额等。

（1）全国统一定额　全国统一定额是由国家主管部门制定颁发的定额。如 1986 年原国家计划委员会颁发的《全国统一安装工程预算定额》及 2000 年由原建设部重新组织修订和批准执行的《全国统一安装工程预算定额》均是全国统一定额。全国统一定额不分地区，全国适用。

（2）地区定额　地区定额由各省、市、自治区组织编制颁发，只适用于本地区的定额，如《广东省安装工程综合定额》（2010 年）是在《全国统一安装工程预算定额》统一定额耗量的基础上，结合本地区的特点编制的定额。

（3）企业定额　企业定额是由企业内部根据自己的实际情况自行编制，只限于在本企业内部使用的定额。

1.3　建设工程造价

建设工程造价即建设工程总造价，就是建设工程从设想立项开始，经可行性研究、勘察设计、建设准备、安装施工、竣工投产这一全过程所耗费的费用之和。总造价是按国家规定的计算标准、定额、计算规则、计算方法和有关政策法令，预先计算出来的价格，所以也称为"建设工程预算总造价"。

1.3.1　建设工程总造价费用的构成

我国建设工程总造价（总费用）由单项工程费用、其他工程费用、预备费用和固定资产投资方向调节税等组成，如图 1-5 所示。

1. 单项工程费用

单项工程费用也称单项费用。它由建筑安装工程费（包括土建工程费用、建筑设备安装工程费用）和设备购置以及工具、器具、生产用家具购置费用两部分组成。这项费用是构成建设工程总造价中比例较大的一项费用，可占总造价的 80% ~ 90%。

因为单项工程费用在建设工程总造价中占的比例太大，所以国家制定了用土建、安装工程的有关定额、标准、规则、方法来计算单项费用。

土建和安装工程费，又包括直接费、间接费、利润、税金四大部分，这是建筑安装工程造价费用的组成。

2. 其他工程和费用

其他工程和费用是相对单项工程费用而言，是为了工程建设开展，除单项工程费用之外，还必须开支的其他费用。各地增加的费用名称及计算方法差异较大。这部分费用按其不同性质和用途，可分为生产准备费、城市建设费两项。

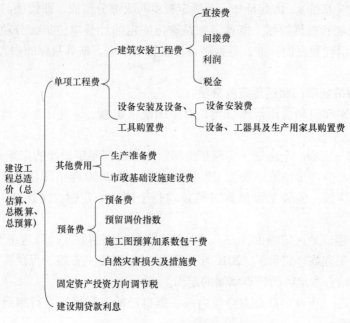

图1-5　建设工程总造价费用的构成

（1）生产准备费　是指工程建设的前期准备和工程项目建成投产后试生产阶段的费用项目。包括下列费用：土地征购费，建设场地各种障碍物拆迁和处理费，拆迁安置费，建设场地三通一平费，建设单位管理费，生产职工培训费，新建单位办公和生活用具购置费，联合试车运转费，工器具及生产用具购置费，交通工具购置费，勘察设计费，研究试验费，工程招标管理费，招标标底编制费，合同预算审查费，工程质量监督费或施工监理费，工程总承包费，工程施工执照费，建设场地竣工清理费，竣工图测量、绘制费。

（2）城市建设费　建设工程在筹建中，由筹建机构直接向有关部门支付的各项费用，因用于市政建设，故也称"市政基础设施建设费"。

3. 预备费

预备费原称不可预见工程费。在初步设计或扩大初步设计概算中，难以预料的因素使建设过程中可能发生的费用。如设计错漏而必须修改、变动、增加工程和费用，按施工图预算加系数包干的费用，设备、材料因市场物价波动的价差而预留调价指数，工资变动，自然灾害的损失和采取的措施费用等。

4. 固定资产投资方向调节税和贷款利息

为了贯彻国家产业政策，控制投资规模，引导投资方向，调整投资结构，加强重点建设，促进国民经济持续、稳定、协调发展，对在我国境内进行固定资产投资的单位和个人征收固定资产投资方向调节税（简称投资方向调节税）。

建设期贷款利息包括向国内银行和其他非国有银行金融机构贷款、出口信贷、外国政府贷款、国际商业银行贷款以及在境内外发行的债券等在建设期间内应偿还的借款利息。

1.3.2　建设工程总造价费用的计算

我国现行的建设工程造价构成与各项费用的计算程序见表1-2。

表 1-2　建设工程总造价费用计算程序

序　号	费用名称	计　算　式
（一）	建筑安装工程费	(1) + (2) + (3) + (4)
(1)	直接费	
(2)	间接费	计费基数 × 间接费率
(3)	利润	计费基数 × 利润率
(4)	税金	不含税工程造价 × 税率
（二）	设备购置费（包括备用件）	原价 × (1 + 运杂费率)
（三）	工器具购置费	设备购置费 × 费率
（四）	单项工程费	（一）+（二）+（三）
（五）	工程建设其他费用	按规定计
（六）	预备费	按规定计
（七）	建设项目总费用	（四）+（五）+（六）
（八）	固定资产投资方向调节税	（七）× 规定税率
（九）	建设期贷款利息	按实际利率计算
（十）	建设项目总造价	（七）+（八）+（九）

1.3.3　建设工程造价计价方法

如果仅从工程费用计算角度分析，工程计价的顺序是：分部分项工程单价→单位工程造价→单项工程造价→建设项目总造价。影响工程造价的主要因素有两个，即基本构造要素的单位价格和基本构造要素的实物工程数量，可用下列基本计算式表达：

$$工程造价 = \sum（工程实物量 \times 单位价格）$$

对基本构造要素的单位价格分析，可以有直接费单价和综合单价两种形式。

如果分部分项工程单位价格仅仅考虑人工、材料、机械等资源要素的消耗量和价格形成，即单位价格 = $\sum$（分部分项工程的资源要素消耗量 × 资源要素的价格），该单位价格是直接费单价。

如果在单位价格中还考虑直接费以外的其他一切费用，则构成的是综合单价。在我国工程造价计价过程中，综合单位是指完成一个规定清单项目所需的人工费、材料和工程设备费、施工机具使用费和企业管理费、利润以及一定范围内的风险费用。

工程造价计价的形式和方法有多种，各不相同，但计价的基本过程和原理是相同的。目前主要有定额计价方法和工程量清单计价方法。

复习思考题

1. 什么是基本建设？基本建设一般按什么程序实施？
2. 什么是建设工程造价？建设工程造价具有哪些特点？
3. 什么是施工图预算？
4. 什么是工程结算及竣工决算？
5. 什么是定额？它可以分成哪几种类型？
6. 什么是劳动定额？它可以分成哪两种形式？
7. 材料消耗定额规定的材料消耗量包括哪两部分？

第 2 章
安装工程造价定额计价方法

2.1　全国统一安装工程预算定额

预算定额是指在正常的施工条件和合理劳动组织、合理使用材料及机械的条件下，完成单位合格产品所必须消耗资源的数量标准。这里消耗资源的数量标准是指消耗在组成安装工程基本构造要素上的劳动力、材料和机械台班数量的标准。

在安装工程中，预算定额中的单位产品就是工程基本构造要素，即组成安装工程的最小工程要素，也称"细目"或"子目"。

《全国统一安装工程预算定额》是完成规定计量单位的分项工程所需的人工、材料、施工机械台班的消耗量标准，是统一全国安装工程预算工程量计算规则、项目划分、计量单位的依据，是编制安装工程施工图预算的依据，也是编制概算定额、投资估算指标的基础。对于招标承包的工程，则是编制标底的基础；对于投标单位，也是确定报价的基础。因而定额的编制是一项严肃、科学的技术经济立法工作，应充分体现按社会平均必要劳动量来确定消耗的物化劳动和活劳动数量的原则。

2.1.1　《全国统一安装工程预算定额》的分类

《全国统一安装工程预算定额》是由原建设部组织修订和批准执行的。《全国统一安装工程预算定额》共分十三册，包括：

第一册　机械设备安装工程　GYD-201—2000

第二册　电气设备安装工程　GYD-202—2000

第三册　热力设备安装工程　GYD-203—2000

第四册　炉窑砌筑工程　GYD-204—2000

第五册　静置设备与工艺金属结构制作安装工程　GYD-205—2000

第六册　工业管道工程　GYD-206—2000

第七册　消防及安全防范设备安装工程　GYD-207—2000

第八册　给排水、采暖、燃气工程　GYD-208—2000

第九册　通风空调工程　GYD-209—2000

第十册　自动化控制仪表安装工程　GYD-210—2000

第十一册　刷油、防腐蚀、绝热工程　GYD-211—2000

第十二册　通信设备及线路工程　GYD-212—2000
第十三册　建筑智能化系统设备安装　GYD-213—2000

2.1.2　《全国统一安装工程预算定额》的编制依据

1）全国统一安装工程预算定额是依据现行有关国家产品标准、设计规范、施工及验收规范、技术操作规程、质量评定标准和安全操作规程编制的，也参考了行业、地方标准，以及有代表性的工程设计、施工资料和其他资料。

2）全国统一安装工程预算定额是按目前国内大多数施工企业采用的施工方法、机械化装备程度、合理的工期、施工工艺和劳动组织条件制订的，除各章另有说明外，均不得因上述因素有差异而对定额进行调整或换算。

3）全国统一安装工程预算定额是按下列正常的施工条件进行编制的：

a. 设备、材料、成品、半成品、构件完整无损，符合质量标准和设计要求，附有合格证书和试验记录。

b. 安装工程和土建工程之间的交叉作业正常。

c. 安装地点、建筑物、设备基础、预留孔洞等均符合安装要求。

d. 水、电供应均满足安装施工正常使用。

e. 正常的气候、地理条件和施工环境。

2.1.3　《全国统一安装工程预算定额》的结构组成

《全国统一安装工程预算定额》共分十三册，每册均包括总说明、册说明、目录、章说明、定额项目表、附录。

（1）总说明　总说明主要说明定额的内容、适用范围、编制依据、作用，定额中人工、材料、机械台班消耗量的确定及其有关规定。

（2）册说明　主要介绍该册定额的适用范围、编制依据、定额包括的工作内容和不包括的工作内容、有关费用（如脚手架搭拆费、高层建筑增加费）的规定以及定额的使用方法和使用中应注意的事项以及有关问题。

（3）目录　列出定额组成项目名称和页次，以方便查找相关内容。

（4）章说明　章说明主要说明以下几方面的问题：①定额适用的范围；②界线的划分；③定额包括的内容和不包括的内容；④工程量计算规则和规定。

（5）定额项目表　定额项目表是预算定额的主要内容，主要包括以下内容：

1）分项工程的工作内容。一般列入项目表的表头。

2）一个计量单位的分项工程人工、材料、机械台班消耗量。

3）一个计量单位的分项工程人工、材料、机械台班单价。

4）分项工程人工、材料、机械台班基价。

表2-1所示是《全国统一安装工程预算定额》第八册《给排水、采暖、燃气工程》第一章"管道安装"中室内管道安装有关的部分定额项目表的内容。

表2-1　《全国统一安装工程预算定额》项目表示例——镀锌钢管（螺纹连接）

工作内容：打堵洞眼、切管、攻螺纹、上零件、调直、栽钩卡及管件安装、水压试验。

定额编号			8－87	8－88	8－89	8－90	8－91	8－92
项　目			公称直径/（mm 以内）					
			15	20	25	32	40	50
名　称	单位	单价/元	数　量					
人工	综 合 工 日	工日	23.22	1.830	1.830	2.200	2.200	2.620	2.680
材料	镀锌钢管 DN15	m	—	(10.200)	—	—	—	—	—
	镀锌钢管 DN20	m	—	—	(10.200)	—	—	—	—
	镀锌钢管 DN25	m	—	—	—	(10.200)	—	—	—
	镀锌钢管 DN32	m	—	—	—	—	(10.200)	—	—
	镀锌钢管 DN40	m	—	—	—	—	—	(10.200)	—
	镀锌钢管 DN50	m	—	—	—	—	—	—	(10.200)
	室内镀锌钢管接头零件 DN15	个	0.800	16.370	—	—	—	—	—
	室内镀锌钢管接头零件 DN20	个	1.140	—	11.520	—	—	—	—
	室内镀锌钢管接头零件 DN25	个	1.850	—	—	9.780	—	—	—
	室内镀锌钢管接头零件 DN32	个	2.740	—	—	—	8.030	—	—
	室内镀锌钢管接头零件 DN40	个	3.530	—	—	—	—	7.160	—
	室内镀锌钢管接头零件 DN50	个	5.870	—	—	—	—	—	6.510
	钢锯条	根	0.620	3.790	3.410	2.550	2.410	2.670	1.330
	砂轮片 φ400	片	23.800	—	—	0.050	0.050	0.050	0.150
	机油	kg	3.550	0.230	0.170	0.170	0.160	0.170	0.200
	铅油	kg	8.770	0.140	0.120	0.130	0.120	0.140	0.140
	线麻	kg	10.400	0.014	0.012	0.013	0.012	0.014	0.014
	管子托钩 DN15	个	0.480	1.460	—	—	—	—	—
	管子托钩 DN20	个	0.480	—	1.440	—	—	—	—
	管子托钩 DN25	个	0.530	—	—	1.160	1.160	—	—
	管卡子（单立管）DN25	个	1.340	1.640	1.290	2.060	—	—	—
	管卡子（单立管）DN50	个	1.640	—	—	—	2.060	—	—
	普通硅酸盐水泥425 号	kg	0.340	1.340	3.710	4.200	4.500	0.690	0.390
	砂子	m³	44.230	0.010	0.010	0.010	0.010	0.002	0.001
	镀锌钢丝8 号~12 号	kg	6.140	0.140	0.390	0.440	0.150	0.010	0.040
	破布	kg	5.830	0.100	0.100	0.100	0.100	0.220	0.250
	水	t	1.650	0.050	0.060	0.080	0.090	0.130	0.160
机械	管子切断机 φ60～φ150	台班	18.290	—	—	0.020	0.020	0.020	0.060
	管子切断套螺纹机 φ159	台班	22.030	—	—	0.030	0.030	0.030	0.080
基价/元			65.45	66.72	83.51	86.16	93.85	111.93
其中	人工费/元		42.49	42.49	51.08	51.08	60.84	62.23
	材料费/元		22.96	24.23	31.40	34.05	31.98	46.84
	机械费/元		—	—	1.03	1.03	1.03	2.86

（6）附录　附录放在每册定额表之后，为使用定额提供参考数据。主要内容包括：①工程量计算方法及有关规定；②材料、构件、元件等质量表，配合比表，损耗率；③选用的材料价格表；④施工机械台班单价表等。

2.1.4　安装工程预算定额基价的确定

1. 定额消耗量指标的确定

（1）人工日消耗量的确定　安装工程预算定额人工消耗量指标是以劳动定额为基础确定的完成单位分项工程所必须消耗的劳动量标准。在定额中以"时间定额"的形式表示，其表达式如下：

$$人工消耗量 = 基本用工 + 超运距用工 + 人工幅度差$$
$$= （基本用工 + 超运距用工）\times（1 + 人工幅度差率）$$

式中，基本用工指完成该分项工程的主要用工，包括材料加工、安装等用工；超运距用工指在劳动定额规定的运输距离上增加的用工；人工幅度差指劳动定额人工消耗只考虑就地操作，不考虑工作场地转移、工序交叉、机械转移、零星工程等用工，而预算定额则考虑了这些用工差，目前，国家规定预算的人工幅度差率为 10%。

《全国统一安装工程预算定额》中定额的人工工日不分列工种和技术等级，一律以综合工日表示，内容包括基本用工、超运距用工和人工幅度差。

（2）材料消耗量指标的确定　安装工程在施工过程中不但安装设备，而且还要消耗材料，有的安装工程是由施工加工材料组装而成。构成安装工程主体的材料称为主要材料（主材），次要材料称为辅助材料（辅材）。材料消耗量的表达式如下：

$$材料消耗量 = 材料净用量 + 材料损耗量 = 材料净用量 \times（1 + 材料损耗率）$$

式中，材料净用量指构成工程子目实体必须占有的材料量；材料损耗量包括从工地仓库、现场集中堆放地点或现场加工地点到操作或安装地点的运输损耗、施工操作损耗、施工现场堆放损耗。主要材料损耗率见定额各册附录。

（3）机械台班消耗量指标的确定　机械台班消耗量是按正常合理的机械配备和大多数施工企业的机械化装备程度综合取定的。机械台班消耗量的单位是台班。按现行规定，每台机械工作 8h 为一个台班。预算定额中的机械台班消耗指标是按全国统一机械台班定额编制的，它表示在正常施工条件下，完成单位分项工程或构件所额定消耗的机械工作时间。其表达式如下：

$$机械台班消耗量 = 实际消耗量 + 影响消耗量 = 实际消耗量 \times（1 + 幅度差额系数）$$

式中，实际消耗量指根据施工定额中机械产量定额的指标换算求出的；影响消耗量指考虑机械场内转移、质量检测、正常停歇等合理因素的影响所增加的台班耗量，一般采用机械幅度差额系数计算，对于不同的施工机械，幅度差额系数不相同。

2. 定额单价的确定

（1）人工工日单价的确定　人工工日单价指在预算中应计入的一个建筑安装工人一个工作日的全部人工费用。目前，预算人工工日单价中包括了工人的基本工资、工资性津贴、流动施工津贴、房租补贴、劳动保护费和职工福利费。

《全国统一安装工程预算定额》综合工日的单价采用北京市 1996 年安装工程人工费单价，每工日 23.22 元，包括基本工资和工资性津贴等。

（2）材料预算价格的确定　在《全国统一安装工程预算定额》中主材不注明单价，基价中不包括其价格，其用量在材料消耗栏中用"（　　　）"标识，其价格应根据"（　　　）"内所列的用量，按各省、自治区、直辖市的材料预算价格计算。

辅材单价采用北京市 1996 年材料预算价格。

（3）机械台班单价的确定　施工机械台班单价是施工机械每个台班所必须消耗的人工、材料、燃料动力和应分摊的费用。施工机械台班的单价由七项费用组成：折旧费、大修理费、经常修理费、安拆费及场外运费、燃料动力费、人工费、养路费及车船使用税等。

《全国统一安装工程预算定额》的机械台班消耗量是按正常合理的机械配备和大多数施工企业的机械化装备程度综合取定的。施工机械台班单价，按 1998 年原建设部颁发的《全国统一施工机械台班费用定额》计算，其中未包括的养路费和车船使用税等，可按各省、自治区、直辖市的有关规定计入。

3. 定额基价的确定

预算定额基价是指完成单位分项工程所必须投入的货币量的标准数值，由人工费、材料费、机械费三部分构成，即

$$预算定额基价 = 人工费 + 材料费 + 机械费$$

其中，人工费 = ∑定额人工消耗量指标×人工工日单价；

材料费 = ∑定额材料消耗量指标×材料预算单价；

机械费 = ∑定额机械台班消耗量指标×机械台班单价。

2.1.5 《全国统一安装工程预算定额》子目系数和综合系数

安装工程施工图预算造价计算的特点之一，就是用系数计算一些费用。系数有子目系数和综合系数两种，用这两种系数计算的费用，均是直接费的构成部分。

1. 子目系数

子目系数是费用计算的最基本的系数，子目系数计算的费用是综合系数的计算基础。子目系数又有两种：

（1）换算系数　在定额册中，有的子目需要增减一个系数后才能使用，这个系数一般分别在定额册各章节的说明中，所以也可称为"章节系数"，属子目系数性质。

（2）子目系数　有些项目不便列目制定定额进行计算，如安装工程中高层建筑工程增加费；单层房屋工程超高增加费；施工过程操作超高增加费。这些系数和计取方法分别列在各定额册的册说明中。

1）超高系数。当操作物高度大于定额高度时，为了补偿人工降效而收取的费用称为操作超高增加费。这项费用一般用系数计取，系数称为操作超高增加费系数。专业不同，定额所规定计取增加费的高度也不一样，因此系数也不相同，安装工程中的操作超高增加费系数见表 2-2。虽然各专业计取该项费用的系数不同，但计取此项费用的方法是一样的（未列出部分具体参见相关章节），计算公式为

$$操作超高增加费 = 操作超高部分工程的人工费 × 操作超高增加费系数$$

表 2-2　安装工程操作超高增加费系数

工程名称	定额高度/m	取费基数	系数（%）
给排水、采暖、燃气工程	3.6	操作超高部分人工费	10（3.6~8）、15（3.6~12）、20（3.6~16）、25（3.6~20）
通风空调工程	6		15
电气设备安装工程	5		33（20m 以下）（全部为人工费）

[**例2-1**] 某工厂建筑，首层高为6m，二层高为4.8m。该建筑电气安装工程直接工程费为23.10万元，其中人工费为3.08万元。该工程首层安装高度超过5m的直接工程费有8250元，其中人工费968元，试确定该工程操作超高增加费。

解： 建筑物首层高度为6m，其中高度在5~6m范围内的工程有8250元，其中人工费968元。这部分工程应计算工程超高费。查表2-2，工程超高增加费系数33%。

工程操作超高增加费 = 968元×33% = 319.44元，该费用全部为人工费。

2）高层建筑增加费。安装工程中所指高层建筑是特指，不可与其他地方的高层建筑划分方法相混淆。安装工程中的高层建筑是指六层以上（不含六层）的多层建筑，单层建筑物自室外设计正、负零至檐口（或最高层楼地面）高度在20m以上（不含20m）的建筑物。

高层建筑增加费是为了补偿由于建筑物高度增加为安装工程施工所带来的人工降效补偿，全部计入人工费。应注意的是，使用高层建筑增加费系数计算高层建筑增加费时应包括6层（或20m）以下工程的人工费作为计费基数。各专业高层建筑增加费系数见表2-3。其计算方法为

高层建筑增加费 = 工程全部人工费×高层建筑增加费系数

表2-3 安装工程高层建筑增加费系数

工程名称	计算基数	9(30)	12(40)	15(50)	18(60)	21(70)	24(80)	27(90)	30(100)	33(110)
给排水、采暖、燃气工程	工程人工费	2	3	4	6	8	10	13	16	19
通风空调工程		1	2	3	4	5	6	8	10	13
电气设备安装工程		1	2	4	6	8	10	13	16	19
工程名称	计算基数	36(120)	39(130)	42(140)	45(150)	48(160)	51(170)	54(180)	57(190)	60(200)
给排水、采暖、燃气工程	工程人工费	22	25	28	31	34	37	40	43	46
通风空调工程		16	19	22	25	28	31	34	37	40
电气设备安装工程		22	25	28	31	34	37	40	43	46

[**例2-2**] 某15层的综合楼，首层高度为3.6m，其余各层的层高均为3.0m。经计算该建筑内某项目——碳钢通风管道制作安装（材质：镀锌矩形薄板）的直接工程费为138180元，其中人工费为25810元。试计算该项目的高层建筑增加费。

解： 该建筑层数为15层，超过6层，应计算高层建筑增加费。查表2-3，高层建筑增加费系数为4%。

高层建筑增加费 = 25810元×4% = 1032.40元，该费用全部为人工费。

2. 综合系数

综合系数是以单位工程全部人工费（包括以子目系数所计算费用中的人工费部分）作为计算基础，计算费用的一种系数。主要包括脚手架搭拆费、安装与生产同时进行的增加费、在有害身体健康的环境中施工的增加费、在高原高寒特殊地区施工的增加费等。综合系

数计算的费用也构成直接费,其费率见表2-4。

表2-4　安装工程定额综合系数

工程名称	取费基数	综合系数（%）					
		脚手架搭拆费		系统调试费		安装与生产同时进行	有害健康环境中施工
		系数	人工费占	系数	人工费占		
给排水、采暖、燃气工程	全部人工费	5	25	15（采暖）	20		
通风空调工程		3	25	13	25	10	10
电气设备安装工程		4	25	按各章规定		10（全为人工费）	10

注：在电气设备安装工程中,脚手架搭拆费只限于10kV以下的电气设备安装工程（架空线路除外）。对10kV以上的工程,该费用已包括在定额内,不另计取。

（1）脚手架搭拆费　按定额的规定,脚手架搭拆费不受操作物高度限制均可收取。同时,在测算脚手架搭拆费系数时,考虑了如下因素：①各专业工程交叉作业施工时可以互相利用脚手架的因素,测算时已扣除可以重复利用的脚手架费用；②安装工程脚手架与土建所用的脚手架不尽相同,测算搭拆费用时大部分是按简易架考虑的；③施工时如部分或全部使用土建的脚手架时,作有偿使用处理。计算方法：

脚手架搭拆费 = 定额人工费 × 脚手架搭拆系数

（2）安装与生产同时进行增加的费用　该项费用的计取是指改扩建工程在生产车间或装置内施工,因生产操作或生产条件限制干扰了安装工程正常进行而增加的降效费用。这其中不包括为保证安全生产和施工所采取的措施费用。如安装工作不受干扰的,不应计取此项费用。计算方法：

安装与生产同时进行增加费 = 定额人工费 × 安装与生产同时进行增加系数（一般取10%）

（3）在有害身体健康的环境中施工降效增加的费用　该项费用指在民法规则有关规定允许的前提下,改扩建工程中由于车间有害气体或高分贝的噪声超过国家标准以至影响身体健康而增加的降效费用,不包括劳保条例规定的应享受的工种保健费。计算方法：

有害身体健康的环境中施工增加费 = 定额人工费 × 有害身体健康的环境中施工增加系数（一般取10%）

（4）系统调试费　在系统施工完毕后,对整个系统进行综合调试而收取的费用。计算方法：

系统调试费 = 定额人工费 × 系统调试费系数

2.1.6　《全国统一安装工程预算定额》使用中的其他问题

（1）关于水平和垂直运输

1）设备：包括自安装现场指定堆放地点运至安装地点的水平和垂直运输。

2）材料、成品、半成品：包括自施工单位现场仓库或现场指定堆放地点运至安装地点的水平和垂直运输。

3）垂直运输基准面：室内以室内地平面为基准面,室外以安装现场地平面为基准面。

（2）定额适用范围　定额适用于海拔2000m以下、地震烈度七度以下的地区,超过上述情况时，可结合具体情况，由各省、自治区、直辖市或国务院有关部门制定调整办法。

（3）定额标注　定额中注有"×××以内"或"×××以下"者均包括×××本身；"×××以外"或"×××以上"者，则不包括×××本身。

（4）工程量计算　工程量计算结果的小数位除另有说明外，一般保留两位小数

1）以米（m）、平方米（m²）、立方米（m³）计算时工程量保留两位小数。

2）以质量计算的项目，如吨或千克（t 或 kg），工程量保留三位小数。

3）以自然计量单位计算的项目，如个、项、宗、套等，工程量按整数计算。

4）若按上述原则计算导致某项目被忽略，则此项目应按实际数据表示。

2.2　设备与材料

2.2.1　设备与材料的划分

1. 设备与材料划分的意义

安装工程按设备类型分为外购设备的安装和现场设备（或系统）制作安装。在计算安装费用时，外购设备的安装只计算安装费用，设备价值另外计算。如配电柜、气压罐、水泵等，这些设备不是由施工单位制造，而是设备购买后，由施工单位安装后才能发挥效益，对施工单位而言只计算安装费用。现场设备的制作安装或材料经过现场加工制作并安装成产品，则产品的制作和安装均应计算费用，即劳动力、材料、机械的消耗均应计算费用。因此，设备制作安装工程和仅安装设备的工程造价的计算并不完全相同，将设备和材料加以区分，对正确计算工程造价是十分必要的。

2. 设备与材料划分的原则

1）凡是由制造厂制造，由多种材料和部件按各自用途组成独特结构，具有功能、容量及能量传递或转换性能，在生产中能够独立完成特定工艺过程的机械、容器和其他生产工艺单体，均为设备。

设备一般包括以下各种：

a. 各种设备的本体及随设备到货的配件、备件和附属于设备本体制作成型的梯子、平台、栏杆及管道等。

b. 各种计量器、控制仪表等，实验室内的仪器设备及属于设备本体部分的仪器仪表等。

c. 在生产厂或施工现场按设备图样制造的非标准设备。

d. 随设备带来的油类、化学药品等视为设备的组成部分。

e. 无论用于生产、生活或附属于建筑物的有机构成部分的水泵、锅炉及水处理设备、电气通风设备等。

2）为完成建筑、安装工程所需的经过工业加工的原料和在工艺生产过程中不起单元工艺生产作用的设备本体以外的零配件、附件、成品、半成品等，均为材料。材料一般包括：

a. 由施工企业自行加工制作或委托加工制作的平台、梯子、栏杆及其他金属构件等，以及成品、半成品形式供货的管道、管件、阀门、法兰等。

b. 各种填充物、防腐材料、绝热材料等。

2.2.2　材料预算价格

建设工程材料预算价格是地区建筑造价管理部门结合地区的具体情况，如地区的材料资源、供货方式、运输条件及相应运价计算规则、材料运抵地区内各施工工程的加权平均运距、运价考虑相关运输环节所发生的费用，综合测算编制的，是本地区材料法定价格，是地区各种建设工程计价的基本依据之一。

材料预算价格，是指材料由来源地（或交货地）起，运到施工工地指定材料堆放地点或仓库的全部费用（包括入库费用）。由材料原价、供销部门手续费、包装费、运杂费、场外合理运输损耗费、采购及保管费组成，即

材料预算价格 = ｛材料原价 × （1 + 供销部门手续费率）+ 包装费 + 运杂费｝×

（1 + 合理运输损耗率）×（1 + 采购及保管费率）- 包装回收值

1. 材料原价

材料原价系指材料未经过商品流通的出厂价。由于地区材料来源地往往不止一个，出厂价也并不统一，材料原价应按不同价格的供货比例，采用加权平均的方法计算确定。计算公式如下

$$材料综合原价 = \frac{K_1 C_1 + K_2 C_2 + \cdots + K_n C_n}{K_1 + K_2 + \cdots + K_n}$$

式中，K_1、K_2、$\cdots$、K_n 指各不同供应地点的供应量或各不同使用地点的需求量；C_1、C_2、$\cdots$、C_n 指各不同供应地点的材料原价。

[例2-3]　某地区钢材年用量约3000t，由A、B、C三个厂家供货。已知A厂年供货1500t，每吨出厂价2300元，B厂年供货量1000t，每吨出厂价为2400元；C厂年供货量为500t，每吨出厂价为2600元。求该地区钢材原价。

解： 该地区钢材原价为：（2300 × 1500 + 2400 × 1000 + 2600 × 500）元/3000t = 2383.33 元。

2. 供销部门手续费

供销部门手续费是指材料不能直接向生产厂订货采购，而需向当地供销部门采购时所附加的手续费。其费率由各地物价部门确定。应该注意：如果此项费用已包括在供销部门的材料销售价格内或材料不是专业物资部门经营的，则不得计收此项费用。

3. 包装费

包装费是指为了便于材料运输，或者为了减少材料运输、保管过程中的损耗而需要对材料包装所发生的费用。一般按照包装材料的成本价格、正常折旧摊销费、因包装所发生的其他费用计算。

材料包装费 = 包装材料原值 - 包装回收值

4. 材料运杂费

运杂费是指材料由材料来源地（交货地）起，运至施工工地仓库（加工厂或加工场）堆放地点，所发生的运输费用总和。包括铁路运输、公路运输、水路运输费以及装卸费、港务费、码头管理费、滩地囤存费、仓储费等。还包括合理的场外运输损耗费。

运杂费的计算一般有两种方法：直接计算法和间接计算法。

直接计算法是根据材料的重量，按运输部门规定的运价计算。

间接计算法则是根据测定的运杂费系数来计算运杂费。当材料有几个来源地时，按各来源地供应材料的比例及运距来计算材料的运杂费。计算公式如下：

$$加权平均运杂费 = \frac{T_1K_1 + T_2K_2 + \cdots + T_nK_n}{K_1 + K_2 + \cdots + K_n}$$

式中，T_1、T_2、$\cdots$、T_n 指各不同运距的运费；K_1、K_2、$\cdots$、K_n 指各不同供应地点的材料供应数量。

5. 采购保管费

材料采购及保管（简称采保）费指施工企业材料供应管理部门（包括工地仓库及施工企业各级材料供应管理部门）在组织材料采购供应和保管过程所发生的各项费用，包括施工企业各级材料采购、供应、管理人员的工资、福利费、办公费、差旅费及固定资产使用费、工具用具使用费、劳保费、检测试验费、材料正常的储存损耗率费用等。

采购保管费一般按材料到库价格以费率取定。原国家经济贸易委员会规定：采购保管费率为 2.5%，其中采购费率为 1%，保管费率为 1.5%。但各地区一般根据自己的特点制订不同的采购保管费率。

需要注意：由建设单位供应的材料，施工单位只收取保管费。

2.2.3　材料价差的调整计算

材料价差是指预算编制时工程所在地的材料预算单价与定额材料单价之间的差额。造成这种差额的原因有以下几种：

1）工程所在地的材料预算单价与定额编制地区的材料单价的价差（地差）。
2）预算编制期与定额编制期及工程实施阶段前后的材料价格变动（时差）。
3）贸易价格因供求关系变化产生的价差（势差）。

对于材料价差的调整计算，我国大部分地区采用实物法（又称抽料法）调整和系数法调整。

1. 实物法调整

实物法调整即将需要进行价差计算的每一种材料进行调整，这种方法主要是针对工程造价影响大、价格变化快的材料采用的方式，其计算方法是直接用主材数量乘以当地材料单价，此时不存在调整价差的问题。

未计价材料费 = $\sum$（材料数量 × 当地材料单价）；

或未计价材料费 = $\sum$［设计用量 ×（1 + 损耗率）× 当地材料单价］。

2. 系数法调整

即将价差按占材料费或直接费的比例确定系数，由地方主管部门经过测算后发布。采用系数法调整价差的材料一般是针对工程造价影响小、实物法调整以外的材料，在安装工程中计价材料（即基价中包括的材料）通常采用系数法调整。

计价材料价差 = 材料价差系数 × $\sum$ 定额材料费；

或计价材料价差 = 材料价差系数 × $\sum$ 定额直接费。

上述两式中的材料价差系数的测算基数不同，因此两式的材料价差系数值也不相同。

2.2.4　未计价材料

安装工程是按照一定的施工工艺和方法，将设备安置在指定（设计）的地方，或将材料经过加工，与配（元、器）件组合、装配成有使用价值产品的工作。在制定定额时，将消耗的辅助或次要材料的价格计入定额的材料费和基价中，这类材料称为计价材料，其特点是，在定额表中列出材料的消耗量和单价。对于构成工程实体的主体材料，定额中只列出了材料的名称、规格、品种和消耗量，不列出单价，故在定额的材料费和基价中，不包括其价值，其价值由定额执行地区，根据定额所列出的消耗量，按计价期的信息价或市场价计算进入工程造价，这种材料称为未计价材料，又称主材。主材价值是分部分项工程费的主要组成部分，按计算期选定的实际价格计算，能相对准确地反映工程实际造价。

在综合定额中，材料消耗量带"（　　）"者，即为未计价材料的消耗量。安装工程中有此项目，在达到同一目的的前提下，可以用不同品种、规格和型号的材料加工制作，定额编制时不能事先确定其品种、规格、数量，因此定额将这类材料也作为未计价材料，其名称列在定额表下方的附注内。

2.3　施工图预算及费用构成

以单位工程施工图为依据，按照安装工程预算定额的规定和要求及有关造价费用标准和规定，结合工程现场施工条件，按一定的工程费用计算程序，计算出来的安装工程造价，称为"安装工程施工图预算"，其书面文字称为"安装工程预算书"。表2-5所示为建筑安装工程费用的具体构成，主要包括四部分：直接费、间接费、利润和税金。

表2-5　建筑安装工程费用的具体构成

			人工费	人工费 = ∑（工日消耗量 × 日工资单价）
安装工程费	直接费	直接工程费	材料费	材料费 = ∑（材料消耗量 × 材料基价）+ 检验试验费
			施工机械使用费	施工机械使用费 = ∑（施工机械台班消耗量 × 机械台班单价）
		措施费	环境保护	环境保护费 = 直接工程费 × 环境保护费费率
			文明施工	文明施工费 = 直接工程费 × 文明施工费费率
			安全施工	安全施工费 = 直接工程费 × 安全施工费费率
			临时设施	临时设施费 =（周转使用临建费 + 一次性使用临建费）×（1 + 其他临时设施所占比例）
			夜间施工	
			二次搬运	二次搬运费 = 直接工程费 × 二次搬运费费率
			大型机械设备进出场及安拆	
			混凝土、钢筋混凝土模板及支架	模板支架费 = 模板摊销量 × 模板价格 + 支、拆、运费
			脚手架	脚手架搭拆费 = 脚手架摊销量 × 脚手架价格 + 搭、拆、运费
			已完工程及设备保护	保护费 = 成品保护所需机械费 + 材料费 + 人工费
			施工排水、降水	排水降水费 = ∑排水降水机械台班费 × 排水降水周期 + 排水降水使用材料费、人工费

（续）

安装工程费	间接费	规费	工程排污费		规费＝计算基数×规费费率
			工程定额测定费		
			社会保障费	养老保险费	
				失业保险费	
				医疗保险费	
			住房公积金		
			危险作业意外伤害保险		
		企业管理费	管理人员工资		企业管理费＝计算基数×企业管理费费率
			办公费		
			差旅交通费		
			固定资产使用费		
			工具用具使用费		
			劳动保险费		
			工会经费		
			职工教育经费		
			财产保险费		
			财务费		
			税金		
			其他		
	利润				利润＝计算基数×利润率
	税金				税金＝（直接费＋间接费＋利润）×税率

2.3.1　直接费

直接费是指在工程施工过程中直接耗费的构成工程实体或有助于工程形成的各种费用，由直接工程费和措施费组成。

（1）直接工程费　是指施工过程中耗费的构成工程实体的各项费用，包括人工费、材料费、施工机械使用费。

1）人工费：是指直接从事建筑安装工程施工的生产工人开支的各项费用，内容包括：

基本工资：是指发放给生产工人的基本工资。

工资性补贴：是指按规定标准发放的物价补贴，煤、燃气补贴，交通补贴，住房补贴，流动施工津贴等。

生产工人辅助工资：是指生产工人年有效施工天数以外非作业天数的工资，包括职工学习、培训期间的工资，调动工作、探亲、休假期间的工资，因气候影响的停工工资，女工哺乳时间的工资，病假在六个月以内的工资及产、婚、丧假期的工资。

职工福利费：是指按规定标准计提的职工福利费。

生产工人劳动保护费：是指按规定标准发放的劳动保护用品的购置费及修理费，徒工服装补贴，防暑降温费，在有碍身体健康环境中施工的保健费用等。

2）材料费：是指施工过程中耗费的构成工程实体的原材料、辅助材料、构配件、零件、半成品的费用。内容包括：

材料原价（或供应价格）。

材料运杂费：是指材料自来源地运至工地仓库或指定堆放地点所发生的全部费用。

运输损耗费：是指材料在运输装卸过程中不可避免的损耗。

采购及保管费：是指为组织采购、供应和保管材料过程中所需要的各项费用。包括采购费、仓储费、工地保管费、仓储损耗。

检验试验费：是指对建筑材料、构件和建筑安装物进行一般鉴定、检查所发生的费用，包括自设试验室进行试验所耗用的材料和化学药品等费用。不包括新结构、新材料的试验费和建设单位对具有出厂合格证明的材料进行检验，对构件做破坏性试验及其他特殊要求检验试验的费用。

3）施工机械使用费：是指施工机械作业所发生的机械使用费以及机械安拆费和场外运费。施工机械台班单价应由下列七项费用组成：

折旧费：是指施工机械在规定的使用年限内，陆续收回其原值及购置资金的时间价值。

大修理费：是指施工机械按规定的大修理间隔台班进行必要的大修理，以恢复其正常功能所需的费用。

经常修理费：是指施工机械除大修理以外的各级保养和临时故障排除所需的费用。包括为保障机械正常运转所需替换设备与随机配备工具附具的摊销和维护费用，机械运转中日常保养所需润滑与擦拭的材料费用及机械停滞期间的维护和保养费用等。

安拆费及场外运费：安拆费是指施工机械在现场进行安装与拆卸所需的人工、材料、机械和试运转费用以及机械辅助设施的折旧、搭设、拆除等费用；场外运费是指施工机械整体或分体自停放地点运至施工现场或由一施工地点运至另一施工地点的运输、装卸、辅助材料及架线等费用。

人工费：是指机上驾驶员（司炉）和其他操作人员的工作日人工费及上述人员在施工机械规定的年工作台班以外的人工费。

燃料动力费：是指施工机械在运转作业中所消耗的固体燃料（煤、木柴）、液体燃料（汽油、柴油）及水、电等。

养路费及车船使用税：是指施工机械按照国家规定和有关部门规定应缴纳的养路费、车船使用税、保险费及年检费等。

4）用系数计取的费用。在直接费中用系数计取的费用主要包括高层建筑增加费、操作超高增加费、脚手架搭拆费、系统调试费、安装与生产同时进行增加费、在有害健康环境施工增加费、洞库工程施工增加费、高原高寒地区施工增加费等。这些系数在定额中都有明确的规定，它们均构成直接费。但要注意：就具体单位工程来讲，这些费用可能发生，也可能不发生，需要根据工程的具体情况和现场施工条件加以确定。

（2）措施费 是指为完成工程项目施工，发生于该工程施工前和施工过程中非工程实体项目的费用。内容包括：

1）环境保护费：是指施工现场为达到环保部门要求所需要的各项费用。

2）文明施工费：是指施工现场文明施工所需要的各项费用。

3）安全施工费：是指施工现场安全施工所需要的各项费用。

4）临时设施费：是指施工企业为进行建筑工程施工所必须搭设的生活和生产用的临时建筑物、构筑物和其他临时设施费用等。

临时设施包括临时宿舍、文化福利及公用事业房屋与构筑物，仓库、办公室、加工厂及规定范围内道路、水、电、管线等临时设施和小型临时设施。

临时设施费用包括临时设施的搭设、维修、拆除费或摊销费。

5）夜间施工费：是指因夜间施工所发生的夜班补助费、夜间施工降效、夜间施工照明设备摊销及照明用电等费用。

6）二次搬运费：是指因施工场地狭小等特殊情况而发生的二次搬运费用。

7）大型机械设备进出场及安拆费：是指机械整体或分体自停放场地运至施工现场或由一个施工地点运至另一个施工地点，所发生的机械进出场运输及转移费用及机械在施工现场进行安装、拆卸所需的人工费、材料费、机械费、试运转费和安装所需的辅助设施的费用。

8）混凝土、钢筋混凝土模板及支架费：是指混凝土施工过程中需要的各种钢模板、木模板、支架等的支、拆、运输费用及模板、支架的摊销（或租赁）费用。

9）脚手架费：是指施工需要的各种脚手架搭、拆、运输费用及脚手架的摊销（或租赁）费用。

10）已完工程及设备保护费：是指竣工验收前，对已完工程及设备进行保护所需费用。

11）施工排水、降水费：是指为确保工程在正常条件下施工，采取各种排水、降水措施所发生的各种费用。

2.3.2 间接费

建筑安装工程间接费是指虽不直接由施工的工艺过程所引起，但却与工程的总体条件有关的建筑安装企业为组织施工和进行经营管理，以及间接为建筑安装生产服务的各项费用。按现行规定，建筑安装工程间接费由规费、企业管理费组成。

（1）规费 是指政府和有关权力部门规定必须缴纳的费用。包括：

1）工程排污费：是指施工现场按规定缴纳的工程排污费。

2）工程定额测定费：是指按规定支付工程造价（定额）管理部门的定额测定费。

3）社会保障费，包括：

养老保险费：是指企业按规定标准为职工缴纳的基本养老保险费。

失业保险费：是指企业按照国家规定标准为职工缴纳的失业保险费。

医疗保险费：是指企业按照规定标准为职工缴纳的基本医疗保险费。

4）住房公积金：是指企业按规定标准为职工缴纳的住房公积金。

5）危险作业意外伤害保险：是指按照建筑法规定，企业为从事危险作业的建筑安装施工人员支付的意外伤害保险费。

（2）企业管理费 是指建筑安装企业组织施工生产和经营管理所需费用。内容包括：

1）管理人员工资：是指管理人员的基本工资、工资性补贴、职工福利费、劳动保护费等。

2）办公费：是指企业管理办公用的文具、纸张、账表、印刷、邮电、书报、会议、水电、烧水和集体取暖（包括现场临时宿舍取暖）用煤等费用。

3）差旅交通费：是指职工因公出差、调动工作的差旅费、住勤补助费，市内交通费和误餐补助费，职工探亲路费，劳动力招募费，职工离退休、退职一次性路费，工伤人员就医路费，工地转移费及管理部门使用的交通工具的油料、燃料、养路费及牌照费。

4）固定资产使用费：是指管理和试验部门及附属生产单位使用的属于固定资产的房屋、设备仪器等的折旧、大修、维修或租赁费。

5）工具用具使用费：是指管理使用的不属于固定资产的生产工具、器具、家具、交通工具和检验、试验、测绘、消防用具等的购置、维修和摊消费。

6）劳动保险费：是指由企业支付离退休职工的易地安家补助费、职工退职金、六个月以上的病假人员工资、职工死亡丧葬补助费、抚恤费、按规定支付给离休干部的各项经费。

7）工会经费：是指企业按职工工资总额计提的工会经费。

8）职工教育经费：是指企业为职工学习先进技术和提高文化水平，按职工工资总额计提的费用。

9）财产保险费：是指施工管理用财产、车辆保险。

10）财务费：是指企业为筹集资金而发生的各种费用。

11）税金：是指企业按规定缴纳的房产税、车船使用税、土地使用税、印花税等。

12）其他：包括技术转让费、技术开发费、业务招待费、绿化费、广告费、公证费、法律顾问费、审计费、咨询费等。

2.3.3 利润

利润是指施工企业完成所承包工程获得的盈利。利润率是施工企业在市场经济中效益好坏的一个重要指标。

2.3.4 税金

税金是指国家税法规定的应计入建筑安装工程造价内的营业税、城市维护建设税及教育费附加等。

（1）营业税 营业额是指从事建筑、安装、修缮、装饰及其他工程作业收取的全部收入，还包括建筑、修缮、装饰工程所用原材料及其他物资和动力的价款。营业税是所取得营业额征收的一种税。

（2）城乡维护建设税 城乡维护建设税是国家为了加强城乡的维护建设，稳定和扩大城市、乡镇维护建设的资金来源，而对有经营收入的单位和个人征收的一种税。

（3）教育费附加 教育费附加由企业按应纳营业税额乘以3%确定。

2.4 施工图预算的编制

2.4.1 施工图预算编制的依据

1. 施工图样及其说明

施工图样及其说明是编制施工图预算的主要对象和依据。施工图样必须经建设、设计、施工单位共同会审确定后，才能作为编制的依据。

2. 预算定额或单位估价表

预算定额或单位估价表是编制预算的基础资料，施工图预算项目的划分、工程量计算等都必须以预算定额为依据。

3. 工程量计算规则

与《全国统一安装工程预算定额》配套执行的"工程量计算规则"是计算工程量、套用定额单价的必备依据。

4. 批准的初步设计及设计概算等有关文件

我国基本建设预算制度决定了经批准的初步设计、设计概算是编制施工图预算的依据。

5. 费用定额及取费标准

费用定额及取费标准是计取各项应取费用的标准。目前各省、市、自治区都制定了费用定额及取费标准，编制施工图预算时，应按工程所在地的规定执行。

6. 地区人工工资、材料及机械台班预算价格

预算定额的工资标准仅限定额编制时的工资水平，在实际编制预算时应结合当时、当地的相应工资单价调整。同样，在一段时间内，材料价格和机械费都可能变动很大，必须按照当地规定调整价差。

7. 施工组织设计或施工方案

施工组织设计或施工方案是确定工程进度计划、施工方法或主要技术组织措施以及施工现场平面布置和其他有关准备工作的文件。经过批准的施工组织设计或施工方案是编制施工图预算的依据。

8. 建设单位、施工单位共同拟订的施工合同、协议

建设单位、施工单位共同拟订的施工合同、协议，包括材料加工订货方面的分工，材料供应方式等的协议。

2.4.2　编制施工图预算的步骤

在编制依据和文件已具备的情况下，可按下列步骤进行施工图预算的编制。

1. 阅读施工图

通过阅读施工图，了解设计意图，才能正确地计算出工程量，正确地选用定额。

2. 了解现场情况和施工组织设计资料

通过了解现场情况和施工组织设计资料，预算人员能够确切掌握工程施工条件、该工程可能采用的施工方法等，为正确地分层、分段计算工程量及正确选用定额提供必需的基础资料。

3. 计算工程量

工程量是指以物理计量单位或自然计量单位所表示的各分项工程或结构构件的实物数量。物理计量单位是指以度量表示的长度、面积、质量等计量单位；自然计量单位是指在自然状态下安装成品所表示的台、个、块等计量单位。

计算工程量是编制施工图预算过程中的重要步骤，工程量计算的正确与否，直接影响施工图预算的编制质量。计算工程量必须注意：计算口径应与预算定额相一致，计算工程量时所列分项工程内容应与定额中项目内容一致；计算单位应与预算定额相一致；计算方法应与定额规定相一致，这样才能符合施工图预算编制的要求。

需要注意：由于安装工程涉及的专业工程很多，因此，其工程量计算比较复杂，主要表现在安装工程的专业性较强，各专业施工图所用的标准都不一样，要完全读懂施工图必须具备一定的专业知识；安装工程涉及机械设备、电气设备、热力设备、工业管道、给排水、采暖、通风空调等专业工程安装，施工及验收规范、技术操作规程不尽相同，为预算的编制带来了难度；安装工程每个专业的工程量计算规则都不一样。因此，在进行工程量的计算时应熟悉各专业安装工程施工图，掌握各专业的工程量计算规则，并不断积累工程量计算的经验，完善工程量的计算方法。

4. 计算各种应取费用和累计总价

根据各地区颁发的现行的费用定额、计价文件等，计算间接费、利润、税金和其他费用等，并累计得出单位工程含税总造价。

5. 计算单位工程经济指标

单位工程经济指标包括单位工程每平方米造价、主要材料消耗指标、劳动量消耗指标等。

6. 编写预算编制说明

编制说明简明扼要地介绍编制依据（定额、价格标准、费用标准、调价系数等）、编制范围等。

7. 校核、复核及审核

工程预算造价书完成后必须进行自校、校核、审核、复制、备案等过程。

工程预算造价书的审查有很多种方法，根据要求不同可以灵活运用，最基本的方法有全面审查法、重点审查法、指标审查法三种。

1）全面审查法就是根据施工图样、合同和定额及有关规定。对工程预算造价书内容一项不漏地，逐一审查的方法。

2）重点审查法是抓住预算中的重点部分进行审查的方法。所谓重点，一是根据工程特点，工程某部分复杂，工程量计算繁杂，定额缺项多对整个造价有明显影响者；二是工程数量多、单价高，占造价比例大的子目；三是在编制预算造价书过程中易犯错误处或易弄假处。

3）指标审查法就是利用建筑结构、用途、工程规模、建造标准基本相同的工程预算造价及各项技术经济指标，与被审查的工程造价相比较，这些指标和造价基本相符，则可认为该预算造价计算基本上是合理的。如果出入较大，应该做进一步分析对比，找出重点，进行审查。

2.4.3 施工图预算书包含的内容

施工图预算书的具体格式可参见各章定额计价实例。一般包括封面、目录、编制说明、预算分析表、计费程序表、工程量汇总表、工料分析等内容。

1. 封面

预算书的封面格式根据其用途不同，可以包括不同的项目。通常必须包括工程编号、工程名称、工程造价、单位建筑面积的造价、编制单位、编制人及证号、编制时间等。

对于中介单位，封面通常还须包括招标单位名称。对于施工单位，则应包括建设单位名称等。对于投标单位，则应包括投标人及其法人代表等信息。

2. 目录

对于内容较多的预算书，将其内容按顺序排列，并给出页码编号，以方便查找。

3. 编制说明

编制说明是将编制过程的依据及其他要说明的问题罗列出来。主要包括：

1）工程名称及建设所在地和该地工资区类别。

2）根据×设计院×年度×号图样编制。

3）采用×年度×地×种定额。

4）采用×年度×地×取费标准（或文号）。

5）根据×地×年×号文件调整价差。

6）根据×号合同规定的工程范围编制的预算。

7）定额换算原因、依据、方法。

8）未解决的遗留问题。

4. 预算分析表

使用广东省估价表的预算分析表格式见表2-6。

表2-6　预算分析表示例

工程名称：　　　　　　　　　　　　　　　　　　　　　　　　　　　　第　页　共　页

序号	定额编号	名称及说明	单位	数量	单位价值/元						总价值/元					
					损耗	主材费	人工费	材料费	机械费	管理费	主材费	人工费	材料费	机械费	管理费	合计

编制人：　　　　　　　　　　　证号：　　　　　　　　　　　编制日期：

5. 计费程序表

对于不同地区的工程应采用当地的计费程序进行计费。表2-7所示是广东省安装工程计费程序表。

表2-7　广东省安装工程计费程序表示例

工程名称：　　　　　　　　　　　　　　　　　　　　　　　　　　　　第　页　共　页

行号	序号	名称	计算办法	金额(元)	备注
1	一、	分部分项工程费	[2]+[9]		
2	1.	定额分部分项工程费	[3]+[4]+[7]+[8]		
3	1.1	人工费	人工费合计		
4	1.2	材料费	[5]+[6]		
5	1.2.1	主材费	主材费合计+设备费合计		
6	1.2.2	辅材费	材料费合计		
7	1.3	机械费	机械费合计		

（续）

行号	序 号	名 称	计 算 办 法	金额（元）	备 注
8	1.4	管理费	管理费合计		
9	2	价差	[10～12]		
10	2.1	人工价差	人工表价差合计		
11	2.2	辅材价差	材料表价差合计		
12	2.3	机械价差	机械表价差合计		
13	二、	利润	（[3]+[10]）×27.5%		
14	三、	措施项目费	措施项目费		
15	四、	其他项目费	其他项目费		
16	五、	规费	[17～20]		
17	5.1	社会保险费	（[3]+[10]）×27.81%		
18	5.2	住房公积金	（[3]+[10]）×8%		
19	5.3	工程定额测定费	（[1]+[13]+[14]+[15]）×0.1%		
20	5.4	工程排污费	（[1]+[13]+[14]+[15]）×0.33%		
21	六、	不含税工程造价	[1]+[13]+[14]+[15]+[16]		
22	七、	税金	[21]×3.41%		
23	八、	含税工程造价	[21]+[22]		
24	含税工程造价：		（大写）	小写：	

法定代表人：　　　　　　　编制单位（盖章）：　　　　　　　编制日期：

6. 工程量汇总表
将安装工程中所有工程量分类汇总。

7. 工、料、机分析
将人工、材料、机械耗量等进行汇总。

复习思考题

1. 什么是《全国统一安装工程预算定额》？它分成哪几册？每册包含哪几部分？
2. 定额人工消耗量是如何确定的？人工工日单价是如何确定的？
3. 定额施工机械台班单价是如何确定的？
4. 什么是预算定额基价？它包括哪几部分？
5. 什么是子目系数？它包括哪几种？如何利用子目系数计算相关费用？
6. 什么是综合系数？它包括哪几种？如何利用综合系数计算相关费用？
7. 在预算编制过程中，如何区别设备和材料？
8. 材料价差如何调整？
9. 什么是安装工程施工图预算？建筑安装工程造价费用由哪几部分构成？
10. 什么是直接费？直接费由哪几部分组成？
11. 什么是间接费？间接费由哪几部分组成？
12. 施工图预算书包括哪些内容？

第 3 章
安装工程造价工程量清单计价方法

3.1 工程量清单计价的概念

3.1.1 工程量清单及工程量清单计价

所谓工程量清单就是载明建设工程分部分项工程项目、措施项目、其他项目的名称和相应数量及规费、税金项目等内容的明细清单。工程量清单在不同阶段，又可分别称为"招标工程量清单""已标价工程量清单"等。

招标工程量清单是招标人依据国家标准、招标文件、设计文件及施工现场实际情况编制的，随招标文件发布供投标报价的工程量清单，包括其说明和表格。具体来说是在建设工程招投标阶段由具有编制能力的招标人或受其委托、具有相应资质的工程造价咨询人编制的技术文件，必须作为招标文件的组成部分，其准确性和完整性由招标人负责。招标工程量清单应以单位（单项）工程为单位编制，由分部分项工程项目清单、措施项目清单、其他项目清单、规费和税金项目清单组成。

已标价工程量清单是指构成合同文件组成部分的投标文件中已标明价格，经算术性错误修正（如有）且承包人已确认的工程量清单，包括其说明和表格。

工程量清单计价是建设工程招投标中，利用工程量清单进行造价计算的一种方法。招标人编制招标控制价和投标人编制投标价均可以利用工程量清单计价方法。所谓招标控制价是指招标人根据国家或省级、行业建设主管部门颁发的有关计价依据和办法，以及拟定的招标文件和招标工程量清单，结合工程具体情况编制的招标工程的最高投标限价。所谓投标价是指投标人投标时响应招标文件要求所报出的对已标价工程量清单汇总后标明的总价。

在建设工程招投标过程中，工程量清单计价按造价的形成过程分为两个阶段，第一阶段是招标人编制工程量清单，作为招标文件的组成部分；第二阶段由投标人根据工程量清单进行计价或报价。

为了规范建设工程造价计价行为，统一建设工程计价文件的编制原则和计价方法，我国专门制定了国家标准 GB 50500—2013《建设工程工程量清单计价规范》，同时还配套有相应的"工程量计算规范"，用来统一工程量的计算规则及工程量清单的编制方法。"工程量计算规范"按专业分为九册，分别是《房屋建筑与装饰工程工程量计算规范》《仿古建筑工程工程量计算规范》《通用安装工程工程量计算规范》《市政工程工程量计算规范》《园林绿化工程工程量计算规范》《矿山工程工程量计算规范》《构筑物工程工程量计算规范》《城市轨道交通工程工程量计算规范》《爆破工程工程量计算规范》。

3.1.2　工程量清单计价的特点

工程量清单计价是改革和完善工程价格管理体制的一个重要的组成部分。工程量清单计价方法相对于定额计价方法是一种新的计价模式，或者说是一种市场定价模式，是由建设产品的买方和卖方在建设市场上根据供求状况、信息状况进行自由竞价，从而最终能够签订工程合同价格的方法。在工程量清单的计价过程中，工程量清单为建设市场的交易双方提供了一个平等的平台，其内容和编制原则的确定是整个计价方式改革中的重要工作。

与在招投标过程中采用定额计价法相比，采用工程量清单计价方法具有如下特点：

1）满足竞争的需要。招投标过程本身就是一个竞争的过程，招标人给出工程量清单，投标人去填单价（此单价为综合单价，一般包括成本、利润），填高了中不了标，填低了又要赔本，这时候就体现出了企业技术、管理水平的重要性，形成了企业整体实力的竞争。

2）提供了一个平等的竞争条件。采用施工图预算来投标报价，由于设计图样的缺陷，不同投标企业的人员理解不一，计算出的工程量也不同，报价相去甚远，容易产生纠纷。而工程量清单报价就为投标者提供一个平等竞争的条件，相同的工程量，由企业根据自身的实力来填不同的单价，符合商品交换的一般性原则。

3）有利于工程款的拨付和工程造价的最终确定。中标后，业主要与中标施工企业签订施工合同，工程量清单报价基础上的中标价就成了合同价的基础。投标清单上的单价也就成了拨付工程款的依据。业主根据施工企业完成的工程量，可以很容易地确定进度款的拨付额。工程竣工后，再根据设计变更、工程量的增减乘以相应单价，业主也很容易确定工程的最终造价。

4）有利于实现风险的合理分担。采用工程量清单报价方式后，投标单位只对自己所报的成本、单价等负责，而对工程量的变更或计算错误等不负责任；相应地，对于这一部分风险则应由业主承担，这种格局符合风险合理分担与责权利关系对等的一般原则。

5）有利于业主对投资的控制。采用施工图预算形式，业主对因设计变更、工程量的增减所引起的工程造价变化不敏感，往往等竣工结算时才知道这些对项目投资的影响有多大，但此时常常是为时已晚。而采用工程量清单计价的方式则一目了然，在要进行设计变更时，能马上知道它对工程造价的影响，这样业主就能根据投资情况来决定是否变更或进行方案比较，以决定最恰当的处理方法。

3.1.3　工程量清单计价方式下的安装工程造价组成

表3-1所示是采用工程量清单计价时的造价费用组成。由表可见，工程造价由分部分项工程费（含管理费、价差、利润）、措施项目费、其他项目费、规费和税金组成。

表3-1　安装工程费用组成（工程量清单计价）

安装工程费	措施项目费	专业措施项目费
		安全文明施工及其他措施项目费
	其他项目费	暂列金额
		暂估价
		计日工
		总承包服务费
	规费	工程排污费
		社会保险费
		住房公积金
	税金	营业税
		城市维护建设税
		教育费附加
		地方教育附加

（1）分部分项工程费　是指工程实体的费用，即为完成设计图样工程所需的费用。

（2）措施项目费　是指为完成工程项目施工，发生于该工程施工准备和施工过程中的技术、生活、安全、环境保护等方面的项目所需的费用。措施项目分专业措施项目、安全文明施工及其他措施项目两大类。

（3）其他项目费　其他项目费包括暂列金额、暂估价、计日工及总承包服务费。

1）暂列金额：是指"招标人"在工程量清单中暂定并包含在合同价款中的一笔款项。用于施工合同签订时尚未确定或者不可预见的所需材料、工程设备、服务的采购，施工中可能发生的工程变更、合同约定调整因素出现时的合同价款调整及发生的索赔、现场签证确认等的费用。

2）暂估价：是指招标人在工程量清单中提供的用于支付必然发生但暂时不能确定价格的材料、工程设备的单价及专业工程的金额。

3）计日工：是指在施工过程中，承包人完成发包人提出的工程合同范围以外的零星项目或工作，按合同中约定的单价计价的一种方式。计日工包括计日工"人工、材料和施工机械"。

4）总承包服务费：是指总承包人为配合协调发包人进行的专业工程分包，对发包人自行采购的材料、工程设备等进行保管及施工现场管理、竣工资料汇总整理等服务所需的费用。

（4）规费　是指根据国家法律、法规规定，由省级政府或省级有关权力部门规定施工企业必须缴纳的，应计入建筑安装工程造价的费用。

（5）税金　是指国家税法规定的应计入建筑安装工程造价内的营业税、城市维护建设税、教育费附加和地方教育附加。

3.2　工程量清单的编制

工程量清单由有编制招标文件能力的招标人或受其委托具有相应资质的工程造价咨询机构、招标代理机构依据有关计价办法、招标文件的有关要求、设计文件和施工现场实际情况进行编制，必须作为招标文件的组成部分，其准确性和完整性由招标人负责。

工程量清单由分部分项工程量清单、措施项目清单和其他项目清单等组成，是编制招标控制价和投标报价的依据，是签订工程合同、调整工程量和办理竣工结算的基础。

工程量清单编制必须遵循 GB 50500—2013《建设工程工程量清单计价规范》以及相关的工程量计算规范的规定，本专业所涉及的内容主要执行 GB 50856—2013《通用安装工程工程量计算规范》的规定。

《建设工程工程量清单计价规范》正文共 16 章，包括总则、术语、一般规定、工程量清单编制、招标控制价、投标报价、合同价款约定、工程计量、合同价款调整、合同价款期中支付、竣工结算与支付、合同解除的价款结算与支付、合同价款争议的解决、工程造价鉴定、工程计价资料与档案、工程计价表格等。附录共 11 部分，主要是计价过程中使用的各种表格。

《通用安装工程工程量计算规范》正文包括总则、术语、工程计量、工程量清单编制等四部分内容。附录按专业划分为 13 部分，包括附录 A "机械设备安装工程"、附录 B "热力设备安装工程"、附录 C "静置设备与工艺金属结构制作安装工程"、附录 D "电气设备安装工程"、附录 E "建筑智能化工程"、附录 F "自动化控制仪表安装工程"、附录 G "通风空调工程"、附录 H "工业管道工程"、附录 J "消防工程"、附录 K "给排水、采暖、燃气工程"、附录 L "通信设备及线路工程"、附录 M "刷油、防腐蚀、绝热工程"、附录 N "措施项目"。

工程量清单编制依据包括：

1）《建设工程工程量清单计价规范》及相关的工程量计算规范。

2）国家或省级、行业建设主管部门颁发的计价定额和办法。

3）建设工程设计文件及相关资料。

4）与建设工程相关的标准、规范、技术资料。

5）招标文件。

6）施工现场情况、地勘水文资料、工程特点及常规施工方法。

7）其他相关资料。

3.2.1　分部分项工程量清单的编制

分部分项工程量清单应按照《通用安装工程工程量计算规范》相应附录中规定的项目编码、项目名称、项目特征、计量单位和工程量计算规则进行编制。招标人必须按规范规定执行，不得因情况不同而变动。在设置清单项目时，以规范附录中项目名称为主体，考虑该项目的规格、型号、材质等特征要求，结合拟建工程的实际情况，在清单中详细地反映影响工程造价的主要因素。表 3-2 所示是附录 K "给排水、采暖、燃气工程"中 K.1 "给排水、采暖、燃气管道"中部分工程量清单的项目设置表。

表3-2　工程量清单的项目设置

项目编码	项目名称	项目特征	计量单位	工程量计算规则	工作内容
031001001	镀锌钢管	1. 安装部位 2. 介质 3. 规格、压力等级 4. 连接形式 5. 压力试验及吹、洗设计要求 6. 警示带形式	m	按设计图示管道中心线以长度计算	1. 管道安装 2. 管件制作、安装 3. 压力试验 4. 吹扫、冲洗 5. 警示带铺设
031001002	钢管				
031001003	不锈钢管				
031001004	铜管				

1. 项目编码

《通用安装工程工程量计算规范》附录文件中对每一个分部分项工程清单项目均给定一个编码。项目编码用十二位阿拉伯数字表示。具体编码代表的含义如下：

一、二位为专业工程代码，01 为房屋建筑与装饰工程，02 为仿古建筑工程工程量计算规范，03 为通用安装工程，04 为市政工程，05 为园林绿化工程，06 为矿山工程，07 为构筑物工程，08 为城市轨道交通工程，09 为爆破工程，以后进入国标的专业工程代码以此类推。

三、四位为附录分类顺序码，01 为机械设备安装工程，02 为热力设备安装工程，03 为静置设备与工艺金属结构制作安装工程，04 为电气设备安装工程，05 为建筑智能化工程，06 为自动化控制仪表安装工程，07 为通风空调工程，08 为工业管道工程，09 为消防工程，10 为给排水、采暖、燃气工程，11 为通信设备及线路工程，12 为刷油、防腐蚀、绝热工程。

五、六位为分部分项工程的顺序码。

七、八、九位为分部分项工程项目名称的顺序码。

十、十一、十二位为清单项目名称顺序码。

例：030703001 表示"通用安装工程"专业工程中的附录 G"通风空调工程"中的分部分项工程"通风管道部件制作安装"中的第 1 项"碳钢阀门"项目。

例：031001004 表示"通用安装工程"专业工程中的附录 K"给排水、采暖、燃气工程"中的分部分项工程"给排水、采暖、燃气管道"中的第 6 项"铜管"项目。

当同一标段（或合同段）的一份工程量清单中含有多个单位工程且工程量清单是以单位工程为编制对象时，在编制工程量清单时应特别注意对项目编码十至十二位的设置不得有重码的规定。例如：一个标段的工程量清单中含有三个单位工程，每一个单位工程中都有项目特征相同的电梯安装工作，在工程清单中又需要反映三个不同单位工程的电梯工程量时，则第一个单位工程的电梯项目编码应为 030107001001，第二个单位工程的电梯项目编码应为 030107001002，第三个单位工程的电梯项目编码应为 030107001003。

随着工程建设中新材料、新技术、新工艺等的不断涌现，工程量计算规范附录中所列的工程量清单项目不可能包含所有项目。在编制工程量清单时，当出现附录中未包括的清单项目时，编制人可以补充。补充时要注意：①补充项目的编码要按计算规范的规定确定。补充项目的编码由通用安装工程代码 03 与 B 和三位阿拉伯数字组成，并应从 03B001 开始，同时也要注意同一招标工程的项目不得有重码；②在工程量中应补充项目名称、项目特征、计量单位、工程量计算规划和工作内容；③将编制的补充项目报省级或行业工程造价管理机构备案。

2. 项目名称

分部分项工程量清单项目名称应按附录的项目名称结合拟建工程的实际确定。

3. 项目特征

项目特征是确定一个清单项目综合单价不可缺少的重要依据，在编制工程量清单时必须对项目特征进行准确、全面的描述。

项目特征按不同的工程部位、施工工艺或材料品种、规格等分别列项。凡项目特征中未描述到的其他独有特征，由清单编制人视项目具体情况确定，以准确描述清单项目为准。安装工程项目的特征主要体现在以下几个方面：

1）项目的本体特征。属于这些特征的主要有项目的材质、型号、规格、品牌等，这些特征对工程造价影响较大，若不加以区分，必然造成计价混乱。

2）安装工艺方面的特征。对于项目的安装工艺，在清单编制时有必要进行详细说明。例如：$DN \leqslant 100$ 的镀锌钢管采用螺纹连接，$DN > 100$ 的管道连接可采用法兰连接或卡套式专用管件连接，在清单项目设置时，必须描述其连接方法。

3）对工艺或施工方法有影响的特征。有些特征将直接影响施工方法，从而影响工程造价。例如设备的安装高度，室外埋地管道工程地下水的有关情况等。

计价规范中各部分的基本安装高度：附录 A 机械设备安装工程 10m，附录 D 电气设备安装工程 5m，附录 E 建筑智能化工程 5m，附录 G 通风空调工程 6m，附录 J 消防工程 5m，附录 K 给排水、采暖、燃气工程 3.6m，附录 M 刷油、防腐蚀、绝热工程 6m。

安装工程项目的特征是清单项目设置的重要内容，在设置清单项目时，应对项目的特征作全面的描述。即使是同一规格同一材质的项目，如果安装工艺或安装位置不一样时，应考虑分别设置清单项目。原则上具有不同特征的项目都应分别列项。只有做到清单项目清晰、准确，才能使投标人全面、准确地理解招标人的工程内容和要求，做到计价有效。招标人编制工程量清单时，对项目特征的描述，是非常关键的内容，必须予以足够的重视。

4. 计量单位

计量单位应采用基本单位，不使用扩大单位（100kg、10m²、10m 等），这一点与定额计价有很大差别（各专业另有特殊规定除外）。以质量计算的项目——吨或千克（t 或 kg）；以体积计算的项目——立方米（m³）；以面积计算的项目——平方米（m²）；以长度计算的项目——米（m）；以自然计量单位计算的项目——个；没有具体数量的项目——系统、项。

以"t"为单位的，保留小数点后三位，第四位小数四舍五入；以"m""m²""m³""kg"为单位，应保留两位小数，第三位小数四舍五入；以"台""个""件""套""根""组""系统"等为单位的，应取整数。

5. 工程量计算规则

所谓工程量计算是指建设项目以工程设计图样、施工组织设计或施工方案及有关技术经济文件为依据，按照相关工程国家标准的计算规则、计量单位等规定，进行工程数量的计算活动，也称"工程计量"。

6. 工作内容

工作内容是指完成该清单项目可能发生的具体工作，可供招标人确定清单项目和投标人投标报价参考，需要指出的是，对没有发生的工作内容不能计入清单项目的综合单价。

3.2.2 措施项目清单的编制

措施项目清单的编制，应考虑多种因素，除工程本身的因素外，还涉及水文、气象、环境、安全等和施工企业的实际情况。

措施项目分专业措施项目、安全文明施工及其他措施项目两大类，《通用安装工程工程量计算规范》附录N中列出了措施项目内容，见表3-3和表3-4。

措施项目中列出了项目编码、项目名称、项目特征、计量单位、工程量计算规则的项目，编制工程量清单时，应根据分部分项工程量清单编制要求执行。如措施项目仅列出了项目编码、项目名称，未列出项目特征、计量单位、工程量计算规则的项目，编制工程量清单时，应按附录N措施项目规定的项目编码、项目名称确定。

表3-3 专业措施项目一览表

序 号	项 目 名 称	序 号	项 目 名 称
1	吊装加固	10	安装与生产同时进行增加
2	金属抱杆安装、拆除、移位	11	在有害身体健康环境中施工增加
3	平台铺设、拆除	12	工程系统检测、检验
4	顶升、提升装置	13	设备、管道施工的安全、防冻和焊接保护
5	大型设备专用机具	14	焦炉烘炉、热态工程
6	焊接工艺评定	15	管道安拆后的充气保护
7	胎（模）具制作、安装、拆除	16	隧道内施工的通风、供水、供气、供电、照明及通信设施
8	防护棚制作安装拆除	17	脚手架搭拆
9	特殊地区施工增加	18	其他措施

表3-4 安全文明施工及其他措施项目一览表

序 号	项 目 名 称
1	安全文明施工（含环境保护、文明施工、安全施工、临时设施）
2	夜间施工增加
3	非夜间施工增加
4	二次搬运
5	冬雨期施工增加
6	已完工程及设备保护
7	高层施工增加

措施项目费为一次性报价，通常不调整。结算需要调整的，必须在招标文件和合同中明确。

3.2.3　其他项目清单的编制

其他项目清单应根据拟建工程的具体情况列项。一般包括暂列金额、暂估价、计日工、总承包服务费。

3.3　工程量清单计价

工程量清单计价是指投标人根据招标人公开提供的工程量清单进行自主报价或招标人编制招标控制价及承发包双方确定合同价款、调整工程竣工结算等活动。

工程量清单计价采用综合单价计价。综合单价是完成一个规定清单项目所需的人工费、材料和工程设备费、施工机具使用费和企业管理费、利润及一定范围内的风险费用。综合单价不但适用于分部分项工程量清单，也适用于措施项目清单、其他项目清单等。

工程量清单计价的价款应包括按招标文件规定，完成工程量清单所列项目的全部费用，包括分部分项工程费、措施项目费、其他项目费和规费、税金。

工程量清单计价的主要依据包括：

1)《建设工程工程量清单计价规范》。

2) 国家或省级、行业建设主管部门颁发的计价办法。

3) 企业定额，国家或省级、行业建设主管部门颁发的计价定额和计价办法。

4) 招标文件、招标工程量清单及其补充通知、答疑纪要。

5) 建设工程设计文件及相关资料。

6) 施工现场情况、工程特点及投标时拟定的施工组织设计或施工方案。

7) 与建设工程相关的标准、规范、技术资料。

8) 市场价格信息或工程造价管理机构发布的工程造价信息。

9) 其他相关资料。

3.3.1　分部分项工程费

安装工程分部分项工程费 = ∑清单工程量×综合单价。

分部分项工程量清单的综合单价，应按设计文件或参照《通用安装工程工程量计算规范》附录文件中的工程内容确定。分部分项工程的综合单价包括以下内容：

1) 分部分项工程一个清单计量单位人工费、材料费、机械费、管理费、利润。

2) 在不同条件下施工需增加的人工费、材料费、机械费、管理费、利润。

3) 人工、材料、机械动态价格调整与相应的管理费、利润调整。

4) 包括招标文件要求的风险费用。

综合单价的计算依据是招标文件（包括招标用图）、合同条件、工程量清单和定额。特别要注意清单对"项目特征"及"工作内容"的描述。分部分项工程量清单综合单价的确定一般采用综合单价分析表进行（见表3-5）。在综合单价组成明细中，列出该清单下实际发生的所有工作的价格（没有发生的工作不计价）。综合单价分析可以采用国家或省级、行业建设主管部门颁发的计价定额和计价办法。

表 3-5　综合单价分析表

项目编码				项目名称				计量单位			工程量	
清单综合单价组成明细												
定额编号	定额项目名称	定额单位	数量	单价				合价				
				人工费	材料费	机械费	管理费和利润	人工费	材料费	机械费	管理费和利润	
人工单价			小计									
元/工日			未计价材料费									
清单项目综合单价												
材料费明细	主要材料名称、型号、规格				单位	数量	单价（元）	合价（元）	暂估单价（元）	暂估合价（元）		
	其他材料费						—		—			
	材料费小计						—		—			

3.3.2　措施项目费

我国将措施项目费中的安全文明施工费纳入国家强制性管理范围，其费用标准不予竞争。除此之外的措施项目费属于竞争性的费用，投标报价时由编制人根据企业的情况自行计算，可高可低。编制人没有计算或少计算的费用，视为此费用已包括在其他费用内，额外的费用除招标文件和合同约定外，不予支付。

措施项目在计价时分两类情况，一类是不能计算工程量的项目，如文明施工和安全防护、临时设施等，以“项”计价，称为“总价项目”；另一类是可以计算工程量的项目，如脚手架、降水工程等，以“量”计价，称为“单价项目”。

对于以“总价项目”形式计价的措施项目，其计算方法是以某确定的“计算基础”乘以相应的费率来确定的。如安全文明施工费的计算基础可为“定额基价”“定额人工费”或“定额人工费 + 定额机械费”等。

对于以“单价项目”形式计算措施项目的综合单价时，应根据拟建工程的施工组织设计或施工方案，详细分析其所含的工程内容，然后确定其综合单价。措施项目不同，其综合单价组成内容可能有差异。

3.3.3　其他项目费

其他项目费包括暂列金额、暂估价、计日工及总承包服务费。

暂列金额：是指编制招标控制价时，暂列金额可根据工程特点、工期长短，按有关计价规定进行估算，一般可按分部分项工程费的 10% ～15% 为参考。

暂估价：是指编制招标控制价时，材料暂估价单价应按工程造价管理机构发布的工程造价信息或参考市场价格确定。专业工程暂估价应分不同专业，按有关计价规定估算。

计日工：是指编制招标控制价时，招标人应根据工程特点，按照列出的计日工项目和有关计价依据计算。

总承包服务费：是指编制招标控制价时，招标人应根据招标文件中列出的内容和向总承包人提出的要求参照下列标准计算：①招标人仅要求对分包的专业工程进行总承包管理和协调时，按分包的专业工程估算造价的 1.5% 计算；②招标人要求对分包的专业工程进行总承包管理和协调并同时要求提供配合服务时，根据招标文件中列出的配合服务内容的和提出的要求按分包的专业工程估算造价的 3% ~ 5% 计算；③招标人自行供应材料的，按招标人供应材料价值的 1% 计算。

3.3.4　工程量清单计价步骤

工程量清单计价的基本过程可以描述为：在统一的工程量计算规则的基础上，制定工程量清单项目设置规则，根据具体工程的施工图样计算出各个清单项目的工程量，再根据各种渠道所获得的工程造价信息和经验数据计算得到工程造价。这一计算过程如图 3-1 所示。

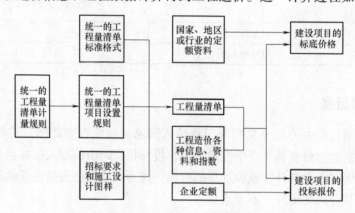

图 3-1　工程量清单计价过程示意图

从工程量清单计价过程的示意图中可以看出，其编制过程可以分为两个阶段：工程量清单的编制和利用工程量清单来进行投标报价。投标报价是在业主提供的工程量计算结果的基础上，根据企业自身所掌握的各种信息、资料，结合企业定额、国家或省级、行业建设主管部门颁发的计价定额和计价办法编制得出的。

具体的步骤如下：

（1）研究招标文件，熟悉图样

1）熟悉工程量清单。工程量清单是计算工程造价最重要的依据，在计价时必须全面了解每一个清单项目的特征描述，熟悉其所包括的工程内容，以便在计价时不漏项。不重复计算。

2）研究招标文件。工程招标文件及合同条件的有关条款和要求，是计算工程造价的重要依据。在招标文件及合同条件中对有关承发包工程范围、内容、期限、工程材料、设备采购供应办法等都有具体规定，只有在计价时按规定进行，才能保证计价的有效性。因此，投标单位拿到招标文件后，根据招标文件的要求，要对照图样、招标文件提供的工程量清单进行复查或复核，其内容主要有：

a. 分专业对施工图进行工程量的数量审查。一般招标文件上要求投标单位核查工程量清单，如果投标单位不审查，则不能发现清单编制中存在的问题，也就不能充分利用招标单位给予投标单位澄清问题的机会，则由此产生的后果由投标单位自行负责。

b. 根据图样说明和选用的技术规范对工程量清单项目进行审查。这主要是指根据规范和技术要求，审查清单项目是否漏项，例如：电气设备中有许多调试工作（母线系统调试、低压供电系统调试等），是否在工程量清单中被漏项。

c. 根据技术要求和招标文件的具体要求，对工程需要增加的内容进行审查。认真研究招标文件是投标单位争取中标的第一要素。表面上看，各招标文件基本相同，但每个项目都有自己的特殊要求，这些要求一定会在招标文件中反映出来，这需要投标人仔细研究。有的工程量清单上要求增加的内容与技术要求和招标文件上的要求不统一，只有通过审查和澄清才能统一起来。

3）熟悉施工图样。全面、系统地阅读图样，是准确计算工程造价的重要工作。阅读图样时应注意以下几点：

a. 按设计要求，收集图样选用的标准图、大样图。

b. 认真阅读设计说明，掌握安装构件的部位和尺寸，安装施工要求及特点。

c. 了解本专业施工与其他专业施工工序之间的关系。

d. 对图样中的错、漏以及表示不清楚的地方予以记录，以便在招标答疑会上询问解决。

4）熟悉工程量计算规则。当分部分项工程的综合单价采用定额进行单价分析时，对定额工程量计算规则的熟悉和掌握，是快速、准确地进行单价分析的重要保证。

5）了解施工组织设计。施工组织设计或施工方案是施工单位的技术部门针对具体工程编制的施工作业的指导性文件，其中对施工技术措施、安全措施、施工机械配置。是否增加辅助项目等，都应在工程计价的过程中予以注意。施工组织设计所涉及的图样以外的费用主要属于措施项目费。

6）熟悉加工订货的有关情况。明确建设、施工单位双方在加工订货方面的分工。向需要进行委托加工订货的设备、材料生产厂或供应商询价，并落实厂家或供应商对产品交货期及产品到工地交货价格的承诺。

7）明确主材和设备的来源情况。主材和设备的型号、规格、质量、材质、品牌等对工程造价影响很大，因此主材和设备的范围及有关内容需要发包人予以明确，必要时注明产地和厂家。大宗材料和设备价格，必须考虑交货期和从交通运输线至工地现场的运输条件。

（2）计算工程量　清单计价的工程量计算主要有两部分内容，一是核算工程量清单所提供清单项目工程量是否准确，二是计算每一个清单项目所组合的工程项目（子项）的工程量，以便进行单价分析。在计算工程量时，应注意清单计价和定额计价时的计算方法不同。

（3）分部分项工程量清单计价　分部分项工程量清单计价分两个步骤：第一步是按招标文件给定的工程量清单项目逐个进行综合单价分析。在分析计算依据采用方面，可采用企业定额，也可采用各地现行的安装工程综合定额。第二步，按分部分项工程量清单计价格式，将每个清单项目的工程数量，分别乘以对应的综合单价计算出各项合价，再将各项合价汇总。

（4）措施项目清单计价　措施项目清单是完成项目施工必须采取的措施所需的工程内容，一般在招标文件中提供。如提供的项目与拟建工程情况不完全相符时，投标人可做增减。费用的计算可参照计价办法中措施项目指引的计算方法进行，也可按施工方案和施工组织设计中相应项目要求进行人工、材料、机械分析计算。

（5）其他项目、规费、税金的计算　其他项目费、规费、税金可按各地规定计算。

3.3.5　工程量清单计价汇总

工程量清单计价汇总见表3-6。

表3-6　工程量清单计价汇总表

序　号	名　称	计 算 办 法
1	分部分项工程费	Σ（清单工程量×综合单价）
2	措施项目费	按规定计算（含利润）
3	其他项目费	按招标文件规定计算
4	规费	按规定计算
5	不含税工程造价	1＋2＋3＋4
6	税金	按税务部门规定计算
7	含税工程造价	5＋6

3.4　工程量清单计价表格

根据《建设工程工程量清单计价规范》的要求，工程量清单与计价要使用统一的表格。

1）招标工程量清单的封面见表3-7、扉页见表3-8。招标控制价封面见表3-9、扉页见表3-10。投标总价封面见表3-11、扉页见表3-12。

表3-7　招标工程量清单封面

　　　　　　　　　　工程

招标工程量清单

招　标　人：＿＿＿＿＿＿＿＿＿
（单位盖章）

造价咨询人：＿＿＿＿＿＿＿＿＿
（单位盖章）

年　月　日

表 3-8　招标工程量清单扉页

_____工程

招标工程量清单

招　标　人：_____　　　　　　造价咨询人：_____
　　　　　　　　（单位盖章）　　　　　　　　　　　　　　　　（单位资质专用章）

法定代表人　　　　　　　　　　　　　　　　法定代表人
或其授权人：_____　　　　　　或其授权人：_____
　　　　　　　　（签字或盖章）　　　　　　　　　　　　　（签字或盖章）

编　制　人：_____　　　　　　复　核　人：_____
　　　　　（造价人员签字盖专用章）　　　　　　　　　（造价工程师签字盖专用章）

编制时间：　年　月　日　　　　　　　　　　复核时间：　年　月　日

表 3-9　招标控制价封面

_____工程

招标控制价

投　标　人：_____
　　　　　　　（单位盖章）

造价咨询人：_____
　　　　　　　（单位盖章）

年　　月　　日

表 3-10　招标控制价扉页

_____工程

招标控制价

招标控制价(小写)：_____
　　　　(大写)：_____

招　标　人：_____　　　　　　造价咨询人：_____
　　　　　　　　（单位盖章）　　　　　　　　　　　　　　　（单位资质专用章）

法定代表人　　　　　　　　　　　　　　　　法定代表人
或其授权人：_____　　　　　　或其授权人：_____
　　　　　　　　（签字或盖章）　　　　　　　　　　　　　（签字或盖章）

编　制　人：_____　　　　　　复　核　人：_____
　　　　　（造价人员签字盖专用章）　　　　　　　　　（造价工程师签字盖专用章）

编制时间：　年　月　　日　　　　　　　　　复核时间：　年　月　　日

表 3-11 投标总价封面

　　　　　　　　　　＿＿＿＿＿＿＿＿＿＿工程

投标总价

投　标　人：＿＿＿＿＿＿＿＿＿＿＿

（单位盖章）

年　月　日

表 3-12 投标总价扉页

投 标 总 价

招　标　人：＿＿＿＿＿＿＿＿＿＿＿

工 程 名 称：＿＿＿＿＿＿＿＿＿＿＿

投标总价（小写）：＿＿＿＿＿＿＿＿＿＿＿

　　　　　（大写）：＿＿＿＿＿＿＿＿＿＿＿

投　标　人：＿＿＿＿＿＿＿＿＿＿＿

（单位盖章）

法定代表人

或其授权人：＿＿＿＿＿＿＿＿＿＿＿

（签字或盖章）

编　制　人：＿＿＿＿＿＿＿＿＿＿＿

（造价人员签字盖专用章）

时　　间：　年　月　日

2）总说明格式见表 3-13。

表 3-13 总说明

工程名称：	第 页 共 页

　　工程量清单编制的总说明应包括：①工程概况（建设规模、工程特征、计划工期、施工现场实际情况、自然地理条件、环境保护要求等）；②工程招标和专业工程发包范围；③工程量清单编制依据；④工程质量、材料、施工等的特殊要求；⑤其他需要说明的问题。

　　工程量清单计价总说明应包括：①工程概况（建设规模、工程特征、计划工期、施工现场及变化情况、自然地理条件、环境保护要求等）；②编制依据。

　　3）工程计价汇总表包括建设项目招标控制价/投标报价汇总表、单项工程招标控制价/

投标报价汇总表及单位工程招标控制价/投标报价汇总表。表 3-14 所示，是单位工程招标控制价/投标报价汇总表。

表 3-14　单位工程招标控制价/投标报价汇总表

工程名称：　　　　　　　　　　标段：　　　　　　　　第　页　共　页

序　号	汇 总 内 容	金额（元）	其中：暂估价（元）
1	分部分项工程		
1.1			
1.2			
2	措施项目		—
2.1	其中：安全文明施工费		—
3	其他项目		—
3.1	其中：暂列金额		—
3.2	其中：专业工程暂估价		—
3.3	其中：计日工		—
3.4	其中：总承包服务费		—
4	规费		—
5	税金		—
招标控制价 合计 = 1 + 2 + 3 + 4 + 5			

注：本表适用于单位工程投标报价或招标控制价的汇总，如无单位工程划分，单项工程也使用本表汇总。

4）分部分项工程和单价措施项目计价表见表 3-15。招标人填写工程量清单部分内容，投标人填写金额栏。

表 3-15　分部分项工程和单价措施项目清单与计价表

工程名称：　　　　　　　　　　标段：　　　　　　　　第　页　共　页

序　号	项目编码	项目名称	项目特征描述	计量单位	工程量	金额（元）		
						综合单价	合价	其中：暂估价
本页小计								
合计								

注：为计取规费等的使用，可在表中增设其中："定额人工费"。

5）综合单价分析表见表 3-16。投标人应对每一个清单项目所报的综合单价按工程量清单综合单价分析表的格式进行分析。

表3-16　综合单价分析表

工程名称：　　　　　　　　　　　标段：　　　　　　　　　　　　　第 页 共 页

| 项目编码 | | 项目名称 | | 计量单位 | | 工程量 | |

清单综合单价组成明细

定额编号	定额项目名称	定额单位	数量	单价				合价			
				人工费	材料费	机械费	管理费和利润	人工费	材料费	机械费	管理费和利润
人工单价			小计								
元/工日			未计价材料费								
清单项目综合单价											

材料费明细	主要材料名称、型号、规格	单位	数量	单价（元）	合价（元）	暂估单价（元）	暂估合价（元）
	其他材料费			—		—	
	材料费小计			—		—	

注：1. 如不使用省级或行业建设主管部门发布的计价依据，可不填写定额编号、名称等。
　　2. 招标文件提供了暂估单价的材料，按暂估的单价填入表内"暂估单价"栏及"暂估合价"栏。

6）总价措施项目清单与计价表格式见3-17。

表3-17　总价措施项目清单与计价表

工程名称：　　　　　　　　　　　标段：　　　　　　　　　　　　　第 页 共 页

序　号	项 目 名 称	计算基础	费率（%）	金额（元）	调整费率（%）	调整后金额（元）	备　注
1	安全文明施工费						
2	夜间施工费						
3	二次搬运费						
4	冬雨期施工增加费						
5	已完工程及设备保护费						
	合计						

编制人（造价人员）：　　　　　　　复核人（造价工程师）：

注：1. "计算基础"中安全文明施工费可为"定额基价""定额人工费"或"定额人工费 + 定额机械费"，其他项目可为"定额人工费"或"定额人工费 + 定额机械费"。
　　2. 按施工方案计算的措施费，若无"计算基础"和"费率"的数值，也可只填"金额"数值，但应在备注栏说明施工方案出处或计算方法。

7）其他项目计价表见表3-18。暂列金额明细表见表3-19。材料（工程设备）暂估单价及调整表见表3-20。专业工程暂估价表见表3-21。计日工表见表3-22。总承包服务费计价表见表3-23。

表 3-18 其他项目清单与计价汇总表

工程名称：   标段：   第 页 共 页

序 号	项 目 名 称	金额（元）	结算金额（元）	备 注
1	暂列金额			明细详见表 3-20
2	暂估价			
2.1	材料（工程设备）暂估价/结算价		—	明细详见表 3-21
2.2	专业工程暂估价/结算价			明细详见表 3-22
3	计日工			明细详见表 3-23
4	总承包服务费			明细详见表 3-24
5	索赔与现场签证			
	合计			

注：材料（工程设备）暂估单价进入清单项目综合单价，此处不汇总。

表 3-19 暂列金额明细表

工程名称：   标段：   第 页 共 页

序 号	项 目 名 称	计 量 单 位	暂定金额（元）	备 注
1				
2				
3				
	合计			

注：此表由招标人填写，如不能详列，也可只列暂定金额总额，投标人应将上述暂列金额计入投标总价中。

表 3-20 材料（工程设备）暂估单价及调整表

工程名称：   标段：   第 页 共 页

序号	材料（工程设备）名称、规格、型号	计量单位	数量		暂估（元）		确认（元）		差额±（元）		备注
			暂估	确认	单价	合价	单价	合价	单价	合价	
	合计										

注：此表由招标人填写"暂估单价"，并在备注栏说明暂估价的材料、工程设备拟用在哪些清单项目上，投标人应将上述材料、工程设备暂估单价计入工程量清单综合单价报价中。

表 3-21 专业工程暂估价及结算价表

工程名称：   标段：   第 页 共 页

序 号	工 程 名 称	工 程 内 容	暂估金额（元）	结算金额（元）	差额±（元）	备 注
	合计					—

注：此表"暂估金额"由招标人填写，投标人应将"暂估金额"计入投标总价中。结算时按合同约定结算金额填写。

表3-22　计日工表

工程名称：　　　　　　　　　　　标段：　　　　　　　　　第　页　共　页

编　号	项目名称	单　位	暂定数量	实际数量	综合单价（元）	合价（元）	
						暂定	实际
一	人工						
1							
2							
人工小计							
二	材料						
1							
2							
材料小计							
三	施工机械						
1							
2							
施工机械小计							
四、企业管理费和利润							
总计							

注：此表项目名称、暂定数量由招标人填写，编制招标控制价时，单价由招标人按有关计价规定确定；投标时，单价由投标人自主报价，按暂定数量计算合价计入投标总价中。结算时，按发承包双方确认的实际数量计算合价。

表3-23　总承包服务费计价表

工程名称：　　　　　　　　　　　标段：　　　　　　　　　第　页　共　页

序　号	项目名称	项目价值（元）	服务内容	计算基础	费率（%）	金额（元）
1	发包人发包专业工程					
2	发包人供应材料					
	合计					

注：此表项目名称、服务内容由招标人填写，编制招标控制价时，费率及金额由招标人按有关计价规定确定；投标时，费率及金额由投标人自主报价，计入投标总价中。

8）规费、税金项目计价表见表3-24。

表3-24　规费、税金项目计价表

工程名称：　　　　　　　　　　　标段：　　　　　　　　　第　页　共　页

序　号	项目名称	计算基础	计算基数	计算费率（%）	金额（元）
1	规费	定额人工费			
1.1	社会保险费	定额人工费			
（1）	养老保险费	定额人工费			

（续）

序　号	项目名称	计算基础	计算基数	计算费率（%）	金额（元）
（2）	失业保险费	定额人工费			
（3）	医疗保险费	定额人工费			
（4）	工伤保险费	定额人工费			
（5）	生育保险费	定额人工费			
1.2	住房公积金	定额人工费			
1.3	工程排污费	按工程所在地环境保护部门收取标准，按实计入			
2	税金	分部分项工程费+措施项目费+其他项目费+规费-按规定不计税的工程设备金额			
	合计				

编制人（造价人员）：　　　　　　　　　　复核人（造价工程师）：

9）主要材料、工程设备一览表。发包人提供的材料和工程设备一览表见表3-25，承包人提供的材料和工程设备一览表见表3-26、表3-27。

表3-25　发包人提供的材料和工程设备一览表

工程名称：　　　　　　　　　　标段：　　　　　　　　　　第　页　共　页

序号	材料（工程设备）名称、规格、型号	单位	数量	单价（元）	交货方式	送达地点	备　注

注：此表由招标人填写，供投标人在投标报价、确定总承包服务费时参考。

表3-26　承包人提供的材料和工程设备一览表
（适用于造价信息差额调整法）

工程名称：　　　　　　　　　　标段：　　　　　　　　　　第　页　共　页

序号	名称、规格、型号	单位	数量	风险系数（%）	基准单价（元）	投标单价（元）	发承包人确认单价（元）	备　注

注：1. 此表由招标人填写除"投标单价"栏的内容，投标人在投标时自主确定投标单价。
　　2. 招标人应优先采用工程造价管理机构发布的单价作为基准单价，未发布的，通过市场调查确定其基准单价。

表 3-27 承包人提供的材料和工程设备一览表

（适用于造价指数差额调整法）

工程名称： 标段：

序号	名称、规格、型号	变值权重 B	基本价格指数 F_0	基本价格指数 F_t	基准单价（元）	投标单价（元）	发承包人确认单价（元）	备注

注：1. 此表由招标人填写除"投标单价"栏的内容，投标人在投标时自主确定投标单价。

2. 招标人应优先采用工程造价管理机构发布的单价作为基准单价，未发布的，通过市场调查确定其基准单价。

复习思考题

1. 什么是工程量清单？

2. 什么是工程量清单计价？工程量清单计价模式下的工程造价费用由哪几部分组成？

3. 措施项目包含哪些项目？如何计价？

4. 其他项目费包括哪几种类型？

5. 《建设工程工程量清单计价规范》包括正文和附录两大部分，其中正文包括哪几部分？附录包括哪几部分？

6. 《通用安装工程工程量计算规范》中包括哪些内容？

7. 清单项目设置时应如何进行编码？

8. 工程量清单计价的步骤有哪些？

第 4 章
电气设备安装工程造价计价

4.1　电气安装工程基础知识

4.1.1　电力系统

电力系统一般由发电厂、输电线路、变电所、配电线路及用电设备构成，如图 4-1 所示。

我国一般把 1kV 以上的电压称为高压，1kV 以下的电压称为低压。6～10kV 电压用于送电距离为 10km 左右的工业与民用建筑的供电，380V 电压用于民用建筑内部动力设备供电或向工业生产设备供电。220V 电压则用于向小型电器和照明系统供电。

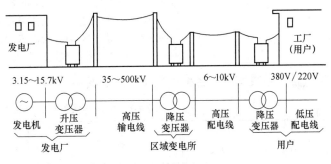

图 4-1　电力系统示意图

4.1.2　低压配电系统

高压供电通过降压变压器将电压降至 380V 后供给用户，通过建筑内部的低压配电系统将电能供应到各个用电设备。低压配电系统可分为动力和照明配电系统，由配电装置及配电线路组成。低压配电一般采用 380V/220V 中性点直接接地系统。照明和电力设备一般由同一台变压器供电，当电力负荷所引起的电压波动超过照明或其他用电设施的电压质量要求时，可分别设置电力和照明变压器。单相用电设备应均匀分配到三相电路中，不平衡中性电流应小于规定的允许值。

低压配电系统的接线一般应考虑简单、经济、安全、操作方便、调度灵活和有利发展等因素。但由于配电系统直接和用电设备相连，故对接线的可靠性、灵活性和方便性要求更高。低压配电的接线方式有放射式、树干式及混合式之分，如图 4-2 所示。

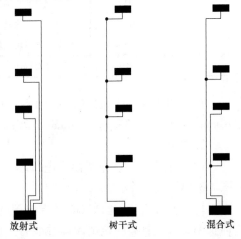

图 4-2　配电方式示意图

从低压电源引入的总配电装置（第一级配电点）开始，至末端照明支路配电盘为止，配电级数一般不宜多于三级，每一级配电线路的长度不宜大于30m。如从变电所的低压配电装置算起，则配电级数一般不多于四级，总配电长度一般不宜超过200m，每路干线的负荷计算电流一般不宜大于200A。

4.1.3 电工线材

1. 电线

电线也称导线，它的种类很多，根据是否有绝缘外皮可分为裸导线和绝缘线两种。建筑设备安装工程的配电线路常用塑料绝缘或橡胶绝缘的导线。导线的导电线芯最常用的是铜和铝。铜线具有电阻率小、强度较高等特点，但价格较高；铝线与铜线相比，质量轻、价格便宜，但是铝线电阻率大、强度低、焊接困难。其型号一般用下述符号表示。

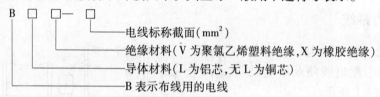

常用导线型号、名称和主要用途见表4-1。

表4-1 常用导线型号、名称和主要用途

型号		名　称	主要用途
铝芯	铜芯		
BLV	BV	聚氯乙烯绝缘线	室内固定架空或穿管敷设
BLX	BX	橡胶绝缘线	供干燥及潮湿场所固定架空或穿管敷设
BLXV	BXP	氯丁绝缘橡胶线	室内外敷设用
BLVV	BVV	聚氯乙烯绝缘及护套线	室内固定敷设
	RV	铜芯聚氯乙烯绝缘软线	交流250V及以下各种移动电器接线
	RVB	扁平型聚氯乙烯绝缘软线	
	RVS	双绞型聚氯乙烯绝缘软线	
	RVV	聚氯乙烯绝缘及护套软线	交流250V及以下条件移动电器接线
	RXB	扁平型橡胶绝缘软线	
	RH	普通橡套软线	交流500V，供室内照明和日用电器接线用

按国家规定制造的导线截面有：$1.5mm^2$、$2.0mm^2$、$2.5mm^2$、$4mm^2$、$6mm^2$、$10mm^2$、$16mm^2$、$25mm^2$、$35mm^2$、$50mm^2$、$70mm^2$、$95mm^2$、$120mm^2$、$150mm^2$、$185mm^2$等。

2. 电缆

（1）电缆结构　电缆由导电线芯（缆芯）、绝缘层和保护层三部分构成，电缆的结构如图4-3和图4-4所示。

1）电线芯。导电线芯是传导电流的载体，必须具有较好的导电性和一定的抗拉强度及伸长率，且应具有一定的耐腐蚀能力。通常当线芯截面≥$16mm^2$时，导电线芯由多股铜线或铝线绞合而成，以使电缆比较柔软易于弯曲。

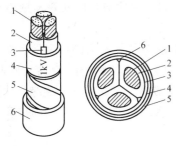

图 4-3 三芯统包聚氯乙烯电缆结构
1—导线 2—聚氯乙烯绝缘 3—聚氯乙烯内护套
4—铠装层 5—填料 6—聚氯乙烯外护套

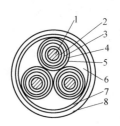

图 4-4 橡胶电缆结构
1—导线 2—导线屏蔽层 3—橡胶绝缘层
4—半导体屏蔽层 5—钢带屏蔽层 6—填料
7—涂橡胶布带 8—聚氯乙烯外护套

2）绝缘层。绝缘层的主要作用是保证电流沿线芯传输及导电线芯之间、导电线芯与外界的绝缘。常用的绝缘材料有油浸纸绝缘、聚氯乙烯绝缘、聚乙烯绝缘、交联聚乙烯绝缘、橡胶绝缘等。绝缘层通常包括分相绝缘和统包绝缘，统包绝缘在分相绝缘层之外。

3）保护层。电缆的保护层分为内护层和外护层两部分。内护层有铅包、铝包、橡胶套、聚氯乙烯套和聚乙烯套等几种，主要作用是保护电缆的统包绝缘不受潮湿及防止电缆浸渍剂外流和电缆的轻度机械损伤。外护层包括铠装层和外护层两部分。一般铠装层为钢丝或钢带，外护层有聚乙烯护套、聚氯乙烯护套和纤维绕包等。外护层的作用是防止内护层受到机械损伤或化学腐蚀等。

（2）电缆的分类 在电力系统中最常用的电缆有电力电缆和控制电缆两大类。

1）电力电缆。电力电缆是用来输送和分配大功率电能的。

按照电力电缆采用的绝缘材料可分为油浸纸绝缘电缆、聚乙烯绝缘电力电缆、交联聚乙烯绝缘电力电缆、聚氯乙烯绝缘电力电缆及橡胶绝缘电力电缆等。

按结构特征可分为统包型电缆、分相型电缆、钢管型电缆、屏蔽型电缆等多种。

按传输电能形式可分为交流电缆和直流电缆。因直流电缆的电场分布情况与交流电缆大不相同，所以直流电缆是特殊设计的。交流电缆目前应用较多。

按电缆芯数分为单芯、双芯、三芯和四芯电缆等。单芯电缆一般用来输送直流电、单相交流电或作为高压静电发生器的引出线。双芯电缆用来输送直流电和单相交流电。三芯电缆用于三相交流网中，是应用最广的一种电缆。四芯电缆用于中性点接地的三相四线制系统中。四芯电缆中用来通过不平衡电流的线芯截面仅为其余三根主线芯截面的 40% ~60%。

按电压等级分：有各种低压电缆和 10kV、35kV、110kV 等高压电缆。

导电线芯其断面有扇形、半圆形或圆形等。我国制造的电缆线芯按照标称截面可分为 $2.5mm^2$、$4mm^2$、$6mm^2$、$16mm^2$、$25mm^2$、$35mm^2$、$50mm^2$、$70mm^2$、$95mm^2$、$120mm^2$、$150mm^2$、$185mm^2$、$240mm^2$、$300mm^2$、$400mm^2$、$500mm^2$、$625mm^2$、$800mm^2$ 等。

按敷设条件有地下直埋电缆、地下管道敷设电缆和适合在空气中、水下、矿井中、潮热地区、高海拔地区及大高差情况下敷设的电缆等。

2）控制电缆。控制电缆属于低压电缆，是在配电装置中传导操作电流、连接电气仪表、继电保护和自动控制等回路用的，控制电缆的运行电压一般在交流 500V 或直流 1000V 以下，因控制电缆的负荷是间断性的且电流较小，所以导电线芯截面较小，一般为 $1.5 \sim 10mm^2$。

控制电缆均为多芯电缆，导电线芯数从4芯到37芯。它的绝缘层材料及规格型号的表示方法与电力电缆基本相同。

（3）电缆型号的表示方法 电力电缆型号的表示方法为若干汉语拼音字母后加上两个阿拉伯数字组成。型号中汉语拼音字母的含义及排列次序见表4-2，阿拉伯数字含义见表4-3，不带外护层的电缆没有这两位阿拉伯数字。电缆型号的读写次序一般按线芯、绝缘、内护层、铠装层、外护层的顺序进行，如VV_{22}电缆读写为铜芯、聚氯乙烯绝缘、聚氯乙烯护套、钢带铠装电力电缆。

表4-2 常用电缆型号字母含义

类 别	绝缘种类	线芯材料	内护层	其他特征
电力电缆不表示 K—控制电缆 Y—移动式软电缆 P—信号电缆 H—市内电话电缆	Z—纸绝缘 X—橡胶 V—聚氯乙烯 Y—聚乙烯 YJ—交联聚乙烯	T—铜（省略） L—铝	Q—铅护套 L—铝护套 H—橡胶套 （H）F—非燃性橡胶套 V—聚氯乙烯护套 Y—聚乙烯护套	D—不滴流 F—分相铅包 P—屏蔽 C—重型

表4-3 电缆外护层代号的含义

第一位数字		第二位数字	
代号	铠装层类型	代号	外护层类型
0	无	0	无
1	—	1	纤维绕包
2	双钢带	2	聚氯乙烯护套
3	细圆钢丝	3	聚乙烯护套
4	粗圆钢丝	4	—

电缆的型号、规格和尺寸的完整表示方法是型号、芯数×截面、额定电压、长度。例如：$VV_{22}-3\times95-10-250$表示铜芯，聚氯乙烯绝缘，聚氯乙烯护套，钢带铠装，三芯，线芯截面为$95mm^2$，额定电压10kV，长度为250m的电力电缆。

4.2 变配电装置定额应用及清单项目设置

4.2.1 变配电装置组成

图4-5所示是某变配电装置示意图。

1. 变压器

在变配电系统中，变压器是主要设备，它的作用是变换电压。在电力系统中，为减小线路上的功率损耗，实现远距离输电，用变压器将发电机发出的电能电压升高后再送入输电电网。在配电地点，为了用户安全和降低用电设备的制造成本，先用变压器将电压降低，然后分配给用户。变压器的种类很多，电力系统中常用的三相电力变压器，有油浸式和干式之分。干式变压器的铁心和绕组都不浸在任何绝缘液体中，它一般用于安全防火要求较高的场合。油浸式变压器外壳是一个油箱，内部装满变压器油，套装在铁心上的一次、二次绕组都要浸没在变压器油中。变压器的型号表示如下：

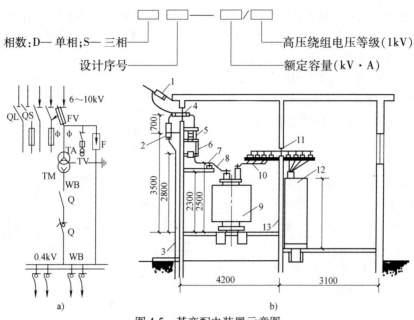

图 4-5 某变配电装置示意图

a）变配电装置系统图 b）架空进线变配电装置

1—高压架空引入线拉紧装置 2—避雷器 3—避雷器接地引下线 4—高压穿通板及穿墙套管
5—负荷开关 QL，或断路器 QF，或隔离开关 QS，均带操动机构 6—高压熔断器
7—高压支柱绝缘子及钢支架 8—高压母线 WB 9—电力变压器 TM
10—低压母线 WB 及电车绝缘子和钢支架 11—低压穿通板
12—低压配电箱（屏）AP、AL 13—室内接地母线

2. 低压配电装置

配电装置可分为高压配电装置和低压配电装置两大类。低压配电装置由线路控制设备（包括胶盖瓷底刀开关、封闭式负荷开关、组合开关、控制按钮、断路器、交流接触器、磁力启动器等）、测量仪器仪表（包括电流表、电压表、功率表、功率因数表等指示仪表，有功电度表、无功电度表及与仪表相配套的电压互感器、电流互感器等计量仪表）、母线及二次线（包括测量、信号、保护、控制回路的连接线）、保护设备（包括熔断器、继电器、触电保安器等）、配电箱（盘）等组成。

（1）配电柜（盘）　为了集中控制和统一管理供配电系统，常把整个系统中或配电分区中的开关、计量、保护和信号等设备，分路集中布置在一起，形成各种配电柜（盘）。其型号含义如下：

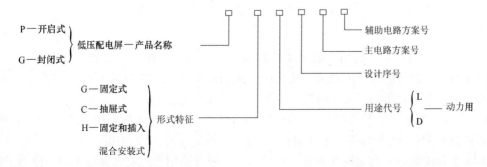

配电柜是用于成套安装供配电系统中受配电设备的定型柜，各类柜各有统一的外形尺寸，按照供配电过程不同功能要求，选用不同标准接线方案。其形式有固定式和抽屉式两大类，一般采用落地式安装，如图4-6所示。

小型配电装置也称配电箱（盘）。按照用电设备的种类，配电箱有照明配电箱和照明动力配电箱。配电箱可明装在墙外（图4-7a）或暗装镶嵌在墙体内（图4-7b）。

当配电箱明装时，应在墙内适当位置预埋木砖或铁件，若不加说明，盘底离地面的高度一律为1.2m。当配电盘暗装时，应在墙面适当部位预留洞口，若不加说明，底口距地面高度为1.4m。

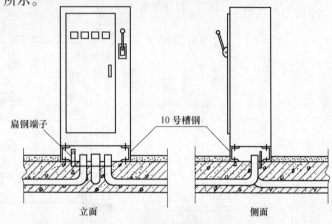

图4-6 落地式配电柜的安装

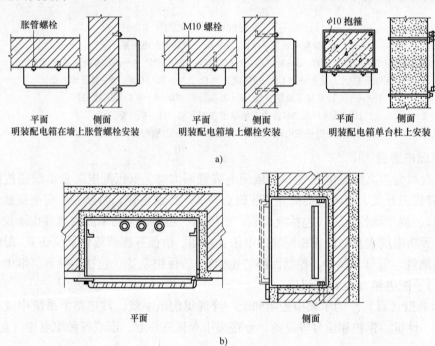

图4-7 配电箱的安装
a）明装 b）暗装

（2）刀开关 刀开关是最简单的手动控制电器，可用于非频繁接通和切断容量不大的低压供电线路，并兼做电源隔离开关。按工作原理和结构型式，刀开关可分为胶盖刀开关、刀形转换开关、封闭式负荷开关、熔断式刀开关、组合开关五类。

"H"为刀开关和转换开关的产品编码，HD为刀形开关，HH为封闭式负荷开关，HK为开启式负荷开关；HR为熔断式刀开关；HS为刀形转换开关；HZ为组合开关。

刀开关按其极数分，有三极开关和二极开关。二极开关用于照明和其他单相电路，三极开关用于三相电路。各种低压刀开关的额定电压，二极有 250V，三极有 380V、500V 等，开关的额定电流可从产品样本中查找，其最大等级为 1500A。

（3）熔断器　熔断器是一种保护电器，它主要由熔体和安装熔体用的绝缘体组成。它在低压电网中主要用作短路保护，有时也用于过载保护。熔断器的保护作用是靠熔体来完成的，一定截面的熔体只能承受一定值的电流，当通过的电流超过规定值时，熔体将熔断，从而起到保护作用。汉语拼音"R"为熔断器的型号编码，RC 为插入式熔断器，RH 为汇流排式，RL 为螺旋式，RM 为封闭管式，RS 为快速式，RT 为填料管式，RX 为限流式熔断器。

（4）断路器　断路器属于一种能自动切断电路故障的控制兼保护电器。在正常情况下，可作"开"与"合"的开关作用；在电路出现故障时，自动切断故障电路，主要用于配电线路的电气设备过载、失压和短路保护。断路器动作后，只要切除或排除了故障，一般不需要更换零件，又可以再投入使用。它的分断能力较强，所以应用极为广泛，是低压网络中非常重要的一种保护电器。

断路器按其用途可分为：配电用断路器、电动机保护用断路器、照明用自动断路器；按其结构可分为塑料外壳式、框架式、快速式、限流式等；但基本形式主要有万能式和装置式两种，分别用 W 和 Z 表示。

断路器用 D 表示，其型号含义为：

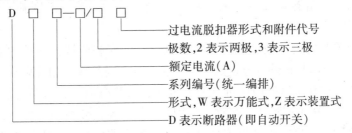

目前，常用的断路器型号主要有：DW5、DW10、DZ5、DZ6、DZ10、DZ12 等系列。

（5）漏电保护器　漏电保护器又称触电保安器，它是一种自动电器，装有检漏元件及联动执行元件，能自动分断发生故障的线路。漏电保护器能迅速断开发生人身触电、漏电和单相接地故障的低压线路。

漏电保护器的型号含义为：

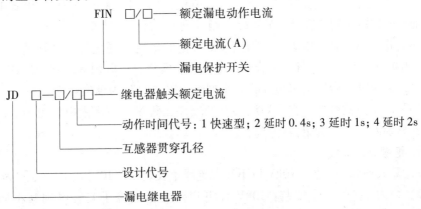

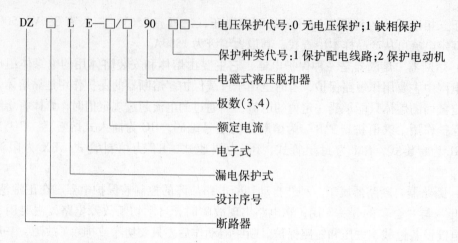

4.2.2　变配电装置定额应用

1. 变压器

变压器的安装和干燥工程量，应按变压器的不同种类、名称，区别其不同电压和容量，分别以"台"为单位计算；变压器油过滤，以"t"为单位计算。

2. 配电装置

（1）断路器　断路器安装应按断路器的不同种类、名称，区别其不同电流，分别以"台"为单位计算。

（2）隔离开关及负荷开关　隔离开关及负荷开关安装应按其开关的不同种类、名称，区别其不同电流、户内与户外，分别以"组"为单位，每组按三相计算。

（3）互感器　按互感器的用途可分为电压互感器和电流互感器两种。电压互感器和电流互感器的安装，应按不同种类和名称，区别其不同电流，分别以"台"为单位计算。

（4）真空接触器　真空接触器安装应按真空接触器的不同电压和电流，分别以"台"为单位计算。

（5）熔断器　熔断器安装工程以"组"为单位，每组按三相计算。

（6）避雷器　避雷器安装应按避雷器的不同名称，区别不同电压，分别以"组"为单位计算。

（7）电抗器　电抗器安装、干燥应按电抗器的不同种类、名称，干式电抗器区别其质量，油浸电抗器区别其容量，分别以"组（台）"为单位计算。

（8）电力电容器　电力电容器安装应按电容器的不同名称，区别其不同质量，分别以"个"为单位计算。并联补偿电容器组架安装工程量，应区别其单列两层或三层；双列两层或三层，分别以"台"为单位计算。小型组合以"台"为单位计算。

（9）交流滤波装置　交流滤波装置的安装工程量，应区别电抗组架、放电组架、连线组架，分别以"台"为单位计算。

3. 绝缘子、母线

1）悬式绝缘子安装：10kV以下悬式绝缘子安装以"10串（10个）"为单位计算。

2）户内支持绝缘子安装：10kV以下户内支持绝缘子安装区别其不同孔数，分别以"10串（10个）"为单位计算。

3）户外支持绝缘子安装：10kV 以下户外支持绝缘子安装区别其不同孔数，分别以"10 串（10 个）"为单位计算。

4）穿墙套管安装：10kV 以下穿墙套管安装以"个"为单位计算。

5）软母线安装：应按软母线的不同截面积，分别以"跨/三相"为单位计算。

6）软母线引下线、跳线及设备连线安装：应按软母线引下线、跳线及设备连线的不同截面积，分别以"跨/三相"为单位计算。

7）带形母线安装：应按带形母线的不同材质（铜或铝）、每相的不同片数和截面积，分别以"10m/单相"为单位计算。

8）带形母线引下线安装：应按带形母线引下线的不同材质（铜或铝）、每相的不同片数和截面积，分别以"10m/单相"为单位计算。

9）带形母线用伸缩接头及铜过渡板安装：带形母线用伸缩接头的工程量，应区别其每相母线的不同片数，均以"个"为单位计算。铜过渡板的工程量以"块"为单位计算。

10）重型母线安装：应按重型母线的不同材质，铜母线安装区别其不同截面积；铝母线安装不分规格，但应区别其不同受电设备名称，均以"t"为单位计算。

11）重型母线伸缩器及导板制作安装：重型母线伸缩器制作安装的工程量，应按其不同材质和截面积，分别以"个（束）"计算。

导板制作安装应按不同材质，区别其阳极和阴极，均以"束"为单位计算。

重型铝母线接触面加工应按其接触面的不同面积和规格，分别以"片/单相"为单位计算。

4. 动力、照明控制设备

1）配电盘、箱、板安装：配电盘（箱）安装的工程量，应区别动力和照明、安装方式（落地式和悬挂嵌入式）；小型配电箱和配电板的安装工程量应按不同半周长，分别以"台（块）"为单位计算。

2）控制开关安装：控制开关安装的工程量应按不同种类和名称，其中，自动空气开关、D 形开关应区别其不同形式；自动空气开关（DZ 装置式和 DW 万能式）、刀形开关（手柄式和操作机构式），分别以"个"为单位计算。

3）熔断器、限位开关安装：熔断器安装应按不同形式（瓷插式、螺旋式、管式、防爆式）；限位开关应区别普通型和防爆型，分别以"个"为单位计算。

4）控制器、启动器、交流接触器安装：控制器安装应区别主令、鼓型、凸轮不同类型，启动器应区别磁力启动器和自耦减压启动器，分别以"台"为单位计算。

5）盘柜配线：盘柜配线的工程量应按导线的不同截面积，分别以"10m"为单位计算。

6）端子板安装及外部接线：端子板安装工程量以"组"为单位计算。端子板的外部接线，应按导线的不同截面积，并区别有端子和无端子，分别以"10 个头"为单位计算。

7）焊、压接线端子：焊、压接线端子安装工程量，应按不同材质，区别其导线的不同截面积，分别以"10 个头"为单位计算。

8）铁构件制作安装及箱、盘、盒制作：铁构件制作安装的工程量，应区别一般铁构件（主结构厚度在 3mm 以上）和轻型铁构件（主结构厚度在 3mm 以内），以及箱、盒制作，分别以"100kg"为单位计算。

9）网门、保护网制作安装及二次喷漆：网门、保护网制作及二次喷漆的工程量，均以

"m²"为单位计算。

10）木配电箱制作：木配电箱制作区别木板配电箱和墙洞配电箱，以其不同半周长划分子目，分别以"套"为单位计算。

11）配电板制作、安装、木配电板包镀锌薄钢板：配电板制作区分木板、塑料板、胶木板，以"m²"为单位计算。配电板安装区分半周长以"块"为单位计算。配电板木板包镀锌薄钢板以"m²"为单位计算。

5. 小电气

1）开关、插座安装：拉线开关、扳把开关（明装）、密闭开关的安装工程量均以"10套"为单位计算。扳式暗开关安装的工程量，应区别不同联数（单联、双联、三联、四联），均以"10套"为单位计算。插座应按不同型号和规格，区别其不同安装方式（明装或暗装），分别以"10套"为单位计算。

2）安全变压器、电铃、风扇安装：安全变压器安装应按不同容量，均以"台"为单位计算。电铃安装应按不同直径；电铃号牌箱安装应按不同号数；门铃安装应按明装或暗装，分别以"10个"为单位计算。风扇和壁扇及轴流排风扇的安装工程量，均以"台"为单位计算。

3）盘管风机开关、请勿打扰灯、剃须插座、钥匙取电器安装的工程量均以"10套"为单位计算。

4）按钮、电笛、电铃安装：按钮和电笛的安装工程量，应区别普通型和防爆型，均以"个"为单位计算。电铃的安装工程量以"个"为单位计算。

5）水位电气信号装置安装：水位电气信号装置应区别机械式和电子式及液位式，分别以"套"为单位计算。

4.2.3　变配电装置清单项目设置

1. 清单项目设置

变压器安装清单项目设置见表4-4；配电装置安装清单项目设置见表4-5；母线安装清单项目设置见表4-6；控制设备及低压电器安装部分清单项目设置见表4-7。

表4-4　变压器安装部分清单项目设置

项目编码	项目名称	项目特征	计量单位	工程量计算规则	工作内容
030401001	油浸电力变压器	1. 名称 2. 型号 3. 容量（kV·A） 4. 电压（kV） 5. 油过滤要求 6. 干燥要求 7. 基础型钢形式、规格 8. 网门、保护门材质、规格 9. 温控箱型号、规格	台	按设计图示数量计算	1. 本体安装 2. 基础型钢制作、安装 3. 油过滤 4. 干燥 5. 接地 6. 网门、保护门制作、安装 7. 补刷（喷）油漆
030401002	干式变压器				1. 本体安装 2. 基础型钢制作、安装 3. 温控箱安装 4. 接地 5. 网门、保护门制作、安装 6. 补刷（喷）油漆

表4-5 配电装置安装部分清单项目设置

项目编码	项目名称	项目特征	计量单位	工程量计算规则	工作内容
030402001	油断路器	1. 名称 2. 型号 3. 容量（A） 4. 电压等级（kV） 5. 安装条件 6. 操作机构名称及型号 7. 基础型钢规格 8. 接线材质、规格 9. 安装部位 10. 油过滤要求	台	按设计图示数量计算	1. 本体安装、调试 2. 基础型钢制作安装 3. 油过滤 4. 补刷（喷）油漆 5. 接地
030402002	真空断路器				1. 本体安装、调试 2. 基础型钢制作安装 3. 补刷（喷）油漆 4. 接地
030402003	SF₆断路器				
030402004	空气断路器	1. 名称 2. 型号 3. 容量（A） 4. 电压等级（kV） 5. 安装条件 6. 操作机构名称及型号 7. 接线材质、规格 8. 安装部位	组		1. 本体安装、调试 2. 补刷（喷）油漆 3. 接地
030402007	负荷开关				
030402010	避雷器	1. 名称 2. 型号 3. 规格 4. 电压等级（kV） 5. 安装部位			1. 本体安装 2. 接地

表4-6 母线安装清单项目设置

项目编码	项目名称	项目特征	计量单位	工程量计算规则	工作内容
030403001	软母线	1. 名称 2. 材质 3. 型号 4. 规格 5. 绝缘子类型、规格	m	按设计图示尺寸以单相长度计算（含预留长度）	1. 母线安装 2. 绝缘子耐压试验 3. 跳线安装 4. 绝缘子安装
030403008	重型母线	1. 名称 2. 型号 3. 规格 4. 容量（A） 5. 材质 6. 绝缘子种类、规格 7. 伸缩器及导板规格	t	按设计图示尺寸以质量计算	1. 母线制作、安装 2. 伸缩器及导板制作、安装 3. 支持绝缘子安装 4. 补刷（喷）油漆

表 4-7 控制设备及低压电器安装部分清单项目设置

项目编码	项目名称	项 目 特 征	计量单位	工程量计算规则	工 作 内 容
030404001	控制屏	1. 名称 2. 型号 3. 规格 4. 种类 5. 基础型钢形式、规格 6. 接线端子材质、规格 7. 端子板外部接线材质、规格 8. 小母线材质、规格 9. 屏边规格	台		1. 本体安装 2. 基础型钢制作、安装 3. 端子板安装 4. 焊、压接线端子 5. 盘柜配线、端子接线 6. 小母线安装 7. 屏边安装 8. 补刷（喷）油漆 9. 接地
030404004	低压开关柜（屏）				1. 本体安装 2. 基础型钢制作、安装 3. 端子板安装 4. 焊、压接线端子 5. 盘柜配线、端子接线 6. 屏边安装 7. 补刷（喷）油漆 8. 接地
030404016	控制箱	1. 名称 2. 型号 3. 规格 4. 基础形式、材质、规格 5. 接线端子材质、规格 6. 端子板外部接线材质、规格 7. 安装方式	台	按设计图示数量计算	1. 本体安装 2. 基础型钢制作、安装 3. 焊、压接线端子 4. 补刷（喷）油漆 5. 接地
030404017	配电箱				
030404019	控制开关	1. 名称 2. 型号 3. 规格 4. 接线端子材质、规格 5. 额定电流（A）	个		1. 本体安装 2. 焊、压接线端子 3. 接线
030404031	小电器	1. 名称 2. 型号 3. 规格 4. 接线端子材质、规格	个（套、台）		1. 本体安装 2. 焊、压接线端子 3. 接线
030404033	风扇	1. 名称 2. 型号 3. 规格 4. 安装方式	台		1. 本体安装 2. 调速开关安装
030404034	照明开关	1. 名称 2. 型号 3. 规格 4. 安装方式	个		1. 本体安装 2. 接线
030404035	插座				
030404036	其他电器	1. 名称 2. 规格 3. 安装方式	个（套、台）		1. 安装 2. 接线

2. 清单设置说明

1）油浸电力变压器安装工程量清单项目设置中，变压器油如需试验、化验、色谱分析应按《通用安装工程工程量清单计算规范》附录 N 中的"措施项目"相关项目编码列项。

2）配电装置设置清单项目时需注意：①空气断路器的储气罐及储气罐至断路器的管路应按《通用安装工程工程量清单计算规范》附录 H"工业管道工程"相关项目编码列项；②设备安装未包括"地脚螺栓、浇注（二次灌浆、抹面）"，如需安装应按现行国家标准《房屋建筑与装饰工程工程量清单计算规范》相关编码列项。

3）控制设备及低压电器安装设置清单项目时需注意：①控制开关包括：自动空气开关、刀形开关、封闭式负荷开关、胶盖刀开关、组合控制开关、万能转换开关、风机盘管三速开关、漏电保护开关等；②小电器包括：按钮、电笛、电铃、水位电气信号装置、测量表计、继电器、电磁锁、屏上辅助设备、辅助电压互感器、小型安全变压器等；③其他电器安装指：表中未列的电器项目，必须根据电器实际名称确定项目名称，明确描述工作内容、项目特征、计量单位、计算规则。

[例4-1]　某电气安装工程项目，设计需要安装一台照明配电箱（暗装），该配电箱为成品，内部配线已在工厂完成。试编制配电箱的工程量清单。

解：根据《通用安装工程工程量清单计算规范》附录 D.2 的规定，配电箱的项目特征需要描述：①名称；②型号；③规格；④基础形式、材质、规格；⑤接线端子材质、规格；⑥端子板外部接线材质、规格；⑦安装方式。本例中，名称为"照明配电箱"，型号为"ZM-1"，规格为"$600(H) \times 400(L)$"（箱体尺寸），由于是暗装，故无基础相关内容，若是落地式安装，则一般要有包含基础等相关内容的描述，接线端子材质、规格为"铜接线端子，$16mm^2$"，端子板外部接线材质、规格为"BVV16"，安装方式为"暗装"。因此，该配电箱的工程量清单如表4-8所示。

表4-8　分部分项工程量清单

工程名称：　　　　　　　　　　标段：　　　　　　　　　　第　页　共　页

序号	项目编码	项目名称	项目特征描述	计量单位	工程量	综合单价	合价	其中：暂估价
						金额（元）		
1	030404017001	配电箱	照明配电箱，ZM-1，规格 $600(H) \times 400(L)$，铜接线端子 $16mm^2$，端子板外部接线 BVV16，暗装	台	1			
			本页小计					
			合计					

4.3 电力电缆定额应用及清单项目设置

4.3.1 电力电缆敷设

电力电缆可以采用直接埋地敷设、电缆沟敷设、电缆排管敷设、穿管敷设及用支架、托架、悬挂方法敷设等。电缆敷设前需进行绝缘摇测或耐压试验。

1. 电缆直埋敷设

电缆沟开挖：按设计图样开挖电缆沟，其深度不小于0.8m，其宽度一根电缆为0.4~0.5m，两根电缆为0.6m。电缆沟的挖掘应垂直开挖，同时还要保证电缆敷设后的弯曲半径不小于规程的规定。

电缆敷设：选择适当的位置架设电缆盘，然后展放电缆。电缆展放的方法可分为人工敷设和机械牵引敷设等形式。

回填土：电缆敷设完毕，经隐蔽工程验收合格，在电缆上铺盖100mm厚的细砂或筛过的软土，然后用电缆盖板或砖沿电缆盖好，覆盖宽度应超过电缆两侧5cm。

回填土前应对盖板敷设再做隐蔽工程验收，合格后，应及时回填土并进行夯实。

2. 电缆沿桥架、支架敷设

（1）电缆桥架　使用较多的电缆桥架有梯架和槽架两大类，其高度一般为50~100mm，如图4-8所示。金属电缆桥架应全长可靠接地，金属电缆桥架的连接处应进行金属跨接连接。

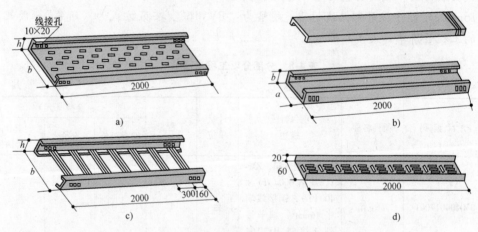

图4-8　电缆桥架示意图

a）托盘式桥架　b）槽式桥架　c）梯级式桥架
d）组合式桥架

（2）电缆支架　在生产厂房内及隧道、沟道内敷设电缆时，多使用电缆支架。常用支架有角钢支架、混凝土支架、装配式支架等，其形式如图4-9所示。

电缆支架间的距离一般为1m，控制电缆为0.8m，如果电缆垂直敷设时，支架间距为2m，而且要求保持与沟底一致的坡度。

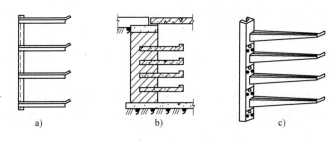

图 4-9 电缆敷设常用支架
a）角钢支架 b）混凝土支架 c）装配式支架

3. 电缆的试验

电力电缆用于传输大功率电能，一般在高电压、大电流条件下工作，对其电气性能和热性能的要求较高，为了提高电缆的安装质量，减少运行中的事故几率，确保安全供电，必须对电缆进行试验。电力电缆的试验项目包括测量绝缘电阻、直流耐压试验及泄漏电流测量、检查电缆线路的相位。

4. 电缆保护管

在下列地点应设电缆保护管：电缆进入建筑物、穿越楼板、墙身及隧道、街道等处；从电缆沟引至电杆、设备、内、外墙表面或室内行人容易接近处，距地面高度 2000mm 以下的一段；易受机械损伤的地方。

电缆管内径不应小于电缆外径的 1.5 倍。其他混凝土管、石棉水泥管不应小于 100mm。

4.3.2 电力电缆定额应用

（1）电缆沟挖填及人工开挖路面 电缆沟挖填应按不同土质（一般土沟、含建筑垃圾土、泥水土冻土、石方），均以"m³"为单位计算。人工开挖路面应按不同路面（混凝土路面、沥青路面、砂石路面），区别其不同厚度，分别以"m³"为单位计算。

直埋电缆的挖、填土（石）方，除特殊要求外，可按表 4-9 所示计算。

表 4-9 直埋电缆的挖、填土（石）方

项　　目	电缆根数	
	1～2	每增加一根
每 m 沟长挖方量/m³	0.45	0.153

注：1. 两根以内的电缆沟，按上口宽度 600mm、下口宽度 400mm、深 900mm 计算常规土方量（深度按规范的最低标准）。

2. 每增加一根电缆，其宽度增加 170mm。

3. 以上土方量埋深从自然地坪起算，如设计埋深超过 900mm 时，多挖的土方量应另行计算。

（2）电缆沟盖板揭、盖工程量 按每揭或每盖一次以"100m"计算，如又揭又盖，则按两次计算。

（3）电缆保护管长度 除按设计规定长度计算外，遇有下列情况，应按以下规定增加保护管长度：

1）横穿道路，按路基宽度两端各增加 2m。

2）垂直敷设时，管口距地面增加 2m。

3）穿过建筑物外墙时，按基础外缘以外增加1m。

4）穿过排水沟时，按沟壁外缘以外增加1m。

电缆保护管敷设的工程量，应按其不同材质（混凝土管、石棉水泥管、铸铁管、钢管），区别其不同管径，分别以"10m"为单位计算。

（4）桥架安装　钢制桥架安装、玻璃钢桥架安装、铝合金桥架安装应按其不同形式（槽式桥架、梯式桥架、托盘式桥架），区别其不同"宽＋高"，分别以"10m"为单位计算。

组合式桥架安装的工程量以"100片"为单位计算。桥架支撑架安装的工程量以"100kg"为单位计算。

（5）塑料电缆槽、混凝土电缆槽安装　塑料电缆槽安装工程量，应按小型塑料槽（宽50mm以下）和加强式塑料槽（宽100mm以下），小型塑料槽区别其安装部位（盘后和墙上），分别以"10m"为单位计算。

混凝土电缆槽安装的工程量，应区别其不同宽度，分别以"10m"为单位计算。

（6）电缆防火涂料、堵洞、隔板及阻燃槽盒安装　防火洞的工程量，应按堵洞的不同部位（防火门、盘柜下、电缆隧道、保护管），分别以"处"为单位计算。

防火隔板安装工程量以"m²"为单位计算。

防火涂料工程量以"10kg"为单位计算。

阻燃槽盒安装工程量以"10m"为单位计算。

（7）电缆防护　电缆防护的工程量，应区别防腐、缠石棉绳、刷漆、剥皮，分别以"10m"为单位计算。

（8）电缆敷设　电缆敷设工程量应按不同材质（铝芯或铜芯）和安装方式，区别电缆不同截面积，以"单根100m"为单位计算。电缆敷设长度应根据敷设路径的水平和垂直敷设长度，按表4-10规定计算附加长度，各附加（预留）长度部位如图4-10所示。其工程量计算公式为

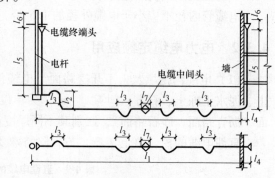

图4-10　各附加（预留）长度部位

$$l = (l_1 + l_2 + l_3 + l_4 + l_5 + l_6 + l_7) \times (1 + 2.5\%) \quad\quad (4\text{-}1)$$

式中，l_1为水平敷设长度；l_2为垂直及斜长度；l_3为余留（弛度）长度；l_4为穿墙基及进入建筑物长度；l_5为沿电杆、沿墙引上（引下）长度；l_6、l_7为电缆中间头及电缆终端头长度；2.5%为考虑电缆敷设弛度、波形弯曲、交叉系数。

穿越电缆竖井敷设电缆，应按竖井内电缆的长度及穿越过竖井的电缆长度之和计算工程量。

表4-10　电缆敷设附加长度

序号	项　　目	预留（附加）长度	说　　明
1	电缆敷设弛度、波形弯度、交叉	2.5%	按电缆全长计算
2	电缆进入建筑物	2.0m	规范规定最小值

（续）

序号	项 目	预留（附加）长度	说 明
3	电缆进入沟内或吊架时引上（下）预留	1.5m	规范规定最小值
4	变电所进线、出线	1.5m	规范规定最小值
5	电力电缆终端头	1.5m	检修余量最小值
6	电缆中间接头盒	两端各留2.0m	检修余量最小值
7	电缆进控制、保护屏及模拟盘等	高+宽	按盘面尺寸
8	高压开关柜及低压配电盘、箱	2.0 m	盘下进出线
9	电缆至电动机	0.5 m	从电动机接线盒算起
10	厂用变压器	3.0 m	从地坪算起
11	电缆绕过梁柱等增加长度	按实计算	按被绕物的断面情况计算增加长度
12	电梯电缆与电缆架固定点	每处0.5m	规范规定最小值

1）户内干包式电力电缆头、户内浇注式电力电缆终端头、户内热缩式电力电缆终端头制作与安装，应按电力电缆的中间头和终端头，区别其不同截面积，分别以"个"为单位计算。

2）户外电力电缆终端头制作与安装，应按电力电缆的不同浇注形式和电压，区别其不同截面积，分别以"个"为单位计算。

3）电力电缆中间头制作与安装，应按电力电缆的不同浇注方式和电压，区别其不同截面积，分别以"个"为单位计算。电力电缆中间头的制作数量，应按工程设计规定计算。如无设计规定，可参照制造厂的生产长度和敷设路径条件确定。

4）控制电缆敷设：应按控制电缆的不同敷设方式，区别其不同芯数，分别以"100m"为单位计算。

5）控制电缆头制作与安装：应按控制电缆的中间头和终端头，区别其不同芯数，分别以"个"为单位计算。

6）电缆敷设及电缆头的制作与安装均按有关铝芯电缆的定额执行；铜芯电缆的敷设按相应截面定额的人工和机械台班乘以系数1.4计算。电缆头的制作与安装按相应定额乘以系数1.2计算。

7）电力电缆敷设按电缆的单芯截面计算并套用定额，不得将三芯和零线截面相加计算。电缆头的制作与安装定额也与此相同。

8）单芯电缆敷设可按同截面的三芯电缆敷设定额基价，乘以系数0.66计算。

9）37芯以下控制电缆敷设套用35mm^{2}以下电力电缆敷设定额。

4.3.3 电力电缆清单项目设置

1. 清单项目设置

电缆安装工程量清单项目设置见表4-11。

表4-11   电缆安装部分清单项目设置

项目编码	项目名称	项目特征	计量单位	工程量计算规则	工作内容
030408001	电力电缆	1. 名称 2. 型号 3. 规格 4. 材质	m	按设计图示尺寸以长度计算（含预留长度及附加长度）	1. 电缆敷设 2. 揭（盖）盖板
030408002	控制电缆	5. 敷设方式、部位 6. 电压等级（kV） 7. 地形			
030408003	电缆保护管	1. 名称 2. 材质 3. 规格 4. 敷设方式		按设计图示尺寸以长度计算	保护管敷设
030408004	电缆槽盒	1. 名称 2. 材质 3. 规格 4. 型号			槽盒安装
030208005	铺砂、盖保护板（砖）	1. 种类 2. 规格			1. 铺砂 2. 盖板(砖)
030208006	电力电缆头	1. 名称 2. 型号 3. 规格 4. 材质、类型 5. 安装部位 6. 电压等级（kV）	个	按设计图示数量计算	1. 电力电缆头制作 2. 电力电缆头安装 3. 接地

2. 清单设置说明

1）电缆敷设项目的规格指电缆截面；电缆保护管敷设项目的规格指管径；电缆槽盒项目的规格指"宽＋高"的尺寸，同时要表述材质（钢制、玻璃钢制或铝合金制）和类型（槽式、梯式、托盘式、组合式等）。

2）电缆沟土方工程量清单按《房屋建筑与装饰工程工程量计算规范》执行。

3）电缆工程量按设计图示尺寸以长度计算（含预留长度及附加长度），预留长度及附加长度的计算方法与定额工程量计算方法相同，具体参见表4-10和图4-10。

[例4-2]   如图4-11所示，建筑内某低压配电柜与配电箱之间的水平距离为20m，配电线路采用五芯电力电缆VV(3×25＋2×16)，水平部分在电缆沟底敷设，电缆沟的长度22m，深度为1m，宽度为0.8m，垂直部分穿管敷设，配电柜为落地式，配电箱为嵌入式，箱底边距地面为1.5m。求（1）计算电力电缆敷设工程量；（2）编制电力电缆工程量清单；（3）试根据定额进行该电力电缆（沟底敷设）清单项目的综合单价分析。

解：   （1）电缆沟底敷设工程量 =
{[20m(柜与箱的水平距离) + 1m(柜底至沟

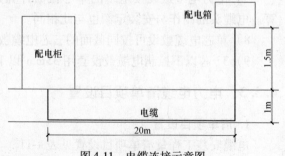

图4-11   电缆连接示意图

底)+1m(沟底至地面)]+[2m(电缆进入配电柜预留长度)+1.5m(电缆进入沟内预留长度)+1.5m(电缆从沟内引出预留长度)+1.5m(电缆终端头预留长度)]}×(1+2.5%)=29.21m

电缆穿管敷设工程量=[1.5m(地面至箱底)+2m(电缆进入配电箱预留长度)+1.5m(电缆终端头预留长度)]×(1+2.5%)=5.13m

2.5%为考虑电缆敷设弛度、波形弯度、交叉的系数。

(2) 电力电缆的工程量清单见表4-12。

表4-12 电力电缆工程量清单

工程名称： 标段： 第 页 共 页

序号	项目编码	项目名称	项目特征描述	计量单位	工程量	金额（元）		
						综合单价	合价	其中：暂估价
1	030408001001	电力电缆敷设	电力电缆，1kV-VV（3×25+2×16），沟底敷设	m	29.21			
2	030408001002	电力电缆敷设	电力电缆，1kV-VV（3×25+2×16），穿管敷设	m	5.13			
			本页小计					
			合计					

(3) 综合单价分析。

根据《通用安装工程工程量清单计算规范》的规定，电力电缆敷设的工作包括：①电缆敷设，②揭（盖）盖板。因此综合单价需综合这两部分的工作进行报价，其中盖（揭）盖板中，既揭又盖，算2次。报价可以利用当地造价管理部门公布的定额，也可以利用企业制订的定额，本例套用广东省安装工程定额（2010年）进行综合单价分析。综合单价的计算应利用综合单价分析表的格式进行，通过综合单价分析表可以更清楚地了解工程量清单计价模式下综合单价的构成。分部分项工程量清单综合单价计算表见表4-13。

表4-13 综合单价分析表

工程名称：电缆安装 标段： 第 页 共 页

项目编码		030408001001				项目名称	电力电缆	计量单位	m

清单综合单价组成明细

定额编号	定额名称	定额单位	数量	单价（元）				合价（元）			
				人工费	材料费	机械费	管理费和利润	人工费	材料费	机械费	管理费和利润
C2-8-145	铜芯电力电缆敷设 电缆（截面mm²以下）35	100m	0.010	369.16	185.77	10.14	172.54	3.69	1.86	0.10	1.73

（续）

定额编号	定额名称	定额单位	数量	单价（元）				合价（元）			
				人工费	材料费	机械费	管理费和利润	人工费	材料费	机械费	管理费和利润
C2-8-5	电缆沟铺砂、盖砖及移动盖板揭（盖）盖板（板长 mm 以下）500	100m	0.013	337.67			157.83	4.33			2.02
人工单价		小计						8.02	1.86	0.10	3.75
51.00 元/工日		未计价材料费						45.45			
清单项目综合单价								59.17			

材料费明细	主要材料名称、规格、型号	单位	数量	单价（元）	合价（元）	暂估单价	暂估单价（元）
	电缆 VV（3×25+2×16）	m	1.010	45.00	45.45		
	其他材料费			—			
	材料费小计			—	45.45		

4.4 配管配线定额应用及清单项目设置

4.4.1 配管配线

1. 配管

配管指将线路敷设采用的电线保护管由配电箱敷设到用电设备的过程。一般从配电箱开始，逐段敷设到用电设备处，有时也可以从用电设备端开始，逐段敷设到配电箱处。配管有明配管及暗配管之分。采用明配管敷设时，一般管路是沿着建筑物水平或垂直敷设。采用暗配管敷设时，应将线管敷设在现浇混凝土构件内，可用铁线将线管绑扎在钢筋上，也可以用钉子将线管钉在模板上，但应将管子用垫块垫起，用钢丝绑牢。

当线管遇下列情况之一时，中间应增设接线盒或拉线盒：管长度每超过 30m，无弯曲；管长度每超过 20m，有一个弯曲；管长度每超过 15m，有两个弯曲；管长度每超过 8m，有三个弯曲。

垂直敷设的线管遇下列情况之一时，应增设固定导线用的拉线盒：管内导线截面为 $50mm^2$ 及以下，长度每超过 30m；管内导线截面为 $70\sim95mm^2$，长度每超过 20m；管内导线截面为 $120\sim240mm^2$，长度每超过 18m。

在 TN-S、TN-C-S 系统中，当金属线管、金属盒（箱）、塑料线管、塑料盒（箱）混合使用时，金属线管和金属盒（箱）必须与保护地线（PE 线）有可靠的电气连接。

线路敷设采用的钢管内、外壁及支架、吊钩、管卡、箱、盒等均应镀锌或涂防腐漆。

管材有钢管及塑料管。钢管有普通钢管及镀锌钢管；塑料管有硬质塑料管、半硬质塑料管、塑料波纹管。

2. 配线

配线指将配电线路由配电箱敷设到用电设备的过程。配线分为管内穿线、瓷夹、瓷柱（鼓形绝缘子）、瓷瓶（瓷绝缘子）配线、槽板配线、线槽配线、钢索配线和塑料护套线敷设。线路敷设方式代号及敷设部位代号见表 4-14 和表 4-15。在民用建筑中，管内穿线及线槽配线应用最为广泛。

表 4-14　线路敷设方式代号

代　号	说　明	代　号	说　明	代　号	说　明	代　号	说　明
K	用瓷瓶或瓷柱敷设	TC	用电线管敷设	CT	用桥架（托盘）敷设	PC（PVC）	用硬塑料管敷设
PL	用瓷夹敷设	SC	用焊接钢管敷设	PR	用塑料线槽敷设		
PCL	用塑料夹敷设	SR	用金属线槽敷设	FEC	用半硬塑料管敷设		

表 4-15　线路敷设部位代号

明　　敷				暗　　敷			
代　号	说　明	代　号	说　明	代　号	说　明	代　号	说　明
SR	沿钢索敷设	WE	沿墙敷设	BC	暗设在梁内	FC	暗设在地面内或地板内
BE	沿屋架或屋架下弦敷设	CE	沿天棚敷设	CC	暗设在屋面内或顶板内	WC	暗设在墙内
CLE	沿柱敷设	ACE	在能进入的吊顶棚内敷设	CLC	暗设在柱内	AC	暗设在不能进入的吊顶内

（1）管内穿线　箱、盒内的导线应按规定预留长度：在盒内接头的导线一般预留 12 ~ 15cm；配电箱内的导线为箱内口半周长。

不同回路、不同电压等级和交流与直流的导线，不应穿于同一线管内；同一交流回路的导线应穿于同一钢管内。

穿管的导线（两根除外）总截面积（含外护层）不应超过管内截面积的 40%。

（2）线槽配线　线槽敷设应平直整齐。金属线槽引出的线路，可采用钢管、金属软管。金属线槽安装做法示意如图 4-12 所示。

塑料线槽及配套附件安装示意见图 4-13。由塑料线槽引出的线路，可采用硬质塑料管、半硬质塑料管或塑料波纹管。

（3）配线应注意的问题　导线与设备、器具的连接应符合下列要求：截面为 $10mm^2$ 及以下的单股铜芯线和单股铝芯线可直接与设备、器具的端子连接；截面为 $2.5mm^2$ 及以下的多股铜芯线的线芯应先拧紧搪锡或压接端子后再与设备、器具的端子连接；多股铝芯线和截面大于 $2.5mm^2$ 的多股铜芯线的终端，除设备自带插接式端子外，应焊接或压接端子后再与设备、器具的端子连接。

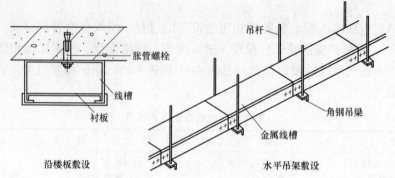

图 4-12　金属线槽安装做法示意图

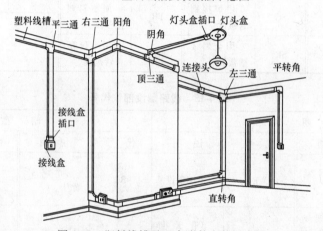

图 4-13　塑料线槽及配套附件安装示意图

线管内、线槽内的导线不得有接头。

金属线槽、金属管及箱、盒应连接成不断的导体并接地，但不得作为设备的接地导体。

导线连接后，应对线路进行绝缘电阻测试，并做好测试记录。500V 以下至 100V 的电气设备或回路，采用 500V 绝缘电阻表测试绝缘电阻，绝缘电阻值不应小于 0.5MΩ。

4.4.2　配管配线定额应用

1）各种配管工程量以管材质、规格和敷设方式不同，按"100m"计算，不扣除管路中的接线箱（盒）、灯头盒、开关盒等所占长度。

a. 水平方向敷设的线管，以施工平面图的线管走向和敷设部位为依据，并借用建筑平面图所示墙、柱轴线尺寸进行线管长度的计算，以图 4-14 所示为例：

当线管沿墙暗敷时，按相关墙轴线尺寸计算该配管长度。如 n_1 回路，沿 B-C、1-3 等轴线长度计算工程量。

当线管沿墙明敷时，按相关墙面净空长度计算该配管长度。如 n_2 回路，沿 B-A、1-2 等墙面净空长度计算。

b. 垂直方向敷设的管（沿墙、柱引上或引

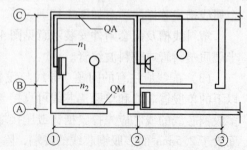

图 4-14　线管水平长度计算示意图

下），其工程量计算与楼层高度及与配电箱、柜、盘、板、开关等设备安装高度有关。无论配管明敷或暗敷均按图4-15所示计算线管长度。

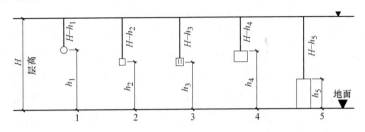

图4-15　引下线管长度计算示意图
1—拉线开关　2—开关　3—插座　4—配电箱或电度表　5—配电柜

需要注意的是，在吊顶（顶棚）内配管时应执行明配管的定额。在空心板内穿线时可按"管内穿线"定额执行。

2）管内穿线工程量，应区别线路性质、导线材质、导线截面，以"100m 单线"计算。配线进入开关箱、柜、板的预留线按表4-16规定的长度分别计入相应工程量。

表 4-16　配线进入开关箱、柜、板的预留线（每根线）

序　号	项　　目	预留长度	说　　明
1	各种开关、柜、板	宽 + 高	盘面安装
2	单独安装（无箱、盘）的封闭式负荷开关、刀开关、启动器、线槽进出线盒	0.3m	从安装对象中心算起
3	由地面管子出口引至动力接线箱	1.0m	从管口算起
4	电源与管内导线连接（管内穿线与软、硬母线接点）	1.5m	从管口算起
5	出户线	1.5m	从管口算起

管内穿线工程量：

管内穿线长度 =（配管长度 + 导线预留长度）× 同截面导线根数

3）瓷夹板配线、塑料夹板配线应按导线的不同型号、规格和不同敷设方式（沿木结构和沿砖、混凝土结构及沿砖、混凝土结构粘接）和二线式及三线式，区别其导线的不同截面积，分别以"100m 线路"计算。

4）绝缘子配线工程量，应区别绝缘子形式（针式、鼓形、蝶式）、绝缘子配线位置（沿屋架、梁、柱、墙，跨屋架、梁、柱、木结构、顶棚内、砖、混凝土结构，沿钢支架及钢索）、导线截面积，以"100m 线路"计算。

5）槽板配线工程量应区别槽板材质（木槽板、塑料槽板）、配线位置（沿木结构、沿混凝土结构）、导线截面、线式（二线式及三线式），以"100m 线路"为单位计算。

6）塑料护套线明敷设：应按导线的不同型号、规格和不同敷设方式（沿木结构、沿砖、混凝土结构、钢索以及沿砖、混凝土结构粘接）和二线式及三线式，区别其导线的不同截面积，分别以"100m"为单位计算。

7）线槽配线：应按导线的型号、规格，区别其导线的不同截面积，分别以"100m 单线"为单位计算。

8）钢索架设：应按圆钢架设和钢丝绳架设，区别其导线的不同直径，分别以"100m"为单位计算。

9）母线拉紧装置及钢索拉紧装置制作与安装：

母线拉紧装置的工程量，应按母线的不同截面积，分别以"10套"为单位计算。

钢索拉紧装置的工程量，应按螺栓的不同直径，分别以"10套"为单位计算。

10）车间带形母线安装：应按带形母线的不同材质和规格及不同敷设方式（沿屋架、梁、柱、墙、跨屋架、梁、柱），区别其母线的不同截面积，分别以"100m"为单位计算。

11）动力配管混凝土地面刨沟：应按动力配管的不同管径，分别以"10m"为单位计算。

12）接线箱安装：应按其不同安装方式（明装和暗装），区别其接线箱的不同半周长，分别以"10个"为单位计算。

13）接线盒安装：应区别接线盒、开关盒、普通接线盒、防爆接线盒、钢索上接线盒，按其不同的安装方式（暗装和明装），分别以"10个"为单位计算。

4.4.3 配管配线清单项目设置

1. 清单项目设置

配管、配线工程量清单项目设置见表4-17。

表4-17 配管、配线部分清单项目设置

项目编码	项目名称	项目特征	计量单位		工程内容
030411001	配管	1. 名称 2. 材质 3. 规格 4. 配置形式 5. 接地要求 6. 钢索材质、规格		按设计图示尺寸以长度计算	1. 电线管路敷设 2. 钢索架设（拉紧装置安装） 3. 预留沟槽 4. 接地
030411002	线槽	1. 名称 2. 材质 3. 规格			1. 本体安装 2. 补刷（喷）油漆
030411003	桥架	1. 名称 2. 型号 3. 规格 4. 材质 5. 类型 6. 接地方式	m		1. 本体安装 2. 接地
030411004	配线	1. 名称 2. 配线形式 3. 型号 4. 规格 5. 材质 6. 配线部位 7. 配线线制 8. 钢索材质、规格		按设计图示尺寸以单线长度计算（含预留长度）	1. 配线 2. 钢索架设（拉紧装置安装） 3. 支持体（夹板、绝缘子、槽板等）安装

（续）

项目编码	项目名称	项目特征	计量单位		工程内容
030411005	接线箱	1. 名称 2. 材质 3. 规格 4. 安装形式	个	按设计图示数量计算	本体安装
030411006	接线盒				

2. 清单设置说明

1）配管名称指电线管、钢管、防爆管、塑料管、软管、波纹管等。

2）配管配置形式指明配、暗配、吊顶内、钢结构支架、钢索配管、埋地敷设、水下敷设、砌筑沟内敷设等。

3）配线名称指管内穿线、瓷夹板配线、塑料夹板配线、绝缘子配线、槽板配线、塑料护套配线、线槽配线、车间带形母线等。

4）配线形式指照明线路，动力线路，木结构，顶棚内，砖、混凝土结构，沿支架、钢索、屋架、梁、柱、墙，以及跨屋架、梁、柱。

5）配管安装中不包括凿槽、刨沟，应按《通用安装工程工程量计算规范》附录 D.13 相关项目编码列项（参见本章4.6节）。

3. 清单项目工程量计算

1）配管、线槽工程量按设计图示尺寸以"m"计算。不扣除管路中间的接线箱（盒）、灯头盒、开关盒所占长度。计算方法与定额应用中线管配管工程量相同。

　　a. 配管、线槽工程量计算，一般是从配电箱算起，沿各回路计算。

　　b. 水平方向敷设的线管，当沿墙暗敷设时，按相关墙轴线尺寸计算。沿墙明敷时，按相关墙面净空尺寸计算。线槽沿墙明敷，按相关墙面净空尺寸计算。

　　c. 在顶棚内敷设，或者在地坪内暗敷，可用比例尺测量，或按设计定位尺寸计算。

　　d. 垂直方向敷设的线管、线槽，其工程量计算与楼层高度及箱、柜、盘、板、开关等设备安装高度有关。

　　e. 在吊顶内敷设的配管，应按明敷计算。

2）配线保护管遇到下列情况之一时，应增设管路接线盒和拉线盒：①管长度每超过30m，无弯曲；②管长度每超过20m，有1个弯曲；③管长度每超过15m，有2个弯曲；④管长度每超过8m，有3个弯曲。

　　垂直敷设的电线保护管遇到下列情况之一时，应增设固定导线用的拉线盒：①管内导线截面为50mm² 及以下，长度每超过30m；②管内导线截面为70～95mm²，长度每超过20m；③管内导线截面为120～240mm²，长度每超过18m。在配管清单项目计量时，设计无要求时上述规定可以作为计量接线盒、拉线盒的依据。

3）配线按设计图示尺寸以单线长度（m）计算。配线进入箱、柜、板的应按规定预留长度，预留长度见表4-16。

　　管内穿线工程量计算方法：

　　　　管内穿线长度 =（配管长度 + 预留长度）× 同截面导线根数

[例4-3]　某建筑的其中一个房间的照明系统图及平面图如图4-16和图4-17所示。其层高为3.6m。图中照明平面图比例为1∶100；灯具为2×40W双管荧光灯盘，采用嵌入式

安装；照明配电箱箱底距楼面1.5m，暗装，箱外形尺寸为：宽×高×厚＝430mm×280mm ×90mm；吊顶内电线管的安装高度为3.2m，垂直布管暗敷设在墙内。

（1）计算配管和配线工程量；（2）编制配管和配线工程量清单。

解：（1）工程量计算

1）计算配管长度：对于水平尺寸作比例尺在平面图上量取，量取规则：对于墙壁按图4-14的规定执行，对于灯具则量至灯具的中心。

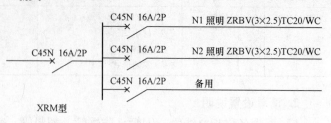

图4-16 照明系统图

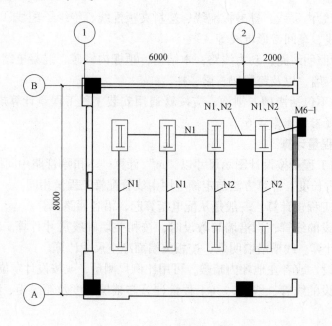

图4-17 照明平面图

吊顶内的水平电线管安装属明装，而垂直布置在墙壁内的电线管则属于暗装，应分别计算。N1及N2回路电线管明敷工程量的计算见表4-18。

表4-18 工程量计算表

回路号	位 置	工 程 量	回路号	位 置	工 程 量
N1	灯1-灯2	3.9m	N2	灯5-灯6	3.9m
	灯3-灯4	3.9m		灯7-灯8	3.9m
	灯2-灯4	1.8m		灯6-照明配电箱M	（1.8＋1.3）m＝3.1m
	灯4-照明配电箱M	（1.8＋1.8＋1.3）m＝4.9m		小计	10.9m
	小计	14.5m		合计	25.4m

N1 及 N2 回路电线管暗敷工程量(配电箱上沿至吊顶内电线管安装高度) = [3.2m(吊顶内电线管安装高度) − (1.5 + 0.28)m(配电箱上沿高度)] × 2 = 2.84m

2) 配线工程量 = [(明配管长度 + 暗配管长度) + 导线预留长度] × 3 = [(25.4 + 2.84) + (0.43 + 0.28)] × 3m = 86.85m

(2) 配管及配线工程量清单项目设置见表4-19。

表4-19　分部分项工程量清单

工程名称：　　　　　　　　　　　　　标段：　　　　　　　　　　　　　　　第　页　共　页

序号	项目编码	项目名称	项目特征描述	计量单位	工程量	金额（元）		
						综合单价	合价	其中：暂估价
1	030411001001	配管	电线管，φ20，沿墙暗敷	m	2.84			
2	030411001002	配管	电线管，φ20，吊顶内敷设	m	25.4			
3	030411004001	配线	照明线路，管内穿线，ZRBV-3×2.5	m	86.85			
			本页小计					
			合计					

4.5　照明器具定额应用及清单项目设置

4.5.1　照明器具安装

电气照明工程是建筑电气工程中的一个重要组成部分。照明器具主要是各式灯具。

室内照明灯具的安装方式主要是根据配线方式、室内净高以及对照度的要求来确定。常用安装方式有悬吊式、壁装式、吸顶式、嵌入式等。悬吊式的又可分为软线吊灯、链吊灯、管吊灯。灯具的安装方式和其代号见表4-20和图4-18所示。

表4-20　灯具的安装方式和光源种类标注符号说明

灯具的安装方式标注符号说明		光源种类标注符号说明	
名　称	标注符号	名　称	标注符号
线吊式、自在器线吊式	SW	氖灯	Ne
链吊式	CS	氙灯	Xe
管吊式	DS	钠灯	Na
壁装式	W	汞灯	Hg
吸顶式	C	碘钨灯	I
嵌入式	R	白炽灯	IN
顶棚内安装	CR	荧光灯	FL
墙壁内安装	WR	电发光灯	EL

（续）

灯具的安装方式标注符号说明		光源种类标注符号说明	
名　称	标注符号	名　称	标注符号
支架上安装	S	弧光灯	ARC
柱上安装	CL	红外线灯	IR
座装	HM	紫外线灯	UV
		发光二极管	LED

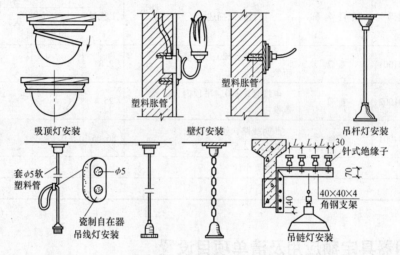

图4-18　常用灯具安装方式

4.5.2　照明器具定额应用

（1）普通灯具安装

1）吸顶灯具安装的工程量应按灯具的种类（圆球罩吸顶灯、半圆球罩吸顶灯、方形吸顶灯）、型号、规格，区别圆球罩灯的不同灯罩直径和矩形罩及大口方罩，分别以"10套"为单位计算。

2）其他普通灯具安装的工程量，应按灯具的种类、型号、规格，区别软线吊灯、吊链灯、防水吊灯、一般弯脖灯、一般壁灯，分别以"10套"为单位计算。软线吊灯、吊链灯的安装定额已含吊线盒，不得另计。

3）灯头安装的工程应按防水灯头、节能座灯头、座灯头，分别以"10套"为单位计算。

（2）荧光灯具安装　应按组装型和成套型及不同安装方式（吊链式、吊管式、吸顶式），并按荧光灯具的不同型号和规格，区别荧光灯管的不同数量（单管、双管、三管），分别以"套"为单位计算。

荧光灯具电容器安装的工程量，以"10套"为单位计算。

组装型荧光灯为所采购的灯具均为散件，需要在现场组装、接线。如果所采购灯具的灯脚、整流器等已装好并联接好导线，则为成套型荧光灯。

吊链式成套日光灯具的安装定额中未计价材料除包括成套灯具本身价值外，每套内还包括两根（共8m长）吊链和两个吊线盒。

4.5.3　照明器具清单项目设置

1. 清单项目设置

照明器具安装工程清单项目设置见表4-21。

表 4-21　照明器具安装工程清单项目设置表

项目编码	项目名称	项目特征	计量单位	工程量计算规则	工作内容
030412001	普通灯具	1. 名称 2. 型号 3. 规格 4. 类型	套	按设计图示数量计算	本体安装
030412005	荧光灯	1. 名称 2. 型号 3. 规格 4. 安装形式	套		

2. 清单设置说明

1）普通灯具包括圆球吸顶灯、半圆球吸顶灯、方形吸顶灯、软线吊灯、座灯头、吊链灯、防水吊灯、壁灯等。吸顶灯的规格对于圆球罩灯指不同灯罩直径，方形罩指矩形罩及大口方罩。

2）荧光灯安装形式指吊链式、吸顶式、吊管式；安装规格指单管、双管、三管。

3）照明器具安装工程清单工程量按设计图示数量计算。

[**例4-4**] 同 [例4-3]，计算照明器具清单工程量，编制其工程量清单，并进行综合单价分析。

解： 照明器具工程量 = 8 套

照明器具工程量清单项目设置见表4-22。综合单价分析见表4-23。

表 4-22　分部分项工程量清单

工程名称：　　　　　　　　　　标段：　　　　　　　　　　　　　　第　页　共　页

序号	项目编码	项目名称	项目特征描述	计量单位	工程量	金额（元）		
						综合单价	合价	其中：暂估价
1	030412005001	荧光灯	双管荧光灯，XBY-S240，2×40W，嵌入式安装	套	8			
2								
3								
			本页小计					
			合计					

表4-23 综合单价分析表

工程名称:			标段:							第 页 共 页		

项目编码		030412005001					项目名称	荧光灯	计量单位		套	

清单综合单价组成明细

定额编号	定额名称	定额单位	数量	单价（元）				合价（元）			
				人工费	材料费	机械费	管理费和利润	人工费	材料费	机械费	管理费和利润
C2-12-213	成套型荧光灯具安装 吸顶式 双管	10 套	0.100	104.60	25.09		48.89	10.46	2.51		4.89
人工单价		小计						10.46	2.51		4.89
51.00 元/工日		未计价材料费						167.33			
清单项目综合单价								185.19			

	主要材料名称、规格、型号			单 位	数量	单价（元）	合价（元）	暂估单价(元)	暂估合价(元)
材料费明细	成套灯具成套型双管荧光灯			套	1.010	150.00	151.50		
	荧光灯			只	2.030	7.80	15.83		
	其他材料费					—		—	
	材料费小计					—	167.33	—	

4.6 附属工程清单项目设置

1. 清单项目设置

附属工程工程清单项目设置见表4-24。

表4-24 附属工程工程清单项目设置表

项目编码	项目名称	项目特征	计量单位	工程量计算规则	工作内容
030412001	铁构件	1. 名称 2. 材质 3. 规格	kg	按设计图示尺寸以质量计算	1. 制作 2. 安装 3. 补刷（喷）油漆
030412002	凿（压）槽	1. 名称 2. 规格 3. 类型 4. 填充（恢复）方式 5. 混凝土标准	m	按设计图示尺寸以长度计算	1. 开槽 2. 恢复处理
030412003	打洞（孔）	1. 名称 2. 规格 3. 类型 4. 填充（恢复）方式 5. 混凝土标准	个	按设计图示数量计算	1. 开孔、洞 2. 恢复处理

2. 清单设置说明

铁构件项目适用于电气工程的各种支架、铁构件的制作安装。铁构件的规格应区别一般铁构件（主结构厚度在 3mm 以上）和轻型铁构件（主结构厚度在 3mm 以内）。

4.7 电气调整试验定额应用及清单项目设置

4.7.1 电气调整试验定额应用

电气调整试验定额应用主要包括下列内容：

（1）电力变压器系统调试 电力变压器系统调试的工作内容是指变压器、断路器、互感器、隔离开关、风冷及油循环冷却系统电气装置、常规保护装置等的调整试验。其工程量计算应区别其变压器的不同容量，分别以"系统"为单位计算。

（2）送配电装置系统调试 送配电装置系统调试的工作内容是指自动开关或断路器、隔离开关、常规保护装置、电测量仪表、电力电缆等一、二次回路系统的调试。其工程量计算应按交流供电或直流供电，区别其供电的不同电压，分别以"系统"为单位计算。

（3）电缆试验 电缆试验的工程量计算，应按故障点测试或泄漏试验，分别以"点"或"根次"为单位计算。

（4）灯具调试 只对有特殊要求的灯具做调试，其具体内容按产品要求执行。

在使用电气调整定额时应注意：定额的调试范围只限于电气设备本身的调试，不包括电动机带动机械设备的试运转工作；各项调试定额均包括熟悉资料、核对设备、填写试验记录和整理、编写调试报告等工作，但不包括试验仪表装置的转移费用。

4.7.2 电气调整试验清单项目设置

1. 清单项目设置

电气调整试验清单项目设置见表4-25。

表4-25 电气调整试验部分清单项目设置表

项目编码	项目名称	项目特征	计量单位	工程量计算规则	工作内容
030414001	电力变压器系统	1. 名称 2. 型号 3. 容量(kV·A)	系统	按设计图示系统计算	系统调试
030414002	送配电装置系统	1. 名称 2. 型号 3. 电压等级（kV） 4. 类型	系统	按设计图示系统计算	系统调试
030414011	接地装置	1. 名称 2. 类别	1. 系统 2. 组	1. 以系统计量，按设计图示系统计算 2. 以组计量，按设计图示数量计算	接地电阻测试
030414015	电缆试验	1. 名称 2. 电压等级（kV）	次（根、点）	按设计图示数量计算	试验

2. 清单设置说明

1）电气调整内容的项目特征是以系统名称或保护装置及设备本体名称来设置的。如变压器系统调试就以变压器的名称、型号、容量来设置。

2）供电系统的项目设置：1kV 以下和直流供电系统均以电压来设置，而 10kV 以下的交流供电系统则以供电用的负荷隔离开关、断路器和带电抗器分别设置。

3）特殊保护装置调试的清单项目按其保护名称设置，其他均按需要调试的装置或设备的名称来设置。

4）调整试验项目系指一个系统的调整试验，它是由多台设备、组件（配件）、网络连在一起，经过调整试验才能完成某一特定的生产过程，这个工作（调试）无法综合考虑在某一实体（仪表、设备、组件、网络）上，因此不能用物理计量单位或一般的自然计量单位来计量，只能用"系统"为单位计量。

5）电气调试系统的划分以设计的电气原理系统图为依据。具体划分可参照《全国统一安装工程预算工程量计算规则》的有关规定。

4.8   电气安装工程定额应用及工程量清单设置应注意的问题

4.8.1   电气安装工程定额与其他有关定额册的关系

1. 与第一册（《机械设备安装工程》）"机械设备"定额的分界

1）各种电梯电气设备安装，即线槽、配管配线、电缆敷设、电动机检查接线、照明装置、风扇和控制信号装置的安装与调试均执行电气安装工程部分定额。各种电梯的机械部分执行第一册定额有关项目。

2）起重运输设备、各种金属加工机床等的安装执行第一册定额，其中的电气盘箱、开关控制设备、配管配线、照明装置和电气调试执行电气安装工程部分定额。

3）电机安装执行第一册定额，电动机检查、接线执行电气安装工程部分定额。

2. 与第十册（《自动化控制安装工程》）"自控仪表"定额的分界

1）自动化控制装置工程中的电气盘及其他电气设备的安装执行电气安装工程部分定额。自动化控制装置专用盘箱的安装执行第十册定额。

2）自动化控制装置的电缆敷设执行电气安装工程部分定额，其人工费乘以系数 1.05。

3）自动化控制装置中的电气配管执行电气安装工程部分定额，其人工费乘以系数 1.07。

4）自动化控制装置的接地工程执行电气安装工程部分定额。

4.8.2   材料损耗率

1）电气安装工程定额内未计价的材料损耗率见表 4-26。

2）关于损耗率的说明：绝缘导线、电缆、硬母线和用于母线的裸软导线，其损耗率中不包括为连接电气设备、器具而预留的长度，也不包括因各种弯曲（包括弧度）而增加的长度。这些长度均应计算在工程量的基本长度中。

表 4-26　未计价的材料损耗率

序　号	材料名称	损耗率	序　号	材料名称	损耗率
1	裸软导线	1.3	9	一般灯具及附件	1.0
2	绝缘导线	1.8	10	荧光灯、水银灯灯泡	1.5
3	电力电缆	1.0	11	白炽灯泡	3.0
4	控制电缆	1.5	12	玻璃灯罩	5.0
5	硬母线	2.3	13	灯头、开关、插座	2.0
6	钢绞线、镀锌钢线	1.5	14	刀开关、封闭式负荷开关、熔断器	1.0
7	金属管材、管件	3.0	15	塑料制品（槽、板、管）	5.0
8	金属板材	4.0	16	型钢	5.0

4.8.3　定额应用中需说明的问题

1. 定额没有的项目执行定额的问题

1）人工开挖路面：执行第五册（《静置设备与工艺金属结构制作安装工程》）"通信线路"。

2）电缆沟挖填土：执行第三册（《热力设备安装工程》）"送电线路"。

3）工地运输：执行第三册"送电线路"的"工地运输"定额。

2. 其他应说明的问题

1）对多册定额同时编入的某一分项工程定额，如蓄电池的安装定额，第四册（《炉窑砌筑工程》）"通信设备"和电气安装工程部分定额均编入；电气盘箱的安装定额，"电气设备"、"通信设备"、"自控仪表"三册均编入。在执行这些定额时，一律按其规定的适用范围执行，不得任意选用。

2）凡单项试验配合人工费，已包括在相应的电气调试定额之内，不另行计算。

3）在带电运行的电缆沟内敷设电缆，可按安装与生产同时进行，按人工费的 10% 计取增加费。

4）在有粪便、臭水的电缆隧道内敷设电缆，不能算作"在有害身体健康的环境中施工"，不能收取"在有害身体健康环境中施工增加费"。但可根据情况适当增加清除粪便、臭水的人工费和排除臭气的费用。

4.8.4　工程量清单应用中需说明的问题

1）电气设备安装工程适用于 10kV 以下变配电设备及线路的安装工程、车间动力电气设备及电气照明、防雷及接地装置安装、配管配线、电气调试等。

2）挖土、填土工程，执行《房屋建筑建筑与装饰工程工程量计算规范》相关项目编码列项。

3）开挖路面，执行《市政工程工程量计算规范》相关项目编码列项。

4）过梁、墙、楼板的钢（塑料）套管，执行《通用安装工程工程量清单计算规范》附录 K "给排水、采暖、燃气工程"相关项目编码列项。

5）除锈、刷油（补刷漆除外）、保护层安装，应按《通用安装工程工程量清单计算规范》附录 M "刷油、防腐蚀、绝热工程"相关项目编码列项。

4.9 电气安装工程造价计价实例

广东省某市建筑工程学校学生宿舍供配电工程，总安装容量40kW；负荷等级为三级，电源由学校总配电房引入一路380V电源供电。建筑物室内导线均穿金属电线管沿楼板（墙）暗敷。电力系统采用TN-S制，从总配电柜开始采用三相五线、单相三线制，电源零线（N）与接地保护线（PE）分别引出，所有电器设备不带电的导电部分、外壳、构架均与PE线可靠接地。

施工图样见图4-19～图4-22。

图例	说明	备注
⬛	天棚灯	吸顶安装
⊢	荧光灯	详平面图
⚊	暗装单极开关	$h=1.4m$(暗装)
⚊	暗装双极开关	$h=1.4m$(暗装)
⚊	暗装三极开关	$h=1.4m$(暗装)
 ⚊	暗装四极开关	$h=1.4m$(暗装)
⏚	暗装二三极单相组合插座	$h=0.3m$(暗装)
◢	多种电源配电箱	中心标高1.6m(暗装)

图4-19 图例

4.9.1 电气安装工程施工图

1. 电气安装工程施工图的组成

电气安装工程施工图是编制电气安装分部工程造价的重要依据。以供配电工程安装为例，其施工图样一般由以下几部分组成：

1）首页：包括有图样目录、图例、电气设备规格和施工说明等。

2）电气系统图：系统图表示配电系统的组成、配电线路所用导线的型号、截面、穿管管径和管材、敷设方式和敷设部位等。

3）电气平面图：一般包括变配电平面图、动力平面图、照明平面图、防雷接地平面图等。这些是电气施工的主要图样，在图样上一般应表明电源进户线的位置、规格、穿线管径；配电线路的敷设方式；配电线的规格、根数、穿线管径；各种灯具、开关、插座及配电箱（盘）等电器的位置、规格和安装方式；各支路编号及要求。

4）大样图：对一般电器设备的安装和做法，应选用国家标准。而特殊设备和做法有特殊要求，无法采用标准图的，图样中应有专门构件大样图，并注有详细尺寸、安装要求和做法。

2. 电气设备安装工程施工图的识读方法

（1）掌握识读程序 图样识读应先看图样目录，根据目录查找电气施工说明，电气系统图和电气平面图，了解图样所采用的图例符号及其所代表的内容，然后进行识读；如果涉及具体安装内容，则还需查出相关设备的原理接线图和安装接线图，这叫做先全貌，再细节。

（2）抓住工程的要点识读　每个工程都有它的特点和要求，必须抓住这些特点和要点来识读。一般来说，大楼的电气照明工程有以下几个需注意的要点：

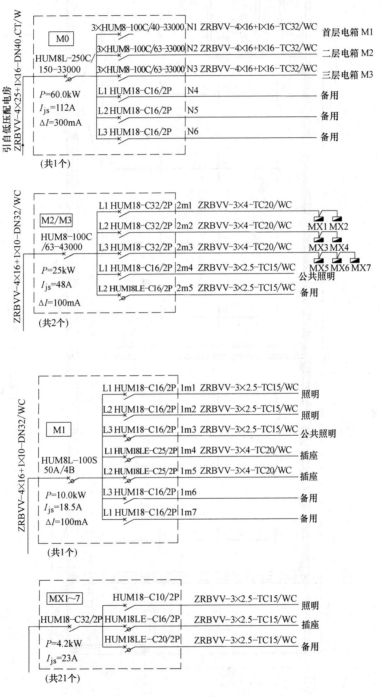

图 4-20　电气系统图

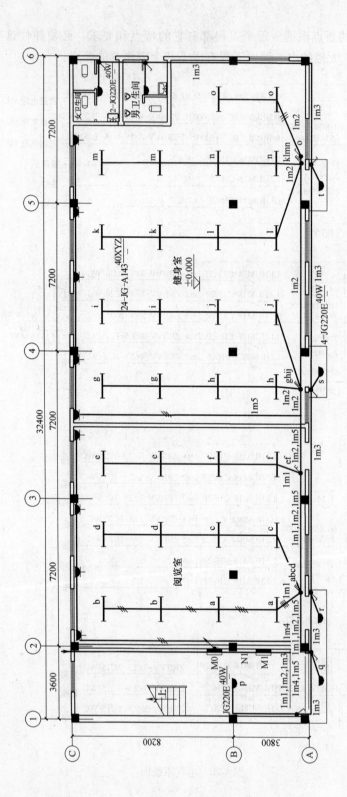

图 4-21 首层配电平面图

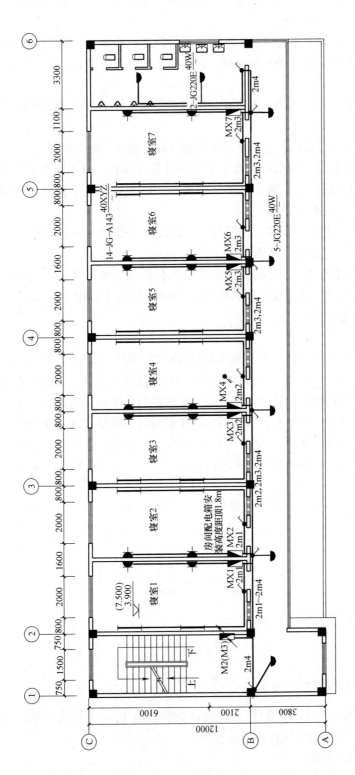

图 4-22　二、三层配电平面图

1）供电方式和相数：大楼供电方式有高压方式供电和低压方式供电两种；供电相数有单相两线制和三相四线制两种。

2）进户方式：有建立电杆进户、沿墙边埋角铁进户和地下电缆进户等方式。

3）线路分配情况：有几条配电支路，各向哪些配电设备供电，各支路与A、B、C三相的连接关系。

4）线路敷设方式：常见的布设方式有绝缘子布线、管子布线、线槽布线、电缆桥架布线、电缆布线等。

5）电气照明设备器具的布置：平面位置和立面位置（安装高度）。

6）接地、防雷情况：采用的是接地保护还是接零保护，以及防雷装置的形式。此外，还要确定预埋、预留位置，了解安装的施工要求，以及与其他工程（如土建，给水排水，通信线路安装工程）的配合问题。

（3）抓住配电"脉络"识读　识图时，一般可按"进户线→总配电箱→干线→分配电箱→支线→用电设备"这条"脉络"来识读。

（4）相关的图对照识读　把电气照明平面图和电气系统图及施工说明放在一起识读；把整体图和局部图放在一起识读，在看比较复杂的电气设备线路图时，还需要把原理接线图和安装线图放在一起识读。

3. 图样信息

由于建筑电气安装工程施工图一般不包括剖面图，因此许多设备及配管的安装高度不能从图中获得，这类信息一般包含在设计说明中，如在设计说明中，设计人员会说明开关、配电箱、插座等的安装高度，而这些电气设备在整幢建筑中的安装高度往往是相同的。由于水平导线一般沿顶棚敷设，因此在计算配管配线工程量时不要漏算由顶棚至安装在墙壁上的电气设备（开关、配电箱、插座、壁灯等）之间的垂直长度。建筑物中的灯具的安装位置、线管及导线的型号规格则用特定的表示方法表示在图上，动力、照明线路及设备在平面图上表示方法如下。

（1）线路文字标注格式　配电线路的国标标注格式如下。

$$编号 \Rightarrow a-b-c \ (d \times e + f \times g) \ i-j \ h \Leftarrow 安装高度$$

型号；线缆根数；相线芯数；芯线截面；PE线N线芯数；芯线截面；敷设方式；敷设部位

（2）电力和照明配电箱标注格式

$$a \frac{b}{c} 或 a-b-c$$

当需要标注引入线规格时为 $a \dfrac{b-c}{d(e \times f)-g}$

式中，a 为设备编号；b 为设备型号；c 为设备功率（kW）；d 为导线型号；e 为导线根数；f 为导线截面（mm^2）；g 为导线敷设方式及部位。

（3）灯具的标注方法

$$a-b \frac{c \times d \times L}{e} f，吸顶灯为 a-b \frac{c \times d \times L}{-} f$$

式中，a 为灯具数量；b 为灯具型号或编号；c 为每盏照明灯具的灯泡（管）数量；d 为灯泡（管）容量（W）；e 为灯泡（管）安装高度（m）；f 为灯具安装方式；L 为光源种类。

4.9.2 工程量计算

1. 工程量汇总表（表4-27）

表4-27 工程量汇总表

序号	项目名称	单位	数量	序号	项目名称	单位	数量
1	配电箱 M0（500L×800H）	台	1	14	普通二三极插座	个	36
2	配电箱 M1（300L×500H）	台	1	15	单极开关	个	33
3	配电箱 M2、3（300L×500H）	台	2	16	双极开关	个	1
4	房间配电箱 MX1~7	台	14	17	四极开关	个	3
5	镀锌电线管暗装 DN40	m	8.22	18	荧光灯具安装	只	58
6	镀锌电线管暗装 DN32	m	12.93	19	吸顶灯具安装	只	20
7	镀锌电线管暗装 DN20	m	202.27	20	金属接线盒	只	96
8	镀锌电线管暗装 DN15	m	766.41	21	金属开关盒	只	73
9	电气配线 BVV25	m	38.08	22	压铜接线端子 导线截面（mm^2 以内）16	个	28
10	电气配线 BVV16	m	86.44				
11	电气配线 BVV10	m	19.23	23	压铜接线端子 导线截面（mm^2 以内）25	个	4
12	电气配线 BVV4	m	647.01				
13	电气配线 BVV2.5	m	2336.32	24	送配电装置系统调试 1kV 以下交流供电（综合）	系统	1

2. 工程量计算表（表4-28）

表4-28 工程量计算表

序号	项目名称	规格型号	计算方法及说明	单位	数量
			进户线部分		
1	配电箱 M0		配电箱 M0，500(L)×800(H)	台	1
2	电气配管暗装	镀锌电线管 DN40，$\delta=1.8$	进户至 M0 配电箱水平段 7.32m + 去 M0 垂直段[2.9-(1.6+0.4)]m	m	8.22
3	电气配线	ZRBVV25	[管长 8.22m + 导线预留 1.3m]×4	m	38.08
		ZRBVV16	管长 8.22m + 导线预留 1.3m	m	9.52
			一层（N1 回路）		
一			配电箱部分		
1	配电箱 M1		M1 箱尺寸为 300(L)×500(H)	台	1
2			配电箱 M0 至配电箱 M1 段		
(1)	电气配管暗装	镀锌电线管 DN32，$\delta=1.5$	由 M0 箱引出线垂直段[3.9-(1.6+0.4)]m + M0 至 M1 水平段 2.48m + 去 M1 箱垂直段[3.9-(1.6+0.25)]m	m	6.43
(2)	电气配线	ZRBVV16	[管长 6.43m + 预留(1.3+0.8)m]×4	m	34.12
		ZRBVV10	管长 6.43m + 预留(1.3+0.8)m	m	8.53

（续）

序号	项目名称	规格型号	计算方法及说明	单 位	数 量
二			1m1 回路		
1			M1 至开关 ef 处		
(1)	电气配管暗装	镀锌电线管 DN15, δ=1.5	M1 箱引出线垂直段［3.9 -（1.6 + 0.25）］m + M1 至轴 A-2 水平段 2.16m + 轴 A-2 至开关 abcd 水平段 2.66m + 开关 abcd 至开关 ef 水平段 5.83m	m	12.7
(2)	电气配线	ZRBVV2.5	（管长 12.7m + 预留 0.8）×3	m	40.5
2			阅览室		
(1)			开关 abcd 及其控制的灯具部分		
1)			开关 abcd 垂直段		
	电气配管暗装	镀锌电线管 DN15, δ=1.5	层高 3.9m - 开关安装高度 1.40m	m	2.5
	电气配线	ZRBVV2.5	（管长 2.5m）×5	m	12.5
2)			开关 abcd 至灯 a2		
	电气配管暗装	镀锌电线管 DN15, δ=1.5	开关 abcd 至灯 a1 距离 1.40m + 灯 a1 至灯 a2 距离 2.89m	m	4.29
	电气配线	ZRBVV2.5	管长 4.29m×4	m	17.16
3)			灯 a2 至灯 b2		
	电气配管暗装	镀锌电线管 DN15, δ=1.5	灯 a2 至灯 b1 距离 2.89m + 灯 b1 至灯 b2 距离 2.89m	m	5.78
	电气配线	ZRBVV2.5	管长 5.78m×3	m	17.34
4)			开关 abcd 至灯 c2		
	电气配管暗装	镀锌电线管 DN15, δ=1.5	开关 abcd 至灯 c1 距离 3.14m + 灯 c1 至灯 c2 距离 2.89m	m	6.03
	电气配线	ZRBVV2.5	管长 3.14m×4	m	24.12
5)			灯 c2 至灯 d2		
	电气配管暗装	镀锌电线管 DN15, δ=1.5	灯 c2 至灯 d1 距离 2.89m + 灯 d1 至灯 d2 距离 2.89m	m	5.78
	电气配线	ZRBVV2.5	管长 5.78m×3	m	17.34
(2)			开关 ef 及其控制的灯具部分		
1)			开关 abcd 垂直段		
	电气配管暗装	镀锌电线管 DN15, δ=1.5	层高 3.9m - 开关安装高度 1.40m	m	2.5
	电气配线	ZRBVV2.5	管长 2.5m×3	m	7.5
2)			开关 ef 至灯 f2		
	电气配管暗装	镀锌电线管 DN15, δ=1.5	开关 ef 至灯 f1 距离 1.55m + 灯 f1 至灯 f2 距离 2.89m	m	4.44
	电气配线	ZRBVV2.5	管长 4.44m×4	m	17.76

（续）

序 号	项目名称	规格型号	计算方法及说明	单 位	数 量
3)			灯 f2 至灯 e2		
	电气配管暗装	镀锌电线管 DN15，δ = 1.5	灯 f2 至灯 e1 距离 2.89m + 灯 e1 至灯 e2 距离 2.89m	m	5.78
	电气配线	ZRBVV2.5	管长 5.78m×3	m	17.34
(3)	开关	暗装双极开关		只	1
		暗装四极开关		只	1
(4)	灯具	JG-A143 $\frac{40XYZ}{-}$		只	12
三			1m2 回路		
1			配电箱 M1 至开关 klmn 处		
(1)	电气配管暗装	镀锌电线管 DN15，δ = 1.5	由 M1 箱引出线垂直段 [3.9 − (1.6 + 0.25)] m + M1 至轴 A-2 水平段 2.16m + 轴 A-2 至开关 ghij 水平段 14.41m + 开关 ghij 至开关 klmn 水平段 9.17m	m	27.79
(2)	电气配线	ZRBVV2.5	（管长 27.79m + 预留 0.8m）×3	m	85.77
2			健身室		
(1)			开关 ghij 及其控制的灯具部分		
1)			开关 ghij 垂直段		
	电气配管暗装	镀锌电线管 DN15，δ = 1.5	层高 3.9m − 开关安装高度 1.40m	m	2.5
	电气配线	ZRBVV2.5	（管长 2.5m）×5	m	12.5
2)			开关 ghij 至灯 h2		
	电气配管暗装	镀锌电线管 DN15，δ = 1.5	开关 ghij 至灯 h1 距离 2.50m + 灯 h1 至灯 h2 距离 2.89m	m	5.39
	电气配线	ZRBVV2.5	管长 5.39m×5	m	26.95
3)			灯 h2 至灯 g2		
	电气配管暗装	镀锌电线管 DN15，δ = 1.5	灯 h2 至灯 g1 距离 2.89m + 灯 g1 至灯 g2 距离 2.89m	m	5.78
	电气配线	ZRBVV2.5	管长 5.78m×3	m	17.34
4)			开关 ghij 至灯 j2		
	电气配管暗装	镀锌电线管 DN15，δ = 1.5	开关 ghij 至灯 j1 距离 3.14m + 灯 j1 至灯 j2 距离 2.89m	m	6.03
	电气配线	ZRBVV2.5	管长 6.03m×4	m	24.12
5)			灯 j2 至灯 i2		
	电气配管暗装	镀锌电线管 DN15，δ = 1.5	灯 j2 至灯 i1 距离 2.89m + 灯 i1 至灯 i2 距离 2.89m	m	5.78
	电气配线	ZRBVV2.5	管长 5.78m×3	m	17.34

（续）

序号	项目名称	规格型号	计算方法及说明	单位	数量
(2)			开关 klmn 及其控制的灯具部分		
1)			开关 klmn 垂直段		
	电气配管暗装	镀锌电线管 $DN15$，$\delta=1.5$	层高 3.9m − 开关安装高度 1.40m	m	2.5
	电气配线	ZRBVV2.5	管长 2.5m×5	m	12.5
2)			开关 klmn 至灯 l2		
	电气配管暗装	镀锌电线管 $DN15$，$\delta=1.5$	开关 klmn 至灯 l1 距离 3.93m + 灯 l1 至灯 l2 距离 2.89m	m	6.82
	电气配线	ZRBVV2.5	管长 6.82m×4	m	27.28
3)			灯 l2 至灯 k2		
	电气配管暗装	镀锌电线管 $DN15$，$\delta=1.5$	灯 l2 至灯 k1 距离 2.89m + 灯 k1 至灯 k2 距离 2.89m	m	5.78
	电气配线	ZRBVV2.5	管长 5.78m×3	m	17.34
4)			开关 klmn 至灯 n2		
	电气配管暗装	镀锌电线管 $DN15$，$\delta=1.5$	开关 klmn 至灯 n1 距离 1.51m + 灯 n1 至灯 n2 距离 2.89m	m	4.4
	电气配线	ZRBVV2.5	管长 4.4m×4	m	17.60
5)			灯 n2 至灯 m2		
	电气配管暗装	镀锌电线管 $DN15$，$\delta=1.5$	灯 n2 至灯 m1 距离 2.89m + 灯 m1 至灯 m2 距离 2.89m	m	5.78
	电气配线	ZRBVV2.5	管长 5.78m×3	m	17.34
(3)			开关 o 及其控制的灯具部分		
1)			开关 o 垂直段		
	电气配管暗装	镀锌电线管 $DN15$，$\delta=1.5$	层高 3.9m − 开关安装高度 1.40m	m	2.5
	电气配线	ZRBVV2.5	管长 2.5m×2	m	5
2)			开关 o 至灯 o2		
	电气配管暗装	镀锌电线管 $DN15$，$\delta=1.5$	开关 o 至灯 o1 距离 3.48m + 灯 o1 至灯 o2 距离 2.89m	m	6.37
	电气配线	ZRBVV2.5	管长 6.37m×3	m	19.11
(4)	开关	暗装单极开关		只	1
		暗装四极开关		只	2
(5)	灯具	JG-A143 $\dfrac{40XYZ}{-}$		只	18
四			1m3 回路		
1			M1 至灯 q 开关处		
(1)	电气配管暗装	镀锌电线管 $DN15$，$\delta=1.5$	由 M1 箱引出线垂直段 [3.9 − (1.6 + 0.25)]m + M1 至轴 A-2 水平段 2.16m	m	4.21

（续）

序 号	项目名称	规格型号	计算方法及说明	单 位	数 量
(2)	电气配线	ZRBVV2.5	（管长4.21m＋预留0.8m）×3	m	15.03
2			灯p开关处至男卫灯开关处		
	电气配管暗装	镀锌电线管 $DN15$，$\delta=1.5$	灯p开关至A-1轴线处0.52m＋A-1轴线至A-6轴线处32.4m＋A-6轴线至男卫开关8.07m＋男卫开关至女卫开关2.32m	m	43.31
	电气配线	ZRBVV2.5	管长43.31m×3	m	129.93
3			灯p开关至灯p处		
	电气配管暗装	镀锌电线管 $DN15$，$\delta=1.5$		m	4.95
	电气配线	ZRBVV2.5	管长4.95m×3	m	14.85
4			灯q、r、s、t安装		
(1)			开关垂直段		
	电气配管暗装	镀锌电线管 $DN15$，$\delta=1.5$	（3.9m－1.4m）×4	m	10
	电气配线	ZRBVV2.5	管长10m×2	m	20
(2)			各开关至灯处		
	电气配管暗装	镀锌电线管 $DN15$，$\delta=1.5$	1.05m×4	m	4.2
	电气配线	ZRBVV2.5	管长4.2m×3	m	12.6
(3)	灯具	JG220E$\frac{40W}{-}$		只	4
(4)	开关	暗装单极		只	4
5			男卫开关至灯		
(1)			开关垂直段		
	电气配管暗装	镀锌电线管 $DN15$，$\delta=1.5$	3.9m－1.4m	m	2.5
	电气配线	ZRBVV2.5	管长2.5m×2	m	5
(2)			水平段		
	电气配管暗装	镀锌电线管 $DN15$，$\delta=1.5$	1.42m	m	1.42
	电气配线	ZRBVV2.5	管长1.42m×3	m	4.26
(3)	灯具	JG220E$\frac{40W}{-}$		只	1
(4)	开关	暗装单极		只	1
6			女卫开关至灯		
(1)			开关垂直段		
	电气配管暗装	镀锌电线管 $DN15$，$\delta=1.5$	3.9m－1.4m	m	2.5
	电气配线	ZRBVV2.5	管长2.5m×2	m	5

（续）

序号	项目名称	规格型号	计算方法及说明	单位	数量
（2）			水平段		
	电气配管暗装	镀锌电线管 $DN15$，$\delta=1.5$	1.42	m	1.42
	电气配线	ZRBVV2.5	管长 1.42m×3	m	4.26
（3）	灯具	JG220E$\frac{40W}{-}$		只	1
（4）	开关	暗装单极开关		只	1
五			1m4 回路		
1			M1 至最后一个插座水平段		
	电气配管暗装	镀锌电线管 $DN20$，$\delta=1.5$	由 M1 箱引出线垂直段[3.9−(1.6+0.25)]m+M1 至轴 A-2 水平段 2.16m+轴 A-2 至轴 C-2 水平段 12m+轴 C2 至最后一个插座水平段 13.9m	m	30.11
	电气配线	ZRBVV4	（管长 30.11m+预留 0.8m）×3	m	92.73
2			插座垂直段（共4个）		
	电气配管暗装	镀锌电线管 $DN15$，$\delta=1.5$	（3.9m−0.3m）×4	m	14.4
	电气配线	ZRBVV2.5	管长 14.4m×3	m	43.2
3	插座	单相二、三极暗插座		个	4
六			1m5 回路		
1			M1 至最后一个插座		
	电气配管暗装	镀锌电线管 $DN20$，$\delta=1.5$	由 M1 箱引出线垂直段[3.9−(1.6+0.25)]m+M1 至轴 A-2 水平段 2.16m+轴 A-2 至最后一个插座水平段 36.47m	m	40.68
	电气配线	ZRBVV4	（管长 40.68m+预留 0.8m）×3	m	124.44
2			插座垂直段（共5个）		
	电气配管暗装	镀锌电线管 $DN15$，$\delta=1.5$	（3.9m−0.3m）×5	m	18
	电气配线	ZRBVV2.5	管长 18m×3	m	54
3	插座	单相二、三极暗插座		个	4
			二层（N2 回路）		
一			M0 至 M2 部分		
1	配电箱 M2		M2 箱尺寸为 300(L)×500(H)	台	1
2	电气配管暗装	镀锌电线管 $DN32$，$\delta=1.5$	M2 底标高[3.9+(1.6−0.25)]−M0 顶标高[3.9−(1.6+0.4)]	m	3.25
3	电气配线	ZRBVV-16	[管长 3.25m+预留(1.3+0.8)m]×4	m	21.4
		ZRBVV-10	管长 3.25m+预留（1.3+0.8）m	m	5.35

（续）

序号	项目名称	规格型号	计算方法及说明	单位	数量
二			2m1 回路		
1			干线		
	电气配管暗装	镀锌电线管 $DN20$，$\delta=1.5$	由 M2 箱引出线垂直段［3.6－（1.6＋0.25）］m＋M2 至轴 B-2 水平段 1.13m＋轴 B-2 至寝室 2 水平段 3.6m	m	6.48
	电气配线	ZRBVV-4	（管长 6.48m＋预留 0.8m）×3	m	21.84
2			寝室 1		
(1)	配电箱	MX1	MX1 箱尺寸为 300（L）×200（H）	台	1
(2)			进配电箱		
	电气配管暗装	镀锌电线管 $DN20$，$\delta=1.5$	干线至 MX1 水平段 0.7m＋MX1 箱垂直段（3.6－1.8）m	m	2.5
	电气配线	ZRBVV4	（管长 2.5m＋预留 0.5m）×3	m	9
(3)			MX1 箱至照明灯具		
	电气配管暗装	镀锌电线管 $DN15$，$\delta=1.5$	MX1 箱垂直（3.6－1.6）m＋MX1 箱至灯具水平段（0.7＋3.6＋6）m	m	12.3
	电气配线	ZRBVV2.5	（管长 12.3m＋预留 0.5m）×3	m	38.4
	电气配管暗装	镀锌电线管 $DN15$，$\delta=1.5$	开关垂直段（3.6－1.4）m	m	2.2
	电气配线	ZRBVV2.5	管长 2.2m×2	m	4.4
(4)	灯具	JG-A143 $\frac{40XYZ}{-}$W		只	2
(5)	开关		暗装单极开关	只	1
(6)			MX1 箱至插座		
	电气配管暗装	镀锌电线管 $DN15$，$\delta=1.5$	MX1 箱垂直（3.6－1.8）m＋MX1 箱至普通插座水平 5.5m＋普通插座垂直（3.6－0.3）×2	m	13.9
	电气配线	ZRBVV2.5	（管长 13.9m＋预留 0.5m）×3	m	43.2
(7)	插座	单相二、三极暗插座			2
3			寝室 2（同寝室 1）		
三			2m2 回路		
1	干线				
	电气配管暗装	镀锌电线管 $DN20$，$\delta=1.5$	由 M2 箱引出线垂直段［3.6－（1.6＋0.25）］m＋M2 至轴 B-2 水平段 1.13m＋轴 B-2 至寝室 4 水平段 10.8m	m	13.68
	电气配线	ZRBVV-4	（管长 13.68m＋预留 0.8m）×3	m	43.44
2			寝室 3（同寝室 1）		
3			寝室 4（同寝室 1）		

（续）

序号	项目名称	规格型号	计算方法及说明	单位	数量
四			2m3 回路		
1			干线		
	电气配管暗装	镀锌电线管 DN20，δ=1.5	由 M2 箱引出线垂直段〔3.6 -（1.6 + 0.25）〕m + M2 至轴 B-2 水平段 1.13m + 轴 B-2 至寝室 7 水平段 25.2m	m	28.08
	电气配线	ZRBVV-4	（管长 28.08m + 预留 0.8m）×3	m	86.64
2			寝室 5（同寝室 1）		
3			寝室 6（同寝室 1）		
4			寝室 7（同寝室 1）		
五			2m4 回路		
1			干线		
	电气配管暗装	镀锌电线管 DN15，δ=1.5	由 M2 箱引出线垂直段〔3.6 -（1.6 + 0.25）〕m + M2 至轴 B-2 水平段 1.13m + 左侧楼梯灯开关至右侧卫生间开关水平段 30.30m	m	33.18
	电气配线	ZRBVV-2.5	（管长 33.18m + 预留 0.8m）×3	m	101.94
2			走廊灯具部分		
（1）			开关垂直段（5 只）		
	电气配管暗装	镀锌电线管 DN15，δ=1.5	（3.6 - 1.4）m ×5	m	11
	电气配线	ZRBVV-2.5	管长 11m ×2	m	22
（2）			接灯具段（5 只）		
	电气配管暗装	镀锌电线管 DN15，δ=1.5	1.12m ×5	m	5.6
	电气配线	ZRBVV-2.5	管长 5.6m ×3	m	16.8
（3）	灯具	JG220E $\frac{40\text{W}}{-}$		只	5
（4）	开关	暗装单极开关		只	5
3			卫生间部分		
（1）			开关垂直段		
	电气配管暗装	镀锌电线管 DN15，δ=1.5	（3.6 - 1.4）m	m	2.2
	电气配线	ZRBVV-2.5	管长 2.2m ×2	m	4.4
（2）			开关至灯具水平段		
	电气配管暗装	镀锌电线管 DN15，δ=1.5	（1.81 + 5.49 + 1.53 ×2）m	m	10.36
	电气配线	ZRBVV-2.5	管长 10.36m ×3	m	31.08
（3）	灯具	JG220E $\frac{40\text{W}}{-}$		只	2

（续）

序　号	项目名称	规格型号	计算方法及说明	单　位	数　量
（4）	开关	暗装单极开关		只	1
		三层（N3 回路）计算同二层			
		其他			
	金属接线盒			个	96
	金属开关盒			个	73
	压铜接线端子 导线截面（mm² 以内）16			个	25
	压铜接线端子 导线截面（mm² 以内）25			个	4
	送配电装置系统调试 1kV 以下交流供电（综合）			系统	1

4.9.3　电气安装工程造价定额计价方法

（1）封面（表 4-29）

表 4-29　工程预算书封面

広东省某市建筑工程学校学生宿舍楼供配电　　　　工程

施 工 图（预）结 算

编号：AL-DQ-01

建设单位（发包人）：

施工单位（承包人）：

编制（审核）工程造价：　　　　71616.21 元

编制（审核）造价指标：

编制（审核）单位：　　　　　　　　　　　　　　　（单位盖章）

造价工程师及证号：　　　　　　　　　　　　（签字盖执业专用章）

负　责　人：　　　　　　　　　　　　　　　　　　　（签字）

编　制　时　间：

（2）总说明（表 4-30）

表 4-30　工程预算书总说明

总说明

（一）工程概况：本工程是广东省某市建筑工程学校学生宿舍楼供配电工程，建筑面积 1200m²，共三层。

（二）主要编制依据：

1. 广东省某市建筑工程学校学生宿舍楼供配电工程设计/施工图样。

2. 2010 年广东省安装工程计价办法。

3. 现行工程施工技术规范及工程施工验收规范。

4. 主材价格参照本地 2013 年第一季度指导价格、市场价格以及设备/材料厂家优惠报价。定额人工费为 51 元/工日。

（三）本预算项目，按一类地区计算管理费，三类安装工程计算利润。

（3）工程总价表（表4-31）

表4-31 单位工程总价表

工程名称： 广东省某市建筑工程学校学生宿舍楼供配电工程

序　号	项 目 名 称	计 算 办 法	金额（元）
1	分部分项工程费		53306.17
1.1	定额分部分项工程费		52198.24
1.1.1	人工费		6155.16
1.1.2	材料、设备费		41446.46
1.1.3	辅材费		2653.65
1.1.4	机械费		174.17
1.1.5	管理费		1768.80
1.2	价差		
1.2.1	人工价差		
1.2.2	材料价差		
1.2.3	机械价差		
1.3	利润	（人工费＋人工价差）×18%	1107.93
2	措施项目费		1742.04
2.1	安全文明施工费	（人工费＋人工价差）×27%	1635.43
2.2	其他措施项目费		106.61
3	其他项目费		14161.58
3.1	暂列金额		10661.23
3.2	暂估价		
3.3	计日工		1528.03
3.4	总承包服务费		
3.5	材料检验试验费		106.61
3.6	预算包干费		1066.12
3.7	工程优质费		799.59
4	规费		
4.1	工程排污费		
4.2	施工噪声排污费		
4.3	防洪工程维护费		
4.4	危险作业意外伤害保险费		
5	税金	（1＋2＋3＋4）×3.477%	2406.42
6	含税工程总造价	1＋2＋3＋4＋5	71616.21
	合计（大写）：柒万壹仟陆佰壹拾陆元贰角壹分		71616.21

编制人： 证号 编制日期：

（4）分项工程费汇总表（表4-32）

表4-32 定额分项分项工程费汇总表

工程名称：广东省某市建筑工程学校学生宿舍楼供配电工程

序号	定额编号	工程名称型号规格	单位	数量	损耗率	单位价值（元）					总价值（元）					
						人工费	材料费	材料、设备费	机械费	管理费	人工费	材料费	材料、设备费	机械费	管理费	合计
1	C2-4-30调	控制设备及低压电器 成套配电箱安装 悬挂嵌入式（半周长1.5m以内）	台	1.000		92.92	34.03	1500.00		26.71	92.92	34.03	1500.00		26.71	1670.39
	SB-0001	成套配电箱 M0	台	1.000	1.00			1500.00					1500.00			
2	C2-4-119	控制接线端子 铜接线端子（35mm²以内）	10个	0.40		26.67	51.26			7.66	10.7	20.5			3.1	36.2
3	C2-4-118	控制接线端子 铜接线端子（16mm²以内）	10个	1.30		17.75	36.30			5.10	23.1	47.2			6.6	81.1
4	C2-4-29调	控制设备及低压电器 成套配电箱安装 悬挂嵌入式（半周长1m以内）	台	1.000		72.73	32.03	1200.00		20.90	72.73	32.03	1200.00		20.90	1338.75
	SB-0002	成套配电箱 M1	台	1.000	1.00			1200.00					1200.00			
5	C2-4-118	控制接线端子 铜接线端子（16mm²以内）	10个	0.40		17.75	36.30			5.10	7.1	14.5			2.0	24.9
6	C2-4-29调	控制设备及低压电器 成套配电箱安装 悬挂嵌入式（半周长1m以内）	台	2.000		72.73	32.03	880.00		20.90	145.46	64.06	1760.00		41.80	2037.50
	SB-0003	成套配电箱 M2, M3	台	2.000	1.00			880.00					1760.00			
7	C2-4-118	控制接线端子 铜接线端子（16mm²以内）	10个	0.80		17.75	36.30			5.10	14.2	29.0			4.1	49.9

（续）

序号	定额编号	工程名称型号规格	单位	数量	损耗率	单位价值（元） 人工费	材料费	材料、设备费	机械费	管理费	总价值（元） 人工费	材料费	材料、设备费	机械费	管理费	合计
8	C2-4-28调	控制设备及低压电器 成套配电箱安装 悬挂嵌入式（半周长0.5m以内）	台	14.000		60.59	26.91	450.00		17.41	848.26	376.74	6300.00		243.74	7921.48
	SB-0004	成套配电箱 MX1-7	台	14.000	1.00			450.00					6300.00			
9	C2-11-11	镀锌电线管暗配 混凝土结构 公称直径（40mm以内）	100m	0.082		410.40	266.21	2323.68	10.44	117.95	33.65	21.83	190.54	0.86	9.67	262.61
	2606001-0001	镀锌电线管DN40	m	8.446	103.00			22.56					190.54			
10	C2-11-10	镀锌电线管暗配 混凝土结构 公称直径（32mm以内）	100m	0.129		321.91	198.66	1526.46	4.82	92.52	41.53	25.63	196.91	0.62	11.94	284.10
	2606001-0002	镀锌电线管DN32	m	13.287	103.00			14.82					196.91			
11	C2-11-8	镀锌电线管暗配 混凝土结构 公称直径（20mm以内）	100m	2.023		209.61	121.40	1287.50		60.24	424.04	245.59	2604.61		121.87	3472.44
	2606001-0003	镀锌电线管DN20	m	208.369	103.00			12.50					2604.61			
12	C2-11-7	镀锌电线管暗配 混凝土结构 公称直径（15mm以内）	100m	7.664		196.71	95.35	663.32		56.53	1507.59	730.76	5083.68		433.25	8026.66
	2606001-0004	镀锌电线管DN15	m	789.392	103.00			6.44					5083.68			
13	C2-11-234	管内穿线 动力线路（铜芯）导线截面（25mm²以内）	100m 单线	0.381		52.53	24.75	1711.50		15.10	20.00	9.42	651.74		5.75	690.52
	2503186-0001	绝缘电线BVV-25	m 单线	39.984	104.94			16.30					651.74			
14	C2-11-233	管内穿线 动力线路（铜芯）导线截面（16mm²以内）	100m 单线	0.864		42.43	21.36	1004.85		12.19	36.66	18.46	868.19		10.53	940.44

（续）

序号	定额编号	工程名称型号规格	单位	数量	单位价值（元）						总价值（元）					合计
					损耗率	人工费	材料费	材料、设备费	机械费	管理费	人工费	材料费	材料、设备费	机械费	管理费	
15	2503186-0002	绝缘电线 BVV-16	m	90.720	105.00			9.57					868.19			
	C2-11-232	管内穿线 动力线路（铜芯）导线截面（10mm²以内）	100m单线	0.192		36.36	21.13	647.85		10.45	6.98	4.06	124.39		2.01	138.69
16	2503186-0003	绝缘电线 BVV-10	m	20.160	105.00			6.17					124.39			
	C2-11-204	管内穿线 照明线路（铜芯）导线截面（4mm²以内）	100m单线	6.470		27.08	19.36	275.00		7.78	175.21	125.26	1779.25		50.34	2161.56
	2503186-0004	绝缘电线 BVV-4	m	711.700	110.00			2.50					1779.25			
17	C2-11-203	管内穿线 照明线路（铜芯）导线截面（2.5mm²以内）	100m单线	23.363		38.35	19.47	199.52		11.02	895.97	454.88	4661.39		257.46	6430.90
	2503186-0005	绝缘电线 BVV-2.5	m	2710.108	116.00			1.72					4661.39			
18	C2-12-405	照明器具 防爆插座 单相带接地（30A以下）	10套	3.600		76.75	18.33	122.81		22.06	276.34	65.99	442.12		79.42	913.61
	2341021-0001	防爆插座 成套插座，单相、二、三极	个	36.720	10.20			12.04					442.11			
19	C2-12-372	照明器具 开关及按钮 拉线开关	10套	3.300		32.13	12.48	254.49		9.23	106.03	41.18	839.82		30.46	1036.56
	2300001-0001	照明开关 扳式暗开关，单联单控	个	33.660	10.20			24.95					839.82			
20	C2-12-373	照明器具 开关及按钮 扳把开关明装	10套	0.100		30.29	12.48	254.49		8.71	3.03	1.25	25.45		0.87	31.14
	2300001-0002	照明开关 照明开关，扳式双联单控	个	1.020	10.20			24.95					25.45			

（续）

序号	定额编号	工程名称型号规格	单位	数量	损耗率	单位价值（元）					总价值（元）					合计
						人工费	材料费	材料、设备费	机械费	管理费	人工费	材料费	材料、设备费	机械费	管理费	
21	C2-12-375	照明器具 开关及按钮板式暗开关（单控）双联	10套	0.300		34.32	7.45	254.49		9.86	10.30	2.24	76.35		2.96	93.69
	23000001-0003	照明开关 照明开关、板式四联单控	个	3.060	10.20			24.95					76.35			
22	C2-12-213	成套型荧光灯安装 吸顶式双管	10套	5.800		104.60	25.09	1673.34		30.06	606.68	145.52	9705.37		174.35	10741.14
	2200001-0001	成套灯具 成套型双管荧光灯	套	58.580	10.10			150.00					8787.00			
	ZC-0001	荧光灯	只	117.740	20.30			7.80					918.37			
23	C2-12-5	半圆球吸顶灯 灯罩直径（350mm以内）	10套	2.000		82.82	35.90	1537.33		23.80	165.64	71.80	3074.66		47.60	3389.52
	2200001-0002	成套灯具 半球形吸顶灯	套	20.200	10.10			150.00					3030.00			
	ZC-0002	螺口灯泡，40W	只	20.300	10.15			2.20					44.66			
24	C2-11-374	接线盒 暗装	10个	9.600		17.39	13.40	21.42		5.00	166.94	128.64	205.63		48.00	579.26
	2611001-0001	接线盒 接线盒86型	个	97.920	10.20			2.10					205.63			
25	C2-11-373	开关（插座）盒 暗装	10个	7.300		18.56	5.15	21.42		5.33	135.49	37.60	156.37		38.91	392.74
	2611001-0002	接线盒 开关盒86型	个	74.460	10.20			2.10					156.37			
26	C2-14-12	送配电装置系统调试 1kV以下交流供电（综合）	系统	1.000		378.22	5.57		172.69	108.70	378.22	5.57		172.69	108.70	733.26
		合价									6155.18	2653.66	41446.46	174.17	1768.82	53306.16

编制人： 证号： 编制日期：

（5）措施项目费汇总表（表4-33）

表4-33 措施项目费汇总表

工程名称：广东省某市建筑工程学校学生宿舍楼供配电工程

序号	名称及说明	单位	数量	单价（元）	合价（元）	备注
1	安全文明施工措施费部分					
1.1	安全文明施工	项	6155.160	0.27	1635.43	（人工费＋人工价差）×27%
	小计	元			1635.43	
2	其他措施费部分					
2.1	垂直运输					
	小计	元				
2.2	脚手架搭拆	项	1.000			
2.3	吊装加固	项	1.000			
2.4	金属抱杆安装、拆除、移位	项	1.000			
2.5	平台铺设、拆除	项	1.000			
2.6	顶升、提升装置	项	1.000			
2.7	大型设备专用机具	项	1.000			
2.8	焊接工艺评定	项	1.000			
2.9	胎（模）具制作、安装、拆除	项	1.000			
2.10	防护棚制作安装拆除	项	1.000			
2.11	特殊地区施工增加	项	1.000			
2.12	安装与生产同时进行施工增加	项	1.000			
2.13	在有害身体健康环境中施工增加	项	1.000			
2.14	工程系统检测、检验	项	1.000			
2.15	设备、管道施工的安全、防冻和焊接保护	项	1.000			
2.16	焦炉烘炉、热态工程	项	1.000			
2.17	管道安拆后的充气保护	项	1.000			
2.18	隧道内施工的通风、供水、供气、供电、照明及通信设施	项	1.000			
2.19	夜间施工增加	项	1.000			
2.20	非夜间施工增加	项	1.000			
2.21	二次搬运	项	1.000			
2.22	冬雨季施工增加	项	1.000			
2.23	已完工程及设备保护	项	1.000			
2.24	高层施工增加	项	1.000			
2.25	赶工措施	项	6155.160			
2.26	文明工地增加费	项	53306.170	0.002	106.61	分部分项工程费×0.2%

（续）

序　号	名称及说明	单　位	数量	单价 （元）	合价 （元）	备　　注
2.27	其他措施	项	1.000			
	小计	元			106.61	
	合计				1742.04	

编制人：　　　　　　　　　　　证号：　　　　　　　　　　　编制日期：

（6）其他项目费（表4-34、表4-35）

表4-34　其他项目费汇总表

工程名称：广东省某市建筑工程学校学生宿舍楼供配电工程

序　号	项目名称	单　位	金额（元）	备　　注
1	暂列金额	元	10661.23	
2	暂估价			
2.1	材料暂估价	元		
2.2	专业工程暂估价	元		
3	计日工	元	1528.03	
4	总承包服务费	元		
5	索赔费用	元		
6	现场签证费用	元		
7	材料检验试验费	元	106.61	以分部分项项目费的0.2%计算（单独承包土石方工程除外）
8	预算包干费	元	1066.12	按分部分项项目费的0~2%计算
9	工程优质费	元	799.59	市级质量奖1.5%；省级质量奖2.5%；国家级质量奖4%
10	其他费用	元		
	合计		14161.58	

编制人：　　　　　　　　　　　证号：　　　　　　　　　　　编制日期：

表4-35　计日工

工程名称：广东省某市建筑工程学校学生宿舍楼供配电工程

序　号	名　称	单　位	数　量	金额（元）	
				综合单价	合　价
1	人工				
1.1	电工	工日	10.000	51.00	510.00
1.2	铆工	工日	4.000	51.00	204.00
1.3	电焊工	工日	4.000	51.00	204.00
	小计	元			918.00
2	材料				
2.1	无缝钢管	m	10.000	15.30	153.00

（续）

序　号	名　称	单　位	数　量	金额（元）	
				综合单价	合　价
2.2	金属软管	m	44.350	2.48	109.99
	小计	元			262.99
3	施工机械				
3.1	台式钻床	台班	8.000	43.38	347.04
	小计	元			347.04
	合计				

编制人：　　　　　　　　　　证号：　　　　　　　　　　　　编制日期：

（7）规费计算表（表4-36）

表4-36　规费计算表

工程名称：广东省某市建筑工程学校学生宿舍楼供配电工程

序　号	项目名称	计算基础	费率（%）	金额（元）
1	工程排污费	分部分项工程费+措施项目费+其他项目费		
2	施工噪声排污费	分部分项工程费+措施项目费+其他项目费		
3	防洪工程维护费	分部分项工程费+措施项目费+其他项目费		
4	危险作业意外伤害保险费	分部分项工程费+措施项目费+其他项目费		
	合计（大写）：零元整元			

（8）人工、材料、机械价差表（表4-37）

表4-37　人工材料机械价差表

工程名称：广东省某市建筑工程学校学生宿舍楼供配电工程

序号	材料编码	材料名称及规格	产地	单位	数量	定额价（元）	编制价	价差（元）	合价（元）	备注
		［人工材料机械合计］								

编制人：　　　　　　　　　　证号：　　　　　　　　　　　　编制日期：

（9）措施项目价差表（表4-38）

表4-38　措施项目价差表

工程名称：广东省某市建筑工程学校学生宿舍楼供配电工程

序号	编码	名称、规格、产地、厂家	单位	数量	定额价（元）	编制价（元）	价差（元）	合价（元）
		合计（大写）：零元整						

编制人：　　　　　　　　　　证号：　　　　　　　　　　　　编制日期：

（10）主要设备材料价格表（表4-39）

表 4-39 工料机汇总表（摘录）

工程名称：广东省某市建筑工程学校学生宿舍楼供配电工程

序号	材料编码	材料名称及规格	厂址、厂家	单位	数量	定额价（元）	编制价（元）	价差（元）	合价（元）	备注
		[人工费]							6155.19	
1	0001001	综合工日		工日	120.690	51.00	51.00		6155.19	
		[材料费]							44100.08	
2	0135581	钢垫板 1~2		kg	2.700	4.32	4.32		11.66	
3	0305801	镀锌六角螺栓带螺母 2 平 1 弹垫 M10×100 以内		十套	3.780	5.04	5.04		19.05	
4	0327021	铁砂布 0~2 号		张	10.690	1.03	1.03		11.01	
5	0343021	焊锡丝（综合）		kg	0.990	61.14	61.14		60.53	
6	1111271	酚醛磁漆		kg	0.180	8.71	8.71		1.57	
7	1111411	酚醛调和漆		kg	0.540	7.20	7.20		3.89	
8	1207011	电力复合脂		kg	7.386	17.72	17.72		130.88	
9	2417061	电气绝缘胶带 18mm×10m×0.13mm		卷	9.730	2.00	2.00		19.46	
10	1431091	塑料软管 D5		m	2.450	0.18	0.18		0.44	
11	2501111	裸铜线 10mm²		kg	0.830	58.50	58.50		48.56	
12	2609201	铜接线端子 DT-10mm²		个	9.390	2.40	2.40		22.54	
13	3113261	白布		kg	1.566	3.20	3.20		5.01	
14	0341001	低碳钢焊条（综合）		kg	1.790	4.90	4.90		8.77	
15	2501101	裸铜线 6mm²		kg	2.380	58.50	58.50		139.23	
16	2609191	铜接线端子 DT-6mm²		个	28.420	1.60	1.60		45.47	
……										
53	0365071	冲击钻头 φ6~8		个	1.633	3.91	3.91		6.39	
54	1431411	塑料胀管 D6~8		个	253.000	0.28	0.28		70.84	
55	2503006	铜芯聚氯乙烯绝缘导线 BV-2.5mm²		m	95.118	1.36	1.36		129.36	
56	2609391	铜接线端子 20A		个	79.170	0.20	0.20		15.83	
57	2200001-0001	成套灯具 成套型双管荧光灯		套	58.580	150.00	150.00		8787.00	
58	2200001-0002	成套灯具 半球形吸顶灯		套	20.200	150.00	150.00		3030.00	
59	0309141	镀锌锁紧螺母 DN20×3		十个	21.360	4.44	4.44		94.84	
60	2606481	镀锌钢管塑料护口 DN15~20		个	288.790	0.13	0.13		37.54	
61	2611001-0001	接线盒 接线盒 86 型		个	97.920	2.10	2.10		205.63	
62	0309131	镀锌锁紧螺母 DN15×3		十个	7.519	3.42	3.42		25.71	
63	2611001-0002	接线盒 开关盒 86 型		个	74.460	2.10	2.10		156.37	
64	SB-0001	成套配电箱 M0		台	1.000	1500.00	1500.00		1500.00	

(续)

序号	材料编码	材料名称及规格	厂址、厂家	单位	数量	定额价（元）	编制价（元）	价差（元）	合价（元）	备注
65	SB-0002	成套配电箱 M1		台	1.000	1200.00	1200.00		1200.00	
66	SB-0003	成套配电箱 M2、M3		台	2.000	880.00	880.00		1760.00	
67	SB-0004	成套配电箱 MX1-7		台	14.000	450.00	450.00		6300.00	
68	0307041	膨胀螺栓 M6		十个	14.688	1.60	1.60		23.50	
69	0365001	冲击钻头 $\phi8$		个	1.022	3.91	3.91		4.00	
70	2503011	铜芯聚氯乙烯绝缘导线 BV-4mm^2		m	16.488	2.14	2.14		35.28	
71	2341021-0001	防爆插座 成套插座，单相、二、三极		个	36.720	12.04	12.04		442.11	
72	0523011	圆木台 63~138×22		块	35.700	0.34	0.34		12.14	
73	2300001-0001	照明开关 扳式暗开关，单联单控		个	33.660	24.95	24.95		839.82	
74	2300001-0002	照明开关 照明开关，扳式双联单控		个	1.020	24.95	24.95		25.45	
75	0305665	半圆头镀锌螺栓 M2~5×15~50		十个	0.624	0.50	0.50		0.31	
76	2300001-0003	照明开关 照明开关，扳式四联单控		个	3.060	24.95	24.95		76.35	
……										
84	2609211	铜接线端子 DT-16mm^2		个	1.270	3.38	3.38		4.29	
		［机械费］							174.17	
85	9946001	折旧费		元	0.802	1.00	1.00		0.80	
86	9946011	大修理费		元	0.116	1.00	1.00		0.12	
87	9946021	经常修理费		元	0.108	1.00	1.00		0.11	
88	9946031	安拆费及场外运输费		元	0.009	1.00	1.00		0.01	
89	9946071	电（机械用）		kW·h	0.591	0.75	0.75		0.44	
90	9805021	电能校验仪		台班	0.900	99.33	99.33		89.40	
91	9805121	数字万用表 F-87		台班	1.800	17.33	17.33		31.19	
92	9805281	大电流试验器		台班	0.900	31.36	31.36		28.22	
93	9835021	电缆测试仪 JH5132		台班	0.900	26.53	26.53		23.88	
		合计							50429.44	

编制人：　　　　　　　　证号：　　　　　　　　编制日期：

(11) 主要设备材料价格表（表4-40）

表4-40　主要材料价格明细表（摘录）

工程名称：广东省某市建筑工程学校学生宿舍楼供配电工程

序号	材料编码	材料名称	型号规格	单位	编制价(元)	产地	厂家	备注
1	0001001	综合工日		工日	51.00			
2	0135581	钢垫板	1~2	kg	4.32			

（续）

序号	材料编码	材料名称	型号规格	单位	编制价(元)	产地	厂家	备注
3	0227001	棉纱		kg	11.02			
4	0303341	木螺钉	M2~4×6~65	十个	0.21			
5	0305665	半圆头镀锌螺栓	M2~5×15~50	十个	0.50			
6	0305801	镀锌六角螺栓带螺母	2平1弹垫 M10×100以内	十套	5.04			
7	0307041	膨胀螺栓	M6	十个	1.60			
8	0309131	镀锌锁紧螺母	DN15×3	十个	3.42			
9	0309141	镀锌锁紧螺母	DN20×3	十个	4.44			
……								
50	2300001-0001	照明开关	扳式暗开关,单联单控	个	24.95			
51	2300001-0002	照明开关	照明开关,扳式双联单控	个	24.95			
52	2300001-0003	照明开关	照明开关,扳式四联单控	个	24.95			
53	2341021-0001	防爆插座	成套插座,单相,二、三极	个	12.04			
54	2503186-0001	绝缘电线	BVV-25	m	16.30			
55	2503186-0002	绝缘电线	BVV-16	m	9.57			
56	2503186-0003	绝缘电线	BVV-10	m	6.17			
57	2503186-0004	绝缘电线	BVV-4	m	2.50			
58	2503186-0005	绝缘电线	BVV-2.5	m	1.72			
59	2609231	铜接线端子	DT-35mm^2	个	4.28			
60	2609391	铜接线端子	20A	个	0.20			
61	2611001-0001	接线盒	接线盒86型	个	2.10			
62	2611001-0002	接线盒	开关盒86型	个	2.10			
63	SB-0001	成套配电箱M0		台	1500.00			
64	SB-0002	成套配电箱M1		台	1200.00			
65	SB-0003	成套配电箱 M2、M3		台	880.00			
66	SB-0004	成套配电箱 MX1-7		台	450.00			
……								

编制人：　　　　　　　　　证号：　　　　　　　　　　编制日期：

4.9.4　电气安装工程造价工程量清单计价方法

1. 工程量清单

（1）工程量清单封面、扉页及总说明（表4-41、表4-42、表4-43）

表 4-41　封面

广东省某市建筑工程学校学生宿舍楼供配电　　工程

招标工程量清单

招 标 人：＿＿＿＿＿＿＿＿＿
（单位盖章）

造价咨询人：＿＿＿＿＿＿＿＿
（单位盖章）

年　　月　　日

表 4-42　扉页

广东省某市建筑工程学校学生宿舍楼供配电　　工程

招 标 工 程 量 清 单

招 标 人：＿＿＿＿＿＿＿＿＿　　　　　造价咨询人：＿＿＿＿＿＿＿＿＿
（单位盖章）　　　　　　　　　　　　（单位资质专用章）

法定代表人　　　　　　　　　　　　法定代表人

或其授权人：＿＿＿＿＿＿＿＿＿　　　或其授权人：＿＿＿＿＿＿＿＿＿
（签字或盖章）　　　　　　　　　　　（签字或盖章）

编 制 人：＿＿＿＿＿＿＿＿＿　　　复 核 人：＿＿＿＿＿＿＿＿＿
（造价人员签字盖专用章）　　　　　　（造价工程师签字盖专用章）

编制时间：　　年　月　日　　　　　　复核时间：　　年　月　日

表 4-43　总说明

工程名称：广东省某市建筑工程学校学生宿舍楼供配电工程

（1）工程概况：由某学校投资兴建的学生宿舍楼供配电工程；坐落于×市×区，建筑面积 1200m²，地下室建筑面积 0m²，占地面积 500m²，建筑总高度 7.5m，首层层高 3.9m，标准层高 3.6m，层数 3 层；结构型式：框架结构；基础类型：管桩。

（2）工程招标和专业工程发包范围：电气照明安装工程。

（3）工程量清单编制依据：根据××单位设计的施工图计算实物工程量。

（4）工程质量、材料、施工等的特殊要求：工程质量优良等级。

（5）其他需要说明的问题：无。

（2）分部分项工程和单价措施项目清单与计价表（表 4-44）

表 4-44　分部分项工程和单价措施项目清单与计价表

工程名称：广东省某市建筑工程学校学生宿舍楼供配电工程　　　　　　标段：　　　　　第　页　共　页

序号	项目编号	项目名称	项目特征描述	计量单位	工程量	金额(元)		
						综合单价	合价	其中：暂估价
1	030404017001	配电箱	成套配电箱 M0，悬挂嵌入式安装，尺寸 500×800	台	1.000			
2	030404017002	配电箱	成套配电箱 M1，悬挂嵌入式安装，尺寸 300×500	台	1.000			
3	030404017003	配电箱	成套配电箱 M2、M3，悬挂嵌入式安装，尺寸 300×500	台	2.000			
4	030404017004	配电箱	成套配电箱 MX1-7，悬挂嵌入式安装，尺寸 300×200	台	14.000			
5	030411001001	配管	镀锌电线管 DN40，砖、混凝土结构暗配	m	8.200			
6	030411001002	配管	镀锌电线管 DN32，砖、混凝土结构暗配	m	12.900			
7	030411001003	配管	镀锌电线管 DN20，砖、混凝土结构暗配	m	202.300			
8	030411001004	配管	镀锌电线管 DN15，砖、混凝土结构暗配	m	766.400			
9	030411004001	配线	管内穿线，动力线路，BVV-25	m	38.080			
10	030411004002	配线	管内穿线，动力线路，BVV-16	m	86.400			
11	030411004003	配线	管内穿线，动力线路，BVV-10	m	19.200			
12	030411004004	配线	管内穿线，照明线路，BVV-4	m	647.000			
13	030411004005	配线	管内穿线，照明线路，BVV-2.5	m	2336.300			
14	030404035001	插座	照明器具插座，单相暗插座，电流15A，5孔	个	36.000			
15	030404034001	照明开关	照明开关，扳式单联单控	个	33.000			
16	030404034002	照明开关	照明开关，扳式双联单控	个	1.000			
17	030404034003	照明开关	照明开关，扳式四联单控	个	3.000			
18	030412005001	荧光灯	成套型荧光灯具安装，吸顶式，双管	套	58.000			
19	030412001001	普通灯具	半圆球吸顶灯，灯罩直径300mm	套	20.000			
20	030411006001	接线盒	接线盒，86型，暗装	个	96.000			
21	030411006002	接线盒	开关盒，86型，暗装	个	73.000			

（续）

序号	项目编号	项目名称	项目特征描述	计量单位	工程量	金额（元）		
						综合单价	合价	其中：暂估价
22	030414002001	送配电装置系统	送配电装置系统调试，380V交流供电	系统	1.000			
		措施项目						
		其他措施费部分						
23	031301017001	脚手架搭拆		项	1.000			
24	031301001001	吊装加固		项	1.000			
25	031301002001	金属抱杆安装、拆除、移位		项	1.000			
26	031301003001	平台铺设、拆除		项	1.000			
27	031301004001	顶升、提升装置		项	1.000			
28	031301005001	大型设备专用机具		项	1.000			
29	031301006001	焊接工艺评定		项	1.000			
30	031301007001	胎（模）具制作、安装、拆除		项	1.000			
31	031301008001	防护棚制作安装拆除		项	1.000			
32	031301009001	特殊地区施工增加		项	1.000			
33	031301010001	安装与生产同时进行施工增加		项	1.000			
34	031301011001	在有害身体健康环境中施工增加		项	1.000			
35	031301012001	工程系统检测、检验		项	1.000			
36	031301013001	设备、管道施工的安全、防冻和焊接保护		项	1.000			
37	031301014001	焦炉烘炉、热态工程		项	1.000			
38	031301015001	管道安拆后的充气保护		项	1.000			
39	031301016001	隧道内施工的通风、供水、供气、供电、照明及通信设施		项	1.000			
40	031302007001	高层施工增加		项	1.000			
41	031301018001	其他措施		项	1.000			
		本页小计						
		合计						

（3）总价措施项目清单与计价表（表4-45）

表4-45 总价措施项目清单与计价表

工程名称：广东省某市建筑工程学校学生宿舍楼供配电工程　　　　　标段：　　　第 页 共 页

序号	项目编码	项目名称	计算基础	费率（%）	金额（元）	调整费率（%）	调整后金额（元）	备 注
1		安全文明施工措施费部分						
1.1	031302001001	安全文明施工	分部分项人工费	26.57				按 26.57% 计算
		小计						
2		其他措施费部分						
2.1	031302002001	夜间施工增加						按夜间施工项目人工的 20% 计算
2.2	031302003001	非夜间施工增加						
2.3	031302004001	二次搬运						
2.4	031302005001	冬雨期施工增加						
2.5	031302006001	已完工程及设备保护						
2.6	GGCS001	赶工措施	分部分项人工费					费用标准为 0～6.88%
2.7	WMGDZJF001	文明工地增加费	分部分项工程费	0.20				市级文明工地 为 0.2%，省级文明工地为0.4%
		小计						
		合计						

编制人（造价人员）：　　　　　　　　　　　复核人（造价工程师）：

（4）其他项目清单与计价汇总表、暂列金额明细表、计日工表（表4-46、表4-47、表4-48）

表4-46 其他项目清单与计价汇总表

工程名称：广东省某市建筑工程学校学生宿舍楼供配电工程　　　　　标段：　　　第 页 共 页

序号	项目名称	金额（元）	结算金额（元）	备 注
1	暂列金额	10659.02		
2	暂估价			
2.1	材料暂估价			
2.2	专业工程暂估价			
3	计日工			
4	总承包服务费			
5	索赔费用			
6	现场签证费用			

（续）

序号	项目名称	金额（元）	结算金额（元）	备 注
7	材料检验试验费			以分部分项目费的 0.2% 计算（单独承包土石方工程除外）
8	预算包干费			按分部分项项目费的 0~2% 计算
9	工程优质费			市级质量奖 1.5%；省级质量奖 2.5%；国家级质量奖 4%
10	其他费用			
	总计			

表 4-47 暂列金额明细表

工程名称：广东省某市建筑工程学校学生宿舍楼供配电工程 　　标段：　　第 页 共 页

序 号	项目名称	计量单位	暂列金额（元）	备 注
1	暂列金额		10659.02	以分部分项工程费为计算基础 ×20%
	合计		10659.02	

表 4-48 计日工表

工程名称：广东省某市建筑工程学校学生宿舍楼供配电工程 　　标段：　　第 页 共 页

序 号	项目名称	单位	暂定数量	实际数量	综合单价	合 价	
						暂 定	实 际
一	人工						
1	电工	工日	10.000				
2	铆工	工日	4.000				
3	电焊工	工日	4.000				
	人工小计						
二	材料						
1	无缝钢管	m	10.000				
2	金属软管	m	44.350				
	材料小计						
三	施工机械						
1	台式钻床	台班	8.000				
	施工机械小计						
	总计						

（5）规费、税金项目计价表（表 4-49）

表4-49　规费、税金项目计价表

工程名称：广东省某市建筑工程学校学生宿舍楼供配电工程　　　　　标段：　　　　第　页　共　页

序号	项目名称	计 算 基 础	计 算 基 数	计算费率(%)	金额（元）
1	规费				
1.1	工程排污费	分部分项工程费＋措施项目费＋其他项目费		0.33	
1.2	施工噪声排污费				
1.3	防洪工程维护费				
1.4	危险作业意外伤害保险费	分部分项工程费＋措施项目费＋其他项目费		0.10	
2	税金	分部分项工程费＋措施项目费＋其他项目费＋规费		3.477	
	合计				

编制人（造价人员）：　　　　　　　　　　　复核人（造价工程师）：

（6）主要材料价格表（表4-50）

表4-50　承包人提供的材料和工程设备一览表
（适用于造价信息差额调整法）

工程名称：　　　　　　　　　　标段：　　　　　　　　　第　页　共　页

序号	名称、规格、型号	单位	数量	风险系数（%）	基准单价（元）	投标单价（元）	发承包人确认单价（元）	备注
1	配电箱 M0，$500L \times 800H$							
2	配电箱 M1，$300L \times 500H$							
3	配电箱 M2、3，$300L \times 500H$							
4	配电箱 MX1~7，300×200							
5	镀锌电线管暗装，$DN40$							
6	镀锌电线管暗装，$DN32$							
7	镀锌电线管暗装，$DN20$							
8	镀锌电线管暗装，$DN15$							
9	电气配线，ZR-BVV25							
10	电气配线，ZR-BVV16							
11	电气配线，ZR-BVV10							
12	电气配线，ZR-BVV4							
13	电气配线，ZR-BVV25							
14	插座，普通二三极插座							
15	开关，单极开关							
16	开关，双极开关							
17	开关，四极开关							
18	荧光灯具，成套型荧光灯具							
19	荧光灯管，40W							

（续）

序号	名称、规格、型号	单位	数量	风险系数（%）	基准单价（元）	投标单价（元）	发承包人确认单价（元）	备注
20	吸顶灯具，半球吸顶灯							
21	白炽灯泡，40W							
22	金属接线盒，86型							
23	金属开关盒，86型							

注：1. 此表由招标人填写除"投标单价"栏的内容，投标人在投标时自主确定投标单价。

2. 招标人应优先采用工程造价管理机构发布的单价作为基准单价，未发布的，通过市场调查确定其基准单价。

2. 工程量清单计价

（1）封面、扉页及总说明（表4-51、表4-52、表4-53）

表4-51　封面

　　　　　广东省某市建筑工程学校学生宿舍楼供配电　　　工程

招 标 控 制 价

招　标　人：

（单位盖章）

造价咨询人：

（单位盖章）

表4-52　扉页

　　　　　广东省某市建筑工程学校学生宿舍楼供配电　　　　工程

招 标 控 制 价

招标控制价（小写）：71909.92元

（大写）：柒万壹仟玖佰零玖元玖角贰分

招　标　人：＿＿＿＿＿＿＿　　　　　造价咨询人：＿＿＿＿＿＿＿
　　　　　　（单位盖章）　　　　　　　　　　　　（单位资质专用章）

法定代表人或　　　　　　　　　　　法定代表人或
其授权人：＿＿＿＿＿＿＿　　　　　其授权人：＿＿＿＿＿＿＿
　　　　　（签字或盖章）　　　　　　　　　　　（签字或盖章）

编　制　人：＿＿＿＿＿＿＿　　　　　复　核　人：＿＿＿＿＿＿＿
　　　　（造价人员签字盖专用章）　　　　　　（造价工程师签字盖章专用章）

编制时间：　　　　　　　　　　　　复核时间：

表4-53　总说明

工程名称：广东省某市建筑工程学校学生宿舍楼供配电工程

（1）工程概况：由某学校投资兴建的学生宿舍楼供配电工程；坐落于×市×区，建筑面积1200m²，地下室建筑面积0m²，占地面积500m²，建筑总高度7.5m，首层层高3.9m，标准层高3.6m，层数3层；结构型式：框架结构；基础类型：管桩；计划工期：25日历天。

（2）编制依据：根据××单位设计的施工图计算实物工程量，全国安装清单（2013）及广东省安装工程综合定额（2010）进行计算。

（2）单位工程招标控制价汇总表（表4-54）

表4-54　单位工程招标控制价汇总表

工程名称：广东省某市建筑工程学校学生宿舍楼供配电工程　　　　标段：　　　　第　页　共　页

序　号	汇总内容	金额（元）	其中：暂估价（元）
1	分部分项工程费	53295.09	
2	措施项目费	1742.02	
2.1	安全文明施工费	1635.43	
2.2	其他措施项目费	106.59	
3	其他项目费	14158.97	
3.1	暂列金额	10659.02	
3.2	暂估价		
3.3	计日工	1528.03	
3.4	总承包服务费		
3.5	索赔费用		
3.6	现场签证费用		
3.7	材料检验试验费	106.59	
3.8	预算包干费	1065.90	
3.9	工程优质费	799.43	
3.10	其他费用		
4	规费	297.55	
4.1	工程排污费	228.35	
4.2	施工噪声排污费		
4.3	防洪工程维护费		
4.4	危险作业意外伤害保险费	69.20	
5	税金	2416.29	
6	含税工程总造价	71909.92	
招标控制价合计＝1+2+3+4+5		71909.92	

（3）分部分项工程和单价措施项目清单与计价表（表4-55）

表 4-55 分部分项工程和单价措施项目清单与计价表

工程名称：广东省某市建筑工程学校学生宿舍楼供配电工程　　　　标段：　　　　第 页 共 页

序号	项目编号	项目名称	项目特征描述	计量单位	工程量	金额(元)		
						综合单价	合价	其中：暂估价
1	030404017001	配电箱	成套配电箱 M0，悬挂嵌入式安装，尺寸 500×800	台	1.000	1682.11	1682.11	
2	030404017002	配电箱	成套配电箱 M1，悬挂嵌入式安装，尺寸 300×500	台	1.000	1341.24	1341.24	
3	030404017003	配电箱	成套配电箱 M2、M3，悬挂嵌入式安装，尺寸 300×500	台	2.000	1021.24	2042.48	
4	030404017004	配电箱	成套配电箱 MX1-7，悬挂嵌入式安装，尺寸 300×200	台	14.000	565.82	7921.48	
5	030411001001	配管	镀锌电线管 DN40，砖、混凝土结构暗配	m	8.200	32.03	262.65	
6	030411001002	配管	镀锌电线管 DN32，砖、混凝土结构暗配	m	12.900	22.02	284.06	
7	030411001003	配管	镀锌电线管 DN20，砖、混凝土结构暗配	m	202.300	17.16	3471.47	
8	030411001004	配管	镀锌电线管 DN15，砖、混凝土结构暗配	m	766.400	10.47	8024.21	
9	030411004001	配线	管内穿线，动力线路，BVV-25	m	38.080	18.13	690.39	
10	030411004002	配线	管内穿线，动力线路，BVV-16	m	86.400	10.88	940.03	
11	030411004003	配线	管内穿线，动力线路，BVV-10	m	19.200	7.22	138.62	
12	030411004004	配线	管内穿线，照明线路，BVV-4	m	647.000	3.34	2160.98	
13	030411004005	配线	管内穿线，照明线路，BVV-2.5	m	2336.300	2.75	6424.83	
14	030404035001	插座	照明器具插座，单相暗插座，电流15A，5孔	个	36.000	25.38	913.68	
15	030404034001	照明开关	照明开关，扳式单联单控	个	33.000	31.41	1036.53	
16	030404034002	照明开关	照明开关，扳式双联单控	个	1.000	31.14	31.14	
17	030404034003	照明开关	照明开关，扳式四联单控	个	3.000	31.23	93.69	
18	030412005001	荧光灯	成套型荧光灯具安装，吸顶式，双管	套	58.000	185.19	10741.02	
19	030412001001	普通灯具	半圆球吸顶灯，灯罩直径300mm	套	20.000	169.48	3389.60	
20	030411006001	接线盒	接线盒，86型，暗装	个	96.000	6.03	578.88	
21	030411006002	接线盒	开关盒，86型，暗装	个	73.000	5.38	392.74	
			本页小计				52561.83	

（续）

序号	项目编号	项目名称	项目特征描述	计量单位	工程量	综合单价	合价	其中：暂估价
22	030414002001	送配电装置系统	送配电装置系统调试，380V 交流供电	系统	1.000	733.26	733.26	
		措施项目						
		其他措施费部分						
23	031301017001	脚手架搭拆		项	1.000			
24	031301001001	吊装加固		项	1.000			
25	031301002001	金属抱杆安装、拆除、移位		项	1.000			
26	031301003001	平台铺设、拆除		项	1.000			
27	031301004001	顶升、提升装置		项	1.000			
28	031301005001	大型设备专用机具		项	1.000			
29	031301006001	焊接工艺评定		项	1.000			
30	031301007001	胎（模）具制作、安装、拆除		项	1.000			
31	031301008001	防护棚制作安装拆除		项	1.000			
32	031301009001	特殊地区施工增加		项	1.000			
33	031301010001	安装与生产同时进行施工增加		项	1.000			
34	031301011001	在有害身体健康环境中施工增加		项	1.000			
35	031301012001	工程系统检测、检验		项	1.000			
36	031301013001	设备、管道施工的安全、防冻和焊接保护		项	1.000			
37	031301014001	焦炉烘炉、热态工程		项	1.000			
38	031301015001	管道安拆后的充气保护		项	1.000			
39	031301016001	隧道内施工的通风、供水、供气、供电、照明及通信设施		项	1.000			
40	031302007001	高层施工增加		项	1.000			
41	031301018001	其他措施		项	1.000			
			本页小计				733.26	
			合计				53295.09	

（4）综合单价分析表（表 4-56）

表 4-56　综合单价分析表（一）

工程名称：广东省某市建筑工程学校学生宿舍楼供配电工程　　　　　标段：　　　　　第　页　共　页

项目编码	03040417001		项目名称	配电箱		计量单位	台

清单综合单价组成明细

定额编号	定额名称	定额单位	数量	单价（元）				合价（元）			
				人工费	材料费	机械费	管理费和利润	人工费	材料费	机械费	管理费和利润
C2-4-30 调	控制设备及低压电器-成套配电箱安装-悬挂嵌入式（半周长1.5m以内）	台	1.000	92.92	34.03		43.44	92.92	34.03		43.44
C2-4-119	控制设备及低压电器-压铜接线端子-导线截面（35mm²以内）	10个	0.040	26.67	51.26		12.46	1.07	2.05		0.50
C2-4-118	控制设备及低压电器-压铜接线端子-导线截面（16mm²以内）	10个	0.130	17.75	36.30		8.30	2.31	4.72		1.08
人工单价		小计						96.30	40.80		45.02
51.00元/工日		未计价材料费									
清单项目综合单价								1682.11			

材料费明细	主要材料名称、规格、型号	单位	数量	单价（元）	合价（元）	暂估单价（元）	暂估合价（元）
	成套配电箱 M0	台	1.000	1500.00	1500.00	—	—
	其他材料费			—	—		
	材料费小计				1500.00		

表 4-56 综合单价分析表（二）

工程名称：广东省某市建筑工程学校学生宿舍楼供配电工程　　标段：　　　　　　　　第　页　共　页

项目编码	030411001001	项目名称	配管	计量单位	m

清单综合单价组成明细

定额编号	定额名称	定额单位	数量	单价（元）				合价（元）			
				人工费	材料费	机械费	管理费和利润	人工费	材料费	机械费	管理费和利润
C2-11-11	镀锌电线管沿砖、混凝土结构暗配 公称直径（40mm 以内）	100m	0.010	410.40	266.21	10.44	191.82	4.10	2.66	0.10	1.92
人工单价		小计						4.10	2.66	0.10	1.92
51.00元/工日		未计价材料费									
清单项目综合单价								23.24			

材料费明细	主要材料名称、规格、型号	单位	数量	单价（元）	合价（元）	暂估单价（元）	暂估合价（元）
	镀锌电线管 DN40	m	1.030	22.56	23.24	—	—
	其他材料费			—	23.24		
	材料费小计			—	23.24		

表4-56 综合单价分析表（三）

工程名称：广东省某市建筑工程学校学生宿舍楼供配电工程　　　　　　　　　　　　　　　　　　　　　　标段：　　　　　　　　　　　第 页 共 页

项目编码	030411004005	项目名称	配线	计量单位	m

清单综合单价组成明细

定额编号	定额名称	定额单位	数量	单价（元）				合价（元）			
				人工费	材料费	机械费	管理费和利润	人工费	材料费	机械费	管理费和利润
C2-11-203	管内穿线 照明线路（铜芯）导线截面（2.5mm² 以内）	100m单线	0.010	38.35	19.47		17.92	0.38	0.19		0.18
人工单价	小计							0.38	0.19	2.00	0.18
51.00元/工日	未计价材料费										

清单项目综合单价	2.75

材料费明细	主要材料名称、规格、型号	单位	数量	单价（元）	合价（元）	暂估单价（元）	暂估合价（元）
	镀锌电线管 BVV-2.5	m	1.160	1.72	2.00	—	—
	其他材料费			—		—	
	材料费小计			—	2.00	—	

表 4-56　综合单价分析表（四）

工程名称：广东省某市建筑工程学校学生宿舍楼供配电工程　　　　标段：　　　　　第 页 共 页

项目编码	030404035001	项目名称	插座	计量单位	个

清单综合单价组成明细

定额编号	定额名称	数量	定额单位	单价（元）				合价（元）			
				人工费	材料费	机械费	管理费和利润	人工费	材料费	机械费	管理费和利润
C2-12-405	照明器具 防爆插座 单相带接地（30A以下）	0.100	10套	76.76	18.33		35.88	7.68	1.83		3.59
人工单价		小计						7.68	1.83		3.59
51.00元/工日		未计价材料费							12.28		
清单项目综合单价									25.38		

材料费明细	主要材料名称、规格、型号	单位	数量	单价（元）	合价（元）	暂估单价（元）	暂估合价（元）
	防爆插座成套插座，单相，二、三极	个	1.020	12.04	2.28	—	—
	其他材料费			—		—	—
	材料费小计			—	12.28	—	—

表4-56　综合单价分析表（五）

工程名称：广东省某市建筑工程学校学生宿舍楼供配电工程　　　标段：　　　　　第　页　共　页

项目编码	030414002001	项目名称	送配电装置系统	计量单位	系统

清单综合单价组成明细

定额编号	定额名称	定额单位	数量	单价（元）				合价（元）			
				人工费	材料费	机械费	管理费和利润	人工费	材料费	机械费	管理费和利润
C2-14-12	送配电装置系统调试 1kV以下交流供电（综合）	系统	1.000	378.22	5.57	172.69	176.78	378.22	5.57	172.69	176.78
人工单价		小计						378.22	5.57	172.69	176.78
51.00元/工日		未计价材料费									
		清单项目综合单价						733.26			

材料费明细	主要材料名称、规格、型号	单位	数量	单价（元）	合价（元）	暂估单价（元）	暂估合价（元）
	其他材料费			—		—	
	材料费小计			—			

（5）总价措施项目清单与计价表（表4-57）

表4-57 总价措施项目清单与计价表

工程名称：广东省某市建筑工程学校学生宿舍楼供配电工程　　　　　标段：　　　第　页 共　页

序号	项目编码	项目名称	计算基础	费率（%）	金额（元）	调整费率（%）	调整后金额(元)	备　注
1		安全文明施工措施费部分						
1.1	031302001001	安全文明施工	分部分项人工费	26.57	1635.43			按26.57%计算
		小计			1635.43			
2		其他措施费部分						
2.1	031302002001	夜间施工增加						按夜间施工项目人工的20%计算
2.2	031302003001	非夜间施工增加						
2.3	031302004001	二次搬运						
2.4	031302005001	冬雨期施工增加						
2.5	031302006001	已完工程及设备保护						
2.6	GGCS001	赶工措施	分部分项人工费					费用标准为0~6.88%
2.7	WMGDZJF001	文明工地增加费	分部分项工程费	0.20	106.59			市级文明工地为0.2%，省级文明工地为0.4%
		小计			106.59			
		合计			1742.02			

编制人（造价人员）：　　　　　　　　　　　复核人（造价工程师）：

（6）其他项目清单与计价汇总表、暂列金额明细表、计日工表（表4-58、表4-59、表4-60）

表4-58 其他项目清单与计价汇总表

工程名称：广东省某市建筑工程学校学生宿舍楼供配电工程　　　　　标段：　　　第　页 共　页

序　号	项目名称	金额（元）	结算金额（元）	备　注
1	暂列金额	10659.02		
2	暂估价			
2.1	材料暂估价			
2.2	专业工程暂估价			
3	计日工	1528.03		
4	总承包服务费			
5	索赔费用			
6	现场签证费用			

（续）

序　号	项目名称	金额（元）	结算金额（元）	备　注
7	材料检验试验费	106.59		以分部分项目费的 0.2% 计算（单独承包土石方工程除外）
8	预算包干费	1065.90		按分部分项项目费的 0~2% 计算
9	工程优质费	799.43		市级质量奖 1.5%；省级质量奖 2.5%；国家级质量奖 4%
10	其他费用			
	总计	14158.97		

表 4-59　暂列金额明细表

工程名称：广东省某市建筑工程学校学生宿舍楼供配电工程　　　　标段：　　　第　页　共　页

序　号	项目名称	计量单位	暂列金额（元）	备　注
1	暂列金额		10659.02	以分部分项工程费为计算基础 ×20%
	合计		10659.02	

表 4-60　计日工表

工程名称：广东省某市建筑工程学校学生宿舍楼供配电工程　　　　标段：　　　第　页　共　页

序号	项目名称	单位	暂定数量	实际数量	综合单价（元）	合价（元） 暂定	合价（元） 实际
一	人工					918.00	
1	电工	工日	10.000		51.00	510.00	
2	铆工	工日	4.000		51.00	204.00	
3	电焊工	工日	4.000		51.00	204.00	
	人工小计					918.00	
二	材料					262.99	
1	无缝钢管	m	10.000		15.30	153.00	
2	金属软管	m	44.350		2.48	109.99	
	材料小计					262.99	
三	施工机械					347.04	
1	台式钻床	台班	8.000		43.38	347.04	
	施工机械小计					347.04	
	总计					1528.03	

（7）规费、税金项目计价表（表 4-61）

表 4-61　规费、税金项目计价表

工程名称：广东省某市建筑工程学校学生宿舍楼供配电工程　　　　标段：　　　第　页　共　页

序　号	项目名称	计算基础	计算基数（元）	计算费率（%）	金额（元）
1	规费				297.55
1.1	工程排污费	分部分项工程费 + 措施项目费 + 其他项目费	69196.080	0.33	228.35

（续）

序　号	项目名称	计 算 基 础	计算基数（元）	计算费率（％）	金额（元）
1.2	施工噪声排污费				
1.3	防洪工程维护费				
1.4	危险作业意外伤害保险费	分部分项工程费＋措施项目费＋其他项目费	69196.080	0.10	69.20
2	税金	分部分项工程费＋措施项目费＋其他项目费＋规费	69493.630	3.477	2416.29
	合计				2713.84

编制人（造价人员）：　　　　　　　　　　复核人（造价工程师）：

（8）承包人提供主要材料和工程设备一览表（表4-62）

表4-62　承包人提供主要材料和工程设备一览表

（适用于造价信息差额调整法）

工程名称：广东省某市建筑工程学校学生宿舍楼供配电工程　　　　　标段：　　　第　页　共　页

序号	名称、规格、型号	单位	数　量	风险系数（％）	基准单价（元）	投标单价（元）	发承包人确认单价（元）	备　注
1	综合工日	工日	120.690			51.00		
2	钢垫板 1~2	kg	2.700			4.32		
3	棉纱	kg	6.579			11.02		
4	木螺钉 M2~4×6~65	十个	34.664			0.21		
5	半圆头镀锌螺栓 M2~5×15~50	十个	0.624			0.50		
6	镀锌六角螺栓带螺母2平1弹垫 M10×100以内	十套	3.780			5.04		
7	膨胀螺栓 M6	十个	14.688			1.60		
8	镀锌锁紧螺母 DN15×3	十个	7.519			3.42		
9	镀锌锁紧螺母 DN20×3	十个	21.360			4.44		
10	镀锌锁紧螺母 DN32×1.5	十个	0.199			3.60		
11	镀锌锁紧螺母 DN40×1.5	十个	0.127			7.60		
12	镀锌锁紧螺母 DN15×1.5	十个	11.841			0.96		
13	镀锌锁紧螺母 DN20×1.5	十个	3.126			1.84		
14	铁砂布 0~2号	张	10.690			1.03		
15	低碳钢焊条（综合）	kg	1.790			4.90		
16	焊锡丝（综合）	kg	0.990			61.14		
17	焊锡膏	kg	0.331			72.73		

（续）

序号	名称、规格、型号	单位	数量	风险系数（%）	基准单价（元）	投标单价（元）	发承包人确认单价（元）	备注
18	锡基钎料	kg	6.157			61.14		
19	镀锌低碳钢丝 φ1.2 ~ φ2.2	kg	5.477			5.20		
20	冲击钻头 φ8	个	1.022			3.91		
21	冲击钻头 φ6 ~ φ8	个	1.633			3.91		
22	钢锯条	条	25.590			0.56		
23	圆木台 63×22 ~ 138×22	块	35.700			0.34		
24	醇酸清漆	kg	2.754			10.64		
25	酚醛磁漆	kg	0.180			8.71		
26	酚醛调和漆	kg	0.540			7.20		
27	铅油	kg	0.531			6.50		
28	汽油（综合）	kg	16.022			6.58		
29	溶剂油	kg	2.753			2.66		
30	电力复合脂	kg	7.386			17.72		
……								
60	镀锌电线管 DN15	m	789.392			6.44		
61	镀锌电线管塑料护口 DN15 ~ 20	个	149.664			0.13		
62	镀锌电线管塑料护口 DN25 ~ 32	个	1.993			0.23		
63	镀锌电线管塑料护口 DN40 ~ 50	个	1.267			0.36		
64	镀锌钢管塑料护口 DN15 ~ 20	个	288.790			0.13		
65	铜接线端子 DT-6mm^2	个	28.420			1.60		
66	铜接线端子 DT-10mm^2	个	9.390			2.40		
67	铜接线端子 DT-16mm^2	个	1.270			3.38		
68	铜接线端子 DT-25mm^2	个	0.203			3.77		
69	铜接线端子 DT-35mm^2	个	0.203			4.28		
70	铜接线端子 20A	个	79.170			0.20		
71	接线盒 接线盒 86 型	个	97.920			2.10		
72	接线盒 开关盒 86 型	个	74.460			2.10		
73	镀锌地线夹 15	套	631.514			0.29		
74	镀锌地线夹 20	套	166.695			0.32		
75	镀锌地线夹 32	套	10.630			0.60		
76	镀锌地线夹 40	套	6.757			0.78		

（续）

序号	名称、规格、型号	单位	数量	风险系数（%）	基准单价（元）	投标单价（元）	发承包人确认单价（元）	备　注
77	白布	kg	1.566			3.20		
78	电能校验仪	台班	0.900			99.33		
79	数字万用表 F-87	台班	1.800			17.33		
80	大电流试验器	台班	0.900			31.36		
81	电缆测试仪 JH5132	台班	0.900			26.53		
82	折旧费	元	0.802			1.00		
83	大修理费	元	0.116			1.00		
84	经常修理费	元	0.108			1.00		
85	安拆费及场外运输费	元	0.009			1.00		
86	电（机械用）	kW·h	0.591			0.75		
87	其他材料费	元	62.782			1.00		
88	成套配电箱 M0	台	1.000			1500.00		
89	成套配电箱 M1	台	1.000			1200.00		
90	成套配电箱 M2、M3	台	2.000			880.00		
91	成套配电箱 MX1-7	台	14.000			450.00		
92	荧光灯	只	117.740			7.80		
93	螺口灯泡，40W	只	20.300			2.20		

复习思考题

1. 什么是一般铁构件？什么是轻型铁构件？

2. 在清单项目设置中，干式变压器的清单项目特征如何描述？其安装工作内容包括哪些？

3. 在清单项目设置中，低压配电箱的清单项目特征如何描述？其安装工作内容包括哪些？

4. 低压电器安装部分清单项目设置中，小电器包括哪几种？其清单项目特征如何描述？其安装工作内容包括哪些？

5. 电力电缆有哪几种敷设方式？

6. 电力电缆如何计算工程量？

7. 37 芯以下控制电缆敷设套用什么定额？

8. 在清单项目设置中，电力电缆如何进行项目特征描述？其安装工程内容包括哪些？

9. 配线工程中，线路敷设方式及敷设部位分别用什么代号表示？

10. 在配管工程量计算过程中，应如何计算水平方向敷设的线管长度及垂直方向敷设的线管长度？

11. 配线工程量应如何考虑预留长度？

12. 在清单项目设置中，配管及配线如何进行项目特征描述？其安装工程内容分别包括哪些？

第5章
给水排水、采暖及燃气工程造价计价

5.1 水、暖及燃气安装工程基础知识

5.1.1 室内给水系统

建筑给水系统的任务就是根据用户对水质、水量和水压等方面的要求，将水由城市给水管网安全可靠地输送到安装在室内的各种配水器具、生产用水设备和消防设备等用水点。室内给水系统按其用途不同可划分三类：

（1）生活给水系统　供民用、公共建筑和工业企业建筑物内部的饮用、烹调、盥洗、洗涤、淋浴等生活上的用水。

（2）生产给水系统　用于生产设备的冷却、原料和产品的洗涤、锅炉用水和某些工业的原料用水等。

（3）消防给水系统　主要为建筑物水消防系统供水。

根据具体情况，有时将上述三类基本给水系统或其中两类合并设置，如生产、消防共用给水系统，生活、生产共用给水系统，生活、生产、消防共用给水系统等。

室内给水系统由以下几个基本部分组成，如图5-1所示。

1）引入管：对单幢建筑物而言，引入管是室外给水管网与室内管网之间的联络管段，又称"进户管"。

2）水表节点：是指引入管上装设的水表及其前后设置的阀门、泄水装置的总称。

3）配水管网：是指室内给水水平或垂直干管、配水支管等组成的管道系统。

4）给水附件：给水管道附件是安装在管道及设备上的启闭和调节装置的总称。一般分为配水附件和控制附件两类。配水附件就是装在卫生器具及用水点的各式水嘴，用以调节和

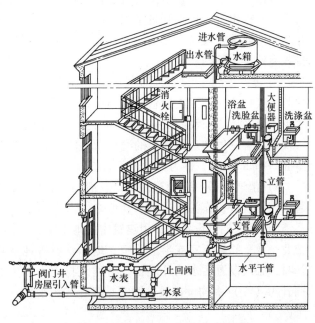

图5-1　室内给水系统基本组成

分配水流。控制附件用来调节水量、水压、关断水流、改变水流方向，如球形阀、闸阀、止回阀、浮球阀及安全阀等。

5）升压与储水设备：在室外给水管网压力不能满足室内供水要求或室内对安全供水、水压稳定有要求时，需要设置各种附属设备，如水箱、水泵、气压装置、水池等。

6）室内消防设备：根据《建筑设计防火规范》和《高层民用建筑设计防火规范》的要求，在建筑物内设置的各种消防设备。

5.1.2 室内排水系统

建筑排水系统的任务是接纳、汇集建筑物内各种卫生器具和用水设备排放的污（废）水，以及屋面的雨（雪）水，并在满足排放要求的条件下，排入室外排水管网。室内排水系统按排水的性质可分为三类：

（1）生活污水排放系统 排除人们日常生活中所产生的洗涤污水和粪便污水等。

（2）生产污（废）水排放系统 排除生产过程中所产生的污（废）水。

（3）雨（雪）水排放系统 排除建筑屋面的雨水和融化的雪水。

上述三大类污（废）水，如分别设置管道排出建筑物外，称分流制室内排水；若将其中两类或三类污（废）水合流排出，则称合流制室内排水。一个完整的室内排水系统主要由卫生器具、排水管系、通气管系、清通设备、污水抽升设备等部分组成，如图5-2所示。

1）卫生器具（或生产设备的受水器）：卫生器具是室内排水系统的起点，接纳各种污水后排入管网系统。污水从器具排出经过存水弯和器具排水管流入排水管系。

2）排水管系：排水管系由排水横支管、排水立管及排出管等组成。横支管的作用是把各卫生器具排水管流来的污水排至立管。立管承接各楼层横支管排入的污水，然后再排入排出管。排出管是室内排水立管与室外排水检查井之间的连接管段，它接受一根或几根立管流来的污水并排入室外排水管网。

3）通气管系：设置通气管的目的是使室内排水管系统与大气相通，尽可能使管内压力接近大气压力，以保护水封不致因压力波动而受破坏；同时排放排水管道中的臭气及有毒害的气体。最简单的通气管是将立管上端延伸出屋面300mm以上，称为伸顶通气管。

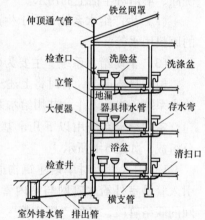

图 5-2 室内排水系统示意图

4）清通设备：一般有检查口、清扫口、检查井及带有清通门（盖板）的90°弯头或三通接头等设备，作为疏通排水管道之用。

5）污水抽升设备：民用建筑中的地下室、人防建筑物、高层建筑的地下技术层、某些工业企业车间地下室或半地下室、地下铁道等地下建筑物内的污（废）水不能自流排到室外时，必须设置污水抽升设备，将建筑物内所产生的污（废）水抽至室外排水管道。局部抽升污（废）水的设备最常用的是离心式污水泵。

5.1.3　室内采暖系统

供暖就是用人工方法向室内供给热量，保持一定的室内温度，以创造适宜的生活条件或工作条件的技术。所有供暖系统都由热媒制备（热源）、热媒输送（管网）和热媒利用（散热设备）三个主要部分组成。根据三个主要组成部分的相互位置关系来分，供暖系统可分为局部供暖系统和集中式供暖系统。

1. 局部供暖系统

热媒制备、热媒输送和热媒利用三个主要组成部分在构造上都在一起的供暖系统，称为局部供暖系统，如烟气供暖（火炉、火墙和火炕等）、电热供暖和燃气供暖等。虽然燃气和电能通常由远处输送到室内来，但热量的转化和利用都是在散热设备上实现的。

2. 集中式供暖系统

热源和散热设备分别设置，用热媒管道相连接，由热源向各个房间或各个建筑物供给热量的供暖系统，称为集中式供暖系统。图 5-3 所示是集中式热水供暖系统的示意图。

热水锅炉将水加热到供暖温度，通过循环水泵及热水管道（供水管和回水管）将热水供至散热器，通过散热器将热水携带的热量放散到室内。

以热水为热媒的供热系统，称为热水供暖系统。根据循环动力不同，热水供暖系统可分为自然循环系统和机械循环系统。

自然循环热水供暖靠水的密度差进行循环，它无须水泵为热水循环提供动力。但它作用压力小（供水温度为 95℃，回水 70℃，每米高差产生的作用压力为 156Pa），因此仅适用于一些较小规模的建筑物。

机械循环热水供暖系统在系统中设置有循环水泵，如图 5-3 所示。靠水泵的机械能，

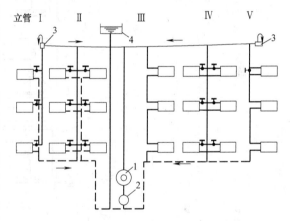

图 5-3　集中式热水供暖系统的示意图
1—热水锅炉　2—循环水泵
3—集气装置　4—膨胀水箱

使水在系统中强制循环。由于水泵所产生的作用压力很大，因而供热范围可以扩大。机械循环热水供暖系统不仅可用于单幢建筑物中，也可以用于多幢建筑，甚至发展为区域热水供暖系统。

5.1.4　建筑燃气供应系统

建筑燃气供应系统包括：用户引入管、立管、水平干管、用户支管、燃气计量表、用具连接管和燃气用具。如图 5-4 所示。

1）用户引入管与城市或庭院低压分配管网连接，在分支管处设阀门。

2）引入管穿过承重墙、基础或管沟时，均应设在套管内，并应考虑沉降的影响，必要时采取补偿措施。

3）燃气立管一般应敷设在厨房或走廊内。当由地下引入室内时，立管在第一层应设阀门。阀门一般设在室内，立管的下端应装丝堵，其直径不小于 25mm。立管通过各层楼板处

应设套管。套管高出地面至少50mm，套管于燃气管道之间的缝隙应用沥青和油麻填塞。

4）由立管引出的用户支管，在厨房内其高度不低于1.7m、敷设坡度不小于0.002，并由燃气计量表分别连接立管与燃具。

5）用具连接管（下垂管）是在支管上连接燃气用的垂直管段。

6）室内燃气管道应采用低压流体输送钢管，尽量采用镀锌钢管。燃气管道的附属设施包括阀门、补偿器、排水器、放散管、阀门井等。

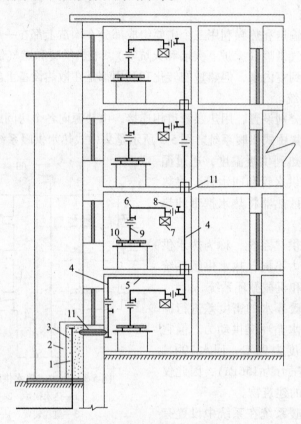

图5-4　建筑燃气供应系统组成
1—用户引入管　2—砖台　3—保温层　4—立管　5—水平干管
6—用户支管　7—燃气计量表　8—旋塞及活接头
9—用具连接管　10—燃气用具　11—套管

5.2　管道安装定额应用及清单项目设置

5.2.1　管道安装

1. 常用管材及连接方式

（1）钢管　钢管是建筑设备安装工程中应用最广泛的管材。按照制造时所用钢种不同可分为碳素钢管（普通碳素钢管、优质碳素钢管）和合金钢管（低合金钢管和高合金钢管）两大类。

　　碳素钢管有较好的力学性能，能承受较高的压力，也具有较好的焊接、加工等工艺性能，碳素钢管的使用温度范围为 −40 ~ 450℃，同时碳素钢管材产量大、规格品种多、价格低廉，广泛用于机械、电子、石油、化工、冶金、电力、轻工、纺织等工业部门。

　　常用的碳素钢管材按照制造方法分为焊接钢管（有缝钢管）和无缝钢管两类。焊接钢管可用普通碳素钢制造，也可用优质碳素钢制造；无缝钢管一般用优质碳素钢制造。

　　1）焊接钢管。焊接钢管也称有缝钢管，是由钢板卷制焊接而成的。常用的有低压流体输送用焊接钢管、螺旋缝焊接钢管和直缝卷制电焊钢管三种。

　　a. 低压流体输送用焊接钢管。低压流体输送用焊接钢管可用来输送给水、污水、空气、蒸汽、煤气等低压流体。由于水、煤气等通常采用焊接钢管输送，所以焊接钢管俗称水煤气管。这种钢管表面有镀锌和不镀锌两种，镀锌管俗称白铁管，非镀锌管俗称黑铁管。按管壁厚度分为普通管（适用于 $PN \leqslant 1.0\text{MPa}$）和加厚管（适用于 $PN \leqslant 1.6\text{MPa}$）两种，普通管是最常用的管材之一。

　　低压流体输送用焊接钢管用公称直径来表示其规格，如 $DN50$。

　　b. 螺旋缝焊接钢管。螺旋缝焊接钢管可用做蒸汽、凝水、热水、污水、空气等室外管道和长距离输送管道。其适用于介质压力 $PN \leqslant 2\text{MPa}$，介质温度 $t \leqslant 200℃$ 的场合。螺旋缝焊接钢管的管缝成螺旋形，采用埋弧焊或高频焊焊接而成，外径 219 ~ 1420mm，壁厚 6 ~ 16mm。螺旋缝焊接钢管的规格，用外径×壁厚表示，如用 $\phi325 \times 8$（也可用 $D325 \times 8$）来表示公称直径为 $DN300$ 的螺旋缝焊接钢管。

　　c. 直缝卷制电焊钢管。直缝卷制电焊钢管在暖通空调工程中多用在室外汽、水和废气等管道上。适用于压力 $PN \leqslant 1.6\text{MPa}$，温度 $\leqslant 200℃$ 范围。公称直径小于 150mm 的有标准件，公称直径大于或等于 150mm 的无标准件，通常是在现场制作或委托加工。

　　2）无缝钢管。无缝钢管按用途可分为普通无缝钢管和专用无缝钢管两类。按制造方法分为热轧无缝钢管和冷拔（冷轧）无缝钢管。

　　普通无缝钢管的品种规格齐全。热轧钢管外径为 32 ~ 630mm，壁厚为 2.5 ~ 75mm，长度为 3000 ~ 12000mm。冷拔（冷轧）钢管外径为 5 ~ 219mm，壁厚为 0.25 ~ 12mm，长度为 3000 ~ 10500mm。在安装工程中公称直径小于 50mm 的管道一般可采用冷拔（冷轧）管，公称直径大于或等于 50mm 的一般采用热轧管。同一公称直径无缝钢管外径相同，但有多种壁厚，以满足不同压力的需要。与螺旋缝焊接钢管相同，无缝钢管的规格用外径×壁厚表示。如 $\phi159 \times 4.5$（或 $D159 \times 4.5$）表示外径为 159mm，壁厚为 4.5mm，对应公称直径为 $DN150$ 的无缝钢管。

　　钢管连接方法有螺纹连接、焊接和法兰连接三种。

　　1）螺纹连接。利用配件连接，配件用可锻铸铁制成，配件为内螺纹，施工时在管端加工外螺纹。为了增加管子螺纹接口的严密性和维修时不致因螺纹锈蚀不易拆卸，螺纹处一般要加填充材料，填料即要能充填空隙又要能防腐蚀。常用的填料：对于热水供暖系统或冷水管道，可以采用聚四氟乙烯胶带或麻丝蘸白铅油（铅丹粉拌干性油）；对于介质温度超过 115℃ 的管路接口可采用黑铅油（石墨粉拌干性油）和石棉绳。

　　2）焊接。焊接一般采用焊条电弧焊和氧乙炔气焊，接口牢固严密，焊缝强度一般可达管子强度的 85% 以上。缺点是不能拆卸。焊接只能用于非镀锌钢管，因为镀锌钢管焊接时锌层被破坏，反而加速锈蚀。焊接完成后要对焊缝进行外观检查、严密性检查和强度检查。

3）法兰连接。在较大管径的管道上（*DN*50 以上），常将法兰盘焊接或用螺纹连接在管端，再以螺栓连接之。法兰连接一般用在连接阀门、水泵、水表等处，以及需要经常拆卸、检修的管段上。法兰连接的接口为了严密、不渗不漏，必须加垫圈，法兰垫圈厚度一般为 3～5mm，常用的垫圈材质有橡胶板、石棉橡胶板、塑料板、铜铝等金属板等。使用法兰垫圈应注意，一个接口中只能加一个垫圈，不能用加双层垫圈、多层垫圈或偏垫解决接口间隙过大问题，因为垫圈层数越多，可能渗漏的缝隙越多，加之日久以后，垫圈材料疲劳老化，接口易渗漏。

（2）铜管　铜是一种贵金属材料，铜管的主要优点在于其具有很强的抗锈蚀能力，强度高，可塑性强，坚固耐用，能抵受较高的外力负荷，热胀冷缩系数小，同时铜管能抗高温环境，防火性能也较好，而且铜管使用寿命长，可完全被回收利用，不污染环境。主要缺点是价格较高。

铜管一般采用螺纹连接，连接配件为铜配件。在有些场合，铜管可采用焊接。

铜管广泛应用于高档建筑物室内热水供应系统和室内饮水供应系统。由于其承压能力高，还常用于高压消防供水系统。

（3）塑料管材　近年来，各种各样的塑料管逐渐替代钢管被应用在设备工程中，常用的塑料管材有：

1）硬聚氯乙烯塑料管（UPVC）。UPVC 管是国内外使用最为广泛的塑料管道。UPVC 管具有较高的抗冲击性能和耐化学腐蚀性能。UPVC 管根据结构型式不同，又分为常用的单层实壁管、螺旋消声管、芯层发泡管、径向加筋管、螺旋缠绕管、双壁波纹管和单壁波纹管。UPVC 管主要用于城市供水、城市排水、建筑给水和建筑排水系统。

UPVC 室内给水管道连接一般采用粘接，与金属管配件则采用螺纹连接。

UPVC 室外给水管道可以采用橡胶圈连接、粘接连接、法兰连接等形式，目前最常用的是橡胶圈连接，规格为 ϕ50～800mm，此种连接施工方便。粘接连接只适用于管径小于 ϕ225 管道的连接，法兰连接一般用于 UPVC 管与其他管材及阀门等管件的连接。

2）聚乙烯（PE）管材。聚乙烯管按其密度不同分为高密度聚乙烯（HDPE）管、中密度聚乙烯（MDPE）管、低密度聚乙烯（LDPE）管。HDPE 管具有较高的强度和刚度，MDPE 管除了有 HDPE 管的耐压强度外，还具有良好的柔性和抗蠕变性能；LDPE 管的柔性、伸长率、耐冲击性能较好，尤其是耐化学稳定性好。目前，国内的 HDPE 管和 MDPE 管主要用作城市燃气管道，少量用作城市供水管道，LDPE 管大量用作农用排灌管道。

交联聚乙烯（PE-X）管材则主要用于建筑室内冷热水供应和地面辐射供暖。

3）三型聚丙烯（PP-R）管材。三型聚丙烯是第三代改性聚丙烯，具有较好冲击性能、耐湿性能和抗蠕变性能。PP-R 管主要应用于建筑室内冷热水供应和地面辐射供暖。

（4）复合管材　常用的复合管材主要有钢塑复合（SP）管材和铝塑复合（PAP）管材。

1）钢塑复合（SP）管材。钢塑复合管具有钢管的机械强度和塑料管的耐腐蚀特点。一般为三层结构，中间层为带有孔眼的钢板卷焊层或钢网焊接层，内外层为熔于一体的高密度聚乙烯（HDPE）层或交联聚乙烯（PE-X）层，也有用外镀锌钢管内涂敷聚乙烯（PE）、硬聚氯乙烯（UPVC）或交联聚乙烯（PE-X）等的钢塑复合管。

2）铝塑复合（PAP）管材。铝塑复合管是通过挤出成型工艺而生产制造的新型复合管材。它由聚乙烯层（或交联聚乙烯）—胶粘剂层—铝层—胶粘剂层—聚乙烯层（或交联聚乙烯）五层结构构成。铝塑复合管根据中间铝层焊接方式不同，分为搭接焊铝塑复合管和对接焊铝塑复合管。铝塑复合管可广泛应用于建筑室内冷热水供应和地面辐射供暖。建筑给水铝塑复合管管子的截断应使用专用的管剪将管道剪断，或采用管子割刀将管割断，管子的截断断面应垂直管子的轴线；外径小于等于 32mm 的管子，其成品为盘圈卷包装，施工时应调直；管道必须采用专用的铝塑复合管管件连接，并按产品使用说明书提供的连接操作顺序和方法连接管道于其他种类的管材，阀门、配水件连接时应采用过渡性管件。

2. 室内给排水管路的敷设

室内给水管道的敷设，根据建筑对卫生、美观方面要求不同，分为明装和暗装两类。

（1）明装　即管道在室内沿墙、梁、柱、天花板下、地板旁暴露敷设。明装管道造价低，施工安装、维护修理均较方便。缺点是由于管道表面积灰、产生凝水等影响环境卫生，而且明装有碍房屋美观。一般民用建筑和大部分生产车间均为明装方式。

（2）暗装　即管道敷设在地下室天花板下或吊顶中，或在管井、管槽、管沟中隐蔽敷设。管道暗装时，卫生条件好、房间美观，在标准较高的高层建筑、宾馆等均采用暗装；在工业企业中，某些生产工艺要求，如精密仪器或电子元件车间要求室内洁净无尘时，也采用暗装。暗装的缺点是造价高，施工维护均很不便。

另外，为清通检修方便，排水管道应以明装为主。

5.2.2　管道安装定额应用

管道安装定额适用于室内外生活用给水、排水、雨水、采暖热源管道、法兰、套管、伸缩器等的安装。

1. 室内外管道安装

（1）室内外管道线的划分

1）给水管道：室内外界线以建筑物外墙皮 1.5m 为界，入口处设阀门者以阀门为界；室外管道与市政管道界线以水表井为界，无水表井者，以与市政管道碰头点为界。

2）排水管道：室内外以出户第一个排水检查井为界；室外管道与市政管道界线以与市政管道碰头井为界。

3）采暖热源管道：室内外以入口阀门或建筑物外墙皮 1.5m 为界；与工业管道界线以锅炉房或泵站外墙皮 1.5m 为界；工厂车间内采暖管道以采暖系统与工业管道碰头点为界；与设在高层建筑内的加压泵间管道以泵间外墙皮为界。

（2）工程量计算

1）各种管道安装，均以施工图所示管道中心线长度以"10m"计算，不扣除阀门及管件（包括减压阀、疏水器、水表、伸缩器等）所占长度。

2）管道中方形伸缩器的两臂，应按其臂长的两倍合并在管道延长米内计算，套筒式伸缩器所占长度不扣除。各种伸缩器制作安装均以"个"为计量单位，另行计算。钢管伸缩器两臂计算长度见表 5-1。

表 5-1 钢管伸缩器两臂计算长度表

伸缩器形式	伸缩器公称直径/mm						
	25	50	100	150	200	250	300
	伸缩器两臂计算长度/m						
⊓	0.6	1.2	2.2	3.5	5.0	6.5	8.5
⌒	0.6	1.1	2.0	3.0	4.0	5.0	6.0

3）在采暖管道中，应扣除暖气片所占的长度。

4）管道安装均包括水压试验或灌水试验，不另行计算。由于非施工方原因需再次进行管道压力试验时可执行管道压力试验定额。

5）室内 DN32 以内钢管包括管卡及托钩制作安装，DN32 以上钢管的管卡等需另列项计算。

6）定额内未包括过楼板钢套管的制作安装，发生时按室外钢管（焊接）项目，按"延长米"计算。

7）镀锌薄钢板套管制作工程量分不同的公称直径以"个"计算。工作内容：下料、卷制、咬口。

8）定额中已综合了配合土建施工的留洞、留槽、修补洞所需的材料和人工，不应另行计算。

（3）定额的套用

1）管道安装定额是按不同材质、不同接口方式分列项目的；套用定额时应区分不同的材质、管径的大小及接口形式选用。

2）管道安装定额均按公称直径分列子目，安装的设计规格与子目不符时，套用较大规格的子目。直径超过定额最大规格时，编制补充定额。

3）螺纹连接钢管均已包括弯管制作与安装（伸缩器除外），焊接钢管 DN100 以下全部考虑使用揻弯制，制弯工料包括在定额内，无论现场揻制或使用成品弯头均不作换算。但焊接钢管 DN100 以上的压制弯头应按定额含量计算其主材费。

4）铸铁排水管、雨水管及塑料排水管均已包括管卡及吊托支架、臭气帽（铅丝球）、雨水漏斗的制作安装，但未包括雨水漏斗及雨水管件本身价格，应按设计用量另行考虑。铸铁排水管、塑料排水管安装中透气帽定额是综合考虑的，不得换算。

5）室内外给水、雨水铸铁管，定额中已包括接头零件所需的人工费，但接头零件的价格应另计。

6）设计施工图中，雨水管与生活排水管合用时，执行管道安装工程的排水管定额子目。

7）室内外管道沟土方及管道基础，应执行《全国统一建筑工程基础定额》。

a. 管沟挖土方量的计算，如图 5-5 所示，按下式计算

$$V = h(b + 0.3h)l$$

式中，h 为沟深，按设计管底标高计算；b 为沟底宽；l 为沟长；0.3 为放坡系数。

沟底有设计尺寸时，按设计尺寸取值，无设计尺寸时按表 5-2 所示取值。

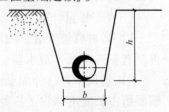

图 5-5 管沟断面

表 5-2　管沟底宽取值

管径 DN/mm	铸铁、钢、石棉水泥管道沟底宽/m	混凝土、钢筋混凝土管道沟底宽/m
50 ~ 75	0.6	0.8
100 ~ 200	0.7	0.9
250 ~ 350	0.8	1.0
400 ~ 450	1.0	1.3
500 ~ 600	1.3	1.5
700 ~ 800	1.6	1.8
900 ~ 1000	1.8	2.0

计算管沟土石方量时，各种检查井和排水管道接口处加宽，而多挖土石方工程量不增加。但铸铁给水管道接口处操作坑工程量应增加，按全部给水管沟土方量的 2.5% 计算增加量。

b. 管道沟回填土工程量。DN500 以下的管沟回填土方量不扣除管道所占体积；DN500以上的管沟回填土方量按表 5-3 所列数值扣除管道所占体积。

表 5-3　管道占回填土方量扣除表

管径 DN/mm	钢管道占回填土方量/(m^3/m)	铸铁管占回填土方量/(m^3/m)	混凝土、钢筋混凝土管道占回填土方量/(m^3/m)
500 ~ 600	0.21	0.24	0.33
700 ~ 800	0.44	0.49	0.60
900 ~ 1 000	0.71	0.77	0.92

2. 管道支架制作安装

室内 DN32 以内钢管包括管卡及托钩制作安装。DN32 以上的，按支架钢材图示几何尺寸以"100kg"为单位计算，不扣除切肢开孔质量，不包括电焊条和螺栓、螺母、垫片的质量。工作内容：切断、调直、撇制、钻孔、组对、焊接、打洞、安装、和灰、堵洞。

3. 法兰安装

法兰安装工程量按图示以"副"为计量单位计算。

法兰安装定额分铸铁螺纹法兰和碳钢焊接法兰，安装定额中已包括了垫片的制作，制作垫片的材料是按石棉板考虑的，如采用其他材料，不作调整。铸铁法兰（螺纹连接）定额已包括了带螺母螺栓的安装人工和材料，如主材价不包括带螺母螺栓者，其价格另计。碳钢法兰（焊接）定额基价中已包括螺栓、螺母，不得另行计算。

碳钢法兰（螺纹连接）安装可套用铸铁法兰螺纹连接定额，其中填料不得换算。

在法兰阀门安装、减压器组成安装、疏水器组成安装、水表组成安装等项目中，法兰盘作为辅助材料列入了定额，这些子目中包括了法兰盘、带螺母螺栓等，在编制预算时，不能重复套用法兰安装定额。

4. 伸缩器制作安装

定额中伸缩器制作安装按不同形式分法兰式套筒伸缩器安装（螺纹连接和焊接）和方形伸缩器制作安装，工程量按图示数以"个"为单位计算。

焊接法兰式套筒伸缩器定额中已包括法兰螺栓、螺母、垫片，不应另行计算，方形伸缩器制作安装中的主材费已包括在管道延长米中，不另行计算。

5. 管道消毒冲洗

管道消毒、冲洗按施工图说明或技术规范要求套用相应定额，其工程量按管道直径以"延长米（100m）"为单位计算，不扣除阀门、管件所占长度，如设计和工艺无要求，不列本项费用。工作内容：溶解漂白粉、灌水、消毒、冲洗。

5.2.3 管道安装清单项目设置

1. 清单项目设置

管道及其管道支架工程量清单项目设置分别见表5-4和表5-5。

表5-4 管道安装工程量清单项目设置

项目编码	项目名称	项目特征	计量单位	工程量计算规则	工作内容
031001001	镀锌钢管	1. 安装部位 2. 介质 3. 规格、压力等级 4. 连接形式 5. 压力试验及吹、洗设计要求 6. 警示带形式	m	按设计图示管道中心线以长度计算	1. 管道安装 2. 管件制作安装 3. 压力试验 4. 吹扫、冲洗 5. 警示带铺设
031001002	钢管				
031001003	不锈钢管				
031001004	铜管				
031001005	铸铁管	1. 安装部位 2. 介质 3. 材质、规格 4. 连接形式 5. 接口材料 6. 压力试验及吹、洗设计要求 7. 警示带形式			1. 管道安装 2. 管件安装 3. 压力试验 4. 吹扫、冲洗 5. 警示带铺设
031001006	塑料管	1. 安装部位 2. 介质 3. 材质、规格 4. 连接形式 5. 阻火圈设计要求 6. 压力试验及吹、洗设计要求 7. 警示带形式			1. 管道安装 2. 管件安装 3. 塑料卡固定 4. 阻火圈安装 5. 压力试验 6. 吹扫、冲洗 7. 警示带铺设
031001007	复合管	1. 安装部位 2. 介质 3. 材质、规格 4. 连接形式 5. 压力试验及吹、洗设计要求 6. 警示带形式			1. 管道安装 2. 管件安装 3. 塑料卡固定 4. 压力试验 5. 吹扫、冲洗 6. 警示带铺设
031001008	直埋式预制保温管	1. 埋设深度 2. 介质 3. 管道材质、规格 4. 连接形式 5. 接口保温材料 6. 压力试验及吹、洗设计要求 7. 警示带形式			1. 管道安装 2. 管件安装 3. 接口保温 4. 压力试验 5. 吹扫、冲洗 6. 警示带铺设

（续）

项目编码	项目名称	项目特征	计量单位	工程量计算规则	工作内容
031001009	承插陶瓷缸瓦管	1. 埋设深度 2. 规格 3. 接口方式及材料 4. 压力试验及吹、洗设计要求 5. 警示带形式	m	按设计图示管道中心线以长度计算	1. 管道安装 2. 管件安装 3. 压力试验 4. 吹扫、冲洗 5. 警示带铺设
031001010	承插水泥管				
031001011	室外管道碰头	1. 介质 2. 碰头形式 3. 材质、规格 4. 连接形式 5. 防腐、绝热设计要求	处	按设计图示以处计算	1. 挖填工作坑或暖气沟拆除及修复 2. 碰头 3. 接口处防腐 4. 接口处绝热及保护层

表 5-5　管道及设备支架工程量清单项目设置

项目编码	项目名称	项目特征	计量单位	工程量计算规则	工作内容
031002001	管道支架	1. 材质 2. 架形式	1. kg 2. 套	1. 以千克计量，按设计图示质量计算 2. 以套计量，按设计图示数量计算	1. 制作 2. 安装
031002002	设备支架	1. 材质 2. 形式			
031002003	套管	1. 名称、类型 2. 材质 3. 规格 4. 填料材质	个	按设计图示数量计算	1. 制作 2. 安装 3. 刷油

2. 清单设置说明

（1）管道安装

1）安装部位指管道是安装在室内还是室外。

2）输送介质包括给水、排水、中水、雨水、热媒体、燃气、空调水等。

3）方形补偿器制作安装应含在管道安装综合单价中，不另外列项计算。

4）铸铁管安装适用于承插铸铁管、球墨铸铁管、柔性抗振铸铁管等。

5）塑料管安装适用于 UPVC、PVC、PP-C、PR-R、PE、PB 管等塑料管材。

6）复合管安装适用于钢塑复合管、铝塑复合管、钢骨架复合管等复合型管道安装。

7）直埋保温管包括直埋保温管件安装及接口保温。

8）排水管道安装包括立管检查口、透气帽。

9）室外管道碰头：①适用于新建或扩建工程热源、水源、气源管道与原（旧）有管道碰头。②室外管道碰头包括挖工作坑、土方回填或暖气沟局部拆除及修复。③带介质管道碰头包括开关闸、临时放水管线铺设等费用。④热源管道碰头每处包括供、回水两个接口。⑤碰头形式指带介质碰头、不带介质碰头。

10）管道工程量计算不扣除阀门、管件（包括减压器、疏水器、水表、伸缩器等组成安装）及附属构筑物所占长度；方形补偿器以其所占长度列入管道安装工程量。

11）压力试验按设计要求描述试验方法，如水压试验、气压试验、泄漏性试验、闭水试验、通球试验、真空试验等。

12）吹、洗按设计要求描述吹扫、冲洗方法，如水冲洗、消毒冲洗、空气吹扫等。

13）室外给排水管沟土石方清单工程量执行《房屋建筑与装饰工程工程量清单计算规范》。

3. 管道及设备支架

1）单件支架质量100kg以上的管道支吊架执行设备支吊架制作安装。

2）成品支架安装执行相应管道支架或设备支架项目，不再计取制作费，支架本身价值含在综合单价中。

3）套管制作安装，适用于穿基础、墙、楼板等部位的防水套管、填料套管、无填料套管及防火套管等，应分别列项。

5.3 管道附件安装定额应用及清单项目设置

5.3.1 室内给水系统附件

给水管道附件是安装在管道及设备上的启闭和调节装置的总称。一般分为配水附件和控制附件两类。配水附件就是装在卫生器具及用水点上的各式水嘴，用以调节和分配水流，如图5-6所示。控制附件用来调节水量、水压、关断水流、改变水流方向，如球形阀、闸阀、止回阀、浮球阀及安全阀等，如图5-7所示。

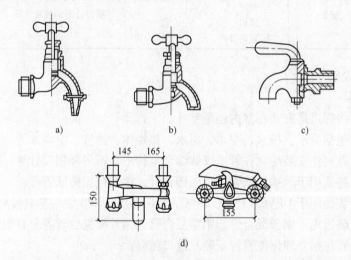

图 5-6 配水附件

a）球形阀式配水嘴 b）旋塞式配水嘴 c）盥洗嘴 d）混合嘴

1. 配水附件

（1）球形阀式配水嘴 主要安装在洗涤盆、污水盆、盥洗槽上。水流经过此种嘴因改变流向，故阻力较大。

（2）旋塞式配水嘴 主要安装在压力不大（101.325kPa左右）的给水系统上。这种嘴旋转90°即完全开启，可短时获得较大流量，又因水流呈直线经过嘴，阻力较小。缺点是启

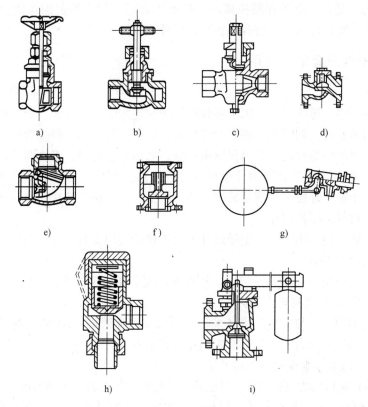

图 5-7　控制附件

a）闸阀　b）截止阀　c）旋塞阀　d）升降止回阀　e）旋启止回阀　f）立式升降止回阀

g）浮球阀　h）弹簧式安全阀　i）杠杆式安全阀

闭迅速，容易产生水击，适用于浴池、洗衣房、开水间等处。

（3）盥洗嘴　装设在洗脸盆上专供冷水或热水用。有莲蓬头式、鸭嘴式、角式、长脖式等多种形式。

（4）混合嘴　用以调节冷、热水的嘴，供盥洗、洗涤、沐浴等用。

2. 控制附件

（1）闸阀　一般管道 *DN*70 以上时采用闸阀；此阀全开时水流呈直线通过，阻力小；但水中有杂质落入阀座后。使阀不能关闭到底，因而产生磨损和漏水。

（2）截止阀　截止阀关闭严密，但水流阻力较大，适用于管径≤*DN*50 的管道上。

（3）旋塞阀　装在需要迅速开启或关闭的地方，为了防止因迅速关断水流而引起水击，适用于压力较低和管径较小的管道。

（4）止回阀　用来阻止水流的反向流动。其类型有两种：

1）升降式止回阀：装于水平管道上，水头损失较大，只适用于小管径。

2）旋启式止回阀：一般直径较大，水平、垂直管道上均可装置。

（5）浮球阀　是一种可以自动进水自动关闭的阀门，一般装在水箱或水池内控制水位。当水箱充水到设计最高水位时，浮球浮起，关闭进水口；当水位下降时，浮球下落，开启进水口，于是自动向水箱充水。浮球阀口径为 *DN*15 ~ *DN*100，与各种管径规格相同。

（6）安全阀 是为了避免管网和其他设备中压力超过规定的范围而使管网、用具或密闭水箱受到破坏，需装此阀。一般有弹簧式、杠杆式两种。

5.3.2 管道附件安装定额应用

1. 阀门安装

在本部分定额中，螺纹阀门适用于各种内外螺纹连接的阀门安装。法兰阀门的安装适用于各种法兰阀门的安装，如仅为一侧法兰连接时，定额中的法兰、带螺母螺栓及钢垫圈数量减半。各种法兰连接用垫片均按石棉橡胶板计算，如用其他材料，不作调整。

各种阀门安装，均以"个"为计量单位计算。法兰阀门安装如仅为一侧法兰连接时，定额所列法兰、带螺母螺栓及垫圈量减半，其余不变。各种法兰连接用垫片均按橡胶石棉板计算，如用其他材料，不作调整。

螺纹阀门安装定额适用于各种型号内外螺纹连接的阀门安装；法兰阀门安装定额适用于各种型号法兰阀门的安装。

单体安装的安全阀（包括调试定压）可按阀门安装相应定额乘以系数 2.0 计算。

2. 低压器具、水表组成与安装

减压器、疏水器组成与安装是按《采暖通风国家标准图集》N108 编制的，如实际组成与图集不同时，阀门和压力表数量可按实调整，其余不变。

1）减压器、疏水器组成安装，以"组"为计量单位。

减压器安装按高压侧的直径计算。减压器、疏水器单体安装，可套用相应阀门安装项目。

2）水表组成与安装分螺纹水表、焊接法兰水表，定额是按《全国通用给水排水标准图集》S145 编制的，水表安装以"组"为单位计算，定额中的旁通管和止回阀，如与设计规定的安装形式不同时，阀门和止回阀可按设计规定调整，其余不变。

旋翼式水表属螺纹水表，其他形式的螺纹水表也套用此定额。

5.3.3 管道附件安装清单项目设置

1. 清单项目设置

表 5-6 所示为部分管道附件安装工程量清单项目设置。

表 5-6 管道附件安装工程量清单项目设置

项目编码	项目名称	项目特征	计量单位	工程量计算规则	工作内容
031003001	螺纹阀门	1. 类型 2. 材质 3. 规格、压力等级 4. 连接形式 5. 焊接方法	个	按设计图示数量计算	1. 安装 2. 电气接线 3. 调试
031003002	螺纹法兰阀门				
031003003	焊接法兰阀门				
031003004	带短管甲乙的法兰阀门	1. 材质 2. 规格、压力等级 3. 连接形式 4. 接口方式及形式			
031003005	塑料阀门	1. 规格 2. 连接形式			1. 安装 2. 调试

（续）

项目编码	项目名称	项目特征	计量单位	工程量计算规则	工作内容
031003006	减压器	1. 材质 2. 规格、压力等级 3. 连接形式 4. 附件配置	组		组装
031003007	疏水器				
031003008	除污器（过滤器）	1. 材质 2. 规格、压力等级 3. 连接形式			安装
031003009	补偿器	1. 类型 2. 材质 3. 规格、压力等级 4. 连接形式	个		安装
031003010	软接头（软管）	1. 材质 2. 规格 3. 连接形式	个（组）	按设计图示数量计算	安装
031003011	法兰	1. 材质 2. 规格、压力等级 3. 连接形式	副（片）		安装
031003012	倒流防止器	1. 材质 2. 型号、规格 3. 连接形式	套		
030803013	水表	1. 安装部位（室内外） 2. 型号、规格 3. 连接形式 4. 附件配置	组（个）		组装
031003014	热量表	1. 类型 2. 型号、规格 3. 连接形式	块		安装

2. 清单设置说明

1）法兰阀门安装包括法兰连接，不得另计。阀门安装如仅为一侧法兰连接时，应在项目特征中描述。

2）塑料阀门连接形式需注明热熔连接、粘接、热风焊接等方式。

3）减压器规格按高压侧管道规格描述。

4）减压器、疏水器、倒流防止器等项目包括组成与安装工作内容，项目特征应根据设计要求描述附件配置情况，或根据相关图集或施工图做法描述。

5）阀门安装中的电气接线是指自动控制阀门的驱动装置的接线。

6）补偿器按设计图示数量计算，但方形伸缩器的两臂，按臂长的两倍合并在管道安装长度内计算。

5.4　卫生器具安装定额应用及清单项目设置

5.4.1　卫生器具分类

卫生器具是供人们洗涤及收集排除日常生活、生产中所产生的污水、废水的设备。按其用途分，通常有以下几类：

1）便溺用卫生器具：大便器、大便槽、小便器和小便槽等。

2）盥洗、沐浴用卫生器具：洗脸盆、盥洗槽、浴盆和淋浴器等。

3）洗涤卫生器具：洗涤盆、家具盆、污水盆和化验盆等。另外，还有饮水器，妇女卫生盆及地漏等。

所有卫生器具安装，均参照《全国通用给水排水标准图集》中有关标准计算。

5.4.2　卫生器具安装工程定额应用

卫生器具制作安装项目较多，定额按不同内容分18个定额节。

卫生器具组成安装，以"组"为计量单位。定额内已按标准图综合了卫生器具与给水管、排水管连接的人工与材料用量，无特殊要求，不得另行计算。

1. 浴盆安装

浴盆安装定额适用于搪瓷浴盆、玻璃钢浴盆、塑料浴盆三种类型的各种型号的浴盆安装，分冷水、冷热水、冷热水带喷头等几种形式，以"组"为单位计算。

浴盆安装范围分界点：给水（冷、热）水平管与支管交接处，排水管在存水弯处，如图5-8所示。

浴盆未计价材料包括：浴盆、冷热水嘴或冷热水嘴带喷头、排水配件。

浴盆的支架及四周侧面砌砖、粘贴的瓷砖，应按土建定额计算。

2. 洗脸盆、洗手盆安装

洗脸盆、洗手盆安装定额分钢管组成式洗脸盆、钢管冷热水洗脸盆及立式冷热水式开关、脚踏开关等洗脸盆安装。

安装范围分界点：给水水平管与支管交接处，排水管垂直方向计算到地面，如图5-9所示。

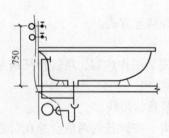

图5-8　浴盆安装范围

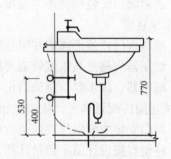

图5-9　洗脸盆、洗手盆安装范围

3. 洗涤盆安装

洗涤盆安装范围分界点如图 5-10 所示，划分方法同洗脸盆。安装工作包括上下水管连接、试水、安装洗涤盆、盆托架，不包括地漏的安装。未计价材料包括：洗涤盆 1 个、开关及弯管。

4. 淋浴器的安装

淋浴器组成安装定额分钢管组成（冷水、冷热水）及铜管制品（冷水、冷热水）安装子目。铜管制品定额适用于各种成品淋浴器的安装，分别以"组"为单位套用定额。

淋浴器安装范围划分点为支管与水平管交接处，如图 5-11 所示。

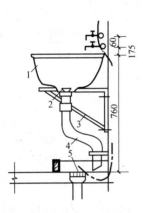

图 5-10　洗涤盆安装范围

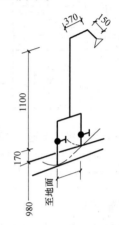

图 5-11　淋浴器安装范围

淋浴器组成安装定额中已包括截止阀、接头零件、给水管的安装，不得重复列项计算。定额未计价材料为莲蓬喷头或铜管成品淋浴器。

5. 大便器安装

定额分蹲式和坐式大便器安装，其中蹲式大便器安装分瓷质高水箱大便器及不同冲洗方式大便器；坐式大便器分低水箱大便器、连体水箱大便器等共四种形式。

工程量计算：根据大便器形式、冲洗方式、接管种类不同，分别以"套"为单位计算。

1）蹲式普通冲洗阀大便器安装，如图 5-12 所示安装范围。给水以水平管与支管交接处，排水管以存水弯交接处为安装范围划分点。未计价材料只包括大便器一个。

2）手压阀冲洗和延时自闭式冲洗阀蹲式大便器安装，均以"套"计量。安装范围划分点同普通冲洗阀蹲式大便器。未计价材料包括大便器一个、$DN25$ 手压阀一个或 $DN25$ 延时自闭式冲洗阀一个。

3）高水箱蹲式大便器安装：以"套"计量，安装范围划分如图 5-13 所示。未计价材料有水箱及全部配件铜活一套，大便器一个。

4）坐式低水箱大便器安装，以"套"计量，安装范围划分如图 5-14 所示。未计价材料包括：坐式便器及带盖、配件

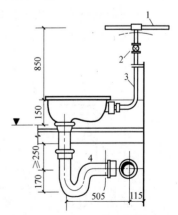

图 5-12　蹲式大便器安装范围
1—水平管　2—$DN25$ 普通冲洗阀
3—$DN25$ 冲洗管
4—$DN100$ 存水弯

铜活一套；瓷质低水箱（或高水箱）带配件铜活一套。

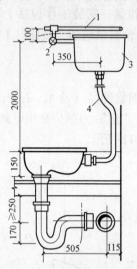

图 5-13　高水箱蹲式大便器安装范围
1—水平管　2—DN15 进水阀
3—水箱　4—DN25 冲洗管

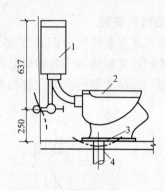

图 5-14　坐式低水箱大便器安装范围
1—水箱　2—坐式便器　3—油灰
4—ϕ100 铸铁管

6. 小便器安装

1）普通挂式小便器安装：以"套"计量。安装范围划分点：水平管与支管交接处，如图 5-15 所示。未计价材料：小便斗或铜活全套。

2）挂斗式自动冲洗水箱"两联"、"三联"小便斗安装：以"套"计量。安装范围仍是水平管与支管交接处，如图 5-16 所示。未计价材料包括：小便斗三个；瓷质高水箱一套，或配件铜活全套。

3）立式（落地式）及自动冲洗小便器安装，如图 5-17 所示，以"套"计量。未计价材包括小便器、瓷质高水箱、配件铜活全套。

小便器电感应自冲洗开关安装，以"套"计量，用《全国统一安装工程预算定额》第二册或第七册相关子目。

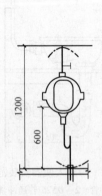

图 5-15　挂式小便器安装范围

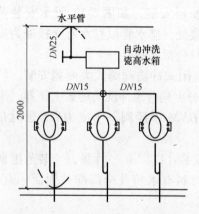

图 5-16　高水箱三联挂斗小便器安装

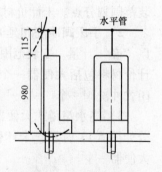

图 5-17　立式小便器安装

4）小便槽冲洗管制作安装：分别计算工程量，如图 5-18 所示。多孔冲洗管按"m"计量，套用相应子目。控制阀门计算在管网阀门中，以"个"计量。地漏以"个"计量。

7. 大便槽自动冲洗水箱安装及小便槽自动冲洗水箱安装

大便槽自动冲洗水箱及小便槽自动冲洗水箱安装定额按容量大小划分子目，定额基价中已包括便槽水箱托架、自动冲洗阀、冲洗管、进水嘴等，不应另行计算。如果水箱不是成品，应另行套用水箱制作定额。铁制水箱的制作可套用《全国统一安装工程预算定额》第二册第六章钢板水箱制作定额。

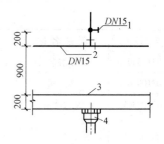

图 5-18　小便槽安装
1—DN15 截止阀
2—DN15 多孔冲洗管
3—小便槽踏步　4—地漏

8. 水嘴安装

安装定额按不同公称直径划分子目。编制预算时水嘴按施工图说明的材质计算主材费。安装以"个"为单位计算，按不同直径套用定额。

9. 排水栓、地漏及地面扫除口安装

排水栓定额分带存水弯与不带存水弯两种形式，以"组"为单位计算。地漏及地面扫除口安装，均按公称直径划分子目，工程量按图示数量以"个"为单位计算。

主材排水栓（带链堵）、地漏、地面扫除口均为未计价材料，应按定额含量另行计算。

地漏材质和形式较多，有铸铁水封地漏、花板地漏（带存水弯）等，均套用同一种定额，但主材费应按设计型号分别计算。地漏安装定额子目中综合了每个地漏 0.1m 焊接管，定额已综合考虑，实际有出入也不得调整。

5.4.3　卫生器具安装工程量清单设置

1. 清单项目设置

卫生器具工程量清单项目设置见表 5-7。

表 5-7　部分卫生器具工程量清单项目设置表

项目编码	项目名称	项 目 特 征	计量单位	工程量计算规则	工 作 内 容
031003001	浴盆				
031003002	净身盆				
031003003	洗脸盆				
030804004	洗涤盆	1. 材质 2. 规格、类型 3. 组装形式 4. 附件名称、数量	组	按设计图示数量计算	1. 器具安装 2. 附件安装
031003005	化验盆				
031003006	大便器				
031003007	小便器				
031003008	其他成品卫生器具				
031003009	烘手器	1. 材质 2. 型号、规格	个	按设计图示数量计算	安装

（续）

项目编码	项目名称	项目特征	计量单位	工程量计算规则	工作内容
031003010	沐浴器	1. 材质、规格 2. 组装形式 3. 附件名称、数量	套	按设计图示数量计算	1. 器具安装 2. 附件安装
031003011	淋浴间				
031003012	桑拿浴房				
031003013	大小便自动冲洗水箱	1. 材质、类型 2. 规格 3. 水箱配件 4. 支架形式及做法 5. 器具及支架除锈、刷油设计要求			1. 制作 2. 安装 3. 支架制作、安装 4. 除锈、刷油
031003014	给、排水附（配）件	1. 材质 2. 型号、规格 3. 安装方式	个（组）		安装
031003015	小便槽冲洗管	1. 材质 2. 规格	m	按设计图示长度计算	安装

2. 清单设置说明

1）成品卫生器具项目中的附件安装，主要指给水附件包括水嘴、阀门、喷头等，排水配件包括存水弯、排水栓、下水口等以及配备的连接管。以组（套）为计量单位的成品卫生器具，安装范围内的附件不再另行计价。

2）浴缸支座和浴缸周边的砌砖、瓷砖粘贴，应按现行国家标准《房屋建筑与装饰工程工程量计算规范》相关项自编码列项；功能性浴缸不含电机接线和调试，应按《通用安装工程工程量清单计算规范》中的电气设备安装工程相关项目编码列项。

3）洗脸盆适用于洗脸盆、洗发盆、洗手盆安装。

4）器具安装中若采用混凝土或砖基础，应按现行国家标准《房屋建筑与装饰工程工程量计算规范》相关项目编码列项。

5）给、排水附（配）件是指独立安装的水嘴、地漏、地面扫出口等。这点要与成套卫生器具的安装中的附件相区别。

6）浴盆的材质指搪瓷、铸铁、玻璃钢、塑料，规格指1400mm、1650mm、1800mm，组装形式指冷水、冷热水、冷热水带喷头。

7）洗脸盆的型号指立式、台式、普通式，组装形式指冷水、冷热水，开关种类指肘式、脚踏式。

8）淋浴器的组装形式指钢管组成、铜管成品。

5.5　供暖器具安装及供暖系统调整定额应用及清单项目设置

5.5.1　供暖器具及系统调试

1. 散热器

我国常用的几种散热器有柱形散热器、翼形散热器及光管散热器、钢串片对流散热器等。

（1）柱形散热器　柱形散热器由铸铁制成。它又分为四柱、五柱及二柱三种。图 5-19 所示是四柱 800 型散热片简图。四柱 800 型散热片高 800mm，宽 164mm，长 57mm。它有四个中空的立柱，柱的上下端全部互相连通。在散热片顶部和底部各有一对带螺纹的通孔供热媒进出，并可借正、反螺纹把单个散热片组合起来。在散热片的中间有两根横向连通管，以增加结构强度。我国现在生产的四柱和五柱散热片，有高度为 700mm、760mm、800mm 及 813mm 四种尺寸。

（2）翼形散热器　翼形散热器由铸铁制成，分为长翼形和圆翼形两种。长翼形散热器（图 5-20）是一个在外壳上带有翼片的中空壳体。在壳体侧面的上、下端各有一个带螺纹的通孔，供热媒进出，并可借正反螺纹把单个散热器组合起来。这种散热器有两种规格，由于其高度为 600mm，所以习惯上称这种散热器为"大 60"及"小 60"。"大 60"的长度为 280mm，带 14 个翼片；"小 60"的长度为 200mm，带有 10 个翼片。除此之外，其他尺寸完全相同。

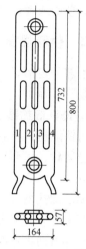

图 5-19　四柱 800 型散热片

（3）钢串片对流散热器　钢串片对流散热器是在用联箱连通的两根（或两根以上）钢管上串上许多长方形薄钢片而制成的（图 5-21）。这种散热器的优点是承压高、体积小、质量轻、容易加工、安装简单和维修方便；其缺点是薄钢片间距小，不易清扫以及耐蚀性不如铸铁好。薄钢片因热胀冷缩，容易松动，日久传热性能严重下降。

除上述散热器外，还有钢制板式散热器、钢制柱形散热器等。

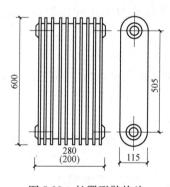

图 5-20　长翼形散热片

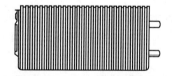

图 5-21　钢串片对流散热器

2. 室内供暖系统的调试

室内供暖系统的调试就是在系统安装完成之后对系统进行的平衡调试，其目的是将各管段的流量调节到设计流量值。其过程为：

1）室内供暖系统的调节一般是从远环路开始。通过在各房间（先在远环路房间）所设置的温度计测定与控制，调节远环路立管上的阀门，调节到设计所要求的室温状况，然后逐个系统、逐个环路、从远至近地调整每一根立管上阀门的开启度。

2）对每一个环路进行调节过程中，还可以利用立管上各个支管上的散热器控制阀进行调节。能够调节各房间的供暖使其达到设计温度或者平衡。

3）依上面顺序，经过几次反复的调节，是可以使系统内各个环路、各个房间之间的供暖达到平衡或者设计温度，最后达到整个供暖系统的热力平衡。

5.5.2 供暖器具安装及供暖系统调整定额应用

本部分定额系参照1993年《全国通用暖通空调标准图集》T19N112 "采暖系统及散热器安装" 编制的。

1. 铸铁散热器组成安装

铸铁散热器有翼形、M132型、柱形等几种型号。柱形散热器可以单片拆装。柱形散热器为挂装时，可套用M132型安装定额。柱形和M132型散热器安装需用拉条时，拉条另行计算。

翼形散热器分长翼形和圆翼形两种。长翼形和大部分M132型、柱形散热器都是用螺纹组对起来的。圆翼形散热器是通过自身的法兰组对在一起的，它可以水平安装，也可以垂直安装，或将两根连接合成。

铸铁散热器项目里的栽钩子已包括打堵洞眼的工作内容。

2. 光排管散热器制作安装

光排管散热器是用普通钢管制作的，按结构连接和输送介质的不同，分为A形和B形。

光排管散热器制作安装，应区别不同的公称直径以 "m" 为单位计算并套用相应定额。定额单位每10m是指光排管的长度，联管作为材料已列入定额，不得重复计算。

3. 钢制闭式、板式、壁式、柱式散热器安装

钢制闭式散热器以 "片" 为单位计算工程量，并按不同型号套用相应定额。定额中散热器型号标注是 "高×长"，对于宽度尺寸未做要求。

钢制壁式、板式散热器以 "组" 为单位计算工程量并套用定额。

各类散热器安装定额中已计算了托钩本身的价格，如定额主材价格中不包括托钩者，托钩价格另计。

各种类型散热器不分明装或暗装，均按类型分别套用定额。

暖气片安装定额中没有包括其两端阀门，可以按其规格另套用阀门安装定额的相应项目。

钢制柱式散热器在出厂时是组装成组的合格产品，安装时不再考虑损耗。

4. 暖风机安装

暖风机根据质量的不同以 "台" 为单位计算工程量，套用相应的定额。其中，钢支架的制作安装以 "t" 为单位另套定额；与暖风机相连的钢管、阀门、疏水器应另列项计算。

5.5.3 供暖器具安装及采暖、空调水系统调试清单项目设置

1. 清单项目设置

供暖器具安装工程量清单项目设置见表5-8。采暖、空调水系统调试工程量清单项目设置见表5-9。

表 5-8　供暖器具安装工程量清单项目设置

项目编码	项目名称	项目特征	计量单位	工程量计算规则	工作内容
031005001	铸铁散热器	1. 型号、规格 2. 安装方式 3. 托架形式 4. 器具、托架除锈、刷油设计要求	片（组）	按设计图示数量计算	1. 组对、安装 2. 水压试验 3. 托架制作、安装 4. 除锈、刷油
031005002	钢制散热器	1. 结构形式 2. 型号、规格 3. 安装方式 4. 托架刷油设计要求	组（片）		1. 安装 2. 托架安装 3. 托架刷油
031005003	其他成品散热器	1. 材质、类型 2. 型号、规格 3. 托架刷油设计要求			
031005004	光排管散热器	1. 材质、类型 2. 型号、规格 3. 托架形式及做法 4. 器具、托架除锈、刷油设计要求	m	按设计图示排管长度计算	1. 制作、安装 2. 水压试验 3. 除锈、刷油
031005005	暖风机	1. 质量 2. 型号、规格 3. 安装方式	台	按设计图示数量计算	安装
031005006	地板辐射采暖	1. 保温层材质、厚度 2. 钢丝网设计要求 3. 管道材质、规格 4. 压力试验及吹扫设计要求	1. m² 2. m	1. 以平方米（m²）计量，按设计图示采暖房间净面积计算 2. 以米（m）计量，按设计图示管道长度计算	1. 保温层及钢丝网铺设 2. 管道排布、绑扎、固定 3. 与分水器连接 4. 水压试验、冲洗 5. 配合地面浇注
031005007	热媒集配装置	1. 材质 2. 规格 3. 附件名称、规格、数量	台	按设计图示数量计算	1. 制作 2. 安装 3. 附件安装
031005008	集气罐	1. 材质 2. 规格	个		1. 制作 2. 安装

表 5-9　采暖、空调水系统调试工程量清单项目设置

项目编码	项目名称	项目特征	计量单位	工程量计算规则	工作内容
031009001	采暖工程系统调试	1. 系统形式 2. 采暖（空调水）管道工程量	系统	按采暖工程系统计算	系统调试
031009002	空调水工程系统调试			按空调水工程系统计算	

2. 清单设置说明

1）铸铁散热器包括拉条制作安装。

2）钢制散热器结构形式包括钢制闭式、板式、壁板式、扁管式及柱式散热器等，应分别列项计算。

3）光排管散热器，包括联管制作安装。

4）地板辐射采暖，包括与分集水器连接和配合地面浇注施工。

5）采暖工程系统是由采暖管道、阀门及供暖器具组成的一个完整系统。

6）空调水工程系统是由空调水管道、阀门及冷水机组组成的一个完整系统。

7）当采暖工程系统、空调水工程系统中管道工程量发生变化时，系统调试费用应作相应调整。

5.6　采暖、给水设备工程量清单项目设置

1. 清单项目设置

采暖、给水设备工程量清单项目设置见表5-10。

表5-10　采暖、给水设备工程量清单项目设置

项目编码	项目名称	项目特征	计量单位	工程量计算规则	工作内容
031006001	变频给水设备	1. 设备名称 2. 型号、规格 3. 水泵主要技术参数 4. 附件名称、规格、数量 5. 减振装置形式	套		1. 设备安装 2. 附件安装 3. 调试 4. 减振装置制作、安装
031006002	稳压给水设备				
031006003	无负压给水设备				
031006004	气压罐	1. 型号、规格 2. 安装方式	台		1. 安装 2. 调试
031006005	太阳能集热装置	1. 型号、规格 2. 安装方式 3. 附件名称、规格、数量	套		1. 安装 2. 附件安装
031006006	地源（水源、气源）热泵机组	1. 型号、规格 2. 安装方式 3. 减振装置形式	组	按设计图示数量计算	1. 安装 2. 减振装置制作、安装
031006007	除砂器	1. 型号、规格 2. 安装方式			安装
031006008	水处理器	1. 类型 2. 型号、规格			
031006009	超声波灭藻设备				
031006010	水质净化器				
031006011	紫外线杀菌设备	1. 名称 2. 规格	台		
031006012	热水器、开水炉	1. 能源种类 2. 型号、容积 3. 安装方式			1. 安装 2. 附件安装
031006013	消毒器、消毒锅	1. 类型 2. 型号、规格			安装
031006014	直饮水设备	1. 名称 2. 规格	套		安装
031006015	水箱	1. 材质、类型 2. 型号、规格	台		1. 制作 2. 安装

2. 清单设置说明

1）变频给水设备、稳压给水设备、无负压给水设备安装。说明：

a. 压力容器包括气压罐、稳压罐、无负压罐。

b. 水泵包括主泵及备用泵，应注明数量。

c. 附件包括给水装置中配备的阀门、仪表、软接头，应注明数量，含设备、附件之间管路连接。

d. 泵组底座安装，不包括基础砌（浇）筑，应按现行国家标准《房屋建筑与装饰工程工程量计算规范》相关项目编码列项；

e. 控制柜安装及电气接线、调试应按《通用安装工程工程量清单计算规范》附录 D "电气设备安装工程"相关项目编码列项。

2）地源热泵机组，接管以及接管上的阀门、软接头、减振装置和基础另行计算，应按相关项目编码列项。

5.7　燃气器具及其他项目定额应用及清单项目设置

5.7.1　燃气器具及其他项目定额应用

本部分定额包括低压钢管、聚乙烯燃气管、铸铁管、管道附件、器具安装。其中室内外管道分界：①地下引入室内的管道以室内第一个阀门为界；②地上引入室内的管道以墙外三通为界。

各种管道安装定额包括下列工作内容：①场内搬运，检查清扫，分段试压；②管道安装；③管件制作（包括机械揻弯、三通）；④室内托钩角钢卡制作与安装。

本部分定额不包括下列内容，如发生时应另行计算：①阀门安装；②法兰安装（调长器安装、调长器与阀门联装、燃气计量表安装除外）；③埋地管道的土方工程及排水工程；④室内管道非同步施工的打、堵洞眼工作；⑤室外管道所有带气碰头；⑥燃气计量表安装，不包括表托、支架、表底垫层基础。

定额中钢管焊接项目也适用于无缝钢管安装，挖眼、接管工作已在项目中综合取定。除铸铁管外，管道安装中已包括管件安装和管件本身价值。承插铸铁管安装项目中未列出接头零件，其本身价值应按设计用量另行计算。调长器安装及调长器与阀门联装，已包括一副法兰安装，其螺栓规格和数量是按装配 0.6MPa 法兰考虑的，如压力不同应按设计要求的数量、规格进行调整。燃气加热器具只包括器具与燃气管终端阀门连接。

燃气室内、外管道的计算与给排水管道计算方法相同，计算时按图示管道中心线长度以"m"计算；长度计算时不扣除阀门、管件及其附件等所占的长度。

燃气调压器、调压箱、组合式调压装置分形式、规格以"台"计算。

燃气过滤器等调压附件分规格以"个、组"计算。

引入口安装、砌筑分形式、规格以"处"计算。

燃气表分规格以"块"计算。

燃气灶具分形式、规格以"台"计算。

碳钢抽水缸安装，执行《全国统一安装工程预算定额》第八册《市政管道工程》相应子目。

5.7.2 燃气器具及其他项目清单项目设置

1. 清单项目设置

燃气器具及其他项目工程量清单项目设置见表5-11。

表 5-11 燃气器具及其他工程清单项目设置

项目编码	项目名称	项目特征	计量单位	工程量计算规则	工作内容
031007001	燃气开水炉	1. 型号、容量 2. 安装方式 3. 附件型号、规格	台		1. 安装 2. 附件安装
031007002	燃气采暖炉				
031007003	燃气沸水炉、消毒器	1. 类型 2. 型号、容量 3. 安装方式 4. 附件型号、规格			
031007004	燃气热水器				
031007005	燃气表	1. 类型 2. 型号、规格 3. 连接方式 4. 托架设计要求	块（台）		1. 安装 2. 托架制作、安装
031007006	燃气灶具	1. 用途 2. 类型 3. 型号、规格 4. 安装方式 5. 附件型号、规格	台	按设计图示数量计算	1. 安装 2. 附件安装
031007007	气嘴	1. 单嘴、双嘴 2. 材质 3. 型号、规格 4. 连接形式	个		
031007008	调压器	1. 类型 2. 型号、规格 3. 安装方式	台		
031007009	燃气抽水缸	1. 材质 2. 规格 3. 连接形式	个		安装
031007010	燃气管道调长器	1. 规格 2. 压力等级 3. 连接形式			
031007011	调压箱、调压装置	1. 类型 2. 型号、规格 3. 安装部位	台		
031007012	引入口砌筑	1. 砌筑形式、材质 2. 保温、保护材料设计要求	处		1. 保温（保护）台砌筑 2. 填充保温（保护）材料

2. 清单设置说明

1) 沸水器、消毒器适用于容积式沸水器、自动沸水器、燃气消毒器等。

2）燃气灶具适用于人工煤气灶具、液化石油气灶具、天然气燃气灶具等，用途应描述民用或公用，类型应描述所采用气源。

3）调压箱、调压装置安装部位应区分室内、室外。

4）引入口砌筑形式，应注明地上、地下。

5.8　给水排水、采暖及燃气工程定额应用及清单项目设置应注意的问题

5.8.1　使用定额应注意的问题

1. 子目系数

1）设置于管道间、管廊内的管道、阀门、法兰、支架安装，人工乘以系数 1.3。

2）主体结构为现场浇注采用钢模施工的工程，内外浇注的人工乘以系数 1.05，内浇外砌的人工乘以系数 1.03。

2. 主要材料损耗率（表 5-12）

表 5-12　主要材料损耗率

序　号	名　　称	损耗率(%)	序　号	名　　称	损耗率(%)
1	室外钢管（螺纹连接、焊接）	1.5	17	洗涤盆	1.0
2	室内钢管（螺纹连接）	2.0	18	立式洗脸盆铜活	1.0
3	室内钢管（焊接）	2.0	19	理发用洗脸盆铜活	1.0
4	室内煤气用钢管（螺纹连接）	2.0	20	脸盆架	1.0
5	室外排水铸铁管	3.0	21	浴盆排水配件	1.0
6	室内排水铸铁管	7.0	22	浴盆水嘴	1.0
7	室内塑料管	2.0	23	普通水嘴	1.0
8	铸铁散热器	1.0	24	螺纹阀门	1.0
9	光排管散热器制作用钢管	3.0	25	化验盆	1.0
10	散热器对丝及托钩	5.0	26	大便器	1.0
11	散热器补芯	4.0	27	瓷高低水箱	1.0
12	散热器丝堵	4.0	28	存水弯	0.5
13	散热器胶垫	10.0	29	小便器	1.0
14	净身盆	1.0	30	小便槽冲洗管	2.0
15	洗脸盆	1.0	31	喷水鸭嘴	1.0
16	洗手盆	1.0	32	立式小便器配件	1.0

（续）

序　号	名　称	损耗率(%)	序　号	名　称	损耗率(%)
33	水箱进水嘴	1.0	36	钢管接头零件	1.0
34	高低水箱配件	1.0	37	型钢	5.0
35	冲洗管配件	1.0	38	单管卡子	5.0

5.8.2　清单项目设置应注意的问题

1）对于管沟土石方、垫层、基础、砌筑抹灰、地沟盖板、土石方回填、土石方运输等工程内容，按《房屋建筑与装饰工程工程量计算规范》相关项目编制工程量清单；路面开挖及修复、管道支墩、井砌筑等工程内容，按《市政工程工程量计算规范》相关项目编制工程量清单。

2）管道热处理、无损探伤，应按《通用安装工程工程量清单计算规范》附录H"工业管道工程"相关项目编码列项。

3）医疗气体管道及附件，应按《通用安装工程工程量清单计算规范》附录H"工业管道工程"相关项目编码列项。

4）管道、设备及支架除锈、刷油、保温除注明者外，应按《通用安装工程工程量清单计算规范》附录M"刷油、防腐蚀、绝热工程"相关项目编码列项。

5）凿槽（沟）、打洞项目，应按《通用安装工程工程量清单计算规范》附录D"电气设备安装工程"相关项目编码列项。

6）给排水、采暖工程可能发生的措施项目有：临时设施、安全施工、文明施工、二次搬运、已完工程及设备保护费、脚手架搭拆费。措施项目清单应单独编制，投标人计价时根据实际情况列项计算。

5.9　室内给排水安装工程造价计价实例

广州市某学校学生宿舍楼给水排水工程。

生活给水管采用钢塑复合材料给水管，管道公称直径≤DN100时采用螺纹连接。排水管管径≤DN150时采用聚氯乙烯塑料管（UPVC），粘性连接。

给水管管道标高为中心线，排水管管道标高为管内底，立管检查口离地面1.0m。

5.9.1　室内给排水安装工程施工图

对于民用建筑室内给排水安装工程来说，其施工图主要包括图样目录、设计说明、图例、设备材料表、给水系统图、排水系统图及各层给排水平面图等，对于管路较复杂的卫生间还应有局部放大图。

由于建筑给排水安装工程施工图一般不包括剖面图，因此在给排水系统图上必须注明标高，工程量计算时可以利用这些标高信息进行垂直管段长度的计算。应说明的是系统图上的水平管段尺寸不能作为工程量计算依据，要计算水平管段长度必须在相关平面图上获取信息。本例所使用的施工图样如图 5-22 ~ 图 5-25 所示，图 5-26 和图 5-27 为系统图。

5.9.2　工程量计算

1. 工程量汇总表（表 5-13）

表 5-13　工程量汇总表

序号	项目名称	单位	数量	序号	项目名称	单位	数量
1	法兰水表组	组	1	8	截止阀 DN20	个	18
2	钢塑复合给水管 DN50	m	19.63	9	手压延时阀蹲式大便器	只	18
3	钢塑复合给水管 DN32	m	55.44	10	淋浴器	只	18
4	钢塑复合给水管 DN20	m	34.65	11	洗脸盆	个	18
5	钢塑复合给水管 DN15	m	16.38	12	地漏 DN100	个	18
6	PVC 排水管 DN100	m	200.19	13	雨水漏斗 DN100	个	2
7	PVC 雨水管 DN100	m	34.84	14	DN50 内管道消毒冲洗	m	126.1

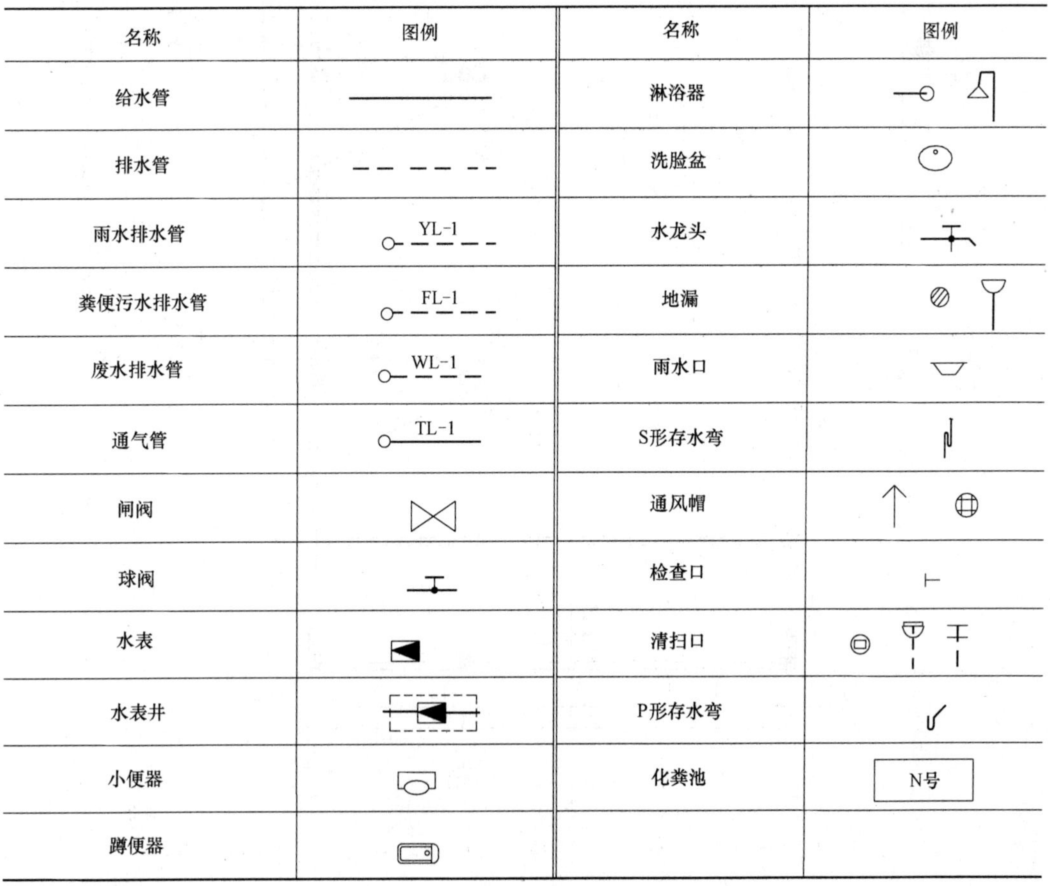

名称	图例	名称	图例
给水管		淋浴器	
排水管		洗脸盆	
雨水排水管	YL-1	水龙头	
粪便污水排水管	FL-1	地漏	
废水排水管	WL-1	雨水口	
通气管	TL-1	S形存水弯	
闸阀		通风帽	
球阀		检查口	
水表		清扫口	
水表井		P形存水弯	
小便器		化粪池	N号
蹲便器			

图 5-22　图例

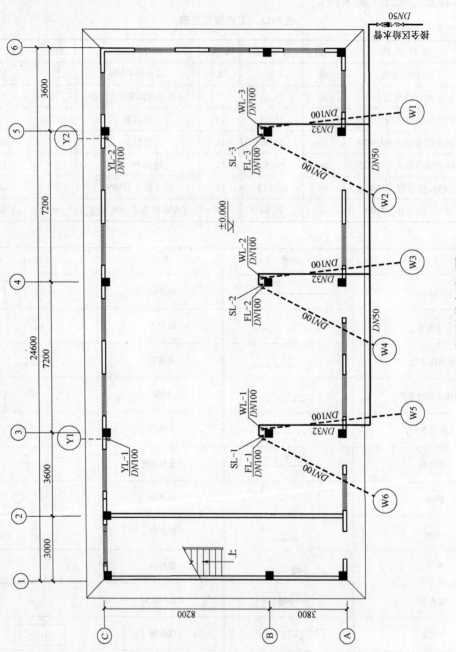

图 5-23   首层给排水平面图

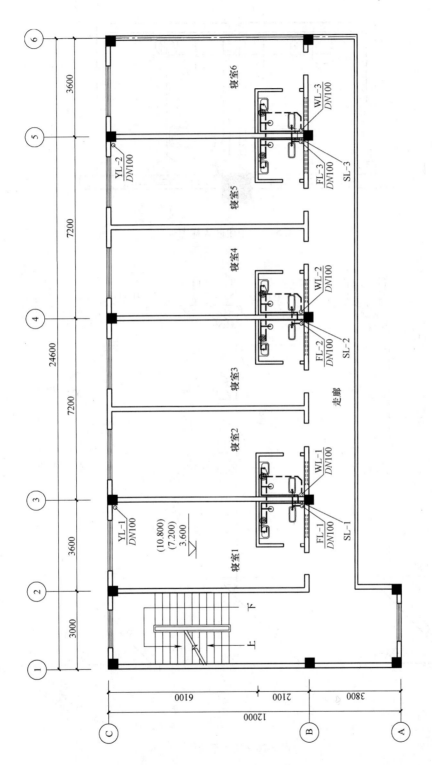

图 5-24　二至四层给排水平面图

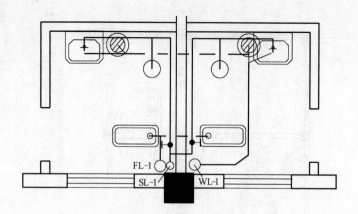

图 5-25 卫生间大样图

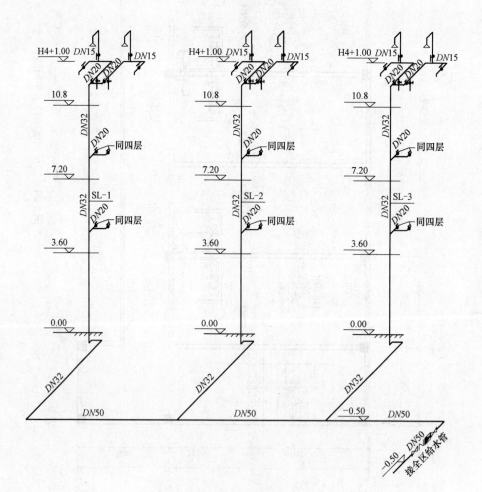

图 5-26 给水系统图

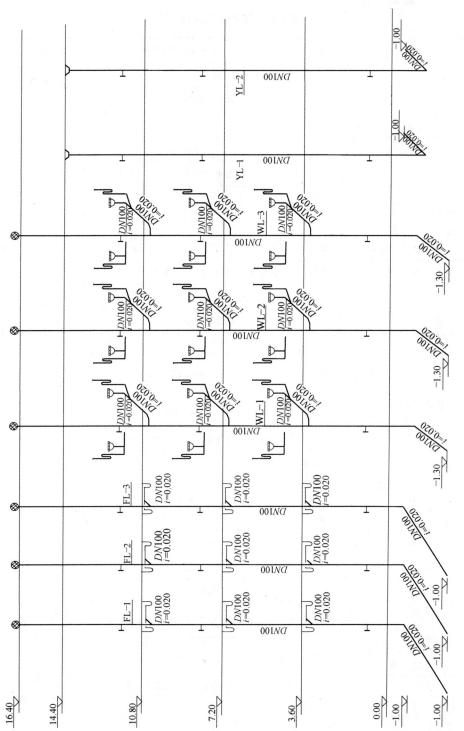

图 5-27　排水系统图

2. 工程量计算表（表 5-14）

表 5-14 工程量计算表

序 号	项目名称	规格型号	计算方法及说明	单 位	数 量
给 水 系 统					
一	进户管部分				
1	水表组			组	1
2	管道	DN50	以水表井为界	m	0.5
二	给水主干管				
	管道	DN50		m	19.13
三	SL-1 系统				
1	埋地水平干管	DN32	5.47m + 0.51m + 0.2m	m	6.18
2	立管	DN32	顶标高（10.8 + 1）m − 底标高（−0.5）m	m	12.3
3	室内卫生间部分（第二、三、四层工程量相同）				
(1)	寝室 1 部分				
	管道				
1)	立管至淋浴间水平管	DN20	1.67m + 0.25m	m	1.92
	淋浴器至洗脸盆水平管	DN15	0.91m	m	0.91
	卫生器具（安装范围见 5.4.2 部分内容）				
2)	大便器	手压延时阀蹲式大便器	1	个	1
	淋浴器	钢管冷水淋浴器	1	套	1
	洗脸盆	不锈钢水嘴	1	只	1
3)	阀门		进户阀 DN20	个	1
(2)	寝室 2 部分				
	管道				
1)	立管至淋浴间水平管	DN20	穿墙水平管 0.18m + 1.50m + 0.25m	m	1.93
	淋浴器至洗脸盆水平管	DN15	0.91m	m	0.91
	卫生器具（安装范围见 5.4.2 部分内容）				
2)	大便器	手压延时阀蹲式大便器	1	个	1
	淋浴器	钢管冷水淋浴器	1	套	1
	洗脸盆	不锈钢水嘴	1	只	1

（续）

序　号	项目名称	规格型号	计算方法及说明	单　位	数　量
3）	阀门	进户阀 DN20		个	1
（3）			SL-2 系统（与 SL-1 系统工程量相同）		
（4）			SL-3 系统（与 SL-1 系统工程量相同）		
四	管道的消毒与清洗		DN50 以内	m	126.1
			排 水 系 统		
一			FL-1 系统		
	排出管及立管	DN100	检查井至立管间的排出管 6.64m + 立管 [管顶标高 16.4 - 管底标高（-1）] m	m	24.04
	室内管道（第 2、3、4 层工程量相同）	DN100	两大便器间水平距离 0.78m + 两大便器排水合流三通至立管水平管 0.40m	m	1.18
二			FL-2 系统（与 FL-1 系统工程量相同）		
三			FL-3 系统（与 FL-1 系统工程量相同）		
四			WL-1 系统		
1	排出管及立管	DN100	检查井至立管间的排出管 7.38m + 立管 [管顶标高 16.4 - 管底标高（-1.3）] m	m	25.08
	室内管道（第二、三、四层工程量相同）	DN100	寝室 1 洗脸盆至寝室 2 洗脸盆水平距离 2.52m + 两洗脸盆排水合流三通至立管水平管（1.45 + 0.72）m	m	4.69
2	地漏	DN100		个	1
五			WL-2 系统（与 WL-1 系统工程量相同）		
六			WL-3 系统（与 WL-1 系统工程量相同）		
七			YL-1 系统		
1	管道	DN100	检查井至立管间的排出管 2.02m + 立管 [管顶标高 14.4 - 管底标高（-1）] m	m	17.42
2	雨水漏斗	DN100	楼面	个	1
八			YL-2 系统（与 YL-1 系统工程量相同）		

5.9.3　室内给排水安装工程造价定额计价方法

（1）封面及总说明（表 5-15、表 5-16）

表 5-15 封面

广东省某市建筑工程学校学生宿舍楼给排水工程

施 工 图（预）结 算

编号：AL-GPS-01

建设单位（发包人）：　＿＿＿＿＿＿＿＿＿＿＿＿＿＿＿＿＿＿＿

施工单位（承包人）：　＿＿＿＿＿＿＿＿＿＿＿＿＿＿＿＿＿＿＿

编制（审核）工程造价：　34067.81 元

编制（审核）造价指标：　＿＿＿＿＿＿＿＿＿＿＿＿＿＿＿＿＿＿＿

编制（审核）单位：　＿＿＿＿＿＿＿＿＿＿＿＿＿（单位盖章）

造价工程师及证号：　＿＿＿＿＿＿＿＿＿＿＿（签字盖执业专用章）

负　责　人：　＿＿＿＿＿＿＿＿＿＿＿（签字）

编 制 时 间：　＿＿＿＿＿＿＿＿＿＿＿

表 5-16 工程预算书总说明

（一）工程概况：本工程是广东省某市建筑工程学校学生宿舍楼给排水工程，建筑面积 1200m²，共四层。

（二）主要编制依据：

　　1. 广东省某市建筑工程学校学生宿舍楼给排水工程设计/施工图样。

　　2. 广东省安装工程造价计价办法（2010 年）。

　　3. 现行工程施工技术规范及工程施工验收规范。

　　4. 主材价格参照本地 2013 年四季度指导价格、市场价格以及设备/材料厂家优惠报价。

（三）本预算项目，按一类地区计算管理费，三类安装工程计算利润。

（2）工程总价表（表 5-17）

表 5-17 单位工程总价表

工程名称：　广东省某市建筑工程学校学生宿舍楼给排水工程

序　号	项 目 名 称	计 算 办 法	金 额（元）
1	分部分项工程费		24472.70
1.1	定额分部分项工程费		23771.84
1.1.1	人工费		3893.69
1.1.2	材料、设备费		13428.06
1.1.3	辅材费		5370.90
1.1.4	机械费		
1.1.5	管理费		1079.19
1.2	价差		

（续）

序 号	项 目 名 称	计 算 办 法	金 额（元）
1.2.1	人工价差		
1.2.2	材料价差		
1.2.3	机械价差		
1.3	利润	（人工费 + 人工价差）×18%	700.86
2	措施项目费		1351.39
2.1	安全文明施工费	（人工费 + 人工价差）×27%	1034.55
2.2	其他措施项目费		316.84
3	其他项目费		7098.98
3.1	暂列金额		3670.91
3.2	暂估价		
3.3	计日工		2522.58
3.4	总承包服务费		
3.5	材料检验试验费		48.95
3.6	预算包干费		489.45
3.7	工程优质费		367.09
3.8	索赔费用		
3.9	现场签证费用		
3.10	独立费		
3.11	其他费用		
4	规费		
4.1	工程排污费		
4.2	施工噪声排污费		
4.3	防洪工程维护费		
4.4	危险作业意外伤害保险费		
5	税金	（1 + 2 + 3 + 4）×3.477%	1144.74
6	含税工程总造价	1 + 2 + 3 + 4 + 5	34067.81
	合计（大写）：叁万肆仟零陆拾柒元捌角壹分		34067.81

编制人：　　　　　　　　证号：　　　　　　　　编制日期：

（3）定额分部分项工程费汇总表（表5-18）

表 5-18　定额分部分项工程费汇总表

工程名称：广东省某市建筑工程学校学生宿舍楼给排水工程

序号	定额编号	工程名称型号规格	单位	数量	损耗率	单位价值（元）					总价值（元）					
						人工费	材料费	材料、设备费	机械费	管理费	人工费	材料费	材料、设备费	机械费	管理费	合计
1	C8-3-37	螺纹水表 公称直径（50mm以内）	组	1.000		17.75	1.61	461.10		4.92	17.75	1.61	461.10		4.92	488.58
	1603171-0001	螺纹闸阀 DN50	个	1.010	1.01			110.00					111.10			
	2101011-0001	螺纹水表 DN50	个	1.000	1.00			350.00					350.00			
2	C8-1-199	管道安装 室内给水管 钢塑复合管水管 公称直径（50mm以内）	10m	1.963		94.91	153.59	372.61		26.31	186.31	301.50	731.43		51.65	1304.41
	1455021-0001	钢塑复合管 DN50	m	20.023	10.20			36.53					731.43			
3	C8-1-411	管道消毒、冲洗 公称直径（50mm以内）	100m	0.196		20.60	14.14			5.71	4.04	2.78			1.12	8.67
4	C8-1-197	管道安装 室内给水管 钢塑复合管水管 公称直径（32mm以内）	10m	5.544		79.76	107.52	298.66		22.11	442.19	596.09	1655.77		122.58	2896.24
	1455021-0002	钢塑复合管 DN32	m	56.549	10.20			29.28					1655.75			
5	C8-1-411	管道消毒、冲洗 公称直径（50mm以内）	100m	0.554		20.60	14.14			5.71	11.42	7.84			3.17	24.48
6	C8-1-411	管道消毒、冲洗 公称直径（50mm以内）	100m	0.347		20.60	14.14			5.71	7.14	4.90			1.98	15.30
7	C8-1-194	管道安装 室内给水管 钢塑复合管水管 公称直径（15mm以内）	10m	1.638		70.69	59.87	107.30		19.60	115.79	98.07	175.76		32.10	442.55

（续）

序号	定额编号	工程名称型号规格	单位	数量	损耗率	单位价值（元） 人工费	材料费	材料、设备费	机械费	管理费	总价值（元） 人工费	材料费	材料、设备费	机械费	管理费	合计
8	1455021-0004	钢塑复合管 DN15	m	16.708	10.20			10.52					175.76			
	C8-1-195	管道安装 室内管道 钢塑复合水管 公称直径（20mm 以内）	10m	3.465		70.69	65.29	139.74		19.60	244.94	226.23	484.20		67.91	1067.36
	1455021-0003	钢塑复合管 DN20	m	35.343	10.20		14.14	13.70					484.20			
9	C8-1-411	管道消毒、冲洗 公称直径（50mm 以内）	100m	0.164		20.60	14.14			5.71	3.37	2.32			0.94	7.23
10	C8-1-175	管道安装 室内管道 塑料排水管（粘接） 公称直径（100mm 以内）	10m	3.484		74.72	224.93	154.06		20.71	260.32	783.66	536.75		72.15	1699.74
	1431331-0001	塑料排水管 DN100	m	29.684	8.52			17.17					509.67			
	ZC-0001	雨水斗	个	2.000	0.57			13.53					27.06			
11	C8-1-157	管道安装 室内管道 塑料给水管（粘接） 公称直径（100mm 以内）	10m	20.020		86.85	89.43	175.13		24.07	1738.74	1790.39	3506.10		481.88	7830.02
	1431321-0001	塑料给水管 DN100	m	204.204	10.20			17.17					3506.18			
12	C8-2-2	螺纹阀门安装 公称直径（20mm 以内）	个	18.000		3.62	7.13	19.08		1.00	65.16	128.34	343.44		18.00	566.64
	1600001-0001	螺纹阀门 DN20	个	18.180	1.01			18.89					343.42			
13	C8-4-39	蹲式大便器安装 手压阀冲洗	10 组	1.800		245.92	505.77	2387.73		68.17	442.66	910.39	4297.91		122.71	5853.35
	1845011	大便器存水弯 DN100 瓷	个	18.090	10.05			12.40					224.32			

（续）

序号	定额编号	工程名称型号规格	单位	数量	损耗率	单位价值（元）					总价值（元）					
						人工费	材料费	材料、设备费	机械费	管理费	人工费	材料费	材料、设备费	机械费	管理费	合计
	1849011	大便器手压阀 DN25	个	18.180	10.10			102.57					1864.72			
	1815001-0001	瓷蹲式大便器 手压阀冲洗	个	18.180	10.10			121.50					2208.87			
14	C8-4-30	淋浴器组成、安装 钢管组成冷水	10组	1.800		94.71	258.16	505.54		26.25	170.48	464.69	909.97		47.25	1623.08
	2931001	莲蓬喷头	个	18.000	10.00			35.00					630.00			
	1601161-0001	螺纹截止阀 DN15	个	18.180	10.10			15.40					279.97			
15	C8-4-9	洗脸盆安装 普通冷水嘴	10组	0.100		197.93	67.92	1024.19		54.87	19.79	6.79	102.42		5.49	138.05
	1809001	洗脸盆	套	1.010	10.10			46.00					46.46			
	1831101	洗脸盆托架	副	1.010	10.10			15.20					15.35			
	1841011	水嘴 DN15	个	1.010	10.10			34.59					34.94			
	1845001	存水弯	个	1.005	10.05			3.13					3.15			
	1847011	洗脸盆下水口 DN32	个	1.010	10.10			2.50					2.53			
16	C8-4-82	塑料地漏安装 公称直径（100mm 以内）	10个	1.800		90.88	25.18	124.00		25.19	163.58	45.32	223.20		45.34	506.90
	1843001-0001	地漏 DN100	个	18.000	10.00			12.40					223.20			
		小计	元								796.51	1427.19	5533.50		220.79	8121.38
		合价	元								3893.68	5370.92	13428.05		1079.19	24472.61

编制人：　　　　　　　证号：　　　　　　　编制日期：

（4）措施项目费汇总表（表 5-19）

表 5-19　措施项目费汇总表

工程名称：广东省某市建筑工程学校学生宿舍楼给排水工程

序　号	名称及说明	单　位	数　量	单价（元）	合价（元）
1	安全文明施工措施费部分				
1.1	安全文明施工	项	3893.690	0.27	1034.55
	小计	元			1034.55
2	其他措施费部分				
2.1	垂直运输				
	小计	元			
2.2	脚手架搭拆	项	1.000		
2.3	吊装加固	项	1.000		
2.4	金属抱杆安装、拆除、移位	项	1.000		
2.5	平台铺设、拆除	项	1.000		
2.6	顶升、提升装置	项	1.000		
2.7	大型设备专用机具	项	1.000		
2.8	焊接工艺评定	项	1.000		
2.9	胎(模)具制作、安装、拆除	项	1.000		
2.10	防护棚制作安装拆除	项	1.000		
2.11	特殊地区施工增加	项	1.000		
2.12	安装与生产同时进行施工增加	项	1.000		
2.13	在有害身体健康环境中施工增加	项	1.000		
2.14	工程系统检测、检验	项	1.000		
2.15	设备、管道施工的安全、防冻和焊接保护	项	1.000		
2.16	焦炉、烘炉、热态工程	项	1.000		
2.17	管道安拆后的充气保护	项	1.000		
2.18	隧道内施工的通风、供水、供气、供电、照明及通信设施	项	1.000		
2.19	夜间施工增加	项	1.000		
2.20	非夜间施工增加	项	1.000		
2.21	二次搬运	项	1.000		
2.22	冬雨期施工增加	项	1.000		
2.23	已完工程及设备保护	项	1.000		
2.24	高层施工增加	项	1.000		
2.25	赶工措施	项	3893.690	0.07	267.89
2.26	文明工地增加费	项	24472.700	0.00	48.95

（续）

序号	名称及说明	单 位	数 量	单价（元）	合价（元）
2.27	其他措施	项	1.000		
	小计	元			316.84
	合计				1351.39

编制人：　　　　　　　　证号：　　　　　　　　　　　　编制日期：

（5）其他项目费汇总表、零星工作项目计价表（表5-20和表5-21）

表5-20　其他项目费汇总表

工程名称：广东省某市建筑工程学校学生宿舍楼给排水工程

序号	项目名称	单 位	金额（元）	备　注
1	暂列金额	元	3670.91	
2	暂估价			
2.1	材料暂估价	元		
2.2	专业工程暂估价	元		
3	计日工	元	2522.58	
4	总承包服务费	元		
5	索赔费用	元		
6	现场签证费用	元		
7	材料检验试验费	元	48.95	以分部分项项目费的0.2%计算（单独承包土石方工程除外）
8	预算包干费	元	489.45	按分部分项项目费的0~2%计算
9	工程优质费	元	367.09	市级质量奖1.5%；省级质量奖2.5%；国家级质量奖4%
10	其他费用	元		
	合计		7098.98	

编制人：　　　　　　　　证号：　　　　　　　　　　　　编制日期：

表5-21　零星工作项目计价表

工程名称：广东省某市建筑工程学校学生宿舍楼给排水工程

序号	名　称	单 位	数 量	综合单价	合价
1	人工				
1.1	土石方工	工日	8.000	51.00	408.00
1.2	电工	工日	5.000	51.00	255.00
1.3	焊工	工日	4.000	51.00	204.00
	小计	元			867.00
2	材料				
2.1	橡胶定型条	kg	15.000	5.39	80.85

（续）

序号	名　称	单　位	数　量	金额（元）	
				综合单价	合价
2.2	玻璃钢	m²	3.000	54.76	164.28
2.3	黏土陶粒	m³	0.400	261.00	104.40
	小计	元			349.53
3	施工机械				
3.1	堵管机	台班	3.000	347.59	1042.77
3.2	交流电焊机	台班	3.000	63.12	189.36
3.3	砂浆制作 现场搅拌抹灰砂浆 石灰砂浆1：2	m³	0.500	147.83	73.92
	小计	元			1306.05
	合计				

编制人：　　　　　证号：　　　　　编制日期：

（6）规费计算表（表5-22）

表5-22　规费计算表

工程名称：广东省某市建筑工程学校学生宿舍楼给排水工程

序号	项目名称	计算基础	费率(%)	金额(元)
1	工程排污费	分部分项工程费+措施项目费+其他项目费		
2	施工噪声排污费	分部分项工程费+措施项目费+其他项目费		
3	防洪工程维护费	分部分项工程费+措施项目费+其他项目费		
4	危险作业意外伤害保险费	分部分项工程费+措施项目费+其他项目费		
	合计（大写）：零元整元			

（7）人工材料机械价差表、措施项目价差表（表5-23和表5-24）

表5-23　人工材料机械价差表

工程名称：广东省某市建筑工程学校学生宿舍楼给排水工程

序号	材料编码	材料名称及规格	产地、厂家	单位	数量	定额价(元)	编制价	价差(元)	合价(元)	备注
		[人工材料机械合计]								

编制人：　　　　　证号：　　　　　编制日期：

表5-24　措施项目价差表

工程名称：广东省某市建筑工程学校学生宿舍楼给排水工程

序号	编码	名称、规格、产地、厂家	单位	数量	定额价(元)	编制价(元)	价差(元)	合价(元)
		[人工材料机械合计]						

编制人：　　　　　证号：　　　　　编制日期：

（8）工料机汇总表（表5-25）

工程名称：广东省某市建筑工程学校学生宿舍楼给排水工程

表5-25　工料机汇总表（摘录）

序号	材料编码	材料名称及规格	厂址.厂家	单位	数量	定额价（元）	编制价（元）	价差（元）	合价（元）	备注
		[人工费]							3893.76	
1	0001001	综合工日		工日	76.348	51.00	51.00		3893.76	
		[材料费]							18799.13	
2	0201021	橡胶板 1～15		kg	0.589	4.31	4.31		2.54	
3	0219231	聚四氟乙烯生料带 26mm×20m×0.1mm		m	70.080	0.08	0.08		5.61	
4	0365271	钢锯条		条	7.740	0.56	0.56		4.33	
5	1205001	机油（综合）		kg	0.788	3.37	3.37		2.66	
6	1603171-0001	螺纹闸阀 DN50		个	1.010	110.00	110.00		111.10	
7	2101011-0001	螺纹水表 DN50		个	1.000	350.00	350.00		350.00	
8	1516361	室内钢塑复合给水管接头零件 DN50		个	12.779	22.34	22.34		285.49	
9	3115001	水		m³	13.948	2.80	2.80		39.05	
10	9946131	其他材料费		元	345.613	1.00	1.00		345.61	
11	1455021-0001	钢塑复合管 DN50		m	20.023	36.53	36.53		731.43	
12	1231211	漂白粉（综合）		kg	0.113	1.56	1.56		0.18	
13	1516341	室内钢塑复合给水管接头零件 DN32		个	44.518	12.18	12.18		542.23	
14	1455021-0002	钢塑复合管 DN32		m	56.549	29.28	29.28		1655.75	
15	1516321	室内钢塑复合给水管接头零件 DN20		个	39.917	4.97	4.97		198.39	
16	1455021-0003	钢塑复合管 DN20		m	35.343	13.70	13.70		484.20	

（续）

序号	材料编码	材料名称及规格	厂址、厂家	单位	数量	定额价（元）	编制价（元）	价差（元）	合价（元）	备注
……										
36	1159141	油灰		kg	9.100	4.50	4.50		40.95	
37	1403031	镀锌钢管 DN25		m	27.000	19.40	19.40		523.80	
38	1502371	镀锌弯头 DN25		个	18.180	4.91	4.91		89.26	
39	1502721	镀锌钢管活接头 DN25		个	18.180	9.50	9.50		172.71	
40	1855051	大便器胶皮碗		个	19.800	0.73	0.73		14.45	
41	1815001-0001	瓷质蹲式大便器 手压阀冲洗		个	18.180	121.50	121.50		2208.87	
42	2931001	莲蓬喷头		个	18.000	35.00	35.00		630.00	
43	1403011	镀锌钢管 DN15		m	32.500	10.01	10.01		325.33	
44	1502351	镀锌弯头 DN15		个	18.180	2.05	2.05		37.27	
45	1502701	镀锌钢管活接头 DN15		个	18.180	4.86	4.86		88.35	
46	1537011	镀锌钢管卡子 DN25		个	18.900	0.53	0.53		10.02	
47	1601161-0001	螺纹截止阀 DN15		个	18.180	15.40	15.40		279.97	
48	1809001	洗脸盆		套	1.010	46.00	46.00		46.46	
49	1831101	洗脸盆托架		副	1.010	15.20	15.20		15.35	
50	1841011	水嘴 DN15		个	1.010	34.59	34.59		34.94	
51	1845001	存水弯		个	1.005	3.13	3.13		3.15	
52	1847011	洗脸盆下水口 DN32		个	1.010	2.50	2.50		2.53	
		合计							22692.89	

编制人：　　　　　　　　　证号：　　　　　　　　　编制日期：

（9）主要材料价格明细表（表5-26）

表5-26　主要材料价格明细表（摘录）

工程名称：广东省某市建筑工程学校学生宿舍楼给排水工程

序 号	材 料 编 码	材 料 名 称	型 号 规 格	单 位	编制价(元)	产 地	厂 家	备 注
1	0001001	综合工日		工日	51.00			
2	0143021	纯铜丝	$\phi1.6$	kg	45.14			
3	0201021	橡胶板	$1\sim15$	kg	4.31			
4	0219231	聚四氟乙烯生料带	$26mm\times20m\times0.1mm$	m	0.08			
5	0227001	棉纱		kg	11.02			
6	0303311	木螺钉	$M6\times50$	十个	0.63			
7	0305009	六角螺栓	（综合）	十套	8.95			
8	0305113	六角螺栓带螺母	$M6\sim12\times12\sim50$	十套	1.34			
9	0307001	膨胀螺栓	（综合）	十个	3.60			
10	0327021	铁砂布	$0\sim2$号	张	1.03			
11	0365271	钢锯条		条	0.56			
12	0401014	复合普通硅酸盐水泥	P.C　32.5	kg	0.32			
13	0403021	中砂		m^3	49.98			
14	0503331	木材	一级红白松	m^3	1392.30			
15	1141211	防腐油		kg	35.00			
16	1159141	油灰		kg	4.50			
17	1205001	机油	（综合）	kg	3.37			
18	1231211	漂白粉	（综合）	kg	1.56			
19	1241301	粘结剂		kg	22.77			
……								
40	1521071	室内塑料排水管件	$DN100$	个	14.96			
41	1537011	镀锌钢管卡子	$DN25$	个	0.53			
42	1537446	镀锌外接头	$DN15$	个	1.27			
43	1600001－0001	螺纹阀门	$DN20$	个	18.89			
44	1601161－0001	螺纹截止阀	$DN15$	个	15.40			
45	1603171－0001	螺纹闸阀	$DN50$	个	110.00			
46	1809001	洗脸盆		套	46.00			
47	1815001-0001	瓷质蹲式大便器	手压阀冲洗	个	121.50			
48	1831101	洗脸盆托架		副	15.20			
49	1841011	水嘴	$DN15$	个	34.59			
50	1843001-0001	地漏	$DN100$	个	12.40			

（续）

序号	材料编码	材料名称	型号规格	单 位	编制价(元)	产 地	厂 家	备 注
51	1845001	存水弯		个	3.13			
52	1845011	大便器存水弯	DN100 瓷	个	12.40			
53	1847011	洗脸盆下水口	DN32	个	2.50			
54	1849011	大便器手压阀	DN25	个	102.57			
55	1855051	大便器胶皮碗		个	0.73			
56	2101011-0001	螺纹水表	DN50	个	350.00			
57	2931001	莲蓬喷头		个	35.00			

编制人：　　　　　　　　　　证号：　　　　　　　　　　　　　　编制日期：

5.9.4 室内给排水安装工程造价工程量清单计价方法

1. 工程量清单

（1）工程量清单封面、扉页及总说明（表 5-27、表 5-28 和表 5-29）

表 5-27 封面

<table>
<tr><td>

　　　　广东省某市建筑工程学校学生宿舍楼给排水　　　　工程

招标工程量清单

招　标　人：＿＿＿＿＿＿＿＿＿＿＿＿＿＿＿

（单位盖章）

造价咨询人：＿＿＿＿＿＿＿＿＿＿＿＿＿＿＿

（单位盖章）

年　月　日

</td></tr>
</table>

表 5-28 扉页

<table>
<tr><td colspan="2">

　　　　广东省某市建筑工程学校学生宿舍楼给排水　　　　工程

招标工程量清单

</td></tr>
<tr>
<td>

招　标　人：＿＿＿＿＿＿＿＿＿＿

（单位盖章）

法定代表人
或其授权人：＿＿＿＿＿＿＿＿＿

（签字或盖章）

编　制　人：＿＿＿＿＿＿＿＿＿

（造价人员签字盖专用章）

编制时间：　年 月 日

</td>
<td>

造价咨询人：＿＿＿＿＿＿＿＿＿＿

（单位资质专用章）

法定代表人
或其授权人：＿＿＿＿＿＿＿＿＿

（签字或盖章）

复　核　人：＿＿＿＿＿＿＿＿＿

（造价工程师签字盖专用章）

复核时间：　年 月 日

</td>
</tr>
</table>

表 5-29 总说明

工程名称：广东省某市建筑工程学校学生宿舍楼供配电工程

（1）工程概况：广东省某市建筑工程学校学生宿舍楼给排水工程；建筑面积 1200m²，地下室建筑面积 0m²，占地面积 300m²，建筑总高度 14.4m，首层层高 3.6m，标准层高 3.6m，层数 4 层，其中主体高度 14.4m，地下室总高度 0m；结构型式：框架结构；基础类型：管桩。

（2）工程招标和专业工程发包范围：给水排水安装工程。

（3）工程量清单编制依据：根据××单位设计的施工图计算实物工程量。

（4）工程质量、材料、施工等的特殊要求：工程质量优良等级。

（5）其他需要说明的问题：无。

（2）分部分项工程和单价措施项目清单与计价表（表 5-30）

表 5-30 分部分项工程和单价措施项目清单与计价表

工程名称：广东省某市建筑工程学校学生宿舍楼给排水工程　　　　标段：　　　　第 页 共 页

序号	项目编号	项目名称	项目特征描述	计量单位	工程量	金额（元）		
						综合单价	合价	其中：暂估价
1	031003013001	水表	螺纹水表组，公称直径 DN50	组/个	1.000			
2	031001007001	复合管	室内管道，钢塑复合给水管，DN50	m	19.630			
3	031001007002	复合管	室内管道，钢塑复合给水管，DN32	m	55.440			
4	031001007003	复合管	管内管道，钢塑复合给水管，DN20	m	34.650			
5	031001007004	复合管	管内管道，钢塑复合给水管，DN15	m	16.380			
6	031001006002	塑料管	室内管道，塑料排水管（雨水），粘接，DN100	m	34.840			
7	031001006001	塑料管	室内管道，塑料排水管（污水），粘接，DN100	m	200.200			
8	031003001001	螺纹阀门	螺纹阀，DN20	个	18.000			
9	031004006001	大便器	蹲式大便器，手压阀	组	18.000			
10	031004010001	淋浴器	钢管组成，冷水	套	18.000			
11	031004003001	洗脸盆	钢管组成，普通冷水嘴	组	1.000			
12	031004014002	给、排水附（配）件	塑料地漏，DN100	个	18.000			
			本页小计					
			合计					

（3）总价措施项目清单与计价表（表 5-31）

表 5-31　总价措施项目清单与计价表

工程名称：广东省某市建筑工程学校学生宿舍楼给排水工程　　　　　标段：　　　　　第　页　共　页

序号	项目编码	项目名称	计算基础	费率（%）	金额（元）	调整费率（%）	调整后金额（元）	备　注
1		安全文明施工措施费部分						
1.1	031302001001	安全文明施工	分部分项人工费	26.57				按 26.57% 计算
		小计						
2		其他措施费部分						
2.1	031302002001	夜间施工增加						按夜间施工项目人工的20%计算
2.2	031302003001	非夜间施工增加						
2.3	031302004001	二次搬运						
2.4	031302005001	冬雨期施工增加						
2.5	031302006001	已完工程及设备保护						
2.6	GGCS001	赶工措施	分部分项人工费	6.88				费用标准为0% ~ 6.88%
2.7	WMGDZJF001	文明工地增加费	分部分项工程费	0.20				市级文明工地为0.2%，省级文明工地为0.4%
		小计						
		合计						

编制人（造价人员）：　　　　　　　　　　复核人（造价工程师）：

（4）其他项目清单与计价汇总表、暂列金额明细表、计日工表（表 5-32、表 5-33 和表 5-34）

表 5-32　其他项目清单与计价汇总表

工程名称：广东省某市建筑工程学校学生宿舍楼给排水工程　　　　　标段：　　　　　第　页　共　页

序　号	项目名称	金额（元）	结算金额（元）	备　注
1	暂列金额	3670.88		
2	暂估价			
2.1	材料暂估价			
2.2	专业工程暂估价			
3	计日工			
4	总承包服务费			
5	索赔费用			
6	现场签证费用			
7	材料检验试验费			以分部分项项目费的 0.2% 计算（单独承包土石方工程除外）

（续）

序 号	项目名称	金额（元）	结算金额（元）	备 注
8	预算包干费			按分部分项项目费的0%~2%计算
9	工程优质费			市级质量奖1.5%；省级质量奖2.5%；国家级质量奖4%
10	其他费用			
	总计			

表5-33 暂列金额明细表

工程名称：广东省某市建筑工程学校学生宿舍楼给排水工程　　　　　　标段：　　第 页 共 页

序 号	项目名称	计量单位	暂列金额（元）	备 注
1	暂列金额		3670.88	以分部分项工程费为计算基础×15%
	合计		3670.88	

表5-34 计日工表

工程名称：广东省某市建筑工程学校学生宿舍楼给排水工程　　　　　　标段：　　第 页 共 页

序 号	项目名称	单 位	暂定数量	实际数量	综合单价	合价（元） 暂 定	合价（元） 实 际
一	人工						
1	土石方工	工日	8.000				
2	电工	工日	5.000				
3	焊工	工日	4.000				
	人工小计						
二	材料						
1	橡胶定型条	kg	15.000				
2	玻璃钢	m²	3.000				
3	黏土陶粒	m³	0.400				
	材料小计						
三	施工机械						
1	堵管机	台班	3.000				
2	交流电焊机	台班	3.000				
3	砂浆制作 现场搅拌抹灰砂浆 石灰砂浆1:2	m³	0.500				
	施工机械小计						
	总计						

（5）规费、税金项目计价表（表5-35）

表 5-35　规费、税金项目计价表

工程名称：广东省某市建筑工程学校学生宿舍楼给排水工程　　　　　标段：　　　　　第　页　共　页

序　号	项目名称	计算基础	计算基数	计算费率(%)	金额（元）
1	规费				32.92
1.1	工程排污费				
1.2	施工噪声排污费				
1.3	防洪工程维护费				
1.4	危险作业意外伤害保险费	分部分项工程费＋措施项目费＋其他项目费		0.10	
2	税金	分部分项工程费＋措施项目费＋其他项目费＋规费		3.477	
	合计				

编制人（造价人员）：　　　　　　　　　　　复核人（造价工程师）：

（6）承包人提供的材料和工程设备一览表（表 5-36）

表 5-36　承包人提供的材料和工程设备一览表

（适用于造价信息差额调整法）

工程名称：　　　　　　　　　　　标段：　　　　　　　　第　页　共　页

序号	名称、规格、型号	单位	数量	风险系数（%）	基准单价（元）	投标单价（元）	发承包人确认单价(元)	备注
1	水表法兰水表组	组	1					
2	塑料复合管 钢塑复合给水管 DN50	m	19.63					
3	塑料复合管 钢塑复合给水管 DN32	m	55.44					
4	塑料复合管 钢塑复合给水管 DN20	m	34.65					
5	塑料复合管 钢塑复合给水管 DN15	m	16.38					
6	塑料管（UPVC、PP-C、PP-R 管等） PVC 排水管 DN100	m	200.19					
7	塑料管（UPVC、PP-C、PP-R 管等） PVC 雨水管 DN100	m	34.84					
8	螺纹阀门 截止阀 DN20	个	18					
9	大便器 手压延时阀蹲式大便器	套	18					
10	淋浴器 钢管组成冷水	组	18					

（续）

序号	名称、规格、型号	单位	数量	风险系数（%）	基准单价（元）	投标单价（元）	发承包人确认单价(元)	备注
11	洗脸盆 钢管组成，普通冷水	组	18					
12	地漏 塑料地漏 DN100	个	18					

注：1. 此表由招标人填写除"投标单价"栏的内容，投标人在投标时自主确定投标单价；
　　2. 招标人应优先采用工程造价管理机构发布的单价作为基准单价，未发布的，通过市场调查确定其基准单价。

2. 工程量清单计价

（1）封面、扉页、总说明（表 5-37、表 5-38 和表 5-39）

表 5-37　封面

　　　　　　　　　　广东省某市建筑工程学校学生宿舍楼给排水　　　　　工程
　　　　　　　　　　　　　　　　招标控制价

　　　　　　　招　标　人：_____
　　　　　　　　　　　　　　　（单位盖章）

　　　　　　　造价咨询人：_____
　　　　　　　　　　　　　　　（单位盖章）

表 5-38　扉页

　　　　　　　　　　广东省某市建筑工程学校学生宿舍楼给排水　　　　　工程
　　　　　　　　　　　　　　　　招标控制价

　　　　　　招标控制价(小写)：34101.65 元
　　　　　　　　　　　（大写）：叁万肆仟壹佰零壹元陆角伍分

　招　标　人：_____　　　造价咨询人：_____
　　　　　　　（单位盖章）　　　　　　　　　　　　（单位资质专用章）

法定代表人或　　　　　　　　　　　　法定代表人或
其授权人：_____　　　　其授权人：_____
　　　　　（签字或盖章）　　　　　　　　　　　（签字或盖章）

编　制　人：_____　　　复　核　人：_____
　　　　　（造价人员签字盖专用章）　　　　　　　（造价工程师签字盖章专用章）

编制时间：　　　　　　　　　　　　　复核时间：

表 5-39 总说明

工程名称：广东省某市建筑工程学校学生宿舍楼给排水工程

（1）工程概况：广东省某市建筑工程学校学生宿舍楼给排水工程；建筑面积 1200m²，地下室建筑面积 0m²，占地面积 300m²，建筑总高度 14.4m，首层层高 3.6m，标准层高 3.6m，层数 4 层，其中主体高度 14.4m，地下室总高度 0m；结构形式：框架结构；基础类型：管桩；计划工期：25 日历天。

（2）工程招标和专业工程发包范围：给水排水安装工程。

（3）编制依据：根据××单位设计的施工图计算实物工程量，全国安装清单（2013）及广东省安装工程综合定额（2010）进行计算。

（4）工程质量、材料、施工等的特殊要求：工程质量优良等级。

（5）其他需要说明的问题：无。

（2）单位工程招标控制价汇总表（表 5-40）

表 5-40 单位工程招标控制价汇总表

工程名称：广东省某市建筑工程学校学生宿舍楼给排水工程　　　　　　标段：　　　　　第　页　共　页

序　　号	汇总内容	金额（元）	其中：暂估价（元）
1	分部分项工程费	24472.52	
2	措施项目费	1351.39	
2.1	安全文明施工费	1034.55	
2.2	其他措施项目费	316.84	
3	其他项目费	7098.95	
3.1	暂列金额	3670.88	
3.2	暂估价		
3.3	计日工	2522.58	
3.4	总承包服务费		
3.5	索赔费用		
3.6	现场签证费用		
3.7	材料检验试验费	48.95	
3.8	预算包干费	489.45	
3.9	工程优质费	367.09	
3.10	其他费用		
4	规费	32.92	
4.1	工程排污费		
4.2	施工噪声排污费		
4.3	防洪工程维护费		
4.4	危险作业意外伤害保险费	32.92	

（续）

序 号	汇总内容	金额（元）	其中：暂估价（元）
5	税金	1145.87	
6	含税工程总造价	34101.65	
招标控制价合计 = 1 + 2 + 3 + 4 + 5		34101.65	

（3）分部分项工程和单价措施项目清单与计价表（表5-41）

表5-41　分部分项工程和单价措施项目清单与计价表

工程名称：广东省某市建筑工程学校学生宿舍楼给排水工程　　　　　标段：　　　　第　页　共　页

序号	项目编号	项目名称	项目特征描述	计量单位	工程量	金额（元）		其中：暂估价
						综合单价	合价	
1	031003013001	水表	螺纹水表组，公称直径 DN50	组/个	1.000	488.58	488.58	
2	031001007001	复合管	室内管道，钢塑复合给水管，DN50	m	19.630	66.89	1313.05	
3	031001007002	复合管	室内管道，钢塑复合给水管，DN32	m	55.440	52.68	2920.58	
4	031001007003	复合管	管内管道，钢塑复合给水管，DN20	m	34.650	31.25	1082.81	
5	031001007004	复合管	管内管道，钢塑复合给水管，DN15	m	16.380	27.46	449.79	
6	031001006002	塑料管	室内管道，塑料排水管（雨水），粘接，DN100	m	34.840	48.79	1699.84	
7	031001006001	塑料管	室内管道，塑料排水管（污水），粘接，DN100	m	200.200	39.11	7829.82	
8	031003001001	螺纹阀门	螺纹阀，DN20	个	18.000	31.48	566.64	
9	031004006001	大便器	蹲式大便器，手压阀	组	18.000	325.19	5853.42	
10	031004010001	淋浴器	钢管组成，冷水	套	18.000	90.17	1623.06	
11	031004003001	洗脸盆	钢管组成，普通冷水嘴	组	1.000	138.05	138.05	
12	031004014002	给、排水附（配）件	塑料地漏，DN100	个	18.000	28.16	506.88	
			本页小计				24472.52	
			合计				24472.52	

（4）综合单价分析表（表5-42）

表 5-42　综合单价分析表

工程名称：广东省某市建筑工程学校学生宿舍楼给排水工程　　　　标段：　　　　　　　第　页　共　页

项目编码	031003013001	项目名称	水表	计量单位	组/个

清单综合单价组成明细

定额编号	定额名称	定额单位	数量	单价（元）				合价（元）			
				人工费	材料费	机械费	管理费和利润	人工费	材料费	机械费	管理费和利润
C8-3-37	螺纹水表 公称直径（mm 以内）DN50	组	1.000	17.75	1.61		8.12	17.75	1.61		8.12
人工单价	小计			17.75	1.61					461.10	
51.00 元/工日	未计价材料费										
	清单项目综合单价									488.58	

材料费明细

主要材料名称、规格、型号	单位	数量	单价（元）	合价（元）	暂估单价（元）	暂估合价（元）
螺纹闸阀 DN50	个	1.010	110.00	111.10	—	—
螺纹水表 DN50	个	1.000	350.00	350.00	—	—
其他材料费			—		—	
材料费小计			—	461.10		—

工程名称：广东省某市建筑工程学校学生宿舍楼给排水工程

表 5-42　综合单价分析表（二）

第　页　共　页

项目编码	030100 1007001	项目名称	复合管	计量单位	m

清单综合单价组成明细

定额编号	定额名称	定额单位	数量	单价（元）				合价（元）			
				人工费	材料费	机械费	管理费和利润	人工费	材料费	机械费	管理费和利润
C8-1-199	管道安装 室内管道 钢塑复合给水管公称直径（mm 以内）DN50	10m	0.100	94.91	153.59		43.39	9.49	15.36		4.34
C8-1-411	管道消毒、冲洗 公称直径（mm 以内）DN50	100m	0.010	20.60	14.14		9.42	0.21	0.14		0.09
	人工单价		小计					9.70	15.50		4.43
	51.00元/工日		未计价材料费					37.26			
	清单项目综合单价							66.89			

材料费明细	主要材料名称、规格、型号	单位	数量	单价（元）	合价（元）	暂估单价（元）	暂估合价（元）
	钢塑复合管 DN50	m	1.020	36.53	37.26	—	—
	其他材料费			—		—	—
	材料费小计			—	37.26	—	—

工程名称：广东省某市建筑工程学校学生宿舍楼给排水工程

表 5-42　综合单价分析表（三）

工程名称：广东省某市建筑工程学校学生宿舍楼给排水工程　　　　标段：

项目编码	031003001001	项目名称	螺纹阀门	计量单位	个	第　页　共　页

清单综合单价组成明细

定额编号	定额名称	定额单位	数量	单价（元）				合价（元）			
				人工费	材料费	机械费	管理费和利润	人工费	材料费	机械费	管理费和利润
C8-2-2	螺纹阀安装 公称直径（mm 以内）DN20	个	1.000	3.62	7.13		1.65	3.62	7.13		1.65
人工单价			小计					3.62	7.13		1.65
51.00 元/工日			未计价材料费						19.08		
清单项目综合单价									31.48		

材料费明细	主要材料名称、规格、型号	单位	数量	单价（元）	合价（元）	暂估单价（元）	暂估合价（元）
	螺纹阀门 DN20	个	1.010	18.89	19.08	—	—
	其他材料费			—			—
	材料费小计			—	19.08		—

表 5-42 综合单价分析表（四）

工程名称：广东省某市建筑工程学校学生宿舍楼给排水工程　　　　标段：　　　　　　　　　　第　页　共　页

| 项目编码 | 031004006001 | | 项目名称 | 大便器 | | 计量单位 | | 组 | | |

清单综合单价组成明细

定额编号	定额名称	定额单位	数量	单价（元）				合价（元）			
				人工费	材料费	机械费	管理费和利润	人工费	材料费	机械费	管理费和利润
C8-4-39	蹲式大便器安装 手压阀冲洗	10组	0.100	245.92	505.77		112.44	24.59	50.58		11.24
人工单价			小计					24.59	50.58		11.24
51.00元/工日			未计价材料费						238.77		
		清单项目综合单价						325.19			

材料费明细	主要材料名称、规格、型号	单位	数量	单价（元）	合价（元）	暂估单价（元）	暂估合价（元）
	瓷质蹲式大便器 手压阀冲洗	个	1.010	121.50	122.72		
	大便器存水弯 DN100 瓷质	个	1.005	12.40	12.46		
	大便器手压阀 DN25	个	1.010	102.57	103.60		
	其他材料费			—		—	—
	材料费小计			—	238.77	—	—

表5-42　综合单价分析表（五）

工程名称：广东省某市建筑工程学校学生宿舍楼给排水工程　　　　标段：　　　　第　页　共　页

项目编码	031004003001			项目名称	洗脸盆				计量单位		组	
				清单综合单价组成明细								
定额编号	定额名称	定额单位	数量	单价（元）				合价（元）				
				人工费	材料费	机械费	管理费和利润	人工费	材料费	机械费	管理费和利润	
C8-4-9	洗脸盆安装 钢管组成 普通冷水嘴	10组	0.100	197.93	67.92		90.50	19.79	6.79		9.05	
人工单价	小计							19.79	6.79		9.05	
51.00元/工日	未计价材料费								102.42			
	清单项目综合单价								138.05			

材料费明细	主要材料名称、规格、型号	单位	数量	单价（元）	合价（元）	暂估单价（元）	暂估合价（元）
	洗脸盆	套	1.010	46.00	46.46		
	洗脸盆托架	副	1.010	15.20	15.35		
	水嘴 DN15	个	1.010	34.59	34.94		
	存水弯	个	1.005	3.13	3.15		
	洗脸盆下水口 DN32	个	1.010	2.50	2.52		
	其他材料费			—		—	
	材料费小计			—	102.42	—	

（5）总价措施项目清单与计价表（表5-43）

表5-43 总价措施项目清单与计价表

工程名称：广东省某市建筑工程学校学生宿舍楼给排水工程　　　　标段：　　　第　页　共　页

序号	项目编码	项目名称	计算基础	费率（%）	金额（元）	调整费率（%）	调整后金额（元）	备注
1		安全文明施工措施费部分						
1.1	031302001001	安全文明施工	分部分项人工费	26.57	1034.55			按26.57%计算
		小计			1034.55			
2		其他措施费部分						
2.1	031302002001	夜间施工增加						按夜间施工项目人工的20%计算
2.2	031302003001	非夜间施工增加						
2.3	031302004001	二次搬运						
2.4	031302005001	冬雨期施工增加						
2.5	031302006001	已完工程及设备保护						
2.6	GGCS001	赶工措施	分部分项人工费	6.88	267.89			费用标准为0%~6.88%
2.7	WMGDZJF001	文明工地增加费	分部分项工程费	0.20	48.95			市级文明工地为0.2%，省级文明工地为0.4%
		小计			316.84			
		合计			1351.39			

编制人（造价人员）：　　　　　　　　　复核人（造价工程师）：

（6）其他项目清单与计价汇总表、暂列金额明细表、计日工表（表5-44、表5-45和表5-46）

表5-44 其他项目清单与计价汇总表

工程名称：广东省某市建筑工程学校学生宿舍楼给排水工程　　　　标段：　　　第　页　共　页

序号	项目名称	金额（元）	结算金额（元）	备注
1	暂列金额	3670.88		
2	暂估价			
2.1	材料暂估价			
2.2	专业工程暂估价			
3	计日工	2522.58		
4	总承包服务费			
5	索赔费用			
6	现场签证费用			

（续）

序号	项目名称	金额（元）	结算金额（元）	备注
7	材料检验试验费	48.95		以分部分项项目费的0.2%计算（单独承包土石方工程除外）
8	预算包干费	489.45		按分部分项项目费的0%~2%计算
9	工程优质费	367.09		市级质量奖1.5%；省级质量奖2.5%；国家级质量奖4%
10	其他费用			
	总计	7098.95		

表5-45　暂列金额明细表

工程名称：广东省某市建筑工程学校学生宿舍楼给排水工程　　　　标段：　　　第　页　共　页

序　号	项目名称	计量单位	暂列金额（元）	备　注
1	暂列金额		3670.88	以分部分项工程费为计算基础×15%
	合计		3670.88	

表5-46　计日工表

工程名称：广东省某市建筑工程学校学生宿舍楼给排水工程　　　　标段：　　　第　页　共　页

序号	项目名称	单位	暂定数量	实际数量	综合单价（元）	合价（元） 暂　定	实　际
一	人工					867.00	
1	土石方工	工日	8.000		51.00	408.00	
2	电工	工日	5.000		51.00	255.00	
3	焊工	工日	4.000		51.00	204.00	
	人工小计					867.00	
二	材料					349.53	
1	橡胶定型条	kg	15.000		5.39	80.85	
2	玻璃钢	m²	3.000		54.76	164.28	
3	黏土陶粒	m³	0.400		261.00	104.40	
	材料小计					349.53	
三	施工机械					1306.05	
1	堵管机	台班	3.000		347.59	1042.77	
2	交流电焊机	台班	3.000		63.12	189.36	
3	砂浆制作 现场搅拌抹灰砂浆 石灰砂浆1:2	m³	0.500		147.83	73.92	
	施工机械小计					1306.05	
	总计					2522.58	

（7）规费、税金项目计价表（表5-47）

表 5-47 规费、税金项目计价表

工程名称：广东省某市建筑工程学校学生宿舍楼给排水工程　　　　　　标段：　　　　第　页　共　页

序号	项目名称	计算基础	计算基数	计算费率(%)	金额（元）
1	规费				32.92
1.1	工程排污费				
1.2	施工噪声排污费				
1.3	防洪工程维护费				
1.4	危险作业意外伤害保险费	分部分项工程费＋措施项目费＋其他项目费	32922.860	0.10	32.92
2	税金	分部分项工程费＋措施项目费＋其他项目费＋规费	32955.780	3.477	1145.87
	合计				1178.79

编制人（造价人员）：　　　　　　　　　　　复核人（造价工程师）：

（8）承包人提供主要材料和工程设备一览表（表5-48）

表 5-48 承包人提供主要材料和工程设备一览表

（适用于造价信息差额调整法）

工程名称：广东省某市建筑工程学校学生宿舍楼给排水工程　　　　　　标段：　　　　第　页　共　页

序号	名称、规格、型号	单位	数量	风险系数（%）	基准单价（元）	投标单价（元）	发承包人确认单价（元）	备注
1	综合工日	工日	76.348			51.00		
2	纯铜丝 ϕ1.6	kg	1.440			45.14		
3	橡胶板 1~15	kg	0.589			4.31		
4	聚四氟乙烯生料带 26mm × 20m ×0.1mm	m	70.080			0.08		
5	棉纱	kg	0.216			11.02		
6	木螺钉 M6×50	十个	0.624			0.63		
7	六角螺栓（综合）	十套	1.505			8.95		
8	六角螺栓带螺母 M6 ~ M12 × 12 ~ 50	十套	2.439			1.34		
9	膨胀螺栓（综合）	十个	1.505			3.60		
10	铁砂布 0~2 号	张	2.160			1.03		
11	钢锯条	条	7.740			0.56		
12	复合普通硅酸盐水泥 P.C 32.5	kg	12.900			0.32		
13	中砂	m³	0.002			49.98		
14	木材 一级红白松	m³	0.001			1392.30		
15	防腐油	kg	0.050			35.00		
16	油灰	kg	9.100			4.50		

（续）

序号	名称、规格、型号	单位	数量	风险系数（%）	基准单价（元）	投标单价（元）	发承包人确认单价（元）	备 注
17	机油（综合）	kg	0.788			3.37		
18	漂白粉（综合）	kg	0.113			1.56		
19	粘结剂	kg	4.320			22.77		
20	镀锌钢管 DN15	m	32.500			10.01		
21	镀锌钢管 DN25	m	27.000			19.40		
22	塑料排水管 DN100	m	1.800			22.34		
23	塑料给水管 DN100	m	204.204			17.17		
24	塑料排水管 DN100	m	29.684			17.17		
25	钢塑复合管 DN50	m	20.023			36.53		
26	钢塑复合管 DN32	m	56.549			29.28		
27	钢塑复合管 DN20	m	35.343			13.70		
28	钢塑复合管 DN15	m	16.708			10.52		
29	黑玛钢活接头 DN20	个	18.180			6.60		
30	镀锌弯头 DN15	个	18.180			2.05		
31	镀锌弯头 DN25	个	18.180			4.91		
32	镀锌钢管活接头 DN15	个	18.180			4.86		
33	镀锌钢管活接头 DN25	个	18.180			9.50		
34	包胶铁管夹 DN100	个	11.149			3.85		
35	室内塑料给水管接头零件（粘接）DN100	个	53.654			29.08		
36	室内钢塑复合给水管接头零件 DN15	个	26.814			3.25		
37	室内钢塑复合给水管接头零件 DN20	个	39.917			4.97		
38	室内钢塑复合给水管接头零件 DN32	个	44.518			12.18		
39	室内钢塑复合给水管接头零件 DN50	个	12.779			22.34		
40	室内塑料排水管件 DN100	个	39.648			14.96		
41	镀锌钢管卡子 DN25	个	18.900			0.53		
42	镀锌外接头 DN15	个	1.010			1.27		
43	螺纹阀门 DN20	个	18.180			18.89		
44	螺纹截止阀 DN15	个	18.180			15.40		
45	螺纹闸阀 DN50	个	1.010			110.00		
46	洗脸盆	套	1.010			46.00		

（续）

序号	名称、规格、型号	单位	数量	风险系数（%）	基准单价（元）	投标单价（元）	发承包人确认单价（元）	备 注
47	瓷质蹲式大便器 手压阀冲洗	个	18.180			121.50		
48	洗脸盆托架	副	1.010			15.20		
49	水嘴 DN15	个	1.010			34.59		
50	地漏 DN100	个	18.000			12.40		
51	存水弯	个	1.005			3.13		
52	大便器存水弯 DN100 瓷	个	18.090			12.40		
53	洗脸盆下水口 DN32	个	1.010			2.50		
54	大便器手压阀 DN25	个	18.180			102.57		
……								

复习思考题

1. 钢管可分为哪几种？有哪几种常用的连接方式？
2. 常用的塑料管材有哪几种？其分别用于什么场合？
3. 室内外给水及排水管道如何分界？
4. 在清单项目设置中，钢管安装如何进行项目特征描述？其安装工程内容分别包括哪些？
5. 什么是配水附件？什么是控制附件？
6. 各种类型的卫生器具安装范围如何分界？
7. 在清单项目设置中，浴盆安装如何进行项目特征描述？其安装工程内容分别包括哪些？
8. 在清单项目设置中，散热器安装如何进行项目特征描述？其安装工程内容分别包括哪些？

第 6 章
通风空调工程造价计价

6.1 通风空调系统

6.1.1 通风系统

通风是改善室内空气环境的一种重要手段。建筑通风就是把建筑物内被污染的空气直接或经过净化处理后排至室外，再把新鲜的空气补充进来，从而保持室内的空气环境符合卫生标准的要求。前者称为排风，后者称为进风。工程上把为实现进风或排风而采用的一系列设备、装置的总体称为通风系统。根据空气流动的动力不同，通风方式可分为自然通风和机械通风两种。

自然通风是利用室外风力造成的风压及由室内外温差和高度差所产生的热压使空气流动从而达到室内通风的目的的。这种通风系统形式简单，不需要消耗动力，是一种经济的通风方式。其主要缺点是其通风效果受外界自然条件的限制。

所谓机械通风是指依靠风机作为空气流动的动力来进行的通风。与自然通风相比，机械通风作用范围大，可采用风道把新鲜空气送到任何指定地点或者把任何指定地点被污染的空气直接或经处理后排到室外，前者也称机械进风，后者称为机械排风。同时机械通风的效果可人为控制，几乎不受自然条件的限制。机械通风系统的主要缺点是系统复杂，运行时需要消耗能量，系统需要配置风机、风道、阀门及各种空气处理设备，初投资较大。

根据通风系统作用的范围不同，机械通风可划分为局部通风和全面通风两种。

（1）局部通风　局部通风的作用范围仅限于室内工作地点或局部区域，它包括局部送风系统和局部排风系统。

局部排风系统是指在局部工作地点将污浊的空气就地排除，以防止其扩散的排风系统，它主要由局部排风罩、排风管道系统、空气净化装置、排风机等四大部分组成，如图 6-1 所示。

局部送风系统是指向局部地点送入新鲜空气或经过处理的空气，以改善该局部区域的空气环境的系统。它又分为系统式和分散式两种。系统式局部送风系统可以对送出的空气进行过滤、加热或冷却处理，如图 6-2 所示；而分散式局部送风，一般采用循环的轴流风扇或喷雾风扇。

（2）全面通风　全面通风系统是对整个房间进行通风换气，用新鲜空气把整个房间的有害物含量稀释到最高允许含量以下，或改变房间的温度、湿度。全面通风所需的风量大大超过局部通风，相应的设备也较大。全面通风分为全面送风、全面排风。

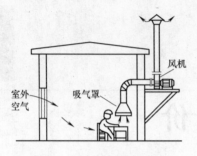

图 6-1　局部机械排风系统

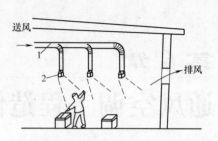

图 6-2　局部机械送风系统

1—风管　2—风口

全面机械进风系统由进风百叶窗、过滤器、空气加热器（冷却器）、通风机、送风管道和送风口等组成，如图 6-3 所示。通常把进风过滤器、加热设备或冷却设备与通风机集中设于一个专用的机房内，称为通风室。

全面机械排风系统由排风口、排风管道、空气净化设备、风机等组成，适用于污染源比较分散的场合，如图 6-4 所示。全面机械排风系统使室内呈负压，室外新鲜空气通过门、窗进入室内，以维持空气平衡。

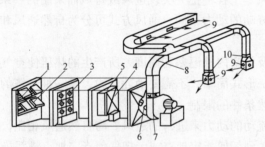

图 6-3　全面机械送风系统

1—百叶窗　2—保温阀　3—过滤器　4—空气加热器

5—旁通阀　6—启动阀　7—风机　8—风道

9—送风口　10—调节阀

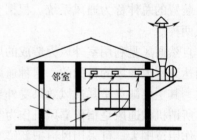

图 6-4　全面机械排风系统

6.1.2　空气调节系统

根据空气处理设备的布置情况来分，空调系统一般可分为三种形式。

（1）集中式空调系统　集中式空调系统的特点是所有的空气处理设备，包括风机、冷却器、加湿器、过滤器等都设置在一个集中的空调机房。空气处理所需要的冷热媒是由集中设置的冷冻站、锅炉房或热交换站集中供给，系统集中运行调节和管理。图 6-5 所示是集中式空调系统示意图。

（2）半集中式空调系统　半集中式空调系统的特点是除了设有集中处理新风的空调机房和集中冷热源外，还设有分散在各个空调房间里的二次设备（末端装置）来承担一定的空调负荷，对送入空调房间的空气作进一步的补充处理。如在一些办公楼、旅馆饭店中所采用的新风在空调机房集中处理，然后与由风机盘管等末端装置处理的室内循环空气一起送入空调房间的系统就属于半集中式空调系统。

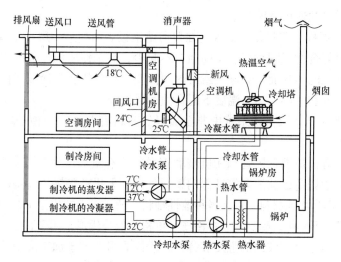

图 6-5　集中式空调系统示意图

（3）局部空调系统　局部空调系统是把空气处理所需要的冷热源、空气处理和输送设备集中设置在一个箱体内，组成一个结构紧凑、可单独使用的空调系统。空调房间所使用的窗式、分体式和柜式空调器即属于这种系统。

6.1.3　风管板材

板材是建筑设备安装工程中应用广泛的一种材料，用来制作风管、水箱、气柜、设备等。根据材料性质可分为两大类，金属薄板和非金属板材。常用的金属薄板有钢板、铝板、不锈钢板、塑料复合钢板，它们的优点是易于工业化加工制作、安装方便、能承受较高温度；常用的非金属板材主要为硬聚氯乙烯板。

（1）钢板　通风空调工程中常用金属薄板有：普通薄钢板、镀锌钢板。

普通薄钢板具有良好的加工性能和结构强度，价格便宜，通常用来制造风管、水箱、气柜等，但其表面易生锈，应刷油漆进行防腐。

镀锌钢板由普通钢板表面镀锌而成，耐锈蚀性能比钢板好，但在加工过程中镀锌皮容易脱落，油漆对它的附着力不强，镀锌钢板是否涂漆和如何涂漆，要根据镀锌面层的质量及风管所在的位置确定。一般用来制作不受酸雾作用的潮湿环境中的风管或用于空调、超净等防尘要求较高的通风系统。

通风空调工程中通常采用薄钢板，常用薄钢板厚度为 0.5 ~ 4mm。薄钢板的规格通常用"短边×长边×厚度"来表示，如 1000mm × 2000mm × 1.0mm。通风空调工程常用"短边×长边"为 1000mm × 2000mm、900mm × 1800mm 和 750mm × 1800mm 的薄钢板。热轧钢板及冷轧钢板的尺寸可参见 GB/T 709—2006《热轧钢板和钢带的尺寸、外形、重量及允许偏差》。

（2）铝板　铝板指用铝材或铝合金材料制成的板型材料。铝板延展性能好，适宜咬口连接，具有耐腐蚀、不起尘，在摩擦时不易产生火花的特性，但价格贵，与钢铁直接接触时易发生腐蚀。铝板常用于通风工程的防爆系统，也是高洁净度（≤1000 级）净化空调系统的可用材料之一。

（3）不锈钢板　不锈钢板不仅外表光亮美观，而且具有较强耐锈耐酸能力，常用于化工高温环境中的耐腐蚀通风系统。

（4）塑料复合钢板　塑料复合钢板是在普通薄钢板表面喷上一层0.2～0.4mm厚的塑料层制作而成。塑料复合钢板刚性好、耐腐蚀、不起尘，但是使用温度范围窄，加工过程中咬口、翻边、铆接等处的塑料面层易破裂或脱落，需要用环氧树脂等涂抹保护。塑料复合钢板常用于净化空调系统和–10～70℃温度下耐腐蚀通风系统。

（5）非金属板材　通风空调系统中非金属风管材料有两种，一种是玻璃钢，另一种是硬聚氯乙烯塑料板。

玻璃钢风管分有机玻璃钢风管和无机玻璃钢风管。有机玻璃钢风管耐腐蚀，但价格高、不阻燃，在一些大中城市已被消防管理部门禁止使用。无机玻璃钢风管是以菱镁材料为粘结剂，以玻璃纤维布作为增强材料，加上各种改性辅料，通过一定的成型工艺制作而成。具有耐腐蚀、质轻、高强、不燃烧、耐高温、抗冷融、价格较低等优点，用于腐蚀性气体的输送。

硬聚氯乙烯塑料板具有较高的强度和弹性，表面光滑，便于加工成型等优点。但不耐高温、不耐寒，在太阳辐射作用下，易脆裂，易带静电，价格较贵。它适用于–10～60℃有酸性腐蚀介质作用的通风系统。

6.2　设备安装及部件制作安装定额应用及清单项目设置

6.2.1　设备安装及部件制作安装

为了满足空调房间的温湿度要求，对送入空调房间的空气必须进行处理，达到设计要求后才能送入空调房间。空气处理过程包括加热、冷却、加湿、去湿、净化、消声等，这些处理过程都在相应的空调设备中完成。常见的通风空调设备有通风机、空调机、空调末端设备、各种空气（粉尘、烟气）处理设备水箱、消声器、换热器和除尘器等。

（1）风机　风机是通风系统中为空气的流动提供动力以克服输送过程中的阻力损失的机械设备。在通风工程中应用最广泛的是离心风机和轴流风机。

离心风机主要由叶轮、机壳、机轴、吸气口、排气口等部件组成，如图6-6所示。

轴流风机的叶轮安装在圆筒形的外壳内，当叶轮在电动机的带动下作旋转运动时，空气从吸风口进入，轴向流过叶轮和扩压管，静压升高后从排气口流出。图6-7所示是轴流风机示意图。

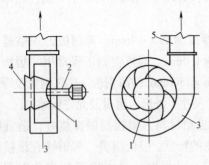

图6-6　离心风机构造示意图
1—叶轮　2—机轴　3—机壳
4—吸气口　5—排气口

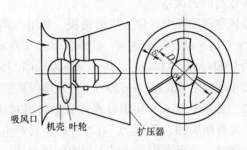

图6-7　轴流风机示意图

（2）表面式换热器 表面式换热器是空调系统常用的空气热湿处理设备。根据工作性质不同分为表面式加热器和表面式冷却器。

表面式加热器的热媒是热水或水蒸气，热水或水蒸气在加热器换热管内流动，被加热处理的空气在换热管外流动，空气和热媒之间的换热是通过换热器外表面进行的。图6-8所示是用于集中加热空气的一种表面式空气加热器外形图。

表面冷却器与表面式加热器原理相同，只是换热器的换热管中通过的是冷水。表面式冷却器能对空气进行等湿冷却（干工况）和减湿冷却（空气的温度和含湿量同时降低）两种处理过程。对于减湿冷却过程，需在表冷器下部设集水盘，以接收和排除凝结水，集水盘的安装如图6-9所示。

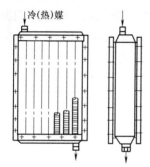 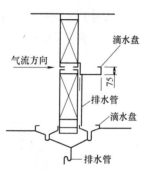

图6-8 表面式空气加热器外形图　　　图6-9 集水盘的安装

（3）喷水室 在喷水室中通过喷嘴直接向空气中喷淋大量的雾状水滴，当被处理的空气与雾状水滴接触时，两者产生热、湿交换，使被处理的空气达到所要求的温、湿度。喷水室是由喷嘴、喷水管路、挡水板、集水池和外壳等组成的，如图6-10所示。集水池设有回水、溢水、补水和泄水等四种管路和附件。

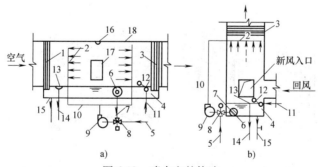

图6-10 喷水室的构造

1—前挡水板 2—喷嘴与排管 3—后挡水板 4—底池 5—冷水管 6—滤水器 7—循环水管
8—三通混合阀 9—水泵 10—供水管 11—补水管 12—浮球阀 13—溢水器
14—溢水管 15—泄水管 16—防水灯 17—检查门 18—外壳

（4）空气过滤器 用来对空气进行过滤的设备称为"空气过滤器"。根据过滤效率来分，空气过滤器分为粗效、中效、亚高效和高中效过滤器四种。

粗效过滤器主要用于对空气的初级过滤，过滤粒径在10～100μm范围的大颗粒灰尘。通常采用金属网格、聚氨酯泡沫塑料及各种人造纤维滤料制作。图6-11所示是块状粗效过滤器结构图。

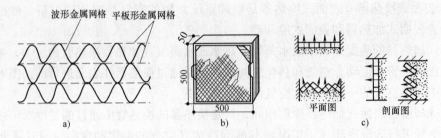

图 6-11　粗效过滤器（块状）
a）金属网格过滤器　b）过滤器外形　c）过滤器安装方式

中效过滤器主要用于过滤粒径在 $1 \sim 10 \mu m$ 范围的大颗粒灰尘。通常采用玻璃纤维、无纺布等滤料制作。为了提高过滤效率和处理较大风量，常做成抽屉式（图 6-12）或袋式（图 6-13）。

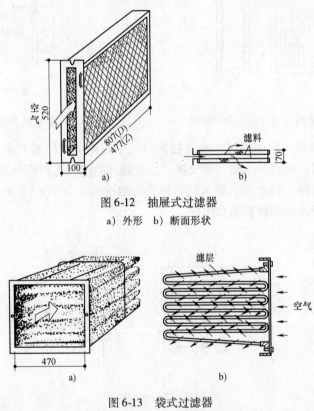

图 6-12　抽屉式过滤器
a）外形　b）断面形状

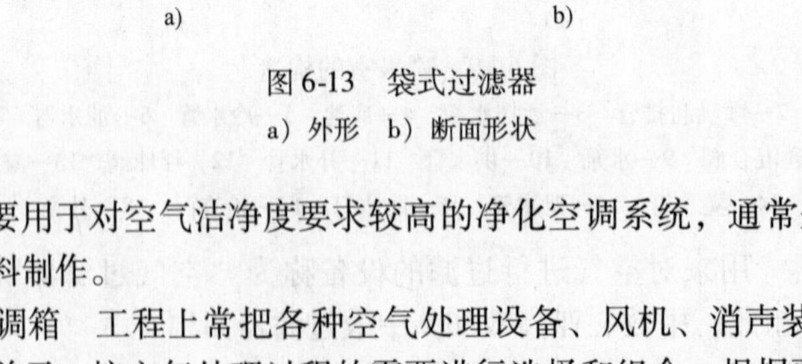

图 6-13　袋式过滤器
a）外形　b）断面形状

高效过滤器主要用于对空气洁净度要求较高的净化空调系统，通常采用超细玻璃纤维、超细石棉纤维等滤料制作。

（5）组合式空调箱　工程上常把各种空气处理设备、风机、消声装置、能量回收装置等分别做成箱式的单元，按空气处理过程的需要进行选择和组合。根据要求把各段组合在一起，称为组合式空调器，如图 6-14 所示。

（6）风机盘管　风机盘管属于空调系统的末端装置，它采用水作输送冷（热）量的介

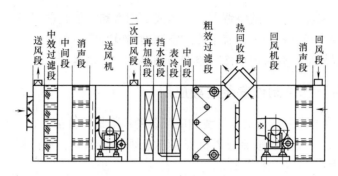

图 6-14　组合式空调器

质，具有占用建筑空间少，运行调节方便等优点。同时，新风可单独处理和供给，使空调室内的空气质量也得到了保证，因此近年来得到了广泛应用。

风机盘管是由风机和表面式换热器（盘管）组成，其构造如图 6-15 所示。

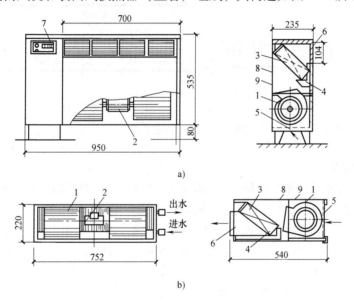

图 6-15　风机盘管构造示意图

a）立式　b）卧式

1—风机　2—电动机　3—盘管　4—凝结水盘　5—循环风进口及过滤器
6—出风格栅　7—控制器　8—吸声材料　9—箱体

风机盘管的冷量可以采用改变风量控制和改变水量控制。通过改变风机转速，使之能变成高、中、低三档风量，同时也能依靠安装在盘管回水管上的电动二通（或三通）阀，通过室温控制器控制阀门的开启，从而调节风机盘管的供冷（热）量。

盘管一般采用铜管串铝散热片，由于机组要负担空调室内负荷，盘管的容量较大（一般 3~4 排），通常是采用湿工况运行，所以必须敷设排凝结水的管路。

（7）局部空调机组　局部空调机组实际上是一个小型的空调系统。它体积小，结构紧凑，安装方便，使用灵活，在空调工程中是必不可少的设备，得到了广泛的应用。

局部空调系统种类很多，大致可按以下原则分类：

1）按容量大小来分，有窗式空调器、分体式空调器和立柜式空调器。

2）按冷凝器的冷却方式来分，有水冷式空调器和风冷式空调器。

3）按供热方式划分，有普通单冷式空调器和热泵式空调器。

6.2.2　设备安装及部件制作安装定额应用

设备安装项目的基价中不包括设备费和应配备的地脚螺栓价值。

（1）通风机安装　离心或轴流通风机安装不论风机是钢质、不锈钢质或塑料质，均按不同的安装方式和风机号以"台"计。

通风机和电动机直联的安装内容包括电动机本体的安装，但不包括电动机检查接线安装工程量。风机的安装方式如图6-16所示。

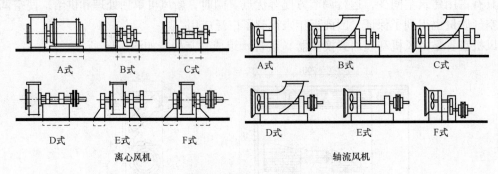

图6-16　风机的安装方式

（2）空气处理设备

1）风机盘管安装工程量分吊顶式、落地式以"台"计。风机盘管的配管执行《全国统一安装工程预算定额》第八册《给排水、采暖、燃气工程》相应项目。

2）空调器安装工程量分吊顶式（0.15t以内、0.2t以内、0.4t以内）、落地式（1.0t以内、1.5t以内、2.0t以内）、墙上式（0.1t以内、0.15t以内、0.2t以内）、窗式以"台"计。

3）诱导器安装执行风机盘管安装项目。

4）空气加热器（冷却器）安装工程量分不同质量（100kg以下、200kg以下、400kg以下）以"台"计。

5）分段组装式空调器安装工程量以"100kg"计。

6）除尘设备安装工程量分质量（100kg以下、500kg以下、1000kg以下、300kg以下）以"台"计。

（3）空调部件及设备支架制作安装

1）金属空调器壳体、滤水器T704-11、溢水盘T704-11、电加热器外壳、设备支架CG327（区分50kg以下、50kg以上）依设计型号规格查阅《采暖通风国家标准图集设计选用手册》中的标准部件质量表，按其质量以"100kg"为单位计算。非标准部件按成品质量计算。

2）清洗槽、浸油槽、晾干架、LVWP滤尘器支架制作安装执行设备支架项目。

3）风机减振台座执行设备支架项目，定额中不包括减振器用量，应依设计图样按实计算。

4）玻璃挡水板执行钢板挡水板相应项目，其材料、机械均乘以系数0.45，人工不变。

5) 保温钢板密闭门执行钢板密闭门项目, 其材料乘以系数 0.5, 机械乘以系数 0.45, 人工不变。

钢板密闭门分带视孔和不带视孔以 "个" 计。

钢板挡水板分三折曲板、六折曲板以空调器断面面积计算, 并以 "m^2" 为计量单位。

6.2.3　设备安装及部件制作安装工程清单项目设置

1. 清单项目设置

工程量清单项目设置以通风、空调设备及部件安装为主项, 按设备规格、型号、质量、支架材质、除锈及刷油设计要求和过滤功效设置清单项目。部分通风及空调设备安装工程量清单项目设置参见表 6-1。

表 6-1　通风、空调设备及部件制作安装工程量清单项目设置

项目编码	项目名称	项目特征	计量单位	工程量计算规则	工作内容
030701001	空气加热器（冷却器）	1. 名称 2. 型号 3. 规格 4. 质量 5. 安装形式 6. 支架形式、材质	台	按设计图示数量计算	1. 本体安装、调试 2. 设备支架制作 3. 补刷（喷）油漆
030701002	除尘设备				
030701003	空调器	1. 名称 2. 型号 3. 规格 4. 安装形式 5. 质量 6. 隔振垫（器）、支架形式、材质	台（组）		1. 本体安装或组装、调试 2. 设备支架制作 3. 补刷（喷）油漆
030701004	风机盘管	1. 名称 2. 型号 3. 规格 4. 安装形式 5. 减振器、支架形式、材质 6. 试压要求	台		1. 本体安装、调试 2. 支架制作、安装 3. 试压 4. 补刷（喷）油漆
030701005	表冷器	1. 名称 2. 型号 3. 规格			1. 本体安装 2. 型钢制作、安装 3. 过滤器安装 4. 挡水板安装 5. 调试及运转 6. 补刷（喷）油漆
030701006	密封门	1. 名称 2. 型号 3. 规格 4. 形式 5. 支架形式、材质	个		1. 本体安装 2. 本体制作 3. 支架制作、安装
030701007	挡水板				
030701008	滤水器、溢水盘				
030701009	金属壳体				

（续）

项目编码	项目名称	项目特征	计量单位	工程量计算规则	工作内容
030701010	过滤器	1. 名称 2. 型号 3. 规格 4. 类型 5. 框架形式、材质	1. 台 2. m²	1. 以台计算，按设计图示数量计算 2. 以面积计算，按设计图示尺寸以过滤面积计算	1. 本体安装 2. 框架制作、安装 3. 补刷（喷）油漆
030701011	净化工作台	1. 名称 2. 型号 3. 规格 4. 类型	台	按设计图示数量计算	1. 本体安装 2. 补刷（喷）油漆
030701012	风淋室	1. 名称 2. 型号 3. 规格 4. 类型 5. 质量			
030701013	洁净室				
030701014	除湿机	1. 名称 2. 型号 3. 规格 4. 类型			本体安装
030701015	人防过滤吸收器	1. 名称 2. 型号 3. 形式 4. 材质 5. 支架形式、材质			1. 过滤吸收器安装 2. 支架制作、安装

2. 清单设置说明

1）通风空调设备安装工程量清单项目特征，风机的形式应描述离心式、轴流式、屋顶式、卫生间通风器等；空调器的安装位置应描述吊顶式、落地式、墙上式、窗式、分段组装式，标出单台设备质量；风机盘管的安装应描述安装位置等。

2）通风空调设备部件制作安装工程量清单项目特征，挡水板的制作安装，其材质特征应描述材料种类及规格，钢材应描述热轧或冷轧等；过滤器安装应描述粗效、中效、高效等，区分特征分别编制清单项目。

3）通风空调设备安装的地脚螺栓按设备自带考虑。

4）冷冻机组站内的设备按《通用安装工程工程量计算规范》中附录 A.13"其他机械安装"设置工程量清单项目。

6.3 通风管道制作安装定额应用及清单项目设置

6.3.1 通风管道制作安装

1. 金属风管及配件

（1）风管规格 风管的断面形状有矩形和圆形两种。风管的规格以其外径或外边长为准，风道以内径或边长为准。非规则椭圆形风管参照矩形风管，并以长径平面边长及短径尺寸为准。系统风管应选用同一规格，优先选用圆形风管或选用长宽比不大于 4 的矩形截面，最大长宽比不应超过 10。管道的规格见表 6-2 和表 6-3 所示的规定。

表 6-2　矩形风管规格　　　　　　　　　　（单位：mm）

风管边长					
120	250	630	1250	2500	4000
160	320	800	1600	3000	
200	400	1000	2000	3500	

表 6-3　圆形风管规格　　　　　　　　　　（单位：mm）

风管直径 D		风管直径 D		风管直径 D		风管直径 D	
基本系列	辅助系列	基本系列	辅助系列	基本系列	辅助系列	基本系列	辅助系列
100	80	220	210	500	480	1120	1060
	90	250	240	560	530	1250	1180
120	110	280	260	630	600	1400	1320
140	130	320	300	700	670	1600	1500
160	150	360	340	800	750	1800	1700
180	170	400	380	900	850	2000	1900
200	190	450	420	1000	950		

风管板材厚度应符合设计要求或表 6-4 所示的规定。

表 6-4　钢板金属风管板材厚度表　　　　　（单位：mm）

类别 风管直径 D 或长边尺寸 b/mm	圆形风管	矩形风管		除尘风管
		中 低 压	高 压	
$D\ (b)\ \leqslant 320$	0.5	0.5	0.75	1.5
$320 < D\ (b)\ \leqslant 450$	0.6	0.6	0.75	1.5
$450 < D\ (b)\ \leqslant 630$	0.75	0.6	0.75	2.0
$630 < D\ (b)\ \leqslant 1000$	0.75	0.75	1.0	2.0
$1000 < D\ (b)\ \leqslant 1250$	1.0	1.0	1.0	2.0
$1250 < D\ (b)\ \leqslant 2000$	1.2	1.0	1.2	按设计
$2000 < D\ (b)\ \leqslant 4000$	按设计	1.2	按设计	按设计

（2）风管板材的连接方式　通风空调金属风管和配件多采用钢板（黑钢板、镀锌钢板）、不锈钢板和铝板制作。按其连接的目的可分为拼接、闭合接和延长接三种情况。拼接是将两张钢板的板边相接以增大面积，闭合接是把板材卷制成风管或配件时对口缝的连接，延长接是把一段段风管连接成管路系统。

金属板材制作风管、风管配件和部件，根据不同板材和设计要求，可采用咬口连接、铆钉连接或焊接（电焊、气焊、氩弧焊和锡焊）三种方法。施工时，应根据板材的厚度、材质及保证连接的强度、稳定性、技术要求，以及加工工艺、施工技术力量、加工设备等条件确定。连接方法的选择见表 6-5。

表 6-5　风管连接工艺与方法

材质 板厚	钢　板	不锈钢板	铝　板
$\delta \leqslant 1.0$	咬接	咬接	咬接
$1.0 < \delta \leqslant 1.2$			
$1.2 < \delta \leqslant 1.5$	焊接（电焊）	焊接（氩弧焊或电焊）	焊接（氩弧焊或气焊）
$\delta \geqslant 1.5$			

如施工具备机械咬口条件时，连接形式可不受表中限制，尽量使用咬口连接的加工工艺。

1）咬口连接。将要咬合的两个板边折成能互相咬合的各种钩形，钩接后压紧折边。其特点是咬口可增加风管的强度，变形小，外形美观，风管和配件的加工中应尽量采用。常见咬口形式如图 6-17 所示。

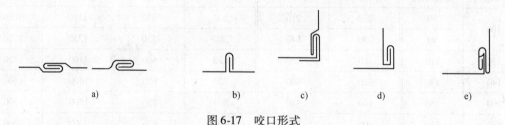

图 6-17　咬口形式

a）单平咬口　b）单立咬口　c）转角咬口　d）联合角咬口　e）按扣式咬口

2）铆钉连接。铆钉连接简称铆接。它是将两块要连接的板材，使其板部分的边缘相重叠，并用铆钉铆合固定在一起的连接方法。

在通风空调工程中，一般由于板材较厚无法进行咬接或板材虽不厚但材质较脆不能咬接时才采用。铆接大量用于风管与法兰的连接。

3）焊接。通风空调工程中，当风管密封要求较高或板材较厚不能用咬口连接时，常采用焊接。焊接使接口严密性好，但焊后往往容易变形，焊缝处易于锈蚀或氧化。常用的焊接方法有：电焊、气焊、锡焊及氩弧焊。

根据风管的构造和焊接方法的不同，可采用不同的焊缝的形式，见表 6-6。

表 6-6　焊缝的形式及适用范围

名　称	焊缝形式	适用范围
对接缝		用于板材的拼接缝、横向缝或纵向闭合缝
角缝		用于矩形风管、管件的纵向闭合缝或矩形弯管、三通、四通管的转角缝
搭接缝		用法同对接缝。一般在板材较薄时使用
搭接角缝		用法同角缝。一般在板材较薄时使用
板边缝		用法同搭接缝。一般在板材较薄时采用气焊
板边角缝		用法同搭接角缝。一般在板材较薄时采用气焊

（3）风管及配件的制作　风管及配件的制作，即按照施工图的要求，将板材和其他辅助材料加工制成风管及配件，它包括划线、剪切、成型（折方或折圆）、板材连接、法兰制作、风管加固等。

（4）风管法兰制作　风管的法兰主要用于风管与风管之间，风管与配件之间的连接，并增加风管的强度。根据风管法兰的形状，一般分为矩形法兰和圆形法兰。法兰可使用扁钢和角钢制作。

当风管采用法兰连接时两法兰片之间应加衬垫。垫料应具有不吸水、不透气和良好的弹性，以保持接口处的严密性。衬垫的厚度为 3 ~ 5mm，衬垫材质应根据所输送气体的性质来定。输送空气温度低于 70℃，即一般通风空调系统，用橡胶板，闭孔海绵橡胶板等；输送空气或烟气温度高于 70℃ 的风管，用石棉绳或石棉橡胶板。除尘系统的风管用橡胶板；洁净系统的风管，用软质橡胶板或闭孔海绵橡胶板，高效过滤器垫料厚度为 6 ~ 8mm，禁用厚纸板、石棉绳等易产生尘颗的材料。

目前国内广泛推广应用的法兰垫料为泡沫氯丁橡胶垫，这种橡胶可以加工成扁条状，宽度为 20 ~ 30mm，厚 3 ~ 5mm，其一面带胶，用时扯去胶面上的纸条，将其粘紧在法兰上，使用这种垫料操作方便，密封效果较好。

2. 非金属风管的制作

国内目前使用较普遍的非金属风管有：混凝土风道、有机玻璃风管、无机玻璃钢风管、复合风管、柔性风管、硬聚氯乙烯风管。其中复合风管包括了无机玻璃钢复合风管、玻璃纤维复合风管、酚醛复合板风管、聚氨酯复合板风管。有机玻璃风管的使用范围极其有限，而混凝土风道一般随土建工程施工过程中完成。

（1）酚醛铝箔复合板风管与聚氨酯铝箔复合板风管　酚醛铝箔复合板风管与聚氨酯铝箔复合板风管同属于双面铝箔泡沫类风管，风管内外表面覆贴一定厚度的铝箔，中间层为聚氨酯或酚醛泡沫绝热材料。它们具有质量轻、外形美观、制作工艺简单等特点。酚醛复合风管适用于低、中压空调系统及潮湿环境；聚氨酯复合风管适用于低、中、高压（2000Pa 以下）空调系统、洁净系统及潮湿环境。板材拼接应采用 45°粘接或 H 形加固条拼接，如图 6-18 所示。

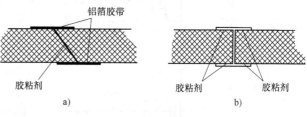

图 6-18　板材拼接

a）45°粘接　b）中间加 H 形加固条拼接

（2）玻璃纤维复合板风管　图 6-19 所示是玻璃纤维复合板。玻璃纤维复合风管的复合板厚度应大于或等于 25mm，保温层的玻璃纤维密度应大于或等于 70kg/m³。可用于商用和居住建筑的中压（1000Pa 以下）的通风系统。

玻璃纤维复合板风管具有美观、质量轻、保温效果和吸声性能好的特点，但风管摩阻系数较大，防积尘性能较差。采用该风管时应注意在空调系统中配置性能较好的过滤器。

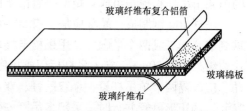

图 6-19　玻璃纤维复合板

3. 风管支吊架的安装

支（吊）架安装是风管系统安装的第一道工序，支（吊）架的形式应根据风管安装的部位，风管截面的大小及工程的具体情况选择，应符合设计图或国家标准图的要求。

（1）支、吊架的形式和安装 风管标高确定后，按照风管所在的空间位置，确定风管支、吊架的形式。管道支、吊架的形式有吊架、托架和立管卡等。

1）沿墙、柱安装的风管常用托架固定，其形式如图6-20和图6-21所示。风管托架横梁一般用角钢制作，当风管直径大于1000mm时，托架横梁应用槽钢。支架上固定风管的抱箍用扁钢制成，钻孔后用螺栓和风管托架结为一体。

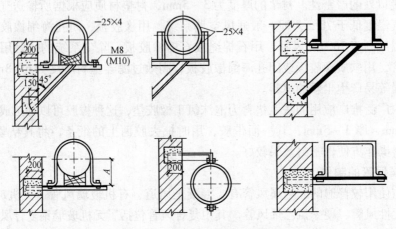

图6-20 风管在墙上安装的托架

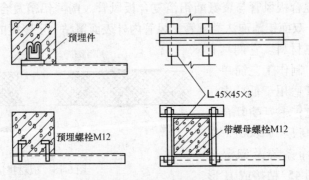

图6-21 风管沿柱安装的托架

2）当风管的安装位置距墙、柱较远，不能采用托架安装时，常用吊架安装。圆形风管的吊架由吊杆和抱箍组成，矩形风管吊架由吊杆和托梁组成，如图6-22所示。

吊杆由圆钢制成，端部应加工有50~60mm长的螺纹，以便于调整吊架标高。抱箍由扁钢制成，加工成两个半圆形，用螺栓卡接风管。托梁用角钢制成，两端钻孔位置应在矩形风管边缘外40~50mm，穿入吊杆后以螺栓固定。圆形风管在用单吊杆的同时，为防止风管晃动，应每隔两个单吊杆设一个双吊杆，双吊杆的吊装角度宜采用45°。矩形风管采用双吊杆安装，两矩形风管并行时，采用多吊杆安装。

3）垂直风管的固定垂直风管不受荷载，可利用风管法兰连接吊杆固定，或用扁钢制作的两半圆立管卡栽埋于墙上固定，如图6-23所示。

（2）支、吊架的间距　金属风管安装的吊托支、吊架的安装间距：对水平安装的风管，直径或大边长小于400mm时，支架间距不小于4m，大于或等于400mm时，支架间距不超过3m；对垂直安装的风管，支架间距不应超过4m，且每根立管的固定件不应少于2个。保温风管的支架间距由设计确定，一般为2.5~3m。

塑料风管较重，加之塑料风管受温度和老化的影响，所以支架间距一般为2~3m，并且一般以吊架为主。

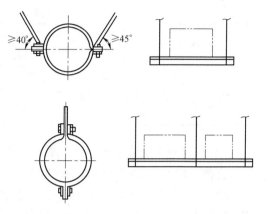

图6-22　风管吊架

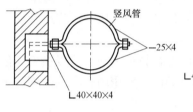
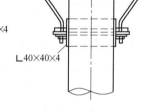

图6-23　垂直风管的固定

6.3.2　通风管道制作安装定额应用

1. 通风管道工程量的计算

（1）薄钢板通风管道制作安装　风管制作工作内容包括放样、下料、卷圆、折方、轧口、咬口，制作直管、管件、法兰、吊托支架，钻孔、铆焊、上法兰、组对。

风管安装工作内容包括找标高、打支架墙洞、配合预留孔洞、埋设吊托支架，组装、风管就位、找平、找正，制垫、垫垫、上螺栓、紧固等。

1）薄钢板通风管道制作安装以施工图示风管中心线长度为准，按不同规格以展开面积按"10m²"计算。上述工程量计算中检查孔、测定孔、送风口、吸风口等所占的面积均不扣除。但咬口重叠部分不增加。

2）支管长度以支管中心线与主管中心线交点为分界点，如图6-24所示。

3）计算风管长度时，包括弯头、三通、变径管、天圆地方等管件的长度，但不得包括部件所在位置的长度。部件长度值按表6-7所示取值。

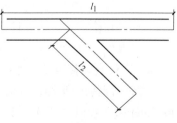

图6-24　支管长度计算

表 6-7　风管部件长度

序　号	部件名称	部件长度/mm	序　号	部件名称	部件长度/mm
1	蝶阀	150	4	圆形风管防火阀	$D+240$
2	止回阀	300	5	矩形风管防火阀	$B+240$
3	密闭式对开多叶调节阀	210			

4）风管制作安装定额包括弯头、三通、天圆地方等管件及法兰、加固框和吊托架的制作和安装。但不包括过跨风管的落地支架制作安装，应另列项计算。

5）整个通风系统设计采用渐缩管均匀送风者，圆形风管按平均直径，矩形风管按平均周长执行相应规格项目，套定额时其人工乘以系数 2.5。

6）镀锌薄钢板风管项目中的板材是按镀锌薄钢板编制的，如设计要求不用镀锌薄钢板者，板材可以换算，其他不变。

7）薄钢板风管项目中的板材，如设计要求厚度不同者可以换算，但人工、机械不变。

8）如制作空气幕送风管时，按矩形风管平均周长执行相应风管规格项目，其人工乘以系数 3，其余不变。

9）项目中的法兰垫料如设计要求使用材料品种不同者可以换算，但人工不变。使用泡沫塑料者每千克橡胶板换算为泡沫塑料 0.125kg；使用闭孔乳胶海绵者每千克橡胶板换算为闭孔乳胶海绵 0.5kg。

（2）柔性软风管安装　柔性软风管适用于由金属、涂塑化纤织物、聚酯、聚乙烯、聚氯乙烯薄膜、铝箔等材料制成的软风管。柔性软风管安装工程量计算区分有无保温套管，按不同直径（150mm、250mm、500mm、710mm、910mm）以"m"计。

柔性软风管阀门安装工程量计算按不同直径（150mm、250mm、500mm、710mm、910mm）以"个"计。

（3）风管附件

1）弯头导流叶片安装工程量按叶片的面积以"m²"为单位计算。风管导流叶片不分单叶片和香蕉形双叶片均执行同一项目。

2）软管接口（即帆布接口）安装工程量按图注尺寸以"m²"为单位计算。软管接头使用人造革而不使用帆布者可以换算。

3）风管检查孔，按设计选型（T614）以"100kg"为单位计算。

4）温度、风量测定孔，按设计选型（T615）以"个"为单位计算。

2. 净化通风管道及部件制作安装

镀锌薄钢板矩形净化风管（咬口）制作安装分不同周长（800mm 以下、2000mm 以下、4000mm 以下）以"10m²"计。静压箱制作安装以"10m²"计。铝制孔板风口、过滤器框架制作安装以"100kg"计。高效过滤器、中低效过滤器、净化工作台、风淋室（分 0.5t 以内、1.0t 以内、2.0t 以内、3.0t 以内）以"台"计。

1）工作内容：①风管制作：放样、下料、折方、轧口、咬口，制作直管、管件、法兰、吊托支架，钻孔、铆焊、上法兰、组对，口缝外表面涂密封胶、风管内表面清洗、风管两端封口。②风管安装：找标高、找平、找正、配合预留孔洞、打支架墙洞、埋设支吊架；

风管就位、组装、制垫、垫垫、上螺栓、紧固，风管内表面清洗、管口封闭、法兰口涂密封胶。③部件制作：放样、下料、零件、法兰、预留预埋，钻孔、铆焊、制作、组装、擦洗。④部件安装：测位、找平、找正、制垫、垫垫、上螺栓、清洗。⑤高、中、粗效过滤器，净化工作台，风淋室安装：开箱、检查、配合钻孔、垫垫、口缝涂密封胶、试装、正式安装。

2）净化通风管道制作安装项目中包括弯头、三通、变径管、天圆地方等管件及法兰、加固框和吊托支架，不包括过跨风管落地支架。落地支架执行设备支架项目。

3）净化风管项目中的板材，如设计厚度不同者可以换算，人工、机械不变。

4）圆形风管执行本部分矩形风管相应项目。

5）风管涂密封胶是按全部口缝外表面涂抹考虑的，如设计要求口缝不涂抹而只在法兰处涂抹者，每 $10m^2$ 风管应减去密封胶 1.5kg 和人工 0.37 工日。

6）过滤器安装项目中包括试装，如设计不要求试装者，其人工、材料、机械不变。

7）风管及部件项目中，型钢未包括镀锌费，如设计要求镀锌时，另加镀锌费。

8）铝制孔板风口如需电化处理时，另加电化费。

9）粗效过滤器指：M—A 型、WL 型、LWP 型等系列。中效过滤器指：ZKL 型、YB 型、M 型、ZX—1 型等系列。高效过滤器指：GB 型、CS 型、JX-20 型等系列。净化工作台指：XHK 型、BZK 型、SXP 型、SZP 型、SZX 型、SW 型、SZ 型、SXZ 型、TJ 型、Q 型等系列。

10）洁净室安装以质（重）量计算，执行《全国统一安装工程预算定额》第九册、第八章"分段组装式空调器安装"项目。

11）定额按空气洁净度 100000 级编制的。

3. 不锈钢板通风管道及部件制作安装

1）不锈钢板圆形风管（电焊）制作安装工程量分不同的直径×壁厚（mm）分别以"$10m^2$"计算。

2）矩形风管执行圆形风管相应项目。

3）不锈钢吊托支架执行相应项目。

4）风管凡以电焊考虑的项目，如需使用手工氩弧焊者，其人工乘以系数 1.238，材料乘以系数 1.163，机械乘以系数 1.673。

5）风管制作安装项目中包括管件，但不包括法兰和吊托支架；法兰和吊托支架应单独列项计算执行相应项目。

6）风管项目中的板材如设计要求厚度不同者可以换算，人工、机械不变。

7）风口、采用手工氩弧焊或电焊的圆形法兰（5kg 以下、5kg 以上）、吊托支架制作安装工程量以"100kg"计。

4. 铝板通风管道及部件制作安装

1）铝板风管（气焊）制作安装工程量矩形分不同的周长×壁厚（mm），圆形分不同的直径×壁厚（mm）分别以"$10m^2$"计算。

2）风管凡以电焊考虑的项目，如需使用手工氩弧焊者，其人工乘以系数 1.154，材料乘以系数 0.852，机械乘以系数 9.242。

3）风管制作安装项目中包括管件，但不包括法兰和吊托支架；法兰和吊托支架应单独列项计算执行相应项目。

4）风管项目中的板材如设计要求厚度不同者可以换算，人工、机械不变。

5. 塑料通风管道及部件制作安装

1）塑料风管制作安装工程量圆形分不同的直径×壁厚，矩形分不同的周长×壁厚分别以"10m²"计算。

楔形空气分布器、圆形空气分布器、矩形空气分布器、直片式散流器、插板式风口、蝶阀、插板阀、槽边侧吸罩、槽边排风罩、条缝槽边抽风罩、各型风罩调节阀、圆伞形风帽、锥形风帽、筒形风帽制作安装工程量以"100kg"计。

柔性接口及伸缩节（无法兰、有法兰）制作安装工程量以"m²"计算。

2）风管项目规格表示的直径为内径，周长为内周长。

3）风管制作安装项目中包括管件、法兰、加固框，但不包括吊托支架，吊托支架执行相应项目。

4）风管制作安装项目中的主体，板材（指每10m²定额用量为11.6m²者）如设计要求厚度不同者可以换算，人工、机械不变。

5）项目中的法兰垫料如设计要求使用品种不同者可以换算，但人工不变。

6）塑料通风管道胎具材料摊销费的计算方法。塑料风管管件制作的胎具摊销材料费，未包括在定额内，按以下规定另行计算：风管工程量在30m²以上的，每10m²风管的胎具摊销木材为0.06m³，按地区预算价格计算胎具材料摊销费。风管工程量在30m²以下的，每10m²风管的胎具摊销木材为0.09m³，按地区预算价格计算胎具材料摊销费。

6. 玻璃钢通风管道及部件安装

1）玻璃钢风管制作安装工程量计算矩形区分不同周长，圆形区分不同直径按风管的图注不同规格以展开面积计算，并以"10m²"为计算单位。

圆伞形风帽、锥形风帽、筒形风帽安装工程量以"100kg"计。

2）玻璃钢通风管道安装项目中，包括弯头、三通；变径管、天圆地方等管件的安装及法兰、加固框和吊托架的制作安装，不包括过跨风管落地支架。落地支架执行设备支架项目。

3）定额玻璃钢风管及管件按计算工程量加损耗外加工定做，其价值按实际价格；风管修补应由加工单位负责，其费用按实际价格发生，计算在主材费内。

4）定额内未考虑预留铁件的制作和埋设，如果设计要求用膨胀螺栓安装吊托支架者，膨胀螺栓可按实际调整，其余不变。

7. 复合型风管制作安装

1）复合型风管制作安装工程量计算矩形区分不同周长，圆形区分不同直径按风管的图注不同规格以展开面积计算，并以"10m²"为计算单位。

2）风管项目规格表示的直径为内径，周长为内周长。

3）风管制作安装项目中包括管件、法兰、加固框、吊托支架。

6.3.3　通风管道制作安装工程清单项目设置

1. 清单项目设置

通风管道制作安装工程量清单项目设置见表6-8。

表6-8　通风管道制作安装工程量清单项目设置

项目编码	项目名称	项 目 特 征	计量单位	工程量计算规则	工 作 内 容
030702001	碳钢通风管道	1. 名称 2. 材质 3. 形状 4. 规格 5. 板材厚度 6. 管件、法兰等附件及支架设计要求 7. 接口形式	m²	按设计图示内径尺寸以展开面积计算	1. 风管、管件、法兰、零件、支吊架制作、安装 2. 过跨风管落地支架制作、安装
030702002	净化通风管道				
030702003	不锈钢板通风管道	1. 名称 2. 形状 3. 规格 4. 板材厚度 5. 管件、法兰等附件及支架设计要求 6. 接口形式	m²	按设计图示内径尺寸以展开面积计算	1. 风管、管件、法兰、零件、支吊架制作、安装 2. 过跨风管落地支架制作、安装
030702004	铝板通风管道				
030702005	塑料通风管道				
030702006	玻璃钢通风管道	1. 名称 2. 形状 3. 规格 4. 板材厚度 5. 支架形式、材质 6. 接口形式		按设计图示外径尺寸以展开面积计算	1. 风管、管件安装 2. 支吊架制作、安装 3. 过跨风管落地支架制作、安装
030702007	复合型风管	1. 名称 2. 材质 3. 形状 4. 规格 5. 板材厚度 6. 接口形式 7. 支架形式、材质			
030702008	柔软性风管	1. 名称 2. 材质 3. 规格 4. 形式	1. m² 2. 节	1. 以米计量,按设计图示中心线以长度计算 2. 以节计量,按设计图示数量计算	1. 风管安装 2. 风管接头安装 3. 支吊架制作、安装
030702009	弯头导流叶片	1. 名称 2. 材质 3. 规格 4. 形式	1. m² 2. 组	1. 以面积计算,按设计图示以展开面积平方米计算 2. 以组计算,按设计图示数量计算	1. 制作 2. 组装
030702010	风管检查孔	1. 名称 2. 材质 3. 规格	1. kg 2. 个	1. 以千克计算,按风管检查孔质量计算 2. 以个计算,按设计图示数量计算	1. 制作 2. 组装
030702011	温度、风量测定孔	1. 名称 2. 材质 3. 规格 4. 设计要求	个	按设计图示数量计算	1. 制作 2. 组装

2. 清单设置说明

1）风管展开面积，不扣除检查孔、测定孔、送风口、吸风口等所占面积；风管长度一律以设计图示中心长度为准（主管与支管以其中心线交点划分），包括弯头、三通、变径管、天圆地方等管件的长度，但不包括部件所占的长度。风管展开面积不包括风管、咬口重叠部分面积。风管渐缩管：圆形风管按平均直径展开，矩形风管按平均周长展开。

2）穿墙套管按展开面积计算，计入通风管道工程量中。

3）通风管道的法兰垫料或封口材料，按图样要求应在项目特征中描述。

4）净化通风管的空气洁净度按100000级标准编制，净化通风管使用的型钢材料如要求镀锌时，工作内容应注明支架镀锌。

5）弯头导流叶片数量，按设计图样或规范要求计算。

6）风管检查孔、温度测定孔、风量测定孔数量，按设计图样或规范要求计算。

7）清单项目特征描述：风管的形状应描述圆形、矩形、渐缩形等；风管的材质（包括板材、绝热层材料、保护层材料）应描述碳钢、塑料、不锈钢、复合材料、铝材等材料类型、材料的规格（如板厚）、碳钢材料应描述热轧或冷轧等；风管连接应描述咬口、铆接或焊接形式等。

6.4 通风管道部件制作安装定额应用及清单项目设置

6.4.1 通风管道部件制作安装

1. 风口与风阀安装

通风系统的末端装置为送、回风口。送、回风口可用铝合金、镀锌钢板、喷漆钢板、塑料等材料制成。

通风系统的风阀可分为一次调节阀、开关阀、自动调节阀和防火阀等。其中，一次调节阀主要用于系统调试，调好阀门位置就保持不变，如三通阀、蝶阀、对开多叶阀、插板阀等。开关阀主要用于系统的启闭，如风机起动阀、转换阀等。自动调节阀是系统运行中需经常调节的阀门，它要求执行机构的行程与风量成正比或接近成正比，多采用顺开式多叶调节阀和密闭对开多叶调节阀。新风调节阀、加热器混合调节阀，常采用顺开式多叶调节阀。系统风量调节阀一般采用密闭对开多叶调节阀。

防火阀应用于有防火要求的通风管道上，发生火灾时，温度熔断器动作，阀门关闭，切断火势和烟气沿风管蔓延的通路，其动作温度为70℃。排烟阀应用于排烟系统的风管上，火灾发生时，烟感探头发出火灾信号，控制中心接通排烟阀上的直流24V电源，将阀门迅速打开进行排烟。当排烟温度达到280℃时排烟阀自动关闭，排烟系统停止运行。

2. 柔性短管的安装

柔性短管常用于风机与风管间的连接，以减少系统的机械振动。

柔性短管的材质应符合设计要求，一般用帆布或人造革制作。输送潮湿空气或安装于潮湿环境的柔性短管，应选用涂胶帆布，输送腐蚀性气体的柔性短管，应选用耐酸橡胶或0.8~1mm厚的软聚氯乙烯塑料。柔性短管长度一般为150~250mm，应留有20~25mm搭接量，用1mm厚条形镀锌钢板（或涂漆黑铁皮）连同帆布短管铆接在角钢法兰上，连接缝应牢固严密，帆布外边不得涂刷油漆，防止帆布短管失去弹性和伸缩性，起不到减振作用。当柔性短管需要防潮时，应涂刷专用帆布漆（如 Y02-11 帆布漆）。空气洁净系统的柔性短管，应选用里面光滑不积尘、不透气的材料，如软橡胶板、人造革、涂胶帆布等，连接应严密不漏气。

当系统风管穿越建筑物沉降缝时，也应设置柔性短管，其长度视沉降缝宽度适当加长。

3. 消声器

消声器是一种既能允许气流通过，又能有效阻止或减弱声能传播的装置，是解决空气性噪声的主要技术措施。消声器的种类和结构型式很多，用于空调系统中的消声器按其消声特性来分，有阻性消声器、抗性消声器、复合式消声器和微孔板消声器。

6.4.2　通风管道部件制作安装定额应用

1. 调节阀制作安装

调节阀制作工作内容包括放样、下料，制作短管、阀板、法兰、零件，钻孔、铆焊、组合成型。调节阀安装工作内容包括号孔、钻孔、对口、校正，制垫、垫垫、上螺栓、紧固、试动。

调节阀制作工程量计算分不同的型号以"100kg"为单位计算；调节阀安装工程量计算分不同的型号以"个"为单位计算。

2. 风口制作安装

风口制作工作内容包括放样、下料、开孔，制作零件、外框、叶片、网框、调节板、拉杆、导风板、弯管、天圆地方、扩散管、法兰，钻孔、铆焊、组合成型。风口安装工作内容包括对口、上螺栓、制垫、垫垫、找正、找平、固定、试动、调整。

1）风口制作：风口制作工程量根据不同型号按"100kg"计算。钢百叶窗、活动金属百叶风口按"m²"计。

2）风口安装：风口安装分百叶风口、矩形送风口、矩形空气分布器、旋转吹风口、方形散流器、圆形和流线形散流器、送吸风口、活动算式风口、网式风口、钢百叶窗，以"个"计算。

3. 罩类制作安装

罩类制作工作内容包括放样、下料、卷圆，制作罩体、来回弯、零件、法兰，钻孔、铆焊、组合成型。罩类安装工作内容包括埋设支架、吊装、对口、找正，制垫、垫垫、上螺栓，固定配重环及钢丝绳、试动调整。

罩类制作安装工程量区分不同形式均以"100kg"计。罩类制作安装以标准部件依设计型号规格查阅《采暖通风国家标准图集设计选用手册》中的标准部件质量表，按其质量计算。

4. 消声器制作安装

消声器制作工作内容包括放样、下料、钻孔，制作内外套管、木框架、法兰，铆焊、粘贴，填充消声材料，组合。消声器安装工作内容包括组对、安装、找正、找平，制垫、垫垫、上螺栓，固定。

消声器制作安装工程量区分不同形式以"100kg"计。

6.4.3 通风管道部件制作安装工程清单项目设置

1. 清单项目设置

通风管道部件制作安装工程量清单项目设置见表6-9。

表6-9 通风管道部件制作安装工程量清单项目设置

项目编码	项目名称	项目特征	计量单位	工程量计算规则	工 作 内 容
030703001	碳钢阀门	1. 名称 2. 型号 3. 规格 4. 质量 5. 类型 6. 支架形式、材质	个	按设计图示数量计算	1. 阀体制作 2. 阀体安装 3. 支架制作、安装
030703002	柔性软风管阀门	1. 名称 2. 型号 3. 材质 4. 类型			阀体安装
030703003	铝蝶阀	1. 名称 2. 型号 3. 质量 4. 类型			
030703004	不锈钢蝶阀				
030703005	塑料蝶阀	1. 名称 2. 型号 3. 规格 4. 类型			
030703006	玻璃钢蝶阀				
030703007	碳钢风口、散流器、百叶窗	1. 名称 2. 型号 3. 规格 4. 质量 5. 类型 6. 形式			1. 风口制作、安装 2. 散流器制作安装 3. 百叶窗安装
030703008	不锈钢风口、散流器、百叶窗	1. 名称 2. 型号 3. 规格 4. 质量 5. 类型 6. 形式			
030703009	塑料风口、散流器、百叶窗				
030703010	玻璃钢风口	1. 名称 2. 型号 3. 规格 4. 类型 5. 形式			风口安装
030703011	铝及铝合金风口、散流器				1. 风口制作、安装 2. 散流器制作安装

（续）

项目编码	项目名称	项目特征	计量单位	工程量计算规则	工作内容
030703012	碳钢风帽	1. 名称 2. 规格 3. 质量 4. 类型 5. 形式 6. 风帽筝绳、泛水设计要求	个	按设计图示数量计算	1. 风帽制作、安装 2. 筒形风帽滴水盘制作、安装 3. 风帽筝绳制作、安装 4. 风帽泛水制作、安装
030703013	不锈钢风帽				
030703014	塑料风帽				
030703015	铝板伞形风帽				1. 板伞形风帽制作、安装 2. 风帽筝绳制作、安装 3. 风帽泛水制作、安装
030703016	玻璃钢风帽				1. 玻璃钢风帽安装 2. 筒形风帽滴水盘安装 3. 风帽筝绳安装 4. 风帽泛水安装
030703017	碳钢罩类	1. 名称 2. 型号 3. 规格 4. 质量 5. 类型 6. 形式	个	按设计图示数量计算	1. 罩类制作 2. 罩类安装
030703018	塑料罩类				
030703019	柔性接口	1. 名称 2. 规格 3. 材质 4. 类型 5. 形式	m²	按设计图示尺寸以展开面积计算	1. 柔性接口制作 2. 柔性接口安装
030703020	消声器	1. 名称 2. 规格 3. 材质 4. 形式 5. 质量 6. 支架形式、材质	个	按设计图示数量计算	1. 消声器制作 2. 消声器安装 3. 支架制作安装
030703021	静压箱	1. 名称 2. 规格 3. 形式 4. 材质 5. 支架形式、材质	1. 个 2. m²	1. 以个计算，按设计图示数量计算 2. 以平方米计算，按设计图示尺寸以展开面积计算	1. 静压箱制作 2. 静压箱安装 3. 支架制作、安装
030703022	人防超压自动排气阀	1. 名称 2. 型号 3. 规格 4. 类型	个	按设计图示数量计算	安装
030703023	人防超压手动密闭阀	1. 名称 2. 型号 3. 规格 4. 支架形式、材质			1. 密闭阀安装 2. 支架制作、安装
030703024	人防其他部件	1. 名称 2. 型号 3. 规格 4. 类型	个 （套）	按设计图示数量计算	安装

2. 清单设置说明

(1) 碳钢阀门 包括：空气加热器上通阀、空气加热器旁通阀、圆形瓣式启动阀、风管蝶阀、风管止回阀、密闭式斜插板阀、矩形风管三通调节阀、对开式多叶调节阀、风管防火阀、各型风罩调节阀等。

(2) 塑料阀门 包括：塑料蝶阀、塑料插板阀、各型风罩塑料调节阀。

(3) 碳钢风口、散流器、百叶窗 包括：百叶风口、矩形送风口、矩形空气分布器、风管插板分口、旋转吹风口、圆形散流器、方形散流器、流线型散流器、送吸风口、活动算式风口、网式风口、钢百叶窗等。

(4) 碳钢罩类 包括：胶带防护罩、电动机防雨罩、侧吸罩、中小型零件焊接排气罩、整体分组式槽边侧吸罩、吹吸式槽边通风罩、条缝槽边抽风罩、泥心烘炉排气罩、升降式回转排气罩、上下吸式圆形回转罩、升降式排气罩、手锻炉排气罩。

(5) 塑料罩类 包括：塑料槽边侧吸罩、塑料槽边风罩、塑料条缝槽边抽风罩。

(6) 柔性接口 包括：金属、非金属软接口及伸缩节。

(7) 消声器 包括：片式消声器、矿棉管式消声器、聚酯泡沫式管式消声器、卡普隆纤维管式消声器、弧形声流式消声器、阻抗复合式消声器、微穿孔板消声器、消声弯头。

(8) 通风部件如图样要求制作安装或用成品部件只安装不制作，这类特征在项目特征中应明确描述，不能重复计算制作费用。

(9) 静压箱的面积计算 按设计图示尺寸以展开面积计算，不扣除开口面积。

(10) 碳钢调节阀制作工程量 以质量计量，调节阀质量按设计图示规格型号，采用国标通用部件质量标准。

(11) 其特征描述应注意的问题

1) 调节阀的类型应描述三通调节阀（手柄式、拉杆式）、蝶阀（防爆、保温等）、防火阀（圆形、矩形）等；调节阀的周长，圆形管道时指直径，矩形管道时指边长。

2) 风口类型应描述百叶风口、矩形风口、旋转吹风口、送吸风口、活动算式风口、网式风口、钢百叶窗等；散流器类型则描述矩形空气分布器、圆形散流器、方形散流器、流线形散流器；风口形状应描述方形或圆形等。

3) 风帽的形状应描述伞形、锥形、筒形等；风帽的材质应描述材料类别（碳钢、不锈钢、塑料、铝材等）、材料成分等。

4) 罩类的类型应描述传动带防护罩、电动机防护罩、侧吸罩、焊接台排气罩、整体分组式槽边侧吸罩、吹吸式槽边通风罩、条缝槽边抽风罩、泥心烘炉排气罩、升降式回转排气罩、上下吸式圆形回转罩、升降式排气罩、手锻炉排气罩等。

5) 消声器的类型应描述片式、矿棉管式、聚酯泡沫管式、卡普隆纤维式、弧形声流式等；静压箱的材料应描述材料种类和板厚，规格应描述其（长×宽×高）尺寸等。

6.5 通风管道检测调试定额应用及清单项目设置

6.5.1 通风管道漏风量检测

风管及管件安装结束后，在进行防腐和保温之前，应按照系统的压力等级进行严密性检验。低压风管系统的严密性检验，在加工工艺得到保证的前提下，一般以主干管为主采用漏光法检测；中压风管系统的严密性检验一般在漏光法检测的基础上做漏风量的抽检；高压风管则必须全数进行漏风量检测。

（1）风管严密性的漏光法检测　风管严密性的漏光法检测，是利用光线对小孔的强穿透力，对系统风管严密程度进行检测的方法。风管严密性的漏光法检测，是采用具有一定强度的安全光源，一般的手持移动光源可采用不低于 100W 带防护罩的低压照明灯，或其他的低压光源，如图 6-25 所示。

（2）漏风量的测试　漏风量测试装置，一般分为风管式和风室式两种。在风管式漏风测试装置中，使用的计量元件为孔板；在风室式漏风测试装置中，使用的计量元件为喷嘴。图 6-26 及图 6-27 所示是风管式漏风量的测试装置。它是由离心风机、连接风管、测压仪器、整流栅、节流器和标准孔板等组成。

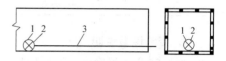

图 6-25　测光法试验检查系统
1—保护罩　2—灯泡　3—电线

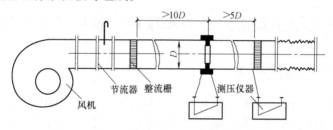

图 6-26　正压风管式漏风量测试装置

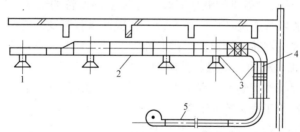

图 6-27　风管漏风试验系统连接示范
1—风口　2—被测风管　3—盲板　4—胶袋密封　5—试验装置

在漏风量测试装置中，所使用风机的风压和风量应大于被测定系统或设备的规定试验压力及最大允许漏风量的 1.2 倍。

6.5.2　通风空调工程检测、调试定额应用

在定额计价模式中，通风空调工程系统调试是以综合系数的形式读取费用的，详见第 2 章相关内容。

6.5.3　通风空调工程检测、调试工程清单项目设置

1. 清单项目设置
通风空调工程检测、调试清单项目设置参见表 6-10。

表 6-10 通风工程检测、调试清单项目

项目编码	项目名称	项目特征	计量单位	工程量计算规则	工作内容
030704001	通风工程检测、调试	风管工程量	系统	按通风系统计算	1. 通风管道风量测定 2. 风压测定 3. 温度测定 4. 各系统风口、阀门调整
030704002	风管漏光试验、漏风试验	漏光试验、漏风试验、设计要求	m²	按设计图样或规范要求以展开面积计算	通风管道漏光试验、漏风试验

2. 清单设置说明

通风空调工程检测、调试项目是系统工程安装后所进行的系统检测及对系统的各风口、调节阀、排气罩进行风量、风压调试等全部工作过程。通风空调工程系统检测、调试以"系统"为计量单位。

6.6 通风空调工程定额应用及清单项目设置应注意的问题

6.6.1 定额应用应注意的问题

《全国统一安装工程预算定额》第九册《通风空调工程》适用于工业与民用建筑的新建、扩建项目中的通风、空调工程。第九册共分十四章，主要包括：薄钢板通风管道制作安装、通风系统部件的制作与安装（调节阀制作安装、风口的制作安装、风帽制作安装、罩类制作安装）、空调部件及设备支架制作安装、通风空调设备的安装、净化通风管道及部件制作安装、不锈钢板通风管道及部件制作安装、铝板通风管道及部件制作安装、塑料通风管道及部件制作安装、玻璃钢通风管道及部件制作安装、复合型风管制作安装等。

1. 通风空调安装工程刷油、绝热、防腐蚀

通风空调安装工程刷油、绝热、防腐蚀，执行《全国统一安装工程预算定额》第十一册《刷油、防腐蚀、绝热工程》相应定额。

1）薄钢板风管刷油按其工程量执行相应项目，仅外（或内）面刷油者，定额乘以系数1.2，内外均刷油者，定额乘以系数1.1（其法兰加固框、吊托支架已包括在此系数内）。

2）薄钢板部件刷油按其工程量执行金属结构刷油项目，定额乘以系数1.15。

3）不包括在风管工程量内而单独列项的各种支架（不锈钢吊托支架除外）按其工程量执行相应项目。

4）薄钢板风管、部件以及单独列项的支架，其除锈不分锈蚀程度，一律按其第一遍刷油的工程量执行轻锈相应项目。

5）绝热保温材料不需粘结者，执行相应项目时需减去其中的粘结材料，人工乘以系数0.5。

6）风道及部件在加工厂预制的，其场外运费由各地自行制定。

2. 制作费与安装费的比例

定额中人工、材料、机械凡未按制作和安装分别列出的，其制作费与安装费的比例见表6-11。

表 6-11　制作费与安装费的比例

章　号	项　　目	制作占(%)			安装占(%)		
		人工	材料	机械	人工	材料	机械
第一章	薄钢板通风管道制作安装	60	95	95	40	5	5
第二章	调节阀制作安装	—	—	—	—	—	—
第三章	风口制作安装	—	—	—	—	—	—
第四章	风帽制作安装	75	80	99	25	20	1
第五章	罩类制作安装	78	98	95	22	2	5
第六章	消声器制作安装	91	98	99	9	2	1
第七章	空调部件及设备支架制作安装	86	98	95	14	2	5
第八章	通风空调设备安装	—	—	—	100	100	100
第九章	净化通风管道及部件制作安装	60	85	95	40	15	5
第十章	不锈钢板通风管道及部件制作安装	72	95	95	28	5	5
第十一章	铝板通风管道及部件制作安装	68	95	95	32	5	5
第十二章	塑料通风管道及部件制作安装	85	95	95	15	5	5
第十三章	玻璃钢通风管道及部件安装	—	—	—	100	100	100
第十四章	复合型风管制作安装	60	—	99	40	100	1

3. 风管、部件板材损耗率

风管、部件板材损耗率见表 6-12。

表 6-12　风管、部件板材损耗率（节录）

序　号	项　　目	损耗率(%)	备　注
	钢板部分		
1	咬口通风管道	13.80	综合厚度
2	焊接通风管道	8.00	综合厚度
3	圆形阀门	14.00	综合厚度
4	方、矩形阀门	8.00	综合厚度
5	风管插板式风口	13.00	综合厚度
6	网式风口	13.00	综合厚度
7	单、双、三层百叶风口	13.00	综合厚度
8	连动百叶风口	13.00	综合厚度
9	钢百叶窗	13.00	综合厚度
10	活动箅式风口	13.00	综合厚度
11	矩形风口	13.00	综合厚度
12	单面送吸风口	20.00	$\delta = 0.7 \sim 0.9$
13	双面送吸风口	16.00	$\delta = 0.7 \sim 0.9$
14	单双面送吸风口	8.00	$\delta = 1.0 \sim 1.5$
15	带调节板活动百叶送风口	13.00	综合厚度
16	矩形空气分布器	14.00	综合厚度
17	旋转吹风口	12.00	综合厚度
18	圆形、方形直片散流器	45.00	综合厚度
19	流线形散流器	45.00	综合厚度
20	135 型单层、双层百叶风口	13.00	综合厚度
21	135 型带导流片百叶风口	13.00	综合厚度
22	各式消声器	13.00	综合厚度

（续）

序 号	项 目	损耗率（%）	备 注
钢板部分			
23	空调设备	13.00	
24	空调设备	8.00	
25	设备支架	4.00	综合厚度
塑料部分			
26	塑料圆形风管	16.00	综合厚度
27	塑料矩形风管	16.00	综合厚度
28	圆形蝶阀（外框短管）	16.00	综合厚度
29	圆形蝶阀（阀板）	31.00	综合厚度
30	矩形蝶阀	16.00	综合厚度
31	插板阀	16.00	综合厚度
32	槽边侧吸罩、风罩调节阀	22.00	综合厚度
33	整体槽边侧吸罩	22.00	综合厚度
34	条缝槽边抽风罩（各型）	22.00	综合厚度
35	塑料风帽（各型）	22.00	综合厚度
36	插板式侧面风口	16.00	综合厚度
37	空气分布器类	20.00	综合厚度
38	直片式散流器	22.00	综合厚度
39	柔性接口及伸缩节	16.00	综合厚度
净化部分			
40	净化风管	14.90	综合厚度
41	净化铝板风口类	38.00	综合厚度
不锈钢部分			
42	不锈钢板通风管道	8.00	
43	不锈钢板圆形法兰	150.00	$\delta = 4 \sim 10$
44	不锈钢板风口类	8.00	$\delta = 1 \sim 3$
铝板部分			
45	铝板通风管道	8.00	
46	铝板圆形法兰	150.00	$\delta = 4 \sim 12$
47	铝板风帽	14.00	$\delta = 3 \sim 6$

6.6.2 清单项目设置应注意的问题

1）冷冻机组站内的设备安装、通风机安装及人防两用通风机的安装，应按《通用安装工程工程量计算规范》附录 A "机械设备安装工程" 相关项目编码列项。

2）冷冻机组站内的管道安装，应按《通用安装工程工程量计算规范》附录 H "工业管道工程" 相关项目编码列项。

3）冷冻站外墙皮以外通往通风空调设备的供热、供冷、供水等管道，应按《通用安装工程工程量计算规范》附录 K"给排水、采暖、燃气工程"相关项目编码列项。

4）设备和支架的除锈、刷漆、保温及保护层安装，应按照《通用安装工程工程量计算规范》附录 M"刷油、防腐蚀、绝热工程"相关项目编码列项。

6.7　通风空调安装工程造价计价实例

广东省某市建筑工程学校办公楼空调工程，建筑共五层，首层 4m，二～五层 3.4m。冷冻水由设置于相邻建筑的冷冻机房供应。

该工程中一层大厅设计为全空气低速空调系统，其柜式空调机组设在一层空调机房，办公用房设计为风机盘管加新风系统，其新风机组设在大厅。

该工程的风机盘管加新风系统设计采用卧式暗装型带回风箱风机盘管，送风采用方形散流器（带人字闸）下送，回风采用门铰式回风口，回风口带过滤器，新风接于风机盘管的送风管。所有风机盘管均设三档风速开关。

空调机回水支管上装电动两通阀，由房间温度控制通过盘管的水量；新风机回水支管上装上电动两通阀，由送风温度控制通过盘管的水量。

该工程中空调冷冻水管采用镀锌钢管，凝结水管采用 PVC 管。冷凝水管管径均为 DN32。

该工程风管采用铝箔玻璃棉毡保温，铝箔玻璃棉毡密度为 $48kg/m^3$，保温层厚度 30mm。冷冻水保温材料选用福乐斯橡塑保温材料，保温材料厚度为 35mm。

该工程所有空调机进、出水管上均装温度计和压力表。

该工程所有风机盘管安装高度均为机底距地 3300mm，风机盘管送风口为散流器下送，送风管安装高度为接管高度，回风口均为门铰式回风百叶。

走道内新风主管管底距地 3100mm，从新风主管接出的新风支管均设风量调节阀。走道风机盘管供回水干管底距地 3100mm，冷凝水干管起始点管底距地 3250mm，以 0.01 坡度坡向泄水点。所有风机盘管的水管支管均为 DN20，安装高度为风机盘管接管高度，管底距地 3300mm。

该工程仅要求计算首层的空调系统工程造价。

6.7.1　通风空调安装工程施工图

对于民用建筑通风空调安装工程来说，其施工图主要包括图样目录、设计说明、图例、设备材料表、水系统图（包括冷却水系统和冷冻水系统）、各层平面图（风管平面布置图、水管平面布置图，有时系统较简单时可将两者布置在一张图上）、剖面图（视具体情况决定在何处剖）、冷源机房平剖面图、设备安装大样图等。

通风空调安装工程造价计价实例所使用的施工图如图 6-28～图 6-31 所示。

6.7.2　通风空调安装工程造价定额计价方法

1. 工程量计算

（1）工程量汇总表（表 6-13）

（2）工程量计算书（表 6-14）

—— L1 ——	冷水供水管 (7℃)
—— L2 ——	冷水回水管 (12℃)
—— N ——	空气凝结水管
	截止阀
	闸阀
	蝶阀
	电动二通阀
	压力表
	温度计
	自动放气阀

70℃防火调节阀 (常开70℃) 熔断关闭
手动对开多叶调节阀
消声器
风管软接头
铝合金方形散流器
铝合金单层百叶风口
铝合金双层百叶风口

图 6-28　图例

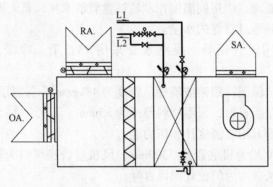

空调机组标准接管示意图

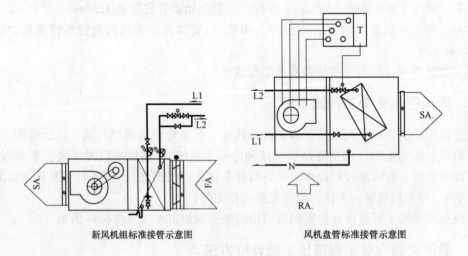

新风机组标准接管示意图　　　风机盘管标准接管示意图

图 6-29　设备接管图

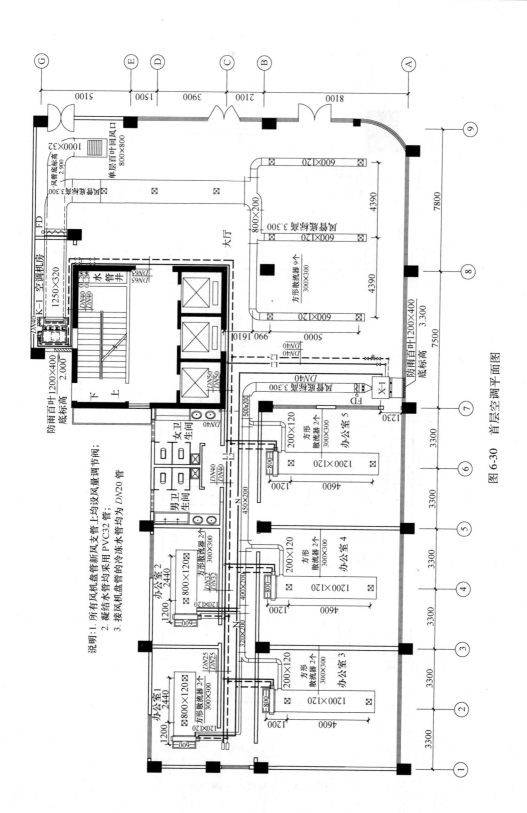

图 6-30　首层空调平面图

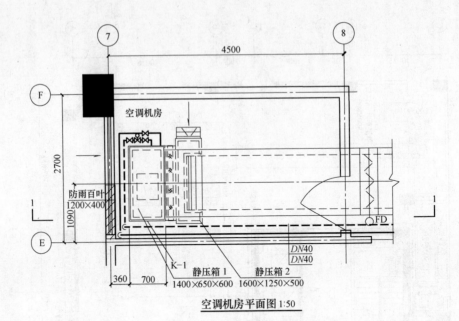

空调机房平面图 1:50

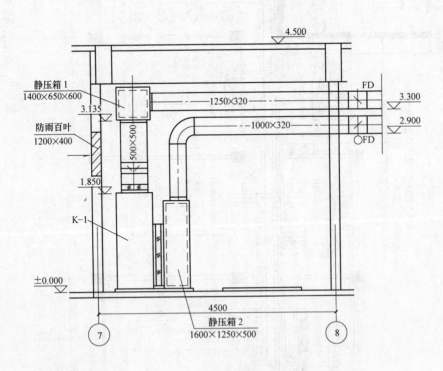

1-1剖面图

图 6-31 空调机房平剖面图

表6-13　工程量汇总表

序　号	项　目　名　称	单　位	数　量
1	立式空调风柜 K-1 8500m³/h，$Q=69.2$kW；$N=2.2$kW	台	1
2	吊顶式空调风柜 X-1 2700m³/h，$Q=37.3$kW，$N=0.75$kW	台	1
3	卧式风机盘管　FP800	台	3
4	卧式风机盘管　FP600	台	2
5	矩形风管　$\delta=1.0$	m²	97.73
6	矩形风管　$\delta=0.75$	m²	73.48
7	矩形风管　$\delta=0.5$	m²	13.32
8	风管帆布软接	m²	3.48
9	静压箱 1400×650×600	个	1
10	静压箱 1600×1250×500	个	1
11	防火调节阀（70℃）1000×320	个	7
12	防火调节阀（70℃）1250×320	个	1
13	防火调节阀（70℃）500×200	个	1
14	手动对开多叶调节阀 500×500	个	1
15	手动对开多叶调节阀 600×450	个	1
16	手动对开多叶调节阀 200×120	个	3
17	手动对开多叶调节阀 120×120	个	2
18	单层百叶回风口 800×800	个	1
19	单层百叶回风口 800×300	个	5
20	方形散流器（带人字闸）300×300	个	19
21	防雨百叶风口 1200×400	个	2
22	风管保温	m³	5.56
23	蝶阀 DN65	个	2
24	闸阀 DN65	个	2
25	闸阀 DN40	个	10
26	铜闸阀 DN20	个	10
27	自动放气阀 DN20	个	2
28	比例积分电动二通阀 DN40	个	2
29	电动二通阀 DN20（带温控器）	个	5
30	橡胶软接头 DN40	个	4
31	压力表（根部配闸阀 DN15 及缓冲管）0~2.0MPa	个	4
32	金属套管温度计	个	4
33	冷冻水镀锌钢管（保温）DN65	m	29.4
34	冷冻水镀锌钢管（保温）DN50	m	8.94
35	冷冻水镀锌钢管（保温）DN40	m	52.94
36	冷冻水镀锌钢管（保温）DN32	m	5.6

（续）

序 号	项 目 名 称	单 位	数 量
37	冷冻水镀锌钢管（保温）DN25	m	6.94
38	冷冻水镀锌钢管（保温）DN20	m	29.4
39	纯铜管（保温）DN20	m	5
40	冷凝水 PCV 管 DN32	m	41.36
41	水管橡塑保温体积	m³	2.66
42	管道支架制作安装	kg	300
43	设备支架制作安装	kg	200
44	支架除锈	kg	500
45	支架刷油	kg	500
46	管道消毒、冲洗 DN100 以内	m	29.4
47	管道消毒、冲洗 DN50 以内	m	103.82

表 6-14　工程量计算书

序号	项目名称	规 格 型 号	计算方法及说明	单位	数量	备 注
空气系统						
一	大厅全空气系统					
1	设备	立式空调风柜 K-1，$L=8500\text{m}^3/\text{h}$，$Q=69.2\text{kW}$，$N=2.2\text{kW}$	空调机房	台	1	平面图
2	风管					
(1)	回风管	1000×320，$\delta=1.0\text{mm}$，周长 $=2.64\text{m}$	长度 = 回风管末端至弯头水平管 2.8m + 弯头至空调风柜水平管 6.5m + 空调风柜垂直管 1.4m-防火调节阀长（0.32 + 0.24）m = 10.14m	m²	26.77	平面图、空调机房平/剖面图
(2)	送风管					
1)	干管	空调风柜出口至静压箱间垂直管，500×500，$\delta=0.75\text{mm}$，周长 $=2\text{m}$	长度 = 静压箱底与空调风柜出口标高差（3.135 - 1.85）m - 出口风管软接长度 0.3m - 出口风阀长度 0.21m = 0.775m	m²	1.55	机房剖面图
		静压箱至大厅三通处间水平管，1250×320，$\delta=1.0\text{mm}$，周长 $=3.14\text{m}$	长度 = 静压箱至弯头 6.5m + 弯头至三通距离 11.2m - 防火调节阀长（0.32 + 0.24）m = 17.14m	m²	53.82	平面图
2)	支管	800×200，$\delta=0.75\text{mm}$，周长 $=2.0\text{m}$	长度 = 2.4m	m²	4.8	平面图
		600×120，$\delta=0.75\text{mm}$，周长 $=1.44\text{m}$	长度 = 左侧支管长 10.6m + 中间支管 6.27m + 右侧支管长 8.00m = 24.87m	m²	35.81	

（续）

序号	项目名称	规格型号	计算方法及说明	单位	数量	备注
（3）	风管软接	回风软接，1250 × 1250，周长＝5m	长度＝0.3m	m²	1.5	空调机房剖面图
		送风软接，500 × 500，周长＝2m	长度＝0.3m	m²	0.6	
3	静压箱	送风静压箱，1400×650×600	机房	个	1	空调机房剖面图
		回风静压箱，1600×1250×500	机房	个	1	平面图
4	风阀	防火调节阀(70℃)，1000×320	回风管穿越机房处	个	1	平面图
		防火调节阀（70℃），1250×320	送风管穿越机房处	个	1	平面图
		手动对开多叶调节阀，500×500	空调风柜送风管出口处	个	1	机房剖面图
		手动对开多叶调节阀，600×450	空调风柜回风静压箱新风入口风阀	个	1	平面图
5	风口	新风百叶，1200×400	空调机房	个	1	机房平面图
		单层百叶回风口，800×800	回风管上	个	1	平面图
		方形散流器300×300	大厅	个	9	平面图
二	新风系统					
1	设备	吊顶式空调风柜 X-1，2700m³/h，Q＝37.3kW，N＝0.75kW	大厅左下侧	台	1	平面图
2	风管					
（1）	干管	新风机入口管，1200 × 400，δ＝1.0mm，周长3.2m	长度＝0.7m	m²	2.24	平面图
		新风机出口渐扩管，260 × 260渐扩至 500 × 200，长度 H＝400mm，δ＝0.75mm	面积＝$(A+B+a+B)H$	m²	0.49	平面图
		第一段干管，500 × 200，δ＝0.75mm，周长1.4m	长度＝8.6m－防火调节阀长度0.21m＝8.39m	m²	11.75	平面图
		第二段干管，450 × 200，δ＝0.75mm，周长1.3m	长度＝6.74m	m²	8.76	平面图
（1）	干管	第三段干管，400 × 200，δ＝0.75mm，周长1.2m	长度＝3.48m	m²	4.18	平面图
		第四段干管，320 × 200，δ＝0.75mm，周长1.04m	长度＝2.77m	m²	2.88	平面图
		第五段干管，120 × 120，δ＝0.5mm，周长0.48m	长度＝4m	m²	4.16	平面图
（2）	支管					
	办公室1	120 × 120，δ＝0.5mm，周长0.48m	长度＝2.5m－蝶阀0.15m＝2.35m	m²	1.13	平面图

（续）

序号	项目名称	规 格 型 号	计算方法及说明	单位	数量	备 注
(2)	办公室2	同办公室1		m²	1.13	平面图
	办公室3	200 × 120, δ = 0.5mm, 周长 = 0.64m	长度 = 3.74m – 蝶阀 0.15m = 3.59m	m²	2.3	平面图
	办公室4	同办公室3		m²	2.3	平面图
	办公室5	同办公室3		m²	2.3	平面图
(3)	风管软接	进风软接, 1200 × 400, 周长 = 3.2m	长度 = 0.3m	m²	0.96	平面图
		送风软接, 500 × 200, 周长 = 1.4m	长度 = 0.3m	m²	0.42	平面图
3	风阀	防火调节阀（70℃）, 500 × 200	新风机出口处	个	1	平面图
		新风支管调节阀, 120 × 120	办公室1及2各1	个	2	平面图
		新风支管调节阀, 200 × 120	办公室3、4及5各1	个	3	平面图
4	新风百叶	新风百叶, 1200 × 400	新风进口	个	1	平面图
三	风机盘管系统					
1	办公室1	风机盘管（带回风箱）FP600	办公室1	台	1	平面图
		送风管, 800 × 120, δ = 0.75mm, 周长 = 1.84m	长度 = 3.55m	m²	6.53	平面图
		方形散流器（带人字闸）300 × 300		个	2	平面图
		铝铰式滤网回风口 800 × 300		个	1	平面图
2	办公室2	同一				
3	办公室3	风机盘管（带回风箱）FP800		台	1	平面图
		送风管, 1200 × 120, δ = 1.00mm, 周长 = 2.64m	长度 = 5.64m	m²	14.9	平面图
		方形散流器（带人字闸）300 × 300		个	2	平面图
		铝铰式滤网回风口 800 × 300		个	1	平面图
4	办公室4	同办公室3				
5	办公室5	同办公室3				
四	风管保温	风管铝箔玻璃棉毡（厚度30mm）	按第八章公式 $V_{风管} = 2\delta l(A + B + 2\delta)$ 计算	m³	5.56	
水系统						
一	冷冻水系统					
1	干管部分					
(1)	管道	DN65（供回水）	（立管至三通处 1.1m + 大厅段 13.6m）×2 = 29.4m	m	29.4	平面图
		走廊部分 DN50（供回水）	4.47m × 2 = 8.94m	m	8.94	平面图
		走廊部分 DN40（供回水）	6.77m × 2 = 13.54m	m	13.54	平面图
		走廊部分 DN32（供回水）	2.8 × 2 = 5.6m	m	5.6	平面图
		走廊部分 DN25（供回水）	3.47 × 2 = 6.94m	m	6.94	平面图
		走廊部分 DN20（供回水）	3.27 × 2 = 6.54m	m	6.54	平面图

（续）

序号	项目名称	规 格 型 号	计算方法及说明	单位	数量	备 注
（2）	阀门	蝶阀 DN65	供回水立管出口处各1	个	2	平面图
		闸阀 DN65（往办公区支管上）	支管供回水管处各1	个	2	平面图
		闸阀 DN40（往空调机房支管上）	支管供回水管处各1	个	2	平面图
		自动放气阀 DN20	供水干管末端	个	2	平面图
2	支管部分					
	办公室1					
（1）	管道	镀锌钢管 DN20（供回水）	长度 = 1.74m×2 = 3.48m	m	3.48	平面图
	管道	紫铜管 DN20（接风机盘管）	风机盘管进出水各0.5m	m	1.0	
	阀门	铜闸阀 DN20	风机盘管供回水各1	个	2	接管图
		电动二通阀 DN20（带温控器）	风机盘管回水管1	个	1	接管图
（2）	办公室2（同办公室1）					
	办公室3					
（3）	管道	镀锌钢管 DN20（供回水）	长度 = 2.65m×2 = 5.3m	m	5.3	平面图
	管道	纯铜管 DN20（接风机盘管）	风机盘管进出水管各0.5m	m	1.0	平面图
	阀门	铜闸阀 DN20	风机盘管供回水管各1	个	2	接管图
		电动二通阀 DN20（带温控器）	风机盘管回水管1	个	1	接管图
（4）	办公室4	同办公室3				
（5）	办公室5	同办公室3				
	接新风机					
（6）	管道	镀锌钢管 DN40（供回水）	长度 = 8.8m×2 = 17.6m	m	17.2	平面图
	阀门	铜闸阀 DN40	新风机供水管1 + 回水管3	个	4	接管图
		比例积分电动二通阀 DN40	新风机回水管1	个	1	接管图
	橡胶软接头	DN40	新风机供水管各1	个	2	接管图
	金属套管温度计		新风机供回水管各1	支	2	接管图
	金属压力表（根部配闸阀 DN15 及缓冲管） 0～2.0MPa		新风机供回水管各1	块	2	接管图
	接空调机房					
（7）	管道	镀锌钢管 DN40（供回水）	长度 = 11.1m×2 = 22.2m	m	22.2	平面图
	阀门	铜闸阀 DN40	空调风柜供水管1 + 回水管3	个	4	接管图
		比例积分电动二通阀 DN40	空调风柜回水管1	个	1	接管图
	橡胶软接头	DN40	空调风柜供水管各1	个	2	接管图
	金属套管温度计		新风机供回水管各1	支	2	接管图
	金属压力表（根部配闸阀 DN15 及缓冲管） 0～2.0MPa		新风机供回水管各1	块	2	接管图

（续）

序号	项目名称	规 格 型 号	计算方法及说明	单位	数量	备 注
二	凝结水管（PVC）					
（1）	干管	走廊至卫生间凝结水管 DN32	长度＝走廊直管17.80m＋去卫生间直管1.2m＋卫生间垂直管3.3m＝22.3m	m	22.3	平面图
（2）	支管	办公室1、2凝结水管 DN32	长度＝2.06m×2＝4.12m	m	2.32	平面图
		办公室3、4、5凝结水管 DN32	长度＝1.88m×3＝5.64	m	5.64	平面图
		新风机凝结水管 DN32	长度＝10.4m	m	10.4	平面图
		空调风柜凝结水管 DN32	长度＝0.7m	m	0.7	平面图
三	水管及阀门保温	冷冻水管、凝结水管保温	按第八章公式计算 $V_{管}=L\pi(D+1.033\delta)\times 1.033\delta$	m³	2.66	
四	管道支架	制作安装	估算300kg	kg	300	
五	设备支架	制作安装	估算200kg	kg	200	
六	支架除锈			kg	500	
七	支架刷油			kg	500	
八	管道消毒、冲洗 DN100以内		根据上述计算汇总	m	29.4	
九	管道消毒、冲洗 DN50以内		根据上述计算汇总	m	103.82	

2. 工程预算书

（1）封面、总说明（表6-15、表6-16）

表6-15 封面

__广东省某市建筑工程学校学生宿舍楼空调__ 工程

施工图（预）结算

编号：__AL-KT-01__

建设单位（发包人）：_____

施工单位（承包人）：_____

编制（审核）工程造价：__248043.63元_____

编制（审核）造价指标：_____

编制（审核）单位：_____（单位盖章）

造价工程师及证号：_____（签字盖执业专用章）

负 责 人：_____（签字）

编制时间：_____

表6-16 总说明

（一）工程概况：本工程是广东省某市建筑工程学校办公楼空调工程，建筑面积3500m²，地上共五层。
（二）主要编制依据：
1. 广东省某市建筑工程学校办公楼空调工程设计/施工图样。
2. 广东省安装工程造价计价办法（2010年）。
3. 现行工程施工技术规范及工程施工验收规范。
4. 主材价格参照本地2013年第四季度指导价格、市场价格以及设备/材料厂家优惠报价。
（三）本预算项目，按一类地区计算管理费，三类安装工程计算利润。

（2）工程总价表（表6-17）

表6-17 单位工程总价表

工程名称： 广东省某市建筑工程学校学生宿舍楼空调工程

序　　号	项 目 名 称	计 算 办 法	金 额（元）
1	分部分项工程费		205329.07
1.1	定额分部分项工程费		203198.46
1.1.1	人工费		11836.74
1.1.2	材料、设备费		180195.20
1.1.3	辅材费		6631.57
1.1.4	机械费		1415.14
1.1.5	管理费		3119.81
1.2	价差		
1.2.1	人工价差		
1.2.2	材料价差		
1.2.3	机械价差		
1.3	利润	（人工费＋人工价差）×18%	2130.61
2	措施项目费		4370.05
2.1	安全文明施工费	（人工费＋人工价差）×27%	3145.02
2.2	其他措施项目费		1225.03
3	其他项目费		30009.83
3.1	暂列金额		20532.91
3.2	暂估价		
3.3	计日工		1879.74
3.4	总承包服务费		
3.5	材料检验试验费		410.66
3.6	预算包干费		4106.58
3.7	工程优质费		3079.94
3.8	索赔费用		
3.9	现场签证费用		
3.10	独立费		
3.11	其他费用		
4	规费		
4.1	工程排污费		
4.2	施工噪声排污费		
4.3	防洪工程维护费		
4.4	危险作业意外伤害保险费		
5	税金	（1＋2＋3＋4）×3.477%	8334.68
6	含税工程总造价	1＋2＋3＋4＋5	248043.63
	合计（大写）：贰拾肆万捌仟零肆拾叁元陆角叁分		¥248043.63

编制人： 证号： 编制日期：

（3）定额分部分项工程费汇总表（表6-18）

表6-18 定额分部分项工程费汇总表

工程名称:广东省某市建筑工程学校学生宿舍楼空调工程

序号	定额编号	工程名称、型号、规格	单位	数量	单位值(元)					总价值(元)					
					人工费	材料费	材料、设备费	机械费	管理费	人工费	材料费	材料、设备费	机械费	管理费	合计
1	C9-8-30	第七册 通风空调工程 空调器安装（落地式）设备质量（0.8t以内）	台	1.000	296.62	5.51	21000.00		82.22	296.62	5.51	21000.00		82.22	21437.74
	5003001-0001	空调器 K1	台	1.000			21000.00					21000.00			
2	C9-7-17	设备支架制作	100kg	0.200	199.92	97.27	11024.00	132.63	55.42	39.98	19.45	2204.80	26.53	11.08	2309.05
	0100001-0001	型钢 槽钢	kg	20.800		35.35	106.00				7.07	106.00			
3	C9-7-18	设备支架安装	100kg	0.200	85.68	35.35		7.00	23.75	17.14	7.07		1.40	4.75	33.44
4	C9-8-25	空调器安装（吊顶式）设备质量（0.4t以内）	台	1.000	91.19	5.51	12000.00		25.28	91.19	5.51	12000.00		25.28	12138.39
	5003001-0002	空调器 X	台	1.000			12000.00					12000.00			
5	C9-7-17	设备支架制作	100kg	0.100	199.92	97.27	11024.00	132.63	55.42	19.99	9.73	1102.40	13.26	5.54	1154.52
	0100001-0002	型钢 型钢综合	kg	10.400		35.35	106.00				3.54	106.00			
6	C9-7-18	设备支架安装	100kg	0.100	85.68	35.35		7.00	23.75	8.57	3.54		0.70	2.38	16.72
7	C9-8-54	风机盘管安装	台	3.000	40.04	2.30	1740.00		11.10	120.12	6.90	5220.00		33.30	5401.95
	1940011-0001	风机盘管 FP-800	台	3.000			1740.00					5220.00			
8	C9-7-17	设备支架制作	100kg	0.300	199.92	97.27	11024.00	132.63	55.42	59.98	29.18	3307.20	39.79	16.63	3463.57
	0100001-0002	型钢 型钢综合	kg	31.200		35.35	106.00				10.61	106.00			
9	C9-7-18	设备支架安装	100kg	0.300	85.68	35.35		7.00	23.75	25.70	10.61		2.10	7.13	50.16
10	C9-8-54	风机盘管安装	台	2.000	40.04	2.30	1151.00		11.10	80.08	4.60	2302.00		22.20	2423.30
	1940011-0002	风机盘管 FP-600	台	2.000			1151.00					2302.00			
11	C9-7-17	设备支架制作	100kg	0.200	199.92	97.27	11024.00	132.63	55.42	39.98	19.45	2204.80	26.53	11.08	2309.05
	0100001-0002	型钢 型钢综合	kg	20.800		35.35	106.00				7.07	106.00			
12	C9-7-18	设备支架安装	100kg	0.200	85.68	35.35		7.00	23.75	17.14	7.07		1.40	4.75	33.44

（续）

序号	定额编号	工程名称、型号、规格	单位	数量	单位价值（元）					总价值（元）					
					人工费	材料费	材料、设备费	机械费	管理费	人工费	材料费	材料、设备费	机械费	管理费	合计
13	C9-1-15	镀锌薄钢板矩形风管（δ=1.2mm以内咬口）周长4000mm以下	10m²	9.773	197.88	174.25	597.79	12.71	54.85	1933.88	1702.95	5842.20	124.21	536.05	10487.41
	0129431	镀锌薄钢板1	m²	111.217			52.53					5842.22			
14	C9-1-14	镀锌薄钢板矩形风管（δ=1.2mm以内咬口）周长2000mm以下	10m²	7.348	263.31	191.79	440.29	23.24	72.99	1934.80	1409.27	3235.25	170.77	536.33	7634.72
	0129421	镀锌薄钢板0.75	m²	83.620			38.69					3235.27			
	0129441	镀锌薄钢板1.2	m²	83.620											
15	C9-1-13	镀锌薄钢板矩形风管（δ=1.2mm以内咬口）周长800mm以下	10m²	1.332	361.69	225.70	336.73	43.80	100.26	481.77	300.63	448.52	58.34	133.55	1509.53
	0129411	镀锌薄钢板0.5	m²	15.158			29.59					448.53			
16	1959001-0001	成品静压箱安装 每个（1m³以内）	个	1.000	26.78	11.33	980.00		7.42	26.78	11.33	980.00		7.42	1030.35
		静压箱1400×650×600	个	1.000			980.00					980.00			
17	C9-7-17	设备支架制作	100kg	0.400	199.92	97.27	11024.00	132.63	55.42	79.97	38.91	4409.60	53.05	22.17	4618.09
	0100001-0002	型钢综合	kg	41.600			106.00					4409.60			
18	C9-7-18	设备支架安装	100kg	0.400	85.68	35.35		7.00	23.75	34.27	14.14		2.80	9.50	66.88
19	C9-7-11	成品静压箱安装 每个（1m³以内）	个	1.000	26.78	11.33	1500.00		7.42	26.78	11.33	1500.00		7.42	1550.35
	1959001-0002	静压箱1600×1250×500	个	1.000			1500.00					1500.00			
20	C9-7-17	设备支架制作	100kg	0.400	199.92	97.27	11024.00	132.63	55.42	79.97	38.91	4409.60	53.05	22.17	4618.09

（续）

序号	定额编号	工程名称、型号、规格	单位	数量	单位价值（元）					总价值（元）					
					人工费	材料费	材料、设备费	机械费	管理费	人工费	材料费	材料、设备费	机械费	管理费	合计
	0100001-0002	型钢 型钢综合	kg	41.600			106.00					4409.60			
21	C9-7-18	设备支架安装	100kg	0.400	85.68	35.35		7.00	23.75	34.27	14.14		2.80	9.50	66.88
22	C9-2-52	调节阀安装 风管防火阀周长 3600mm 以内	个	7.000	49.57	8.04	1800.00	8.57	13.74	346.99	56.28	12600.00	59.99	96.18	13221.88
	ZC-0001	风管防火阀 1000×320	个	7.000			1800.00					12600.00			
23	C9-2-52	调节阀安装 风管防火阀周长 3600mm 以内	个	1.000	49.57	8.04	2090.00	8.57	13.74	49.57	8.04	2090.00	8.57	13.74	2178.84
	ZC-0002	风管防火阀 1250×320	个	1.000			2090.00					2090.00			
24	C9-2-51	调节阀安装 风管防火阀周长 2200mm 以内	个	1.000	8.31	6.09	980.00	5.40	2.30	8.31	6.09	980.00	5.40	2.30	1003.60
	ZC-0003	风管防火阀 500×200	个	1.000			980.00					980.00			
25	C9-2-44	调节阀安装 对开多叶调节阀周长 2800mm 以内	个	1.000	17.85	6.79		6.98	4.95	17.85	6.79		6.98	4.95	39.78
	ZC-0004	对开多叶调节阀，500×500	个	1.000											
26	C9-2-44	对开多叶调节阀安装 对开多叶调节阀周长 2800mm 以内	个	1.000	17.85	6.79	326.00	6.98	4.95	17.85	6.79	326.00	6.98	4.95	365.78
	ZC-0005	对开多叶调节阀，600×450	个	1.000			326.00					326.00			
27	C9-2-44	调节阀安装 对开多叶调节阀周长 2800mm 以内	个	3.000	17.85	6.79	80.00	6.98	4.95	53.55	20.37	240.00	20.94	14.85	359.34
	ZC-0006	对开多叶调节阀，200×120	个	3.000			80.00					240.00			

（续）

序号	定额编号	工程名称、型号、规格	单位	数量	单位价值（元）					总价值（元）				
					人工费	材料费	材料、设备费	机械费	管理费	人工费	材料费	材料、设备费	机械费	管理费	合计
28	C9-2-44	调节阀安装 对开多叶调节阀 周长 2800mm 以内	个	2.000	17.85	6.79	60.00	6.98	4.95	35.70	13.58	120.00	13.96	9.90	199.56
	ZC-0007	对开多叶调节阀，120 × 120	个	2.000			60.00					120.00			
29	C9-3-46	风口安装 百叶风口 周长 3300mm 以内	个	1.000	34.88	8.79	288.00	0.22	9.67	34.88	8.79	288.00	0.22	9.67	347.84
	ZC-0008	单层百叶回风口，800 × 800	个	1.000			288.00					288.00			
30	C9-3-45	风口安装 百叶风口 周长 2500mm 以内	个	5.000	26.98	6.67	210.00	0.22	7.48	134.90	33.35	1050.00	1.10	37.40	1281.05
	ZC-0009	单层百叶回风口，800 × 300	个	5.000			210.00					1050.00			
31	C9-3-66	风口安装 方形散流器 周长 2000mm 以内	个	19.000	14.28	1.64	65.00		3.96	271.32	31.16	1235.00		75.24	1661.55
	ZC-0010	方形散流器，300 ×300	个	19.000			65.00					1235.00			
32	C9-3-82	风口安装 钢百叶窗框 内面积 0.5m² 以内	个	2.000	13.11	1.91	180.00		3.63	26.22	3.82	360.00		7.26	402.02
	ZC-0011	钢百叶窗，1200 ×400	个	2.000			180.00					360.00			
		小计	元							6446.12	3865.28	89455.38	700.87	1786.88	103414.86
		第十册 给排水、采暖、燃气工程													
33	C8-2-7	螺纹阀安装 公称直径 (65mm 以内)	个	2.000	15.35	46.64	126.25		4.26	30.70	93.28	252.50		8.52	390.52
	1600001-0004	螺纹蝶阀 DN65	个	2.020			125.00					252.50			

（续）

序号	定额编号	工程名称、型号、规格	单位	数量	单位价值（元）					总价值（元）					
					人工费	材料费	材料、设备费	机械费	管理费	人工费	材料费	材料、设备费	机械费	管理费	合计
34	C8-2-7	螺纹阀安装 公称直径（65mm以内）	个	2.000	15.35	46.64	126.25		4.26	30.70	93.28	252.50		8.52	390.52
	1600001-0001	螺纹闸门 DN65	个	2.020			125.00					252.50			
35	C8-2-5	螺纹阀安装 公称直径（40mm以内）	个	10.000	9.69	18.79	2484.60		2.69	96.90	187.90	24846.00		26.90	25175.10
	1600001-0005	螺纹铜闸阀 DN40	个	10.100			2460.00					24846.00			
36	C8-2-2	螺纹阀安装 公称直径（20mm以内）	个	10.000	3.62	7.13	27.53		1.00	36.20	71.30	275.30		10.00	399.30
	1600001-0006	螺纹铜闸阀 DN20	个	10.100			27.26					275.33			
37	C8-2-2	螺纹阀安装 公称直径（20mm以内）	个	5.000	3.62	7.13	27.53		1.00	18.10	35.65	137.65		5.00	199.65
	1600001-0003	螺纹阀门 DN20	个	5.050			27.26					137.66			
38	C8-2-5	螺纹阀安装 公称直径（40mm以内）	个	2.000	9.69	18.79	2484.60		2.69	19.38	37.58	4969.20		5.38	5035.02
	1600001-0002	比例积分电动二通阀 DN40	个	2.020			2460.00					4969.20			
39	C8-2-2	螺纹阀安装 公称直径（20mm以内）	个	2.000	3.62	7.13	27.53		1.00	7.24	14.26	55.06		2.00	79.86
	1600001-0007	自动放气阀 DN20	个	2.020			27.26					55.07			
40	C8-2-76	可曲挠橡胶接头安装（40mm以内）	个	4.000	15.61	11.21	108.00	10.73	4.33	62.44	44.84	432.00	42.92	17.32	610.76
	1701381	平焊法兰	片	8.000			33.00					264.00			
	1543551-0001	可曲挠橡胶接头 DN40	个	4.000			42.00					168.00			
41	C8-1-107	管道安装 室内管道镀锌钢管（螺纹连接）公称直径（65mm以内）	10m	2.940	105.42	98.15	572.22	2.72	29.22	309.93	288.56	1682.33	8.00	85.91	2430.53

（续）

序号	定额编号	工程名称、型号、规格	单位	数量	单位价值（元）					总价值（元）					
					人工费	材料费	机械费	管理费	材料、设备费	人工费	材料费	材料、设备费	机械费	管理费	合计
42	1403001-0001	镀锌钢管 DN65	m	29.988					56.10			1682.33			
	C8-1-106	管道安装 室内管道 镀锌钢管（螺纹连接）公称直径（50mm以内）	10m	0.894	108.32	79.42	344.76	30.03	2.72	96.84	71.00	308.22	2.43	26.85	522.77
43	1403001-0002	镀锌钢管 DN50	m	9.119					33.80			308.22			
	C8-1-105	管道安装 室内管道 镀锌钢管（螺纹连接）公称直径（40mm以内）	10m	5.294	106.03	55.21	416.16	29.39	0.97	561.32	292.28	2203.15	5.14	155.59	3318.54
44	1403001-0003	镀锌钢管 DN40	m	53.999					40.80			2203.15			
	C8-1-104	管道安装 室内管道 镀锌钢管（螺纹连接）公称直径（32mm以内）	10m	0.560	88.84	56.28	227.46	24.63	0.97	49.75	31.52	127.38	0.54	13.79	231.94
45	1403001-0004	镀锌钢管 DN32	m	5.712					22.30			127.38			
	C8-1-103	管道安装 室内管道 镀锌钢管（螺纹连接）公称直径（25mm以内）	10m	0.560	88.84	34.84	201.96	24.63	0.97	49.75	19.51	113.10	0.54	13.79	205.65
46	1403001-0005	镀锌钢管 DN25	m	5.712					19.80			113.10			
	C8-1-102	管道安装 室内管道 镀锌钢管（螺纹连接）公称直径（20mm以内）	10m	0.694	73.90	38.05	114.24	20.49		51.29	26.41	79.28		14.22	180.43
47	1403001-0006	镀锌钢管 DN20	m	7.079					11.20			79.28			
	C8-1-102	管道安装 室内管道 镀锌钢管（螺纹连接）公称直径（20mm以内）	10m	2.940	73.90	38.05	114.24	20.49		217.27	111.87	335.87		60.24	764.34
48	1403001-0006	镀锌钢管 DN20	m	29.988					11.20			335.87			
	C8-1-274	无缝黄铜、纯铜楔形垫圈（抓），管道安装 公称直径（20mm以内）	10m	0.500	79.71	1.87	188.60	22.10		39.86	0.94	94.30		11.05	153.32

（续）

序号	定额编号	工程名称、型号、规格	单位	数量	单位价值（元）					总价值（元）					
					人工费	材料费	材料、设备费	机械费	管理费	人工费	材料费	材料、设备费	机械费	管理费	合计
49	1413031-0001	无缝黄铜、纯铜管 DN20	m	5.125			18.40					94.30			
	C8-1-152	管道安装 室内管道塑料给水管（粘接）公称直径（32mm以内）	10m	4.136	62.63	38.56	98.63		17.36	259.04	159.48	407.93		71.80	944.87
	1431321-0001	塑料给水管 DN32	m	42.187			9.67					407.95			
50	C8-1-411	管道消毒、冲洗 公称直径（50mm以内）	100m	0.414	20.60	14.14			5.71	8.52	5.85			2.36	18.26
51	C8-1-353	管道支架制作（一般管架）	100kg	3.000	246.33	136.33	11236.00	160.35	68.28	738.99	408.99	33708.00	481.05	204.84	35674.89
	0100001	型钢	kg	318.000			106.00					33708.00			
52	C8-1-354	管道支架安装（一般管架）	100kg	3.000	105.57	51.28		8.49	29.26	316.71	153.84		25.47	87.78	640.80
		小计	元							3000.92	2148.33	70279.76	566.09	831.86	77367.06
		第五册 建筑智能化工程													
53	C10-1-1	膨胀式温度计 工业液体温度计	支	4.000	7.96	2.58	56.00		2.34	31.84	10.32	224.00		9.36	281.24
	2341001	捅座	个	4.000			28.00					112.00			
	ZC-0012	金属套管温度计	支	4.000			28.00					112.00			
54	C10-1-25	压力表、真空表 就地	台（块）	4.000	19.69	2.54	68.00	0.67	5.79	78.76	10.16	272.00	2.68	23.16	400.92
	2165001	取源部件	套	4.000			18.00					72.00			
	2159001	仪表接头	套	4.000			12.00					48.00			
	ZC-0013	金属压力表	台（块）	4.000			38.00					152.00			
		小计	元							110.60	20.48	496.00	2.68	32.52	682.16
		第十二册 刷油、防腐蚀、绝热工程													

（续）

序号	定额编号	工程名称、型号、规格	单位	数量	单位价值（元） 人工费	材料费	材料、设备费	机械费	管理费	总价值（元） 人工费	材料费	材料、设备费	机械费	管理费	合计
55	C11-1-8	手工除锈 一般钢结构 中锈	100kg	5.000	20.45	4.18		9.70	4.20	102.25	20.90		48.50	21.00	211.05
56	C11-2-67	一般钢结构 红丹防锈漆 第一遍	100kg	5.000	8.72	1.89	12.53	9.70	1.79	43.60	9.45	62.65	48.50	8.95	181.00
	1103221-0001	醇酸防锈漆 C53-1	kg	5.800			10.80					62.64			
57	C11-2-68	一般钢结构 红丹防锈漆 第二遍	100kg	5.000	8.31	1.64	10.26	9.70	1.71	41.55	8.20	51.30	48.50	8.55	165.60
	1103221-0001	醇酸防锈漆 C53-1	kg	4.750			10.80					51.30			
58	C11-9-616	铝箔玻璃棉筒（毡）安装 铝箔玻璃棉毡	m³	5.560	304.83		1906.42		62.67	1694.85		10599.70		348.45	12948.07
	0351231	保温钉	十套	266.880			9.60					2562.05			
	1241191	粘结剂	kg	55.600			12.41					690.00			
	1243131	铝箔粘胶带 21/2×50m	卷	11.120			5.56					61.83			
	1307031-0001	玻璃棉毡 30	m³	5.782			1260.00					7285.82			
59	C11-9-672	发泡橡塑保温板（管）安装 管道 Φ57mm 以下厚度（40mm 以内/层）	m³	1.860	170.65	223.08	3477.60		35.09	317.41	414.93	6468.34		65.27	7323.08
	1537441-0001	发泡橡塑保温板（管）δ=35mm	m³	1.953			3312.00					6468.34			
60	C11-9-677	发泡橡塑保温板（管）安装 管道 Φ133mm 以下厚度（40mm 以内/层）	m³	0.800	99.30	180.00	3477.60		20.42	79.44	144.00	2782.08		16.34	3036.15
	1537441-0001	保温管 δ=35mm	m³	0.840			3312.00					2782.08			
		小计	元							2279.10	597.48	19964.06	145.50	468.55	23864.95
		合价								11836.75	6631.59	180195.20	1415.14	3119.83	205329.03

编制人：

证号：

编制时间：

（4）措施项目费汇总表（表6-19）

表6-19　措施项目费汇总表

工程名称：广东省某市建筑工程学校学生宿舍楼空调工程

序号	名称及说明	单位	数量	单价（元）	合价（元）
1	安全文明施工措施费部分				
1.1	安全文明施工	项	11836.740	0.27	3145.02
	小计	元			3145.02
2	其他措施费部分				
2.1	垂直运输				
	小计	元			
2.2	脚手架搭拆	项	1.000		
2.3	吊装加固	项	1.000		
2.4	金属抱杆安装、拆除、移位	项	1.000		
2.5	平台铺设、拆除	项	1.000		
2.6	顶升、提升装置	项	1.000		
2.7	大型设备专用机具	项	1.000		
2.8	焊接工艺评定	项	1.000		
2.9	胎（模）具制作、安装、拆除	项	1.000		
2.10	防护棚制作安装拆除	项	1.000		
2.11	特殊地区施工增加	项	1.000		
2.12	安装与生产同时进行施工增加	项	1.000		
2.13	在有害身体健康环境中施工增加	项	1.000		
2.14	工程系统检测、检验	项	1.000		
2.15	设备、管道施工的安全、防冻和焊接保护	项	1.000		
2.16	焦炉、烘炉、热态工程	项	1.000		
2.17	管道安拆后的充气保护	项	1.000		
2.18	隧道内施工的通风、供水、供气、供电、照明及通信设施	项	1.000		
2.19	夜间施工增加	项	1.000		
2.20	非夜间施工增加	项	1.000		
2.21	二次搬运	项	1.000		
2.22	冬雨季施工增加	项	1.000		
2.23	已完工程及设备保护	项	1.000		
2.24	高层施工增加	项	1.000		
2.25	赶工措施	项	11836.740	0.07	814.37
2.26	文明工地增加费	项	205329.070	0.00	410.66
2.27	其他措施	项	1.000		
	小计	元			1225.03
	合计				4370.05

编制人：　　　　　　证号：　　　　　　　　　编制日期：

（5）其他项目费汇总表、零星工作项目计价表（表6-20、表6-21）

表6-20　其他项目费汇总表

工程名称：广东省某市建筑工程学校学生宿舍楼空调工程

序　号	项目名称	单　位	金额（元）	备　注
1	暂列金额	元	20532.91	
2	暂估价			
2.1	材料暂估价	元		
2.2	专业工程暂估价	元		
3	计日工	元	1879.74	
4	总承包服务费	元		
5	材料检验试验费	元	410.66	以分部分项项目费的0.2%计算（单独承包土石方工程除外）
6	预算包干费	元	4106.58	按分部分项项目费的0%~2%计算
7	工程优质费	元	3079.94	市级质量奖1.5%；省级质量奖2.5%；国家级质量奖4%
8	其他费用	元		
	合计		30009.83	

编制人：　　　　　　证号：　　　　　　编制日期：

表6-21　零星工作项目计价表

工程名称：广东省某市建筑工程学校学生宿舍楼空调工程

序　号	名　称	单　位	数　量	综合单价	合　价
1	人工				
1.1	土石方工	工日	5.000	51.00	255.00
1.2	电工	工日	12.000	51.00	612.00
	小计	元			867.00
2	材料				
2.1	橡胶定型条	kg	12.000	5.39	64.68
2.2	齿轮油	kg	24.000	4.34	104.16
2.3	釉面砖	m²	25.000	21.44	536.00
	小计	元			704.84
3	施工机械				
3.1	螺栓套丝机	台班	2.000	27.71	55.42
3.2	交流电焊机	台班	4.000	63.12	252.48
	小计	元			307.90
	合计				

编制人：　　　　　　证号：　　　　　　编制日期：

（6）规费计算表（表6-22）

表6-22　规费计算表

工程名称：广东省某市建筑工程学校学生宿舍楼空调工程

序号	项目名称	计算基础	费率（%）	金额（元）
1	工程排污费	分部分项工程费＋措施项目费＋其他项目费		
2	施工噪声排污费	分部分项工程费＋措施项目费＋其他项目费		
3	防洪工程维护费	分部分项工程费＋措施项目费＋其他项目费		
4	危险作业意外伤害保险费	分部分项工程费＋措施项目费＋其他项目费		
	合计（大写）：零元整元			

（7）人工材料机械价差表（表6-23）

表6-23　人工材料机械价差表

工程名称：广东省某市建筑工程学校学生宿舍楼空调工程

序号	材料编码	材料名称及规格	产地、厂家	单位	数量	定额价(元)	编制价	价差（元）	合价(元)	备注
		［人工材料机械合计］								

编制人：　　　　　　　　　　证号：　　　　　　　　　　编制日期：

（8）工料机汇总表（表6-24）

表6-24　工料机汇总表

工程名称：广东省某市建筑工程学校学生宿舍楼空调工程

序号	材料编码	材料名称及规格	厂址、厂家	单位	数量	定额价（元）	编制价（元）	价差（元）	合价（元）	备注
		［人工费］							11836.70	
1	0001001	综合工日		工日	232.092	51.00	51.00		11836.70	
		［材料费］							161398.25	
2	0227001	棉纱		kg	9.372	11.02	11.02		103.28	
3	5003001-0001	空调器 K1		台	1.000	21000.00	21000.00		21000.00	
4	0113041	扁钢（综合）		kg	33.922	4.02	4.02		136.37	
5	0201011	橡胶板（综合）		kg	13.880	4.15	4.15		57.60	
6	0305137	六角螺栓带螺母 M8×75		十套	138.923	1.98	1.98		275.07	
7	0341001	低碳钢焊条（综合）		kg	40.549	4.90	4.90		198.69	
8	5003001-0002	空调器 X		台	1.000	12000.00	12000.00		12000.00	
9	0209031	聚氯乙烯薄膜		kg	0.050	9.79	9.79		0.49	
10	1312071	聚酯乙烯泡沫塑料		kg	0.500	22.00	22.00		11.00	
11	1940011-0001	风机盘管 FP-800		台	3.000	1740.00	1740.00		5220.00	

（续）

序号	材料编码	材料名称及规格	厂址、厂家	单位	数量	定额价（元）	编制价（元）	价差（元）	合价（元）	备注
12	1940011-0002	风机盘管 FP-600		台	2.000	1151.00	1151.00		2302.00	
13	0305141	六角螺栓带螺母 M8×75 以下		十套	7.200	1.36	1.36		9.79	
14	9946131	其他材料费		元	99.075	1.00	1.00		99.08	
15	1959001-0001	静压箱 1400×650×600		个	1.000	980.00	980.00		980.00	
16	1959001-0002	静压箱 1600×1250×500		个	1.000	1500.00	1500.00		1500.00	
17	0305105	六角螺栓带螺母 M2～M5×4～20		十套	10.420	0.32	0.32		3.33	
18	0305125	六角螺栓带螺母 M6×75		十套	30.911	1.31	1.31		40.49	
19	0201021	橡胶板 1～15		kg	1.741	4.31	4.31		7.50	
20	0219231	聚四氟乙烯生料带 26mm×20m×0.1mm		m	389.271	0.08	0.08		31.14	
21	0327021	铁砂布 0～2 号		张	17.300	1.03	1.03		17.82	
22	0365271	钢锯条		条	36.634	0.56	0.56		20.51	
23	1205001	机油（综合）		kg	4.810	3.37	3.37		16.21	
24	1501731	黑玛钢活接头 DN65		个	4.040	44.60	44.60		180.18	
25	1600001-0001	螺纹闸门 DN65		个	2.020	125.00	125.00		252.50	
26	1501711	黑玛钢活接头 DN40		个	12.120	17.70	17.70		214.52	
27	1600001-0002	比例积分电动二通阀 DN40		个	2.020	2460.00	2460.00		4969.20	
28	1501681	黑玛钢活接头 DN20		个	17.170	6.60	6.60		113.32	
29	1600001-0003	螺纹阀门 DN20		个	5.050	27.26	27.26		137.66	
30	0357031	镀锌低碳钢丝 ϕ2.5～ϕ4.0		kg	2.130	5.30	5.30		11.29	
31	1502061	镀锌钢管管件 室内 DN65		个	12.495	21.99	21.99		274.77	
32	3113261	白布		kg	4.167	3.20	3.20		13.33	
33	3115001	水		m³	4.277	2.80	2.80		11.98	
34	1403001-0001	镀锌钢管 DN65		m	29.988	56.10	56.10		1682.33	
35	1502051	镀锌钢管管件 室内 DN50		个	5.820	11.33	11.33		65.94	
36	1403001-0002	镀锌钢管 DN50		m	9.119	33.80	33.80		308.22	
37	1502041	镀锌钢管管件 室内 DN40		个	37.905	7.03	7.03		266.47	
38	1403001-0003	镀锌钢管 DN40		m	53.999	40.80	40.80		2203.15	

（续）

序号	材料编码	材料名称及规格	厂址、厂家	单位	数量	定额价（元）	编制价（元）	价差（元）	合价（元）	备注
39	1502031	镀锌钢管管件 室内 DN32		个	4.497	5.81	5.81		26.13	
40	1537026	镀锌钢管卡子 DN50		个	1.154	2.00	2.00		2.31	
41	1911041	管子托钩 DN25		个	1.299	0.61	0.61		0.79	
42	1403001-0004	镀锌钢管 DN32		m	5.712	22.30	22.30		127.38	
43	1502021	镀锌钢管管件 室内 DN25		个	5.477	2.72	2.72		14.90	
44	1537011	镀锌钢管卡子 DN25		个	5.841	0.53	0.53		3.10	
45	1403001-0005	镀锌钢管 DN25		m	5.712	19.80	19.80		113.10	
46	1502011	镀锌钢管管件 室内 DN20		个	41.864	2.61	2.61		109.26	
47	1911031	管子托钩 DN20		个	5.233	0.55	0.55		2.88	
48	1403001-0006	镀锌钢管 DN20		m	37.067	11.20	11.20		415.15	
49	1543171	塑料管码 20		只	2.000	0.32	0.32		0.64	
50	1413031-0001	无缝黄铜、纯铜管 DN20		m	5.125	18.40	18.40		94.30	
51	1516251	室内塑料给水管接头零件（粘接）DN32		个	33.212	3.51	3.51		116.57	
52	1431321-0001	塑料给水管 DN32		m	42.187	9.67	9.67		407.95	
……										
109	0351231	保温胶钉		十套	266.880	9.60	9.60		2562.05	
110	1241191	粘结剂		kg	55.600	12.41	12.41		690.00	
111	1243131	铝箔粘胶带 21/2 × 50m		卷	11.120	5.56	5.56		61.83	
112	1307031-0001	玻璃棉毡 30		m³	5.782	1260.00	1260.00		7285.82	
113	1241231	粘结剂 保温材料专用		kg	10.572	49.50	49.50		523.30	
114	1243051	自粘性保温胶带 50 × 30m		卷	0.798	17.83	17.83		14.23	
115	1537441-0001	保温管 $\delta = 35mm$		m³	2.793	3312.00	3312.00		9250.42	
		［机械费］							1415.01	
116	9946001	折旧费		元	273.897	1.00	1.00		273.90	
117	9946011	大修理费		元	74.258	1.00	1.00		74.26	
118	9946021	经常修理费		元	138.398	1.00	1.00		138.40	
119	9946031	安拆费及场外运输费		元	108.999	1.00	1.00		109.00	
120	9946071	电（机械用）		kW·h	995.351	0.75	0.75		746.51	
121	9831011	活塞式压力计		台班	0.320	8.39	8.39		2.68	

（续）

序号	材料编码	材料名称及规格	厂址、厂家	单位	数量	定额价（元）	编制价（元）	价差（元）	合价（元）	备注
122	0003006	综合工日（机械用）		工日	0.300	51.00	51.00		15.30	
123	9946051	柴油（机械用）0号		kg	5.378	5.82	5.82		31.30	
		合计							174626.30	

编制人： 证号： 编制日期：

6.7.3 通风空调安装工程造价工程量清单计价方法

1. 工程量清单

（1）工程量清单封面、扉页及总说明（表6-25、表6-26和表6-27）

表6-25 封面

_____广东省某市建筑工程学校办公楼空调_____工程
招标工程量清单

招 标 人：_____
（单位盖章）

造价咨询人：_____
（单位盖章）

年 月 日

表6-26 扉页

_____广东省某市建筑工程学校办公楼空调_____工程
招标工程量清单

招 标 人：_____   造价咨询人：_____
（单位盖章）   （单位资质专用章）

法定代表人   法定代表人
或其授权人：_____   或其授权人：_____
（签字或盖章）   （签字或盖章）

编 制 人：_____   复 核 人：_____
（造价人员签字盖专用章）   （造价工程师签字盖专用章）

编制时间： 年 月 日   复核时间： 年 月 日

表6-27 总说明

工程名称：广东省某市建筑工程学校办公楼空调工程

（1）工程概况：广东省某市建筑工程学校办公楼空调工程，建筑面积3500m²，地下室建筑面积0m²，占地面积1000m²，建筑总高度25m，首层层高4m，标准层高3.4m，层数5层，其中主体高度18m，地下室总高度0m；结构型式：框架结构；基础类型：管桩等。本期计价部分为。

（2）工程招标和专业工程发包范围：首层通风空调安装工程。

（3）工程量清单编制依据：根据××单位设计的施工图计算实物工程量。

（4）工程质量、材料、施工等的特殊要求：工程质量优良等级；

（5）其他需要说明的问题：无。

（2）分部分项工程和单价措施项目清单与计价表（表6-28）

表6-28　分部分项工程和单价措施项目清单与计价表

工程名称：广东省某市建筑工程学校办公楼空调工程　　　　　　　标段：　　　　　　　第　页　共　页

序号	项目编号	项目名称	项目特征描述	计量单位	工程量	金额（元）		
						综合单价	合价	其中：暂估价
		第七册　通风空调工程						
1	030701003001	空调器	落地式安装，质量0.75t	台（组）	1.000			
2	030701003002	空调器	质量0.38t	台（组）	1.000			
3	030701004001	风机盘管	FP-800，吊顶式安装	台	3.000			
4	030701004002	风机盘管	FP-600，吊顶式安装	台	2.000			
5	030702001001	碳钢通风管道	镀锌薄钢板，$\delta=1.0$mm，咬口连接	m²	97.730			
6	030702001002	碳钢通风管道	镀锌薄钢板，$\delta=0.75$mm，咬口连接	m²	73.480			
7	030702001003	碳钢通风管道	镀锌薄钢板，$\delta=0.5$mm，咬口连接	m²	13.320			
8	030703021001	静压箱	成品静压箱，1400×650×600	个	1.000			
9	030703021002	静压箱	成品静压箱，1600×1250×500	个/m²	1.000			
10	030703001001	碳钢阀门	风管防火阀（70℃），1000×320	个	7.000			
11	030703001002	碳钢阀门	风管防火阀（70℃），1250×320	个	1.000			
12	030703001003	碳钢阀门	风管防火阀（70℃），500×200	个	1.000			
13	030703001004	碳钢阀门	对开多叶调节阀，500×500	个	1.000			
14	030703001005	碳钢阀门	对开多叶调节阀，600×450	个	1.000			
15	030703001006	碳钢阀门	对开多叶调节阀，200×120	个	3.000			
16	030703001007	碳钢阀门	对开多叶调节阀，120×120	个	2.000			
17	030703007001	碳钢风口、散流器、百叶窗	单层百叶回风口，800×800	个	1.000			
18	030703007002	碳钢风口、散流器、百叶窗	单层百叶回风口安装，800×300	个	5.000			
19	030703007003	碳钢风口、散流器、百叶窗	方形散流器安装，300×300	个	19.000			
20	030703007004	碳钢风口、散流器、百叶窗	钢百叶窗安装，1200×400	个	2.000			

（续）

序号	项目编号	项目名称	项目特征描述	计量单位	工程量	金额（元）		
						综合单价	合价	其中：暂估价
		第十册 给排水、采暖、燃气工程						
21	031003001001	螺纹阀门	螺纹阀门，蝶阀，DN65	个	2.000			
22	031003001002	螺纹阀门	螺纹阀门，闸阀，DN65	个	2.000			
23	031003001003	螺纹阀门	螺纹阀门，闸阀，DN40	个	10.000			
24	031003001004	螺纹阀门	螺纹阀门，闸阀，DN20	个	10.000			
25	031003001005	螺纹阀门	螺纹阀门，电动二通阀，DN20	个	5.000			
26	031003001006	螺纹阀门	螺纹阀门，比例积分电动二通阀，DN40	个	2.000			
27	031003001007	螺纹阀门	螺纹阀门，自动放气阀	个	2.000			
28	031003010001	软接头（软管）	可曲挠橡胶接头安装，DN40	个	4.000			
29	031001001001	镀锌钢管	室内管道，镀锌钢管，螺纹连接，DN65	m	29.400			
30	031001001002	镀锌钢管	室内管道，镀锌钢管，螺纹连接，DN50	m	8.940			
31	031001001003	镀锌钢管	室内管道，镀锌钢管，螺纹连接，DN40	m	52.940			
32	031001001004	镀锌钢管	室内管道，镀锌钢管，螺纹连接，DN32	m	5.600			
33	031001001005	镀锌钢管	室内管道，镀锌钢管，螺纹连接，DN25	m	6.940			
34	031001001006	镀锌钢管	室内管道，镀锌钢管，螺纹连接，DN20	m	29.400			
35	031001004001	铜管	室内管道，无缝黄铜管榄形垫圈（抓榄），DN20	m	5.000			
36	031001006001	塑料管	室内管道，冷凝水排水管，PVC-32	m	41.360			
37	031002001001	管道支架	型钢支架综合	kg	300.000			
		第五册 建筑智能化工程						
38	030601001001	温度仪表	金属套管温度计安装	支	4.000			
39	030601002001	压力仪表	压力表安装，就地安装	台	4.000			
		第十二册 刷油、防腐蚀、绝热工程						
40	031202003001	一般钢结构防腐蚀	红丹防锈漆第一遍	kg	500.000			

（续）

序号	项目编号	项目名称	项目特征描述	计量单位	工程量	金额（元）		
						综合单价	合价	其中：暂估价
41	031202003002	一般钢结构防腐蚀	红丹防锈漆第二遍	kg	500.000			
42	031208003001	通风管道绝热	风管保温，铝箔玻璃棉，$\delta=30mm$	m³	5.560			
43	031208002001	管道绝热	水管保温，橡塑保温管$\phi57$，$\delta=35mm$	m³	1.860			
44	031208002002	管道绝热	水管保温，橡塑保温管$\phi133$，$\delta=35mm$	m³	0.800			
		本页小计						
		合计						

（3）总价措施项目清单与计价表（表6-29）

表6-29 总价措施项目清单与计价表

工程名称：广东省某市建筑工程学校办公楼空调工程　　　　标段：　　　　第　页　共　页

序号	项目编码	项目名称	计算基础	费率（%）	金额（元）	调整费率（%）	调整后金额（元）	备注
1		安全文明施工措施费部分						
1.1	031302001001	安全文明施工	分部分项人工费	26.57				按26.57%计算
		小计						
2		其他措施费部分						
2.1	031302002001	夜间施工增加						按夜间施工项目人工的20%计算
2.2	031302003001	非夜间施工增加						
2.3	031302004001	二次搬运						
2.4	031302005001	冬雨期施工增加						
2.5	031302006001	已完工程及设备保护						
2.6	GGCS001	赶工措施	分部分项人工费	6.88				费用标准为0%～6.88%
2.7	WMGDZJF001	文明工地增加费	分部分项工程费	0.20				市级文明工地为0.2%，省级文明工地为0.4%
		小计						
		合计						

编制人（造价人员）：　　　　　　　　　　　　　　复核人（造价工程师）：

（4）总价措施项目清单与计价表、暂列金额明细表、计日工表（表 6-30、表 6-31、表 6-32）

表 6-30　其他项目清单与计价汇总表

工程名称：广东省某市建筑工程学校办公楼空调工程　　　　　标段：　　　　　第　页　共　页

序号	项 目 名 称	金额(元)	结算金额(元)	备　　注
1	暂列金额	20532.60		
2	暂估价			
2.1	材料暂估价			
2.2	专业工程暂估价			
3	计日工			
4	总承包服务费			
5	索赔费用			
6	现场签证费用			
7	材料检验试验费			以分部分项项目费的 0.2% 计算（单独承包土石方工程除外）
8	预算包干费			按分部分项项目费的 0% ~ 2% 计算
9	工程优质费			市级质量奖 1.5%；省级质量奖 2.5%；国家级质量奖 4%
10	其他费用			
	总计			

表 6-31　暂列金额明细表

工程名称：广东省某市建筑工程学校办公楼空调工程　　　　　标段：　　　　　第　页　共　页

序号	项 目 名 称	计量单位	暂列金额（元）	备　　注
1	暂列金额		20532.60	以分部分项工程费为计算基础×10%
	合计		20532.60	

表 6-32　计日工表

工程名称：广东省某市建筑工程学校办公楼空调工程　　　　　标段：　　　　　第　页　共　页

序号	项 目 名 称	单位	暂定数量	实际数量	综合单价	合　价 暂定	合　价 实际
一	人工						
1	土石方工	工日	5.000				
2	电工	工日	12.000				
	人工小计						
二	材料						
1	橡胶定型条	kg	12.000				

（续）

序号	项目名称	单位	暂定数量	实际数量	综合单价	合 价	
						暂定	实际
2	齿轮油	kg	24.000				
3	釉面砖	m^2	25.000				
	材料小计						
三	施工机械						
1	螺栓套丝机	台班	2.000				
2	交流电焊机	台班	4.000				
	施工机械小计						
	总计						

（5）规费、税金项目计价表（表6-33）

表6-33 规费、税金项目计价表

工程名称：广东省某市建筑工程学校办公楼空调工程　　　　　　　标段：　　　　　　第　页　共　页

序号	项目名称	计算基础	计算基数	计算费率（%）	金额（元）
1	规费				
1.1	工程排污费				
1.2	施工噪声排污费				
1.3	防洪工程维护费				
1.4	危险作业意外伤害保险费	分部分项工程费＋措施项目费＋其他项目费		0.10	
2	税金	分部分项工程费＋措施项目费＋其他项目费＋规费		3.477	
	合计				

编制人（造价人员）：　　　　　　　　　　　　　　　　　　复核人（造价工程师）：

（6）承包人提供主要材料和工程设备一览表（表6-34）

表6-34 承包人提供主要材料和工程设备一览表

（适用于造价信息差额调整法）

工程名称：广东省某市建筑工程学校办公楼空调工程　　　　　　　标段：　　　　　　第　页　共　页

序号	名称、规格、型号	单位	数量	风险系数（%）	基准单价（元）	投标单价（元）	发承包人确认单价（元）	备注
1	综合工日	工日	232.092					
2	综合工日（机械用）	工日	0.300					
3	型钢	kg	318.000					
4	型钢 槽钢	kg	20.800					
5	型钢 型钢综合	kg	145.600					

（续）

序号	名称、规格、型号	单位	数量	风险系数（%）	基准单价（元）	投标单价（元）	发承包人确认单价(元)	备注
6	圆钢 ϕ10 以内	kg	30.542					
7	扁钢（综合）	kg	33.922					
8	角钢（综合）	kg	659.879					
9	镀锌薄钢板 0.5	m²	15.158					
10	镀锌薄钢板 0.75	m²	83.620					
11	镀锌薄钢板 1	m²	111.217					
12	镀锌薄钢板 1.2	m²	83.620					
13	橡胶板（综合）	kg	13.880					
14	橡胶板 1~15	kg	1.741					
15	石棉橡胶板 0.8~6	kg	0.440					
16	聚氯乙烯薄膜	kg	0.050					
17	聚四氟乙烯生料带 26mm×20m×0.1mm	m	389.271					
18	棉纱	kg	9.372					
19	铆钉（综合）	kg	4.486					
20	六角螺栓（综合）	kg	3.630					
21	六角螺栓带螺母 M2~M5×4~20	十套	10.420					
22	六角螺栓带螺母 M6×75	十套	30.911					
23	六角螺栓带螺母 M8×75	十套	138.923					
24	六角螺栓带螺母 M8×75 以下	十套	7.200					
25	六角螺栓带螺母、垫圈 M16×85~140	十套	3.296					
26	半圆头镀锌螺栓 M2~M5×15~50	十个	0.800					
27	膨胀螺栓 M12	十个	2.835					
28	膨胀螺栓 M12×100	十个	5.587					
29	六角螺母（综合）	kg	11.684					
30	垫圈（综合）	kg	3.230					
……								
62	镀锌钢管 DN25	m	5.712					
63	镀锌钢管 DN20	m	37.067					
64	无缝黄铜、纯铜管 DN20	m	5.125					

（续）

序号	名称、规格、型号	单位	数量	风险系数（%）	基准单价（元）	投标单价（元）	发承包人确认单价(元)	备注
65	塑料给水管 DN32	m	42.187					
66	黑玛钢活接头 DN20	个	17.170					
67	黑玛钢活接头 DN40	个	12.120					
68	黑玛钢活接头 DN65	个	4.040					
69	镀锌钢管管件 室内 DN20	个	41.864					
70	镀锌钢管管件 室内 DN25	个	5.477					
71	镀锌钢管管件 室内 DN32	个	4.497					
72	镀锌钢管管件 室内 DN40	个	37.905					
73	镀锌钢管管件 室内 DN50	个	5.820					
74	镀锌钢管管件 室内 DN65	个	12.495					
75	室内塑料给水管接头零件（粘接）DN32	个	33.212					
76	镀锌钢管卡子 DN25	个	5.841					
77	镀锌钢管卡子 DN50	个	1.154					
78	镀锌管卡子 12~40×1.5	个	4.000					
79	保温管 $\delta=35mm$	m³	2.793					
80	塑料管码 20	只	2.000					
81	可曲挠橡胶接头 DN40	个	4.000					
82	螺纹闸门 DN65	个	2.020					
83	比例积分电动二通阀 DN40	个	2.020					
84	螺纹阀门 DN20	个	5.050					
85	平焊法兰	片	8.000					
86	垫片	个	4.000					
87	管子托钩 DN20	个	5.233					
88	管子托钩 DN25	个	1.299					
89	风机盘管 FP-800	台	3.000					
90	风机盘管 FP-600	台	2.000					
91	静压箱 1400×650×600	个	1.000					
92	静压箱 1600×1250×500	个	1.000					
93	仪表接头	套	4.000					
94	取源部件	套	4.000					
95	插座	个	4.000					

（续）

序号	名称、规格、型号	单位	数量	风险系数（%）	基准单价（元）	投标单价（元）	发承包人确认单价（元）	备注
96	难燃 B1 级 PEF 自粘板	m²	3.812					
97	白布	kg	4.167					
98	细白布 宽 0.9m	m	0.200					
99	水	m³	4.277					
100	位号牌	个	8.000					
101	空调器 K1	台	1.000					
102	空调器 X	台	1.000					
103	活塞式压力计	台班	0.320					
104	折旧费	元	273.897					
105	大修理费	元	74.258					
106	经常修理费	元	138.398					
107	安拆费及场外运输费	元	108.999					
108	柴油（机械用）0 号	kg	5.378					
109	电（机械用）	kW·h	995.351					
110	其他费用	元	23.664					
111	其他材料费	元	99.075					
112	风管防火阀 1000×320	个	7.000					
113	风管防火阀 1250×320	个	1.000					
114	风管防火阀 500×200	个	1.000					
115	对开多叶调节阀，500×500	个	1.000					
116	对开多叶调节阀，600×450	个	1.000					
117	对开多叶调节阀，200×120	个	3.000					
118	对开多叶调节阀，120×120	个	2.000					
119	单层百叶回风口，800×800	个	1.000					

2. 工程量清单计价

（1）封面、扉页、总说明（表6-35、表6-36、表6-37）

表6-35 封面

<u>　　　　广东省某市建筑工程学校办公楼空调　　　　</u> 工程

招标控制价

招　标　人：_____

（单位盖章）

造价咨询人：_____

（单位盖章）

表 6-36　封面

广东省某市建筑工程学校办公楼空调　　　工程

招标控制价

招标控制价(小写)：248288.07 元

(大写)：贰拾肆万捌仟贰佰捌拾捌元零柒分

招　标　人：＿＿＿＿＿＿＿＿　　　　造价咨询人：＿＿＿＿＿＿＿＿

(单位盖章)　　　　　　　　　　　　(单位资质专用章)

法定代表人或　　　　　　　　　　法定代表人或

其授权人：＿＿＿＿＿＿＿＿　　　　其授权人：＿＿＿＿＿＿＿＿

(签字或盖章)　　　　　　　　　　　　(签字或盖章)

编　制　人：＿＿＿＿＿＿＿＿　　　　复　核　人：＿＿＿＿＿＿＿＿

(造价人员签字盖专用章)　　　　　　　(造价工程师签字盖章专用章)

编 制 时 间：　　　　　　　　　　复 核 时 间：

表 6-37　总说明

工程名称：广东省某市建筑工程学校办公楼空调工程

(1) 工程概况：广东省某市建筑工程学校办公楼空调工程，建筑面积 3500m²，地下室建筑面积 0m²，占地面积 1000m²，建筑总高度 25m，首层层高 4m，标准层高 3.4m，层数 5 层，其中主体高度 18m，地下室总高度 0m；结构形式：框架结构；基础类型：管桩等；计划工期：25 日历天。

(2) 工程招标和专业工程发包范围：首层通风空调安装工程。

(3) 编制依据：根据××单位设计的施工图计算实物工程量，全国安装清单（2013）及广东省安装工程综合定额 (2010) 进行计算。

(4) 工程质量、材料、施工等的特殊要求：工程质量优良等级。

(5) 其他需要说明的问题：无。

(2) 单位工程招标控制价汇总表（表 6-38）

表 6-38　单位工程招标控制价汇总表

工程名称：广东省某市建筑工程学校办公楼空调工程　　　　　　标段：　　　　　　第　页　共　页

序号	汇总内容	金额(元)	其中：暂估价(元)
1	分部分项工程费	205326.03	
1.1	第七册　通风空调工程	103414.73	
1.2	第十册　给排水、采暖、燃气工程	77366.84	
1.3	第五册　建筑智能化工程	682.16	
1.4	第十二册　刷油、防腐蚀、绝热工程	23862.30	
2	措施项目费	4370.04	
2.1	安全文明施工费	3145.02	
2.2	其他措施项目费	1225.02	
3	其他项目费	30009.40	
3.1	暂列金额	20532.60	

（续）

序号	汇总内容	金额(元)	其中：暂估价(元)
3.2	暂估价		
3.3	计日工	1879.74	
3.4	总承包服务费		
3.5	索赔费用		
3.6	现场签证费用		
3.7	材料检验试验费	410.65	
3.8	预算包干费	4106.52	
3.9	工程优质费	3079.89	
3.10	其他费用		
4	规费	239.71	
4.1	工程排污费		
4.2	施工噪声排污费		
4.3	防洪工程维护费		
4.4	危险作业意外伤害保险费	239.71	
5	税金	8342.89	
6	含税工程总造价	248288.07	
	招标控制价合计 = 1 + 2 + 3 + 4 + 5	248288.07	

（3）分部分项工程和单价措施项目清单与计价表（表6-39）

表6-39　分部分项工程和单价措施项目清单与计价表

工程名称：广东省某市建筑工程学校办公楼空调工程　　　　　标段：　　　　　第　页　共　页

序号	项目编号	项目名称	项目特征描述	计量单位	工程量	金额（元）		
						综合单价	合价	其中：暂估价
		第七册　通风空调工程					103414.73	
1	030701003001	空调器	落地式安装，质量0.75t	台（组）	1.000	23780.23	23780.23	
2	030701003002	空调器	质量0.38t	台（组）	1.000	13309.63	13309.63	
3	030701004001	风机盘管	FP-800，吊顶式安装	台	3.000	2971.89	8915.67	
4	030701004002	风机盘管	FP-600，吊顶式安装	台	2.000	2382.89	4765.78	
5	030702001001	碳钢通风管道	镀锌薄钢板，$\delta = 1.0mm$，咬口连接	m²	97.730	107.31	10487.41	
6	030702001002	碳钢通风管道	镀锌薄钢板，$\delta = 0.75mm$，咬口连接	m²	73.480	103.90	7634.57	
7	030702001003	碳钢通风管道	镀锌薄钢板，$\delta = 0.5mm$，咬口连接	m²	13.320	113.33	1509.56	
8	030703021001	静压箱	成品静压箱，1400 × 650 × 600	个	1.000	5715.32	5715.32	

（续）

序号	项目编号	项目名称	项目特征描述	计量单位	工程量	综合单价	合价	其中：暂估价
						金额（元）		
9	030703021002	静压箱	成品静压箱，1600×1250×500	个/m²	1.000	6235.32	6235.32	
10	030703001001	碳钢阀门	风管防火阀（70℃），1000×320	个	7.000	1888.84	13221.88	
11	030703001002	碳钢阀门	风管防火阀（70℃），1250×320	个	1.000	2178.84	2178.84	
12	030703001003	碳钢阀门	风管防火阀（70℃），500×200	个	1.000	1003.60	1003.60	
13	030703001004	碳钢阀门	对开多叶调节阀，500×500	个	1.000	39.78	39.78	
14	030703001005	碳钢阀门	对开多叶调节阀，600×450	个	1.000	365.78	365.78	
15	030703001006	碳钢阀门	对开多叶调节阀，200×120	个	3.000	119.78	359.34	
16	030703001007	碳钢阀门	对开多叶调节阀，120×120	个	2.000	99.78	199.56	
17	030703007001	碳钢风口、散流器、百叶窗	单层百叶回风口，800×800	个	1.000	347.84	347.84	
18	030703007002	碳钢风口、散流器、百叶窗	单层百叶回风口安装，800×300	个	5.000	256.21	1281.05	
19	030703007003	碳钢风口、散流器、百叶窗	方形散流器安装，300×300	个	19.000	87.45	1661.55	
20	030703007004	碳钢风口、散流器、百叶窗	钢百叶窗安装，1200×400	个	2.000	201.01	402.02	
		第十册 给排水、采暖、燃气工程					77366.84	
21	031003001001	螺纹阀门	螺纹阀门，蝶阀，DN65	个	2.000	195.26	390.52	
			本页小计				103805.25	
22	031003001002	螺纹阀门	螺纹阀门，闸阀，DN65	个	2.000	195.26	390.52	
23	031003001003	螺纹阀门	螺纹阀门，闸阀，DN40	个	10.000	2517.51	25175.10	
24	031003001004	螺纹阀门	螺纹阀门，闸阀，DN20	个	10.000	39.93	399.30	
25	031003001005	螺纹阀门	螺纹阀门，电动二通阀，DN20	个	5.000	39.93	199.65	
26	031003001006	螺纹阀门	螺纹阀门，比例积分电动二通阀，DN40	个	2.000	2517.51	5035.02	
27	031003001007	螺纹阀门	螺纹阀门，自动放气阀	个	2.000	39.93	79.86	
28	031003010001	软接头（软管）	可曲挠橡胶接头安装，DN40	个	4.000	152.69	610.76	
29	031001001001	镀锌钢管	室内管道，镀锌钢管，螺纹连接，DN65	m	29.400	82.67	2430.50	

（续）

序号	项目编号	项目名称	项目特征描述	计量单位	工程量	金额（元）		其中：暂估价
						综合单价	合价	
30	031001001002	镀锌钢管	室内管道，镀锌钢管，螺纹连接，DN50	m	8.940	58.48	522.81	
31	031001001003	镀锌钢管	室内管道，镀锌钢管，螺纹连接，DN40	m	52.940	62.69	3318.81	
32	031001001004	镀锌钢管	室内管道，镀锌钢管，螺纹连接，DN32	m	5.600	78.14	437.58	
33	031001001005	镀锌钢管	室内管道，镀锌钢管，螺纹连接，DN25	m	6.940	26.00	180.44	
34	031001001006	镀锌钢管	室内管道，镀锌钢管，螺纹连接，DN20	m	29.400	26.00	764.40	
35	031001004001	铜管	室内管道，无缝黄铜管榄形垫圈（抓榄），DN20	m	5.000	30.66	153.30	
36	031001006001	塑料管	室内管道，冷凝水排水管，PVC-32	m	41.360	23.29	963.27	
37	031002001001	管道支架	型钢支架综合	kg	300.000	121.05	36315.00	
		第五册 建筑智能化工程					682.16	
38	030601001001	温度仪表	金属套管温度计安装	支	4.000	70.31	281.24	
39	030601002001	压力仪表	压力表安装，就地安装	台	4.000	100.23	400.92	
		第十二册 刷油、防腐蚀、绝热工程					23862.30	
40	031202003001	一般钢结构防腐蚀	红丹防锈漆第一遍	kg	500.000	0.78	390.00	
41	031202003002	一般钢结构防腐蚀	红丹防锈漆第二遍	kg	500.000	0.33	165.00	
42	031208003001	通风管道绝热	风管保温，铝箔玻璃棉，$\delta = 30mm$	m³	5.560	2328.79	12948.07	
			本页小计				91161.55	
43	031208002001	管道绝热	水管保温，橡塑保温管 $\phi57$，$\delta = 35mm$	m³	1.860	3937.14	7323.08	
44	031208002002	管道绝热	水管保温，橡塑保温管 $\phi133$，$\delta = 35mm$	m³	0.800	3795.19	3036.15	
			本页小计				10359.23	
			合计				205326.03	

（4）综合单价分析表（表6-40）

表6-40 综合单价分析表 (一)

工程名称: 广东省某市建筑工程学校办公楼空调工程　　标段:　　第 页 共 页

项目编码	030701003001	项目名称	空调器	计量单位	台(组)

清单综合单价组成明细

定额编号	定额名称	定额单位	数量	单价(元)				合价(元)			
				人工费	材料费	机械费	管理费和利润	人工费	材料费	机械费	管理费和利润
C9-8-30	空调器安装(落地式)设备质量(t以内)0.8	台	1.000	296.62	5.51	132.63	135.61	296.62	5.51	26.53	135.61
C9-7-17	设备支架制作	100kg	0.200	199.92	97.27	91.41	91.41	39.98	19.45		18.28
C9-7-18	设备支架安装	100kg	0.200	85.68	35.35	7.00	39.17	17.14	7.07	1.40	7.83
人工单价			小计					353.74	32.03	27.93	161.72
51.00元/工日			未计价材料费								23304.80
			清单项目综合单价								23780.23

材料费明细	主要材料名称、规格、型号	单位	数量	单价(元)	合价(元)	暂估单价(元)	暂估合价(元)
	型钢槽钢	kg	20.800	106.00	2204.80	—	—
	空调器K1	台	1.000	21000.00	21000.00	—	—
	其他材料费			—		—	
	材料费小计			—	23204.80	—	—

表 6-40　综合单价分析表（二）

工程名称：广东省某市建筑工程学校办公楼空调工程　　　　　　　　标段：　　　　　　　　第　页　共　页

项目编码	030702001001	项目名称	碳钢通风管道	计量单位	m²

清单综合单价组成明细

定额编号	定额名称	定额单位	数量	单价（元）				合价（元）			
				人工费	材料费	机械费	管理费和利润	人工费	材料费	机械费	管理费和利润
C9-1-15	镀锌薄钢板矩形风管（δ=1.2mm 以内咬口）周长（mm）4000 以下	10m²	0.100	197.88	174.25	12.71	90.47	19.79	17.43	1.27	9.05
人工单价			小计					19.79	17.43	1.27	9.05
51.00 元/工日			未计价材料费					59.78			
			清单项目综合单价					107.31			

材料费明细	主要材料名称、规格、型号	单位	数量	单价（元）	合价（元）	暂估单价（元）	暂估合价（元）
	镀锌薄钢板 δ=1.0mm	m²	1.138	52.53	59.78	—	—
	其他材料费			—	59.78	—	—
	材料费小计			—	59.78	—	—

表 6-40　综合单价分析表（三）

工程名称：广东省某市建筑工程学校办公楼空调工程　　标段：　　第　页　共　页

项目编码	03070302100	项目名称	静压箱	计量单位	个

清单综合单价组成明细

定额编号	定额名称	定额单位	数量	单价（元）				合价（元）			
				人工费	材料费	机械费	管理费利润	人工费	材料费	机械费	管理费利润
C9-7-11	成品静压箱安装 每个（m³以内）1	个	1.000	26.78	11.33		12.24	26.78	11.33		12.24
C9-7-17	设备支架制作	100kg	0.400	199.92	97.27	132.63	91.41	79.97	38.91	53.05	36.56
C9-7-18	设备支架安装	100kg	0.400	85.68	35.35	7.00	39.17	34.27	14.14	2.80	15.67
人工单价	小计							141.02	64.38	55.85	64.47
51.00元/工日	未计价材料费								5389.60		
	清单项目综合单价								5715.32		

材料费明细	主要材料名称、规格、型号	单位	数量	单价（元）	合价（元）	暂估单价（元）	暂估合价（元）
	型钢型钢综合	kg	41.600	106.00	4409.60	—	
	静压箱1400×650×600	个	1.000	980.00	980.00	—	
	其他材料费			—		—	
	材料费小计			—	5389.60		

工程名称：广东省某市建筑工程学校办公楼空调工程

表6-40 综合单价分析表（四）

标段：

第 页 共 页

项目编码	0306010002001	项目名称	压力仪表	计量单位	台

清单综合单价组成明细

定额编号	定额名称	定额单位	数量	单价（元）				合价（元）			
				人工费	材料费	机械费	管理费利润	人工费	材料费	机械费	管理费和利润
C10-1-25	压力表、真空表 就地	台（块）	1.000	19.69	2.54	0.67	9.33	19.69	2.54	0.67	9.33
人工单价			小计					19.69	2.54	0.67	9.33
51.00元/工日			未计价材料费					68.00			
			清单项目综合单价					100.23			

材料费明细	主要材料名称、规格、型号	单位	数量	单价（元）	合价（元）	暂估单价（元）	暂估合价（元）
	仪表接头	套	1.000	12.00	12.00	—	—
	取源部件	套	1.000	18.00	18.00	—	—
	金属压力表	台（块）	1.000	38.00	38.00	—	—
	其他材料费						
	材料费小计				68.00		—

(5) 总价措施项目清单与计价表（表6-41）

表6-41　总价措施项目清单与计价表

工程名称：广东省某市建筑工程学校办公楼空调工程　　　　　　　标段：　　　　　　　第　页　共　页

序号	项目编码	项目名称	计算基础	费率（%）	金额（元）	调整费率（%）	调整后金额（元）	备注
1		安全文明施工措施费部分						
1.1	031302001001	安全文明施工	分部分项人工费	26.57	3145.02			按26.57%计算
		小计			3145.02			
2		其他措施费部分						
2.1	031302002001	夜间施工增加						按夜间施工项目人工的20%计算
2.2	031302003001	非夜间施工增加						
2.3	031302004001	二次搬运						
2.4	031302005001	冬雨期施工增加						
2.5	031302006001	已完工程及设备保护						
2.6	GGCS001	赶工措施	分部分项人工费	6.88	814.37			费用标准为0%～6.88%
2.7	WMGDZJF001	文明工地增加费	分部分项工程费	0.20	410.65			市级文明工地为0.2%，省级文明工地为0.4%
		小计			1225.02			
		合计			4370.04			

编制人（造价人员）：　　　　　　　　　　　　　　　复核人（造价工程师）：

(6) 其他项目清单与计价汇总表、暂列金额明细表、计日工表（表6-42、表6-43、表6-44）。

表6-42　其他项目清单与计价汇总表

工程名称：广东省某市建筑工程学校办公楼空调工程　　　　　　　标段：　　　　　　　第　页　共　页

序号	项目名称	金额（元）	结算金额（元）	备注
1	暂列金额	20532.60		
2	暂估价			
2.1	材料暂估价			
2.2	专业工程暂估价			
3	计日工	1879.74		
4	总承包服务费			
5	索赔费用			

（续）

序号	项目名称	金额（元）	结算金额(元)	备 注
6	现场签证费用			
7	材料检验试验费	410.65		以分部分项项目费的 0.2% 计算（单独承包土石方工程除外）
8	预算包干费	4106.52		按分部分项项目费的 0%～2% 计算
9	工程优质费	3079.89		市级质量奖 1.5%；省级质量奖 2.5%；国家级质量奖 4%
10	其他费用			
	总计	30009.40		

表 6-43　暂列金额明细表

工程名称：广东省某市建筑工程学校办公楼空调工程　　　　标段：　　　　第 页 共 页

序号	项目名称	计量单位	暂列金额（元）	备 注
1	暂列金额		20532.60	以分部分项工程费为计算基础×10%
	合计		20532.60	

表 6-44　计日工表

工程名称：广东省某市建筑工程学校办公楼空调工程　　　　标段：　　　　第 页 共 页

序号	项目名称	单位	暂定数量	实际数量	综合单价（元）	合价（元）暂定	合价（元）实际
一	人工					867.00	
1	土石方工	工日	5.000		51.00	255.00	
2	电工	工日	12.000		51.00	612.00	
	人工小计					867.00	
二	材料					704.84	
1	橡胶定型条	kg	12.000		5.39	64.68	
2	齿轮油	kg	24.000		4.34	104.16	
3	釉面砖	m²	25.000		21.44	536.00	
	材料小计					704.84	
三	施工机械					307.90	
1	螺栓套丝机	台班	2.000		27.71	55.42	
2	交流电焊机	台班	4.000		63.12	252.48	
	施工机械小计					307.90	
	总计					1879.74	

（7）规费、税金项目计价表（表 6-45）

表 6-45 规费、税金项目计价表

工程名称：广东省某市建筑工程学校办公楼空调工程　　　　　标段：　　　　　第　页　共　页

序号	项目名称	计算基础	计算基数（元）	计算费率（%）	金额（元）
1	规费				239.71
1.1	工程排污费				
1.2	施工噪声排污费				
1.3	防洪工程维护费				
1.4	危险作业意外伤害保险费	分部分项工程费＋措施项目费＋其他项目费	239705.470	0.10	239.71
2	税金	分部分项工程费＋措施项目费＋其他项目费＋规费	239945.180	3.477	8342.89
	合计				8582.60

编制人（造价人员）：　　　　　　　　　　　　　　复核人（造价工程师）：

（8）承包人提供主要材料和工程设备一览表（表6-46）

表 6-46 承包人提供主要材料和工程设备一览表

（适用于造价信息差额调整法）

工程名称：广东省某市建筑工程学校办公楼空调工程　　　　　标段：　　　　　第　页　共　页

序号	名称、规格、型号	单位	数量	风险系数（%）	基准单价（元）	投标单价（元）	发承包人确认单价（元）	备注
1	综合工日	工日	232.092			51.00		
2	综合工日（机械用）	工日	0.300			51.00		
3	型钢	kg	318.000			106.00		
4	型钢 槽钢	kg	20.800			106.00		
5	型钢 型钢综合	kg	145.600			106.00		
6	圆钢 Φ10 以内	kg	30.542			3.76		
7	扁钢（综合）	kg	33.922			4.02		
8	角钢（综合）	kg	659.879			4.11		
9	镀锌薄钢板 0.5	m²	15.158			29.59		
10	镀锌薄钢板 0.75	m²	83.620			38.69		
11	镀锌薄钢板 1	m²	111.217			52.53		
12	镀锌薄钢板 1.2	m²	83.620			52.53		
13	橡胶板（综合）	kg	13.880			4.15		
14	橡胶板 1～15	kg	1.741			4.31		
15	石棉橡胶板 0.8～6	kg	0.440			11.60		
16	聚氯乙烯薄膜	kg	0.050			9.79		
17	聚四氟乙烯生料带 26mm × 20m ×0.1mm	m	389.271			0.08		

（续）

序号	名称、规格、型号	单位	数量	风险系数（%）	基准单价（元）	投标单价（元）	发承包人确认单价（元）	备注
18	棉纱	kg	9.372			11.02		
19	铆钉（综合）	kg	4.486			6.34		
20	六角螺栓（综合）	kg	3.630			6.32		
21	六角螺栓带螺母 M2～M5 ×4～20	十套	10.420			0.32		
22	六角螺栓带螺母 M6×75	十套	30.911			1.31		
23	六角螺栓带螺母 M8×75	十套	138.923			1.98		
24	六角螺栓带螺母 M8×75 以下	十套	7.200			1.36		
25	六角螺栓带螺母、垫圈 M16×85～140	十套	3.296			10.09		
26	半圆头镀锌螺栓 M2～M5 ×15～50	十个	0.800			0.50		
27	膨胀螺栓 M12	十个	2.835			7.31		
28	膨胀螺栓 M12×100	十个	5.587			7.20		
29	六角螺母（综合）	kg	11.684			6.34		
30	垫圈（综合）	kg	3.230			6.34		
……								
62	镀锌钢管 DN25	m	5.712			19.80		
63	镀锌钢管 DN20	m	37.067			11.20		
64	无缝黄铜、纯铜管 DN20	m	5.125			18.40		
65	塑料给水管 DN32	m	42.187			9.67		
66	黑玛钢活接头 DN20	个	17.170			6.60		
67	黑玛钢活接头 DN40	个	12.120			17.70		
68	黑玛钢活接头 DN65	个	4.040			44.60		
69	镀锌钢管管件 室内 DN20	个	41.864			2.61		
70	镀锌钢管管件 室内 DN25	个	5.477			2.72		
71	镀锌钢管管件 室内 DN32	个	4.497			5.81		
72	镀锌钢管管件 室内 DN40	个	37.905			7.03		

（续）

序号	名称、规格、型号	单 位	数 量	风险系数（％）	基准单价（元）	投标单价（元）	发承包人确认单价（元）	备 注
73	镀锌钢管管件 室内 DN50	个	5.820			11.33		
74	镀锌钢管管件 室内 DN65	个	12.495			21.99		
75	室内塑料给水管接头零件（粘接）DN32	个	33.212			3.51		
76	镀锌钢管卡子 DN25	个	5.841			0.53		
77	镀锌钢管卡子 DN50	个	1.154			2.00		
78	镀锌管卡子 12~40×1.5	个	4.000			0.98		
79	保温管 δ=35mm	m³	2.793			3312.00		
80	塑料管码 20	只	2.000			0.32		
81	可曲挠橡胶接头 DN40	个	4.000			42.00		
82	螺纹闸门 DN65	个	2.020			125.00		
83	比例积分电动二通阀 DN40	个	2.020			2460.00		
84	螺纹阀门 DN20	个	5.050			27.26		
85	平焊法兰	片	8.000			33.00		
86	垫片	个	4.000			2.00		
87	管子托钩 DN20	个	5.233			0.55		
88	管子托钩 DN25	个	1.299			0.61		
89	风机盘管 FP-800	台	3.000			1740.00		
90	风机盘管 FP-600	台	2.000			1151.00		
91	静压箱 1400×650×600	个	1.000			980.00		
92	静压箱 1600×1250×500	个	1.000			1500.00		
93	仪表接头	套	4.000			12.00		
94	取源部件	套	4.000			18.00		
95	插座	个	4.000			28.00		
96	难燃 B1 级 PEF 自粘板	m²	3.812			12.00		
97	白布	kg	4.167			3.20		
98	细白布 宽0.9m	m	0.200			3.50		
99	水	m³	4.277			2.80		
100	位号牌	个	8.000			0.54		
101	空调器 K1	台	1.000			21000.00		
102	空调器 X	台	1.000			12000.00		
103	活塞式压力计	台班	0.320			8.39		

（续）

序号	名称、规格、型号	单位	数量	风险系数（%）	基准单价（元）	投标单价（元）	发承包人确认单价（元）	备注
104	折旧费	元	273.897			1.00		
105	大修理费	元	74.258			1.00		
106	经常修理费	元	138.398			1.00		
107	安拆费及场外运输费	元	108.999			1.00		
108	柴油（机械用）0 号	kg	5.378			5.82		
109	电（机械用）	kW·h	995.351			0.75		
110	其他费用	元	23.664			1.00		
111	其他材料费	元	99.075			1.00		
112	风管防火阀 1000×320	个	7.000			1800.00		
113	风管防火阀 1250×320	个	1.000			2090.00		
114	风管防火阀 500×200	个	1.000			980.00		
115	对开多叶调节阀，500×500	个	1.000					
116	对开多叶调节阀，600×450	个	1.000			326.00		
117	对开多叶调节阀，200×120	个	3.000			80.00		
118	对开多叶调节阀，120×120	个	2.000			60.00		
119	单层百叶回风口，800×800	个	1.000			288.00		

复习思考题

1. 在清单项目设置中，风机盘管安装如何进行项目特征描述？其安装工程内容分别包括哪些？

2. 常用的通风管道板材有哪几种？其分别用什么连接方式？

3. 如何计算风管部件的长度？

4. 在清单项目设置中，碳钢通风管道制作安装如何进行项目特征描述？其安装工程内容分别包括哪些？

5. 在清单项目设置中，通风管道各种部件制作安装如何进行项目特征描述？其安装工程内容分别包括哪些？

6. 通风管道如何进行漏风量检测？

第7章

消防系统及设备安装工程造价计价

7.1 自动报警系统定额应用及清单项目设置

7.1.1 室内火灾报警系统

火灾自动报警系统是人们为了及早发现和通报火灾，并及时采取有效措施控制和扑灭火灾而设在建筑物中或其他场所的一种自动消防设施。火灾自动报警系统一般由触发器件、火灾报警装置、火灾警报装置及具有其他辅助功能的装置组成。

1. 火灾自动报警系统常用设备

（1）触发器件 火灾自动报警系统设有自动和手动两种触发器件。

1）火灾探测器。根据对火灾参数（如烟、温、光、火焰辐射、气体浓度）响应不同，火灾探测器分为感温火灾探测器、感烟火灾探测器、感光火灾探测器、气体火灾探测器和复合火灾探测器五种基本类型。

2）手动火灾报警按钮。手动火灾报警按钮是另一类触发器件。它是用手动方式产生火灾报警信号，启动火灾自动报警系统的器件。手动火灾报警按钮应安装在墙壁上，在同一火灾报警系统中，应采用型号、规格、操作方法相同的同一种类型的手动火灾报警按钮。

（2）火灾报警控制器 火灾报警控制器是一种具有对火灾探测器供电，接收、显示和传输火灾报警等信号，并能对消防设备发出控制指令的自动报警装置。按其用途不同可分为区域火灾报警控制器和集中火灾报警控制器。

2. 火灾自动报警系统

火灾自动报警系统分为区域报警系统、集中报警系统和控制中心报警系统三种基本形式。

（1）区域报警系统 由区域火灾报警控制器、火灾探测器、手动火灾报警按钮、警报装置等组成的火灾自动报警系统，其功能如图 7-1 所示。

（2）集中报警系统 由集中火灾报警控制器、区域火灾报警控制器、火灾探测器、手动火灾报警按钮、警报装置等组成的功能较复杂的火灾自动报警系统，其功能如图 7-2 所示。集中报警系统通常用于功能较多的建筑，如高层宾馆、饭店等场合。这时，集中火灾报警控制器应设置在有专人值班的消防控制室或值班室内，区域火灾报警控制器设置在各层的服务台处。

（3）控制中心报警系统 由设置在消防控制室的消防控制设备、集中火灾报警控制器、区域火灾报警

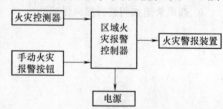

图 7-1 区域报警系统

控制器、火灾探测器、手动火灾报警按钮等组成的功能复杂的火灾自动报警系统。其中消防控制设备主要包括：火灾警报装置，火警电话，火灾应急照明，火灾应急广播，防排烟、通风空调，消防电梯等联动装置，固定灭火系统的控制装置等。控制中心报警系统的功能如图 7-3 所示。

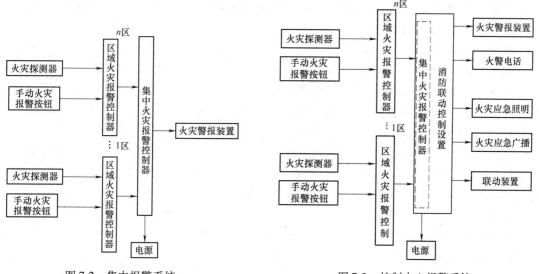

图 7-2 集中报警系统   图 7-3 控制中心报警系统

7.1.2 自动报警系统设备及其安装工程定额应用

本部分定额包括探测器、按钮、模块（接口）、报警控制器、联动控制器、报警联动一体机、重复显示器、警报装置、远程控制器、火灾事故广播、消防通信、报警备用电源安装等项目。

以下工作内容已经包含在定额中：①施工技术准备、施工机械准备、标准仪器准备、施工安全防护措施、安装位置的清理；②设备和箱、机及元件的搬运，开箱检查，清点，杂物回收，安装就位，接地，密封，箱、机内的校线、接线，挂锡，编码，测试，清洗，记录整理等；③定额中均包括了校线、接线和本体调试。

未包含在定额中的工作有：①设备支架、底座、基础的制作与安装；②构件加工、制作；③电动机检查、接线及调试；④事故照明及疏散指示控制装置安装；⑤CRT 彩色显示装置安装。

定额中箱、机是以成套装置编制的；柜式及琴台式安装均执行落地式安装相应项目。

（1）探测器安装　火灾探测器是火灾自动报警系统中具有探测火灾信号功能的关键部件，按其警戒范围分为点型火灾探测器和线型火灾探测器。点型火灾探测器又可分为感烟、感温、红外光束、火焰、可燃气体等类型；线型火灾探测器则可分为缆式定温、空气管差温等。

1）点型探测器。点型探测器安装的工程量计算，应按多线制和总线制，区别其感烟、感温、红外光束、火焰、可燃气体，分别以"只"为单位计算。工作内容包括校线、挂锡、安装底座、探头、编码、清洁、调测。

2）线型探测器。线型探测器安装的工程量，以"10m"为单位计算。工作内容包括拉锁固定、校线、挂锡、调测。

（2）按钮安装　按钮是人工确定火灾后手动操作向消防控制室发出火灾报警信号或直

接启动消防水泵的一种装置。按钮安装的工程量计算，不分型号和规格，均以"只"为单位计算。工作内容包括校线、挂锡、钻眼固定、安装、编码、调测。

（3）模块（接口）安装　模块分为控制模块和报警模块。控制模块也称中继器，依据其给出的控制信号的数量分为单输出和多输出两种形式。控制模块连接于总线上，当接到控制器以编码方式传送来的动作指令时模块内置继电器动作，启动或关闭现场设备。报警模块不起控制作用，只能起监视报警作用。

控制模块（接口）的工程量计算，应区别单输出接口和多输出接口以"只"为单位计算。报警模块（接口）的工程量计算以"只"为单位计算。工作内容包括安装、固定、校线、挂锡、功能检测、编码、防潮和防尘处理。

（4）报警控制器安装　报警控制器按线制的不同分为多线制与总线制两种，目前大多为总线制。其中又按安装方式不同分为壁挂式和落地式。

报警控制器安装工程量的计算应区别其线制（总线制、多线制），根据其不同安装方式（壁挂和落地式），区别其控制器的不同控制点数，分别以"台"为单位计算。工作内容包括安装、固定、校线、挂锡、功能检测、防潮和防尘处理、压线、标志、绑扎。

多线制报警控制器控制点数分为 32 点以下、64 点以下两类；总线制报警控制器控制点数分为 200 点以下、500 点以下、1000 点以下及 1000 点以上等类。

（5）联动控制器安装　联动控制器安装工程量的计算应区别其线制（总线制、多线制），根据其不同安装方式（壁挂式和落地式），区别其控制器的不同控制点数，分别以"台"为单位计算。工作内容包括校线、挂锡、并线、压线、标志、安装、固定、功能检测、防潮和防尘处理。

多线制联动控制器控制点数分为 100 点以下、100 点以上两类；总线制联动控制器控制点数分为 100 点以下、200 点以下、500 点以下及 500 点以上四类。

（6）报警联动一体机安装　报警联动一体机安装的工程量计算，应按其不同安装方式（壁挂式和落地式），区别其不同控制点数（500 点以下、1000 点以下、2000 点以下及 2000 点以上），分别以"台"为单位计算。工作内容包括校线、挂锡、并线、压线、标志、安装、固定、功能检测、防潮和防尘处理。

（7）重复显示器、警报装置、远程控制器安装　重复显示器安装的工程量计算，不分型号，区别其多线制和总线制，分别以"台"为单位计算。警报装置安装的工程量按声光报警和警铃，分别以"台"为单位计算。远程控制器安装的工程量计算，应区别其控制器的不同控制回路（3 回路以下、5 回路以下），分别以"台"为单位计算。工作内容包括校线、挂锡、并线、压线、标志、编码、安装、固定、功能检测、防潮和防尘处理。

（8）火灾事故广播安装　功率放大器的安装工程量计算，应区别其不同功率（125W、250W），分别以"台"为单位计算。录音机、消防广播控制柜、广播分配器安装工程量，以"台"为单位计算。吸顶式扬声器、壁挂式音箱安装的工程量，均以"只"为单位计算。工作内容主要包括校线、挂锡、并线、压线、标志、安装、固定、功能检测、防潮和防尘处理。

（9）消防通信、报警备用电源　电话交换机安装的工程量计算，应区别其电话交换机的不同门数（20 门、40 门、60 门），分别以"台"为单位计算；电话分机以"部"为单位计算；电话插孔以"个"为单位计算；消防报警备用电源以"台"为单位计算。工作内容包括校线、挂锡、并线、压线、安装、固定、功能检测、防潮和防尘处理。

7.1.3　自动报警系统设备及其安装工程量清单项目设置

1. 清单项目设置

火灾自动报警系统主要包括探测器、按钮、模块（接口）、报警控制器、联动控制器、报警联动一体机、重复显示器、警报装置、远程控制器等。并按安装方式、控制点数量、控制回路、输出形式、多线制、总线制等不同特征列项，其清单项目设置见表7-1。

表 7-1　火灾自动报警系统清单项目设置

项目编码	项目名称	项目特征	计量单位	工程量计算规则	工作内容
030904001	点型探测器	1. 名称 2. 规格 3. 线制 4. 类型	个	按设计图示数量计算	1. 底座安装 2. 探头安装 3. 校接线 4. 编码 5. 探测器调试
030904002	线型探测器	1. 名称 2. 规格 3. 安装方式	m	按设计图示长度计算	1. 探测器安装 2. 接口模块安装 3. 报警终端安装 4. 校接线
030904003	按钮	1. 名称 2. 规格	个	按设计图示数量计算	1. 安装 2. 校接线 3. 编码 4. 调试
030904004	消防警铃				
030904005	声光报警器				
030904006	消防报警电话插孔（电话）	1. 名称 2. 规格 3. 安装方式	个（部）		
030904007	消防广播（扬声器）	1. 名称 2. 功率 3. 安装方式	个		
030904008	模块（模块箱）	1. 名称 2. 规格 3. 安装类型 4. 输出方式	个（台）		
030904009	区域报警控制箱	1. 多线制 2. 总线制 3. 安装方式 4. 控制点数量 5. 显示器类型	台		1. 本体安装 2. 校接线、摇测绝缘电阻 3. 排线、绑扎、导线标识 4. 调试
030904010	联动控制箱				
030904011	远程控制箱（柜）	1. 规格 2. 控制回路			
030904012	火灾报警系统控制主机	1. 规格、线制 2. 控制回路 3. 安装方式			1. 安装 2. 校接线 3. 调试
030904013	联动控制主机				
030904014	消防广播及对讲电话主机（柜）				

（续）

项目编码	项目名称	项目特征	计量单位	工程量计算规则	工作内容
030904015	火灾报警控制微机（CRT）	1. 规格 2. 安装方式	台		1. 安装 2. 调试
030904016	备用电源及电池主机（柜）	1. 名称 2. 容量 3. 安装方式	套	按设计图示数量计算	1. 安装 2. 调试
030904017	报警联动一体机	1. 规格、线制 2. 控制回路 3. 安装方式	台		1. 安装 2. 校接线 3. 调试

2. 清单设置说明

1）消防报警系统配管、配线、接线盒均应按《通用安装工程工程量清单计算规范》附录 D "电气设备安装工程" 相关项目编码列项。

2）消防广播及对讲电话主机包括功放、录音机、分配器、控制柜等设备。

3）点型探测器包括火焰、烟感、温感、红外光束、可燃气体探测器等。

3. 火灾自动报警系统清单项目特征

1）探测器：按点型和线型分别编码。点型探测器按多线制、总线制分不同类型不同名称分别描述。其类型主要有感烟火灾探测器、感温火灾探测器、感光火灾探测器、可燃气体探测器、复合式火灾探测器等，名称主要是指各种类型下的具体描述，如离子感烟探测器、光电感烟探测器、复合式感烟感温探测器等。线型探测器按安装方式描述，常用的缆式线型定温探测器其安装方式主要有环绕式、正弦式和直线式。

2）按钮：包括消火栓按钮、手动报警按钮、气体报警起停按钮。不同厂家生产的按钮型号各不相同，应根据设计图样对不同的型号分别编制清单项目。如 SHD—1 型手动报警按钮、Q—K/1644 地址编码手动报警开关等。

3）模块：名称有输入模块、输出模块、输入输出模块、监视模块、信号模块、控制模块、信号接口、单控模块、双控模块等，不同厂家产品各异，名称也不同。输出形式指控制模块的单输出和多输出。

4）各类控制器安装方式指落地式和壁挂式。控制点数量：多线制 "点" 是指报警控制器所带报警器件（探测器、报警按钮等）的数量，总线制 "点" 是指报警控制器所带的有地址编码的报警器件（探测器、报警按钮、模块等）的数量，如果一个模块带数个探测器，则只能计为一点；联动控制器：多线制 "点" 是指联动控制器所带联动设备的状态控制和状态显示的数量，总线制 "点" 是指联动控制器所带的有控制模块（接口）的数量。

5）远程控制箱：一般按控制回路进行描述。

7.2 水灭火系统定额应用及清单项目设置

7.2.1 水灭火系统

1. 消火栓给水系统

在民用建筑中，目前使用最广泛的是水消防系统。因为用水作为灭火工质，用于扑灭建筑物中一般物质的火灾，是最经济有效的方法。火灾统计资料表明，设有室内消防给水设备的建筑物内，火灾初期，主要是用室内消防给水设备控制和扑灭的。

如图7-4所示，对于低层建筑或高度不超过50m的高层建筑，室内消火栓给水系统由水枪、水龙带、消防管道、消防水池、消防水泵、增压设备等组成。而对于建筑高度超过50m的工业与民用建筑，当室内消火栓的静压力超过80mH₂O($1mH_2O = 9.8kPa$)时，应按静压采用分区消防给水系统。室内消火栓、水龙带、水枪一般安装在消防箱内，消

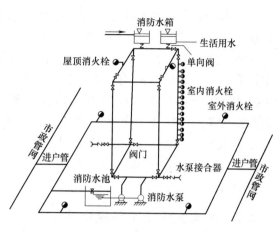

图7-4 室内消火栓给水系统

防栓箱一般用木材、铝合金或钢板制作而成，外装玻璃门，门上应有明显的标志。

2. 自动喷水灭火系统

自动喷水灭火系统分为闭式自动喷水灭火系统和开式自动喷水灭火系统，在民用建筑中闭式自动喷水灭火系统使用最多。

闭式自动喷水灭火系统由闭式喷头、管网、报警阀门系统、探测器、加压装置等组成。发生火灾时，建筑物内温度升高，达到作用温度时自动地打开闭式喷头灭火，并发出信号报警。其广泛布置在消防要求较高的建筑物或个别房间内，商场、宾馆、剧院、设有空调系统的旅馆和综合办公楼的走廊、办公室、餐厅、商店、库房和客房等。

闭式自动喷水灭火系统管网，主要有以下四种类型：湿式自动喷水灭火系统、干式自动喷水灭火系统、干湿式自动喷水灭火系统、预作用自动喷水灭火系统。图7-5所示是湿式自动喷水灭火系统示意图。

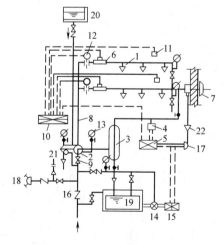

图7-5 湿式自动喷水灭火系统

1—闭式喷头 2—湿式报警阀 3—延迟器 4—压力继电器 5—电气自控箱 6—水流指示器 7—水力警铃
8—配水管 9—阀门 10—火灾收信机 11—感温、感烟火灾探测器 12—火灾报警装置 13—压力表
14—消防水泵 15—电动机 16—止回阀 17—按钮 18—水泵接合器
19—水池 20—高位水箱 21—安全阀 22—排水漏斗

图 7-6 所示为闭式喷头结构，闭式自动喷水灭火系统的重要设备，由喷水口、

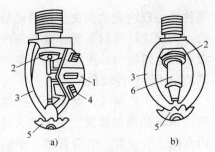

控制器和溅水盘三部分组成，其形状和式样较多。闭式喷头是用耐腐蚀的铜质材料制造，喷水口平时被控制器所封闭。其布置形式可采用正方形、长方形、菱形或梅花形。喷头与吊顶、楼板、屋面板的距离不宜小于 7.5cm，也不宜大于 15cm，但楼板、屋面板如为耐火极限不低于 0.5h 的非燃烧体，其距离可为 30cm。

图 7-6　闭式喷头结构
a) 易熔合金闭式喷头　b) 玻璃瓶闭式喷头
1—易熔合金锁闸　2—阀片　3—喷头框架
4—八角支撑　5—溅水盘　6—玻璃球

7.2.2　水灭火系统定额应用

本部分定额适用于工业和民用建（构）筑物设置的自动喷水灭火系统的管道、各种组件、消火栓、气压水罐的安装及管道支吊架的制作、安装。

1. 管道安装

（1）界线划分

1）室内外界线：以建筑物外墙皮 1.5m 为界，入口处设阀门者以阀门为界。

2）设在高层建筑内的消防泵间管道，以泵间外墙皮为界。

（2）工程量计算　水灭火系统管道主要采用镀锌钢管，小管径（$DN25 \sim DN100$）一般采用螺纹连接，大管径（$DN150$、$DN200$）则采用法兰连接。镀锌钢管（分螺纹连接、法兰连接）安装的工程量计算，区别其不同的公称直径，分别以"10m"为单位计算。工作内容包括水压试验。

镀锌钢管法兰连接定额，管件是按成品、弯头两端是按接短管焊法兰考虑的，定额中包括了直管、管件、法兰等全部安装工序内容，但管件、法兰及螺栓的主材数量应按设计规定另行计算。

（3）管道安装定额　也适用于镀锌无缝钢管的安装。

（4）设置于管道间、管廊内的管道　其定额人工乘以系数 1.3。

（5）主体结构为现场浇注采用钢模施工的工程　内外浇注的定额人工乘以系数 1.05，内浇外砌的定额人工乘以系数 1.03。

2. 系统组件安装

喷头、报警装置及水流指示器安装定额均按管网系统试压、冲洗合格后安装考虑的，定额中已包括丝堵、临时短管的安装、拆除及其摊销。

（1）喷头安装　喷头由喷头架、溅水盘、喷水口堵水支撑等组成，如图 7-7 所示。常见有易熔合金锁片支撑型与玻璃球支撑型。安装方式可分为吊顶型和无吊顶型。

喷头安装的工程量计算，应区别其不同

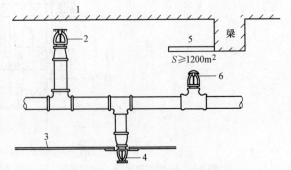

图 7-7　喷头安装示意图
1—楼板或屋面板　2—直立型喷淋头　3—吊顶板
4—下垂型喷头　5—集热罩　6—普通型喷头

的安装部位（无吊顶和有吊顶）分别以"10个"为单位计算。

（2）湿式报警装置　湿式报警装置安装应区别其不同公称直径（DN65、DN80、DN100、DN150、DN200），分别以"组"为单位计算。其他报警装置适用于雨淋、干湿两用及预作用报警装置。

（3）温感式水幕装置安装　温感式水幕装置结构如图7-8所示。其安装应区别其不同公称直径（DN20、DN25、DN32、DN40、DN50），分别以"组"为单位计算。

温感式水幕装置安装定额中已包括给水三通至喷头、阀门间的管道、管件、阀门、喷头等全部安装内容。但管道的主材数量按设计管道中心长度另加损耗计算；喷头数量按设计数量另加损耗计算。

（4）水流指示器安装　水流指示器是一种由管网内水流作用启动，能发出电信号的组件，常用于湿式灭火系统中做电报警设施和区域报警用设备。在多层或大型建筑的自动喷水灭火系统上，为了便于明确火灾发生的保护分区，一般在每一层或每个分区的干管上或支管的始端安装一个水流指示器。水流指示器按叶片的形状，可分为板式和桨式两种。按安装基座分，可分为鞍座式、管式和法兰式。管式和法兰式一般采用桨式叶片，与管路连接时管式采用螺纹连接，法兰式采用法兰连接。鞍座式一般采用板式叶片，与管路连接时需在管路上开孔放入叶片后进行焊接，施工较困难。图7-9所示为桨式水流指示器结构。

水流指示器（分螺纹连接、法兰连接）安装区别其不同公称直径（DN50、DN65、DN80、DN100），分别以"个"为单位计算。

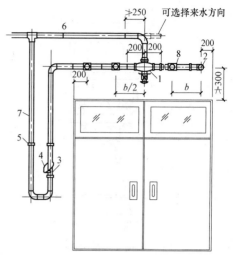

编号	名称	编号	名称
1	ZSPD型控制器	5	单立管支架
2	水幕喷头	6	横管托架
3	球阀	7	给水管
4	铅封	8	异径三通

图 7-8　温感式水幕装置结构

3. 其他组件安装

减压孔板安装应区别减压孔板的不同公称直径（DN50、DN70、DN80、DN100、DN150），分别以"个"为单位计算。工作内容包括切管、焊法兰、制垫加垫、孔板检查，二次安装。

末端试水装置安装：在每个报警阀组控制的最不利点喷头处，应设末端试水装置，其结构示意图如图7-10所示。安装工程量应区别末端试水装置的不同公称直径（DN25、DN32），分别以"组"为单位计算。工作内容包括切管、攻螺纹、上零件、整体组装、放水试验。

集热板制作与安装的工程量，以"个"为单位计算。工作内容包括划线、下料、加工、支架制作及安装、整体安装固定。集热板的安装位置：当高架仓库分层板上方有孔洞、缝隙时，应在喷头上方设置集热板。

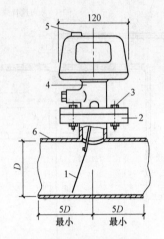

图 7-9　桨式水流指示器结构
1—桨片　2—底座　3—螺栓
4—本体　5—接线孔　6—管路

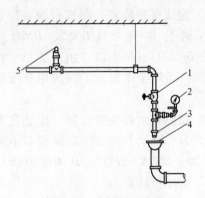

图 7-10　末端试水装置
1—截止阀　2—压力表　3—试水接头
4—排水漏斗　5—最不利喷头

4. 消火栓安装

（1）室内消火栓安装　图 7-11 所示是室内消火栓结构示意图。室内消火栓安装的工程量计算，应按单栓 65 和双栓 65，分别以"套"为单位计算。工作内容包括预留洞、切管、攻螺纹、箱体及消火栓安装、附件检查安装、水压试验。

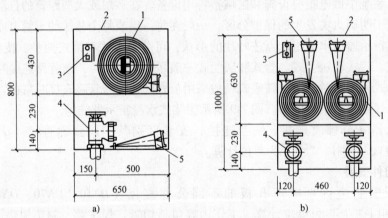

图 7-11　室内消火栓结构
a）单栓　b）双栓
1—水龙带　2—消火栓箱　3—按钮　4—消火栓　5—水枪

（2）室外消火栓安装　室外消火栓安装分地上式和地下式两类，其组成如图 7-12 所示。
室外地下式消火栓安装的工程量计算，应按其不同型号、规格（浅型、深Ⅰ型、深Ⅱ型），区别其管道的不同压力（1.0MPa、1.6MPa），分别以"套"为单位计算。工作内容包括管口除沥青、制垫、加垫、紧螺栓、消火栓安装。室外地上式消火栓安装的工程量计算，应按其不同型号、规格（浅 100 型、深 100 型、浅 100 型、深 150 型），区别其管道的不同压力（1.0MPa、1.6MPa），分别以"套"为单位计算。

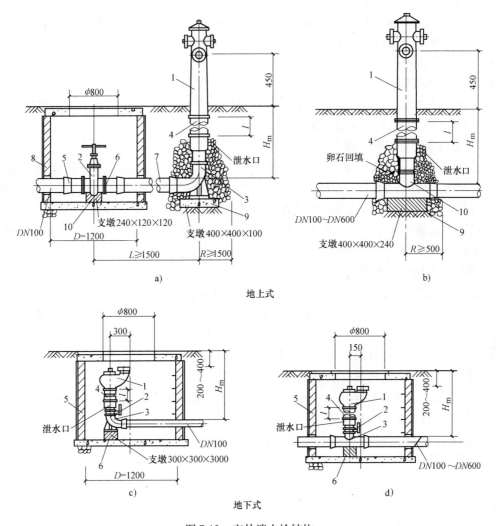

图 7-12 室外消火栓结构

a) 支管安装（深装） b) 干管安装（Ⅰ型）

1—本体 2—闸阀 3—弯管底座 4—法兰接管 5、6—短管 7—铸铁管 8—阀井 9—支墩 10—三通

c) 支管安装 d) 干管安装

1—地下式消火栓 2—蝶阀 3—弯管底座（三通） 4—法兰接管 5—阀井 6—混凝土支墩

（3）消防水泵接合器安装 消防水泵接合器结构示意图如图 7-13 所示。安装应按水泵接合器安装的不同形式（地下式、地上式、墙壁式），区别其不同公称直径（DN100、DN150），分别以"套"为单位计算。

5. 隔膜式气压水罐（气压罐）安装

隔膜式气压水罐是一种提供压力水的消防气压给水设备装置，其作用相当于高位水箱或水塔，可采用立式或卧式安装。其安装的工程量计算应按其不同公称直径（800mm 以内、

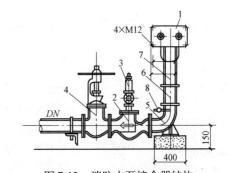

图 7-13 消防水泵接合器结构

1—本体 2—止回阀 3—安全阀 4—闸阀 5—弯管 6—法兰直管 7—法兰弯管 8—截止阀

1000mm 以内、1200mm 以内、1400mm 以内），分别以"台"为单位计算。

隔膜式气压水罐安装定额中地脚螺栓是按设备带有考虑的，定额中包括指导二次灌浆用工，但二次灌浆费用另计。

6. 管道支吊架制作与安装

管道支吊架制作与安装的工程计算，均以"100kg"为单位计算。管道支吊架制作安装定额中包括了支架、吊架及防晃支架。

7. 自动喷水灭火系统管网水冲洗

自动喷水灭火系统管网水冲洗的工程计算，应区别其管道的不同公称直径（DN50、DN70、DN80、DN100、DN150、DN200），分别以"100m"为单位计算。工作内容包括准备工具和材料、制堵盲板、安装拆除临时管线、通水冲洗、检查、清理现场。

管网冲洗定额是按水冲洗考虑的，若采用水压气动冲洗法时，可按施工方案另行计算。定额只适用于自动喷水灭火系统。

8. 定额不包括的工作内容

定额不包括以下工作内容，发生时需另外列项计算：

1）阀门、法兰安装，各种套管的制作安装，泵房间管道安装及管道系统强度试验、严密性试验。

2）消火栓管道、室外给水管道安装及水箱制作安装。

3）各种消防泵、稳压泵安装及设备二次灌浆等。

4）各种仪表的安装及带电信号的阀门、水流指示器、压力开关的接线、校线。

5）各种设备支架的制作安装。

6）管道、设备、支架、法兰焊口除锈刷油。

7）系统调试。

7.2.3 水灭火系统工程量清单项目设置

1. 清单项目设置

水灭火系统的清单项目设置见表 7-2。

表 7-2 水灭火系统清单项目设置

项目编码	项目名称	项目特征	计量单位	工程量计算规则	工作内容
030901001	水喷淋钢管	1. 安装部位 2. 材质、规格 3. 连接形式 4. 钢管镀锌设计要求 5. 压力试验及冲洗设计要求 6. 管道标识设计要求	m	按设计图示管道中心线以长度计算	1. 管道及管件安装 2. 钢管镀锌 3. 压力试验 4. 冲洗 5. 管道标识
030901002	消火栓钢管				
030901003	水喷淋（雾）喷头	1. 安装部位 2. 材质、型号、规格 3. 连接形式 4. 装饰盘设计要求	个	按设计图示数量计算	1. 安装 2. 装饰盘安装 3. 严密性试验

(续)

项目编码	项目名称	项目特征	计量单位	工程量计算规则	工作内容
030901004	报警装置	1. 名称 2. 型号、规格	组	按设计图示数量计算	1. 安装 2. 电气接线 3. 调试
030901005	温感式水幕装置	1. 型号、规格 2. 连接形式			
030901006	水流指示器	1. 规格、型号 2. 连接形式	个		
030901007	减压孔板	1. 材质、规格 2. 连接形式			
030901008	末端试水装置	1. 规格 2. 组装形式	组		
030901009	集热板制作安装	1. 材质 2. 支架形式	个		1. 制作、安装 2. 支架制作、安装
030901010	室内消火栓	1. 安装方式 2. 型号、规格 3. 附件材质、规格	套		1. 箱体及消火栓安装 2. 配件安装
030901011	室外消火栓				1. 安装 2. 配件安装
030901012	消防水泵接合器	1. 安装部位 2. 型号、规格 3. 附件材质、规格	套	按设计图示数量计算	1. 安装 2. 附件安装
030901013	灭火器	1. 形式 2. 规格、型号	具（组）		设置
030901014	消防水炮	1. 水炮类型 2. 压力等级 3. 保护半径	台		1. 本体安装 2. 调试

2. 清单设置说明

1）水灭火管道工程量计算，不扣除阀门、管件及各种组件所占长度以延长米计算。

2）水喷淋（雾）喷头安装部位应区分有吊顶、无吊顶。

3）报警装置适用于湿式报警装置、干湿两用报警装置、电动雨淋报警装置、预作用报警装置等报警装置安装。报警装置安装包括装配管（出水力警铃进水管）的安装，水力警铃进水管并入消防管道工程量。其中：

a. 湿式报警装置包括湿式阀、蝶阀、装配管、供水压力表、装置压力表、试验阀、泄放试验阀、试验管流量计、过滤器、延时器、水力警铃、报警截止阀、漏斗、压力开关等。

b. 干湿两用报警装置包括两用阀、蝶阀、装配管、加速器、加速器压力表、供水压力表、试验阀、泄放试验阀（湿式、干式）、挠性接头、泄放试验管、试验管流量计、排气阀、截止阀、漏斗、过滤器、延时器、水力警铃、压力开关等。

c. 电动雨淋报警装置包括雨淋阀、蝶阀、装配管、压力表、泄放试验管、流量表、截止阀、注水阀、止回阀、电磁阀、排水阀、手动应急球阀、报警试验阀、漏斗、压力开关、过滤器、水力警铃等。

d. 预作用泄放试验管包括报警阀、控制蝶阀、压力表、流量表、截止阀、排气阀、注水阀、止回阀、泄放阀、报警试验阀、液压切断阀、装配管、供水检验管、气压开关、试压电磁阀、空压机、应急手动试压器、漏斗、过滤器、水力警铃等。

4）温感式水幕装置，包括给水三通至喷头、阀门间的管道、管件、阀门、喷头等全部内容的安装。

5）末端试水装置，包括压力表、控制阀等附件安装。末端试水装置安装中不含连接管及排水管安装，其工程量并入消防管道。

6）室内消火栓，包括消火栓箱、消火栓、水枪、水嘴、水龙带接扣、自救卷盘、挂架、消防按钮；落地消火栓箱包括箱内手提灭火器。

7）室外消火栓，安装方式分地上式、地下式。地上式消火栓安装包括地上式消火栓、法兰接管、弯管底座；地下式消火栓包括地下式消火栓、法兰接管、弯管底座或消火栓三通。

8）消防水泵接合器，包括法兰接管及弯头安装，接合器井内阀门、弯管底座、标牌等附件安装。

9）减压孔板若在法兰盘内安装，其法兰计入组价中。

10）消防水炮：分普通手动水炮、智能控制水炮。

11）对于既包括消火栓灭火系统又包括自动喷水灭火系统的室内消防工程，计算工程量时应按以下内容分别计算：

a. 消防泵房部分：该部分是指水泵至泵间外墙皮之间的管路、阀门、水泵安装等项目。

b. 消火栓部分：该部分是指从泵间外墙皮开始算起整个消火栓系统的管路、阀门、消火栓安装等项目。

c. 自动喷水灭火部分：该部分是指从泵间外墙皮开始算起整个自动喷水灭火系统的管路、阀门、报警装置、水流指示器、喷头安装等项目。计算管路部分：可按照水流的方向由干管到支管分管径分别计算。系统组件部分：该部分工程量计算较简单，只要按系统、楼层等进行统计即可。同时要注意湿式报警装置、温感水幕装置、末端试水装置等成套产品所包含的内容，以免重复计算。

12）安装范围：

a. 泵房间内管道安装工程量清单按《通用安装工程工程量清单计算规范》附录 H "工业管道工程"有关项目编制。

b. 各种消防泵、稳压泵安装工程量清单按《通用安装工程工程量清单计算规范》附录 A "机械设备安装工程"有关项目编制。

c. 各种仪表的安装工程量清单按《通用安装工程工程量清单计算规范》附录 F "自动化控制仪表安装工程"有关项目编制。

d. 水灭火系统的室外管道安装工程量清单按《通用安装工程工程量清单计算规范》附录 K "给排水、采暖、燃气工程"有关项目编制。

7.3　气体灭火系统定额应用及清单项目设置

7.3.1　气体灭火系统

1. 卤代烷灭火系统

卤代烷灭火系统是把具有灭火功能的卤代烷碳氢化合物作为灭火剂的一种气体灭火系统。过去常用的灭火剂主要有二氟一氯一溴甲烷（CF_2ClBr，简称 1211）、三氟一溴甲烷（CF_3Br，简称 1301）等，这类灭火剂也常称为哈龙（简写为 HBFC）。这类灭火剂因对大气中的臭氧层有极强的破坏作用而被淘汰，国家标准化组织推荐用于替代哈龙的气体灭火剂共有 14 种，目前已较多应用的有 FM-200（七氟丙烷）和 INERGEN（烟烙尽）。图 7-14 所示为卤代烷灭火系统组成的图示。卤代烷灭火系统适用于不能用水灭火的场所，如计算机房、图书档案室、文物资料库等建筑物。

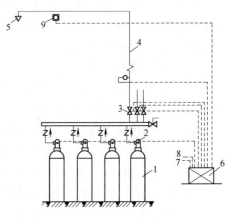

图 7-14　卤代烷灭火系统组成的图示
1—灭火剂贮罐　2—容器阀　3—选择阀
4—管网　5—喷嘴　6—自控装置
7—控制联动　8—报警　9—火警探测器

2. 二氧化碳灭火系统

二氧化碳灭火系统可以用于扑灭某些气体、固体表面、液体和电器火灾，一般可以使用卤代烷灭火系统的场所均可采用二氧化碳灭火系统。但这种系统造价高，灭火时对人体有害。图 7-15 所示为其组成部件图。

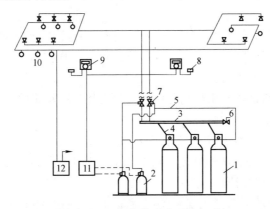

图 7-15　二氧化碳灭火系统组成
1—CO_2 贮存容器　2—启动用气容器　3—总管　4—连接管　5—操作管　6—安全阀　7—选择阀
8—报警阀　9—手动启动装置　10—探测器　11—控制盘　12—检测盘

7.3.2　气体灭火系统定额应用

本部分定额适用于工业和民用建筑中设置的二氧化碳灭火系统、卤代烷 1211 灭火系统和卤代烷 1301 灭火系统中的管道、管件、系统组件等的安装。

1. 管道安装

（1）无缝钢管 无缝钢管公称直径较小（$DN15 \sim DN80$）时采用螺纹连接，公称直径较大（$DN100$、$DN150$）时采用法兰连接。管道安装的工程量计算，应按不同的连接方式，区别其管道的不同公称直径分别以"10m"为单位计算。

（2）气体驱动装置管道安装 气体驱动装置管道（一般为纯铜管）安装的工程量计算，区别管道的不同外径（10mm以内、14mm以内），分别以"10m"为单位计算。工作内容包括切管、煨弯、安装、固定、调整、卡套连接。

（3）钢制管件（螺纹连接）的安装 钢制管件（螺纹连接）的安装工程量计算，应区别其管件的不同公称直径，分别以"10件"为单位计算。工作内容包括切管、调直、攻螺纹、清洗、镀锌后调直、管件连接。

（4）定额中的无缝钢管、钢制管件、选择阀安装 系统组件试验等均适用于卤代烷1211和1301灭火系统，二氧化碳灭火系统按卤代烷灭火系统相应定额乘以系数1.20。

（5）管道及管件安装定额

1）无缝钢管和钢制管件内外镀锌及场外运输费用另行计算。

2）螺纹连接的不锈钢管、铜管及管件安装时，按无缝钢管和钢制管件安装相应定额乘以系数1.20。

3）无缝钢管螺纹连接定额中不包括钢制管件连接内容，应按设计用量执行钢制管件连接定额。

4）无缝钢管法兰连接定额，管件是按成品、弯头两端是按接短管焊接法兰考虑的，定额中包括了直管、管件、法兰等全部安装工序内容，但管件、法兰及螺栓的主材数量应按设计规定另行计算。

5）气动驱动装置管道安装定额中卡套连接件的数量按设计用量另行计算。

2. 系统组件安装

（1）喷头安装 喷头安装的工程量计算，应区别其不同公称直径（$DN15$、$DN20$、$DN25$、$DN32$、$DN40$），分别以"10个"为单位计算。工作内容包括切管、调直、攻螺纹、管件及喷头安装、喷头外观清洁。

喷头安装定额中包括管件安装及配合水压试验安装拆除丝堵的工作内容。

（2）选择阀安装

1）螺纹连接：螺纹连接选择阀安装工程量计算，应区别其不同公称直径（$DN25$、$DN32$、$DN40$、$DN50$、$DN65$、$DN80$），分别以"个"为单位计算。工作内容包括外观检查、切管、攻螺纹、活接头及阀门安装。

2）法兰连接：法兰连接选择阀安装的工程量计算，对公称直径（$DN100$以内），分别以"个"为单位计算。工作内容包括外观检查、切管、坡口、对口、焊法兰、阀门安装。

（3）储存装置安装 储存装置安装的工程量计算，应按其不同储存容器规格（按容积区分，4L、40L、70L、90L、155L、270L），分别以"套"为单位计算。工作内容包括外观检查、搬运、称重、支架框架安装、系统组件安装、阀驱动装置安装、氮气增压。

储存装置安装，定额中包括灭火剂储存容器和驱动气瓶的安装固定、支框架、系统组件（集流管，容器阀，气、液单向阀，高压软管），安全阀等储存装置和阀驱动装置的安装及氮气增压。二氧化碳储存装置安装时，不需增压，执行定额时，扣除高纯氮气，其余不变。

3. 二氧化碳称重检漏装置安装

二氧化碳称重检漏装置安装的工程量计算，以"套"为单位计算。工作内容包括开箱检查、组合装配、安装、固定、试动调整。

二氧化碳称重检漏装置包括泄漏报警开关、配重及支架。

4. 系统组件试验

系统组件试验工程量计算，应区别其水压强度试验和气压严密性试验，分别以"个"为单位计算。系统组件包括选择阀，气、液单向阀和高压软管。工作内容包括准备工具和材料、安装拆除临时管线、灌水加压、充氮气、停压检查、放水、泄压、清理及烘干、封口。

5. 定额不包括的工作内容

定额不包括以下工作内容，实际发生时应另外列项计算：

1）管道支吊架的制作安装应执行本部分定额第 2 章的相应项目。

2）不锈钢管、铜管及管件的焊接或法兰连接，各种套管的制作安装、管道系统强度试验、严密性试验和吹扫等均执行《全国统一安装工程预算定额》第六册《工业管道工程》定额相应项目。

3）管道及支吊架的防腐刷油等执行《全国统一安装工程预算定额》第十一册《刷油、防腐蚀、绝热工程》相应项目。

4）系统调试执行本部分定额第五章的相应项目。

5）阀驱动装置与泄漏报警开关的电气接线等执行《全国统一安装工程预算定额》第十册《自动化控制仪表安装工程》相应项目。

7.3.3　气体灭火系统工程量清单项目设置

1. 清单项目设置

气体灭火系统清单项目设置见表 7-3。

表 7-3　气体灭火系统清单项目设置

项目编码	项目名称	项目特征	计量单位	工程量计算规则	工作内容
030902001	无缝钢管	1. 介质 2. 材质、压力等级 3. 规格 4. 焊接方法 5. 钢管镀锌设计要求 6. 压力试验及吹扫设计要求 7. 管道标识设计要求	m	按设计图示管道中心线以长度计算	1. 管道安装 2. 管件安装 3. 钢管镀锌 4. 压力试验 5. 吹扫 6. 管道标识
030902002	不锈钢管	1. 材质、压力等级 2. 规格 3. 焊接方法 4. 充氩保护方式、部位 5. 压力试验及吹扫设计要求 6. 管道标识设计要求			1. 管道安装 2. 焊口充氩保护 3. 压力试验 4. 吹扫 5. 管道标识

（续）

项目编码	项目名称	项目特征	计量单位	工程量计算规则	工作内容
030902003	不锈钢管管件	1. 材质、压力等级 2. 规格 3. 焊接方法 4. 充氩保护方式、部位	个	按设计图示数量计算	1. 管道安装 2. 管道焊口充氩保护
030902004	气体驱动装置管道	1. 材质、压力等级 2. 规格 3. 焊接方法 4. 压力试验及吹扫设计要求 5. 管道标识设计要求	m	按设计图示管道中心线以长度计算	1. 管道安装 2. 压力试验 3. 吹扫 4. 管道标识
030902005	选择阀	1. 材质 2. 型号、规格 3. 连接方式	个	按设计图示数量计算	1. 安装 2. 压力试验
030902006	气体喷头				喷头安装
030902007	贮存装置	1. 介质、类型 2. 型号、规格 3. 气体增压设计要求		按设计图示数量计算	1. 贮存装置安装 2. 系统组件安装 3. 气体增压
030902008	称重检漏装置	1. 型号 2. 规格	套		
030902009	无管网气体灭火装置	1. 类型 2. 型号、规格 3. 安装部位 4. 调试要求			1. 安装 2. 调试

2. 清单设置说明

1）气体灭火管道工程量计算，不扣除阀门、管件及各种组件所占长度以延长米计算。

2）气体灭火介质，包括七氟丙烷灭火系统、IG541 灭火系统、二氧化碳灭火系统等。

3）气体驱动装置管道安装，包括卡、套连接件。

4）贮存装置安装，包括灭火剂贮存器、驱动气瓶、支框架、集流阀、容器阀、单向阀、高压软管和安全阀等贮存装置和阀驱动装置、减压装置、压力指示仪等。

5）无管网气体灭火系统由柜式预制灭火装置、火灾探测器、火灾自动报警灭火控制器等组件，具有自动控制和手动控制两种启动方式。无管网气体灭火装置安装，包括气瓶柜装置（内设气瓶、电磁阀、喷头）和自动报警控制装置（包括控制器，烟、温感，声光报警器，手动报警器，手/自动控制按钮）等。

7.4　泡沫灭火系统定额应用及清单项目设置

7.4.1　泡沫灭火系统

泡沫灭火系统按其使用方式有固定式（见图 7-16）、半固定式和移动式之分，泡沫灭火系统广泛应用于油田、炼油石厂、油库、发电厂、汽车库等场所。泡沫灭火剂有化学泡沫灭火剂、蛋白泡沫灭火剂、合成型泡沫灭火剂等。

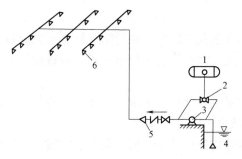

图 7-16　固定式泡沫喷淋灭火系统
1—泡沫液贮罐　2—比例混合器　3—消防泵　4—水池　5—泡沫发生器　6—喷头

7.4.2　泡沫灭火系统定额应用

本部分定额适用于高、中、低倍数固定式或半固定式泡沫灭火系统的发生器及泡沫比例混合器安装。

1. 泡沫发生器安装

泡沫发生器安装的工程量计算，应按其不同型号和规格，区别其泡沫发生器的不同形式〔水轮机式（PFS3、PF4、PFS4、PFS10）和电动机式（PF20、BGP-200）〕，分别以"台"为单位计算。工作内容包括开箱检查、整体吊装、找正、找平、安装固定、切管、焊法兰、调试。

2. 泡沫比例混合器安装

泡沫发生器及泡沫比例混合器安装中包括整体安装、焊法兰、单体调试及配合管道试压时隔离本体所消耗的人工和材料。但不包括支架的制作、安装和二次灌浆的工作内容。

（1）压力贮罐式泡沫比例混合器安装　压力贮罐式泡沫比例混合器安装工程量计算应按其不同型号和规格（PHY32/30、PHY48/55、PHY64/76、PHY72/110），分别以"台"为单位计算。工作内容包括开箱检查、整体吊装、找正、找平、安装固定、切管、焊法兰、调试。

（2）平衡压力式比例混合器安装　平衡压力式比例混合器安装工程量计算应按其不同型号和规格（PHP20、PHP40、PHP80），分别以"台"为单位计算。工作内容包括开箱检查、切管、开坡口、焊法兰、整体安装、调试。

（3）环泵式负压比例混合器安装　环泵式负压比例混合器安装工程量计算应按其不同型号和规格（PH32、PH48、PH64），分别以"台"为单位计算。工作内容包括开箱检查、切管、开坡口、焊法兰、本体安装、调试。

（4）管线式负压比例混合器安装　管线式负压比例混合器安装工程量计算应按其型号（PHF），分别以"台"为单位计算。工作内容包括开箱检查、本体安装、找正、找平、螺栓固定、调试。

3. 定额不包括的工作内容

定额不包括以下内容，实际发生时应另外列项计算：

1）泡沫灭火系统的管道、管件、法兰、阀门、管道支架等的安装及管道系统水冲洗、强度试验、严密性试验等执行《全国统一安装工程预算定额》第六册《工业管道工程》相应项目。

2）泡沫喷淋系统的管道、组件、气压水罐、管道支吊架等安装可执行本册第2章相应项目及有关规定。

3）消防泵等机械设备安装及二次灌浆执行第一册《机械设备安装工程》相应项目。

4）泡沫液贮罐、设备支架制作安装执行第五册《静置设备与工艺金属结构制作安装工程》相应项目。

5）油罐上安装的泡沫发生器及化学泡沫比例混合器执行第五册《静置设备与工艺金属结构制作安装工程》相应项目。

6）除锈、刷油、保温等均执行第十一册《刷油、防腐蚀、绝热工程》相应项目。

7）泡沫液充装定额是按生产厂在施工现场充装考虑的，若由施工单位充装时，可另行计算。

8）泡沫灭火系统调试应按批准的施工方案另行计算。

7.4.3 泡沫灭火系统工程量清单项目设置

1. 工程量清单编制

泡沫灭火系统工程量清单项目设置见表7-4。

表7-4 泡沫灭火系统工程量清单项目设置

项目编码	项目名称	项目特征	计量单位	工程量计算规则	工作内容
030903001	碳钢管	1. 材质、压力等级 2. 规格 3. 焊接方法 4. 无缝钢管镀锌设计要求 5. 压力试验及吹扫设计要求 6. 管道标识设计要求	m	按设计图示管道中心线以长度计算	1. 管道安装 2. 管件安装 3. 无缝钢管镀锌 4. 压力试验 5. 吹扫 6. 管道标识
030903002	不锈钢管	1. 材质、压力等级 2. 规格 3. 焊接方法 4. 充氩保护方式、部位 5. 压力试验及吹扫设计要求 6. 管道标识设计要求			1. 管道安装 2. 焊口充氩保护 3. 压力试验 4. 吹扫 5. 管道标识
030903003	铜管	1. 材质、压力等级 2. 规格 3. 焊接方法 4. 压力试验、吹扫设计要求 5. 管道标识设计要求	m	按设计图示管道中心线以长度计算	1. 管道安装 2. 压力试验 3. 吹扫 4. 管道标识
030903004	不锈钢管管件	1. 材质、压力等级 2. 规格 3. 焊接方法 4. 充氩保护方式、部位	个		1. 管件安装 2. 管家焊口充氩保护
030903005	铜管管件	1. 材质、压力等级 2. 规格 3. 焊接方法		按设计图示数量计算	管件安装
030903006	泡沫发生器	1. 类型			
030903007	泡沫比例混合器	2. 型号、规格 3. 二次灌浆材料	台		1. 安装 2. 调试 3. 二次灌浆
030903008	泡沫液贮罐	1. 质量/容量 2. 型号、规格 3. 二次灌浆材料			

2. 清单设置说明

1）泡沫灭火管道工程量计算，不扣除阀门、管件及各种组件所占长度以延长米计算。

2）泡沫发生器、泡沫比例混合器安装，包括整体安装、焊法兰、单体调试及配合管道试压时隔离本体所消耗的工料。

3）泡沫贮罐内如需充装泡沫液，应明确描述泡沫灭火剂品种、规格。

4）泡沫灭火系统项目特征主要是指：

a. 泡沫发生器型号、规格。水轮机式的主要有 PFS3 型、PF4 型、PFS4 型、PFS10 型、PFT4 型；电动机式的主要有 PF20 型、BGP—200 型。该清单项目不包括油罐上安装的泡沫发生器及化学泡沫比例混合器。

b. 泡沫比例混合器型号、规格。压力贮罐式主要有 PHY32/30 型、PHY48/55 型、PHY64/76 型、PHY72/110 型；平衡压力式主要有 PHP20 型、PHP40 型、PHP80 型；环泵负压式主要有 PH32 型、PH48 型、PH64 型；管线式负压主要有 PHF 型。

5）编制工程量清单应注意的问题

a. 泵房间管道安装工程量清单按《通用安装工程工程量清单计算规范》附录 H "工业管道工程" 相应项目编制。

b. 各种消防泵、稳压泵安装工程量清单按《通用安装工程工程量清单计算规范》附录 A "机械设备安装工程" 相应项目编制。

7.5 消防系统调试定额应用及清单项目设置

7.5.1 消防系统调试

火灾自动报警系统及消防联动系统的调试包括自动报警系统装置调试，水灭火系统控制装置调试，火灾事故广播、消防通信、消防电梯系统装置调试，电动防火门、防火卷帘门、正压送风阀、排烟阀、防火阀控制系统装置调试，气体灭火系统装置调试等项目。

系统调试是指消防报警和灭火系统安装完毕且联通，并达到国家有关消防施工验收规范、标准所进行的全系统的检测、调整和试验。

（1）火灾自动报警系统的调试　调试应按先单体、后系统分步骤进行，即应先分别对探测器、区域报警控制器，集中报警控制器、火灾警报装置和消防控制设备等逐个进行单机通电检查，正常后方可进行系统调试。

1）火灾探测器检查。探测器的检查，一般做性能试验，对于开关探测器可以采用专用测试仪进行检查，对于模拟量探测器一般在报警控制器调试时进行。在报警控制器试验时，如果发现管线问题，则在排除线路故障后再开机测试，如果是探测器问题则更换探测器。

2）报警控制器功能检查。火灾自动报警系统通电后，应按现行国家标准 GB4717《火灾报警控制器通用技术条件》的有关要求对报警控制器进行下列功能检查：火灾报警自检功能，消声，复位功能，故障报警功能，火灾优先功能，报警记忆功能，电源自动转换和备用电源的自动充电功能，备用电源的欠压和过压报警功能。

3）其他功能检查。检查火灾自动报警系统的主电源和备用电源，其容量应分别符合现行有关国家标准的要求，在备用电源连接充放电三次后，主电源和备用电源应能自动转换。

对探测器应采用专用的检查仪器逐个进行试验，其动作应准确无误。

应分别用主电源和备用电源供电，检查火灾自动报警系统的各项控制功能和联动功能。火灾自动报警系统应在连续运行120h无故障后，填写调试报告。

(2) 消防控制设备联动调试

1) 消火栓系统的调试。

a. 在消防控制中心和在水泵房就地应能控制消防泵、备用泵，并能显示工作及故障状态。

b. 动作消火栓箱内的手动起动泵按钮，在任何楼层及部位均能起动消防泵，并可通过输入模块向消防控制中心报警，以明确报警的部位。

2) 自动喷水灭火系统的调试。

a. 在消防控制中心和在水泵房就地应能控制喷淋泵、备用泵，并能显示工作及故障状态，显示信号阀及水流指示器的工作状态。

b. 进行末端放水试验：检查末端的压力表及放水阀，然后进行放水，就地检查水流指示器动作情况，报警阀动作情况以及其压力开关起动喷淋泵情况，在喷淋泵控制箱上能显示泵的工作及故障状态。

3) 消防联动控制设备的调试。消防联动控制设备在接到已确认的火灾报警信号后，应在规定时间内发出联动控制信号，并按有关逻辑关系联动一系列相关设备发生动作，其时间和相关设备试验应符合要求。

4) 警报装置及通信设备的检测。对于共用扬声器，应做强行切换试验；消防通信设备功能应正常，语音应清楚。

7.5.2　消防系统调试定额应用

(1) 自动报警系统装置调试　自动报警系统装置包括各种探测器、手动报警按钮和报警控制器，灭火系统控制装置包括消火栓、自动喷水、卤代烷、二氧化碳等固定灭火系统的控制装置。气体灭火系统调试试验时采取的安全措施，应按施工组织设计另行计算。

自动报警系统装置调试的工程量计算，应按其装置控制点的不同数量（128点以下、256点以下、500点以下、1000点以下、2000点以下），分别以"系统"为单位计算。工作内容包括技术和器具准备、检查接线、绝缘检查、程序装载或校对检查、功能测试、系统试验、记录。

(2) 水灭火系统控制装置调试　水灭火系统控制装置调试的工程量计算，应按其装置控制点的不同数量（200点以下、500点以下、500点以上），以"系统"为单位计算。工作内容包括技术和器具准备、检查接线、绝缘检查、程序装载或校对检查、功能测试、系统试验、记录。

(3) 火灾事故广播、消防通信、消防电梯系统装置调试　广播喇叭和音箱调试的工程量，分别以"10只"为单位计算；通信分机和插孔的调试工程量，分别以"10个"为单位计算；消防电梯的调试工程量，以"部"为单位计算。工作内容包括技术和器具准备、检查接线、绝缘检查、程序装载或校对检查、功能测试、系统试验、记录整理等。

(4) 电动防火门、防火卷帘门、正压送风阀、排烟阀、防火阀控制系统装置调试　电动防火门、防火卷帘门、正压送风阀、排烟阀、防火阀的控制系统装置调试的工程量，均以

"处"为单位计算。工作内容包括技术和器具准备、检查接线、绝缘检查、程序装载或校对检查、功能测试、系统试验、记录。

（5）气体灭火系统装置调试　气体灭火系统装置调试的工程量，应区别试验容器的不同规格（容积，4L、40L、70L、90L、155L、270L），分别以"个"为单位计算。工作内容包括准备工具、材料，进行模拟喷气试验和对备用灭火剂贮存容器切换操作试验。

7.5.3　消防系统调试清单项目设置

1. 工程量清单编制

消防系统调试清单项目设置见表 7-5。

表 7-5　消防系统调试清单项目设置

项目编码	项目名称	项目特征	计量单位	工程量计算规则	工作内容
030905001	自动报警系统调试	1. 点数 2. 线制	系统	按系统计算	系统调试
030905002	水灭火控制装置调试	系统形式	点	按控制装置的点数计算	调试
030905003	防火控制装置调试	1. 名称 2. 类型	个（部）	按设计图示数量计算	
030905004	气体灭火系统装置调试	1. 试验容器规格 2. 气体试喷	点	按调试、检验和验收所消耗的试验容器总数计算	1. 模拟喷气试验 2. 备用灭火剂贮存容器切换操作试验 3. 气体试验

2. 清单设置说明

1）自动报警系统，包括各种探测头、报警器、报警按钮、报警控制器、消防广播、消防电话等组成的报警系统；按不同点数以系统计算。

2）水灭火控制装置，自动喷洒系统按水流指示器数量以点（支路）计算；消火栓系统按消火栓起泵按钮数量以点计算；消防水炮系统按水炮数量以点计算。

3）防火控制装置，包括电动防火门、防火卷帘门、正压送风阀、排烟阀、防火控制阀、消防电梯等防火控制装置；电动防火门、防火卷帘门、正压送风阀、排烟阀、防火控制阀等调试以个计算，消防电梯以部计算。

4）气体灭火系统调试，是由七氟丙烷、ID541、二氧化碳等组成的灭火系统；按气体灭火系统装置的瓶头阀以点计算。

7.6　消防系统及设备安装定额应用及清单项目设置应注意的问题

7.6.1　定额应用应注意的问题

1. 本部分定额的子目系数和综合系数

1）脚手架搭拆费按人工费的 5% 计算，其中人工工资占 25%。

2）高层建筑增加费（指高度在 6 层或 20m 以上的工业与民用建筑）按表 7-6 所示计算

（其中全部为人工工资）。

表 7-6　高层建筑增加费取值

层　数	9层以下 （30m）	12层以下 （40m）	15层以下 （50m）	18层以下 （60m）	21层以下 （70m）	24层以下 （80m）	27层以下 （90m）	30层以下 （100m）	33层以下 （110m）
按人工费的%	1	2	4	5	7	9	11	14	17
层　数	36层以下 （120m）	39层以下 （130m）	42层以下 （140m）	45层以下 （150m）	48层以下 （160m）	51层以下 （170m）	54层以下 （180m）	57层以下 （190m）	60层以下 （200m）
按人工费的%	20	23	26	29	32	35	38	41	44

3）安装与生产同时进行增加的费用，按人工费的10%计算。

4）在有害身体健康的环境中施工增加的费用，按人工费的10%计算。

5）超高增加费：指操作物高度距离楼地面5m以上的工程，按其超过部分的定额人工乘以表7-7所示的系数。

表 7-7　超高增加费取值

标高/m（以内）	8	12	16	20
超高系数	1. 10	1. 15	1. 20	1. 25

2. 下列内容执行其他册相应定额

1）电缆敷设、桥架安装、配管配线、接线盒、动力、应急照明控制设备、应急照明器具、电动机检查接线、防雷接地装置等安装，均执行第二册《电气设备安装工程》相应定额。

2）阀门、法兰安装，各种套管的制作安装，不锈钢管和管件，铜管和管件及泵间管道安装，管道系统强度试验、严密性试验和冲洗等执行第六册《工业管道工程》相应定额。

3）消火栓管道、室外给水管道安装及水箱制作安装执行第八册《给排水、采暖、燃气工程》相应项目。

4）各种消防泵、稳压泵等机械设备安装及二次灌浆执行第一册《机械设备安装工程》相应项目。

5）各种仪表的安装及带电信号的阀门、水流指示器、压力开关、驱动装置及泄漏报警开关的接线、校线等执行第十册《自动化控制仪表安装工程》相应项目。

6）泡沫液贮罐、设备支架制作、安装等执行第五册《静置设备与工艺金属结构制作安装工程》相应项目。

7）设备及管道除锈、刷油及绝热工程执行第十一册《刷油、防腐蚀、绝热工程》相应项目。

7.6.2　清单项目设置应注意的问题

1）管道界限的划分：

a. 喷淋系统水灭火管道：管道室内外界限应以建筑物外墙皮1.5m为界，入口处设阀门者应以阀门为界；设在高层建筑物内的消防泵间管道应以泵间外墙皮为界。

b. 消火栓管道：给水管室内外界限划分应以外墙皮1.5m为界，人口处设阀门者应以阀门为界。

　　c. 与市政给水管道的界限：以与市政给水管道碰头点（井）为界。

　　2）消防管道如需进行探伤，应按《通用安装工程工程量计算规范》附录 H "工业管道工程" 相关项目编码列项。

　　3）消防管道上的阀门、管道及各支架、套管制作安装，应按《通用安装工程工程量计算规范》附录 K "给排水、采暖、燃气工程" 相关项目编码列项。

　　4）涉及管道及设备除锈、刷油、保温工作内容的，除注明者外，均应按《通用安装工程工程量计算规范》附录 M "刷油、防腐蚀、绝热工程" 相关项目编码列项。

　　5）消防工程措施项目，应按《通用安装工程工程量计算规范》附录 N "措施项目" 相关项目编码列项。

复习思考题

1. 室内火灾自动报警系统常用设备包括哪些？
2. 在定额计价模式下，报警控制器安装如何进行工程量计算？
3. 在清单项目设置中，点型探测器安装如何进行项目特征描述？其安装工程内容分别包括哪些？
4. 在清单项目设置中，报警控制器安装如何进行项目特征描述？其安装工程内容分别包括哪些？
5. 水灭火系统包括哪些类型？各种类型的系统分别由哪几部分组成？
6. 水流指示器的作用是什么？如何进行工程量的计算？
7. 在清单项目设置中，消火栓镀锌钢管安装如何进行项目特征描述？其安装工程内容分别包括哪些？
8. 火灾自动报警系统及消防联动系统如何进行调试？在定额计价模式下及工程量清单计价下分别如何计算工程量？

第8章

绝热、刷油、防腐蚀工程定额应用及清单项目设置

刷油、防腐蚀、绝热工程是各类设备、管道、结构所必须实施的项目，是安装工程造价的组成部分。

《全国统一安装工程预算定额》第十一册《刷油、绝热、防腐蚀工程》适用于新建、扩建项目中的设备、管道、金属结构等的刷油、防腐蚀、绝热工程。该册定额共十一章，主要包括除锈工程、刷油工程、防腐蚀涂料工程、绝热工程等内容。

《通用安装工程工程量计算规范》给出了刷油、防腐蚀、绝热工程的工程量清单项目，除锈则未单独列项计价，其价格综合在相应主体工程中。

8.1 除锈工程定额应用

1. 除锈方法和锈蚀等级

金属表面的除锈方法主要有手工、动力工具、喷砂除锈及化学除锈。

手工除锈是使用砂轮片、刮刀、锉刀、钢丝刷、纱布等简单工具摩擦外表面，将金属表面的锈层、氧化皮、铸砂等除掉，露出金属光泽。人工除锈劳动强度大，效率低，质量差，一般用在劳动力充足，或无法使用机械除锈的场合。

动力工具除锈是利用砂轮钢丝刷等动力工具打磨金属表面，将金属表面的锈层、氧化皮、铸砂等污物除净。

喷砂除锈是采用 0.4~0.6MPa 的压缩空气，把粒径为 0.5~2.0mm 的砂子喷射到有锈污的金属表面上，靠砂子的打击使金属材料表面的污物去掉，露出金属光泽，再用干净的废棉纱或废布擦干净。喷砂除锈可分为干法喷砂除锈和湿法喷砂除锈。干法喷砂除锈灰尘大，污染环境，影响身体健康。喷湿砂可减少尘埃的飞扬，但金属表面易再度生锈，因此常在水中加入质量分数 1%~5% 的缓蚀剂（磷酸三钠、亚硝酸钠），使除锈后的金属表面形成一层钝化膜，可保持短时间内不生锈。

化学除锈又称酸洗除锈。它是用质量分数 10%~20%，温度 18~60℃ 的稀硫酸溶液（或用 10%~15% 的盐酸溶液在室温下），浸泡金属物件，清除金属表面的锈层、氧化皮。酸溶液中应加入缓蚀剂（如亚硝酸钠），以免损伤金属。酸洗后用水清洗，再用碱溶液中和，最后用热水冲洗 2~3 次，用热空气干燥。化学除锈方法一般用于形状复杂的设备或零部件。

手工、动力工具除锈分轻、中、重三种，区分标准为：①轻锈：部分氧化皮开始破裂脱落，红锈开始发生；②中锈：部分氧化皮破裂脱落，呈堆粉状，除锈后用肉眼能见到腐蚀小

凹点；③重锈：大部分氧化皮脱落，呈片状锈层或凸起的锈斑，除锈后出现麻点或麻坑。

　　喷砂除锈等级分为 Sa3 级、Sa2.5 级、Sa2 级。其中 Sa3 级：除净金属表面上油脂、氧化皮、锈蚀产物等一切杂物，呈现均一的金属本色，并有一定的粗糙度；Sa2.5 级：完全除去金属表面的油脂、氧化皮、锈蚀产物等一切杂物，可见的阴影条纹、斑痕等残留物不得超过单位面积的 5%；Sa2 级：除去金属表面上的油脂、锈皮、松疏氧化皮、浮锈等杂物，允许有附着紧密的氧化皮。

2. 工程量的计算

　　（1）手工除锈　当采用手工除锈时，管道和设备工程量按表面积以"m²"为单位计算，金属结构以"100kg"为单位计算。管道和金属结构区分锈蚀不同等级，设备区分锈蚀不同等级和直径大小分别计算。

　　（2）动力工具除锈即半机械化除锈。金属面区分锈蚀不同等级，以"m²"为单位计算。

　　（3）喷砂除锈　设备区分直径大小、内壁和外壁，管道区分内壁和外壁，气柜区分砂质的不同种类和部位，均以"m²"为单位计算；金属结构（包括气柜金属结构）以"100kg"为单位计算。

　　（4）化学除锈　金属面区分一般和特殊，均以"m²"为单位计算。

　　对于管道、设备均按展开表面积计算，对于金属结构可按 100kg 折算成 5.8m² 面积套相应定额。

3. 使用定额应注意的问题

　　1）各种管件、阀件及设备上人孔、管口凸凹部分的除锈已综合考虑在定额内。

　　2）喷射除锈按 Sa2.5 级标准确定。若变更级别标准，如按 Sa3 级则人工、材料、机械乘以系数 1.1，按 Sa2 级或 Sa1 级则人工、材料、机械乘以系数 0.9。

　　3）定额不包括除微锈（标准：氧化皮完全紧附，仅有少量锈点），发生时执行轻锈定额乘以系数 0.2。

　　4）因施工需要发生的二次除锈，应另行计算。

8.2　刷油工程定额应用及清单项目设置

8.2.1　刷油工程定额应用

　　刷油是在金属表面、布面涂刷或喷涂普通油漆涂料，将空气、水分、腐蚀介质隔离起来，以保护金属表面不受侵蚀。油漆是一种有机天然高分子胶体混合物的溶液，过去制漆时，多采用天然的植物油为主要原料组成的漆。现在人造漆已经很少使用植物油为原料，改用有机合成的各种树脂，仍将其称为油漆是沿用习惯叫法。

　　刷油工程定额适用于金属面、管道、设备、通风管道、金属结构与玻璃布面、石棉布面、抹灰面等刷（喷）油漆工程。

　　刷油一般有底漆和面漆，其漆遍数、种类、颜色等根据设计图样要求决定。刷油的方法可分为手工涂刷法和采用喷枪为工具的空气喷涂法。手工涂刷操作简便，适应性强，但效率低。空气喷涂的特点是漆膜厚度均匀，表面平整，效率高。无论采用哪种方法，均要求被涂物表面干燥清洁。多遍涂刷时，必须在上一层的漆膜干燥后或基本干燥后，方可涂刷下一遍。

1. 管道刷油工程量

管道（包括给排水、工艺、采暖、通风管道）刷油应根据不同底材，采用油漆涂料的不同种类和涂刷遍数，分别按面积以"m^2"为单位计算。各种管件、阀门的刷油已综合考虑在定额内，不得另行增加工程量。

管道标志色环等零星刷油，在执行定额相应项目时其人工乘以系数2.0。

（1）不保温管道表面刷油工程量的计算 钢管刷油工程量可按下式计算，也可查本部分定额附录

$$S = L\pi D \tag{8-1}$$

铸铁管道刷油工程量按下式计算

$$S = 1.2L\pi D \tag{8-2}$$

（2）保温管道保温层表面刷油工程量的计算 由于管道外表面包裹了保温层，因此，刷油的面积为保温层外表面面积，其值可按下式计算或查本部分定额附录

$$S = L\pi(D + 2\delta + 2\delta \times 5\% + 2d_1 + 3d_2) \text{ 或 } S = L\pi(D + 2.1\delta + 2d_1 + 3d_2) \tag{8-3}$$

式中，L 为管道长；D 为管道外径；δ 为绝热保温层厚度；5%为绝热层厚度允许偏差：硬质材料5%，软质材料8%，不允许负差；d_1 为绑扎绝热层的厚度，金属线网或钢带厚度，取定16号铅丝 $2d_1 = 0.0032$；d_2 为防潮层厚度，取定350g油毡纸；$3d_2 = 0.005$。

2. 设备刷油工程量

设备与矩形管道刷油应根据不同底材、采用油漆涂料的不同种类和涂刷遍数，分别按面积以"m^2"为单位计算。各种管件、阀件、设备上人孔、管口凹凸部分的刷油已综合考虑在定额内，不另行增加工程量。

（1）设备不保温表面刷油量

1）平封头。如图8-1所示，按下式计算表面刷油量，包括人孔、管口、凹凸部分。

$$S_{\text{平}} = L\pi D + 2\pi\left(\frac{D}{2}\right)^2 \tag{8-4}$$

2）圆封头。如图8-2所示，按下式计算表面刷油量。

$$S_{\text{圆}} = L\pi D + 2\pi\left(\frac{D}{2}\right)^2 \times 1.6 \tag{8-5}$$

式中，1.6为圆封头展开面积系数。

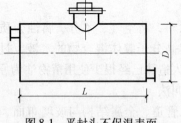

图8-1 平封头不保温表面

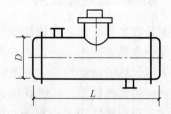

图8-2 圆封头不保温表面

（2）设备保温后表面刷油量

1）平封头。如图8-3所示，按下式计算表面刷油量

$$S_{\text{平}} = (L + 2\delta + 2\delta \times 5\%)\pi(D + 2\delta + 2\delta \times 5\%) + 2\pi\left(\frac{D + 2\delta + 2\delta \times 5\%}{2}\right)^2$$

或
$$S_{\Psi} = (L + 2.1\delta)\pi(D + 2.1\delta) + 2\pi\left(\frac{D + 2.1\delta}{2}\right)^2 \tag{8-6}$$

2）圆封头。如图 8-4 所示，按下式计算表面刷油量。

$$S_{圆} = (L + 2\delta + 2\delta \times 5\%)\pi(D + 2\delta + 2\delta \times 5\%) + 2\pi\left(\frac{D + 2\delta + 2\delta \times 5\%}{2}\right)^2 \times 1.6$$

或
$$S_{圆} = (L + 2.1\delta)\pi(D + 2.1\delta) + 2\pi\left(\frac{D + 2.1\delta}{2}\right)^2 \times 1.6$$

或
$$S_{圆} = (L + 2.1\delta)\pi(D + 2.1\delta) + 2\pi R(h + \delta + \delta \times 5\%) \tag{8-7}$$

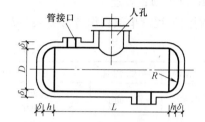

图 8-3　平封头保温表面　　　　图 8-4　圆封头保温表面

3）设备保温后人孔及管接口表面刷油。如图 8-5 所示。

人孔和管接口保温后刷油表面积按下式计算

$$S = (d + 2.1\delta)\pi(h + 1.05\delta) \tag{8-8}$$

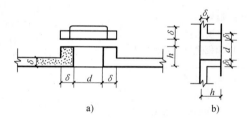

图 8-5　人孔及管口保温表面
a）人孔　b）管接口

3. 金属结构刷油

金属结构刷油按不同油漆涂料种类和刷油遍数，分别根据构件设计质量以"kg"为单位计算。

4. 铸铁管、暖气片刷油

铸铁管、暖气片刷油按不同油漆涂料种类和遍数，均以"m²"为单位计算。铸铁散热片面积见表 8-1。

表 8-1　铸铁散热片面积

铸铁散热片	面积/(m²/片)	铸铁散热片	面积/(m²/片)	铸铁散热片	面积/(m²/片)
长翼形（大60）	1.2	长翼形（小38）	0.75	四柱 760	0.24
长翼形（小60）	0.9	二柱	0.24	四柱 640	0.20
长翼形（大38）	1.0	四柱 813	0.28	M132	0.24

5. 使用定额应注意

1）金属面刷油不包括除锈工作内容。

2）定额是按安装地点就地刷（喷）油漆考虑的，如安装前管道集中刷油，人工乘以系数 0.7（暖气片除外）。

3）定额主材与稀干料可以换算，但人工与材料消耗量不变。

8.2.2 刷油工程清单项目设置

1. 清单项目设置

刷油工程清单项目设置参见表8-2所示。

表8-2　刷油工程清单项目设置

项目编码	项目名称	项目特征	计量单位	工程量计算规则	工作内容
031201001	管道刷油	1. 除锈级别 2. 油漆品种 3. 涂刷遍数、漆膜厚度 4. 标志色方式、品种	1. m² 2. m	1. 以平方米计算，按设计图示表面积尺寸以面积计算 2. 以米计算，按设计图示尺寸以长度计算	1. 除锈 2. 调配、涂刷
031201002	设备与矩形管道刷油				
031201003	金属结构刷油	1. 除锈级别 2. 油漆品种 3. 结构类型 4. 涂刷遍数、漆膜厚度	1. m² 2. kg	1. 以平方米计算，按设计图示表面积尺寸以面积计算 2. 以千克计算，按金属结构的理论质量计算	
031201004	铸铁管、暖气片刷油	1. 除锈等级 2. 油漆品种 3. 涂刷遍数、漆膜厚度	1. m² 2. m	1. 以平方米计算，按设计图示表面积尺寸以面积计算 2. 以米计算，按设计图示尺寸以长度计算	
031201009	喷漆	1. 除锈级别 2. 油漆品种 3. 喷涂遍数、漆膜厚度 4. 喷涂部位	m²	按设计图示表面积计算	1. 除锈 2. 调配、涂刷

2. 清单设置说明

1）管道刷油以米计算，按图示中心线以延长米计算，不扣除附属构筑物、管件及阀门等所占长度。

2）涂刷部位：指涂刷表面的部位，如设备、管道等部位。

3）结构类型：指涂刷金属结构的类型，如一般钢结构、管廊钢结构、H型钢钢结构等类型。

4）设备筒形、管道表面积：$S = \pi DL$，π 为圆周率，D 为直径，L 为设备筒体高或管道延长米。

5）设备筒体、管道表面积包括管件、阀门、法兰、人孔、管口凹凸部分。

6）带封头的设备面积：$S = L\pi D + (D/2)\pi KN$，K 为 1.05，N 为封头个数。

[例8-1] 试对表6-39中的一般钢结构防腐蚀工程进行综合单价分析。

解： 一般钢结构防腐蚀工程进行综合单价分析见表8-3。

表 8-3 综合单价分析表（六）

工程名称：广东省某市建筑工程学校办公楼空调工程　　　标段：　　　第　页　共　页

| 项目编码 | 031202003001 | | 项目名称 | 一般钢结构防腐蚀 | | 计量单位 | | kg | |

清单综合单价组成明细

定额编号	定额名称	定额单位	数量	单价（元）				合价（元）			
				人工费	材料费	机械费	管理费和利润	人工费	材料费	机械费	管理费和利润
C11-1-8	手工除锈 一般钢结构 中锈	100kg	0.010	20.45	4.18	9.70	7.88	0.20	0.04	0.10	0.08
C11-2-67	一般钢结构红丹防锈漆 第一遍	100kg	0.010	8.72	1.89	9.70	3.36	0.09	0.02	0.10	0.03
人工单价		小计						0.29	0.06	0.20	0.11
51.00 元/工日		未计价材料费						0.13			
清单项目综合单价								0.78			

材料费明细	主要材料名称、规格、型号		单位	数量	单价（元）	合价（元）	暂估单价（元）	暂估合价（元）
	醇酸防锈漆 C53-1		kg	0.012	10.80	0.13		
	其他材料费					—		—
	材料费小计					—	0.13	—

8.3　防腐蚀涂料工程定额应用与清单项目设置

8.3.1　防腐蚀涂料工程定额应用

防腐蚀涂料工程定额适用于设备、管道、金属结构等各种防腐涂料工程。

防腐工程量与刷油工程量相同，只不过设备、管道、支架不是刷普通油漆而是刷防腐涂料，如生漆、聚氨酯漆、环氧和酚醛树脂漆，聚乙烯漆、无机富锌漆、过氯乙烯漆等，仍以"m²"计量。所以工程量计算方法与不保温时的设备、管道的工程量计算相同，支架仍按100kg质量折算成5.8m²计算工程量。

阀门、法兰和弯头防腐工程量按下式计算

阀门：

$$S = \pi D \times 2.5D \times 1.05n \tag{8-9}$$

法兰：

$$S = \pi D \times 1.5D \times 1.05n \tag{8-10}$$

弯头：

$$S = \pi D \times \frac{1.5D \times 2\pi}{B} \times n \tag{8-11}$$

式中，n 为个数；B 的取值如下：90°时为 4，45°时为 8。

1. 管道和设备刷涂料

管道和设备的刷涂料应根据不同涂料的层数，采用涂料的不同种类和涂刷遍数，分别以"m²"为单位计算。

2. 钢结构刷涂料

钢结构刷涂料，应按其油漆的不同种类和一般钢结构、管廊钢结构、H 型钢制钢结构，区别其底漆、中间漆、面漆和涂刷的不同遍数，分别以"100kg"（一般钢结构、管廊钢结构）、"m²"（H 形钢制钢结构）为单位计算。

3. 防静电涂料

金属油罐内壁的防静电涂料，应按其油漆的不同种类，区别其底漆、面漆和涂刷的不同遍数，分别以"10m²"为单位计算。

4. 涂料聚合一次

涂料聚合一次区分蒸汽和红外线聚合，以设备、管道、钢结构区分规格，设备、管道以"m²"为单位计算，钢结构以"100kg"为单位计算。

5. 使用定额应注意的事项

1）本部分定额不包括除锈工作内容。

2）涂料配合比与实际设计配合比不同时，可根据设计要求进行换算，其人工、机械消耗量不变。

3）本部分定额聚合热固化是采用蒸汽及红外线间接聚合固化考虑的，如采用其他方法，应按施工方案另行计算。

4）如采用本部分定额未包括的新品种涂料，应按相近定额项目执行，其人工、机械消耗量不变。

8.3.2 防腐蚀涂料工程清单项目设置

防腐蚀涂料工程清单项目设置参见表8-4。

表8-4 防腐蚀涂料工程清单项目设置

项目编码	项目名称	项目特征	计量单位	工程量计算规则	工作内容
031202001	设备防腐蚀		m²	按设计图示表面积计算	1. 除锈 2. 调配、涂刷（喷）
031202002	管道防腐蚀	1. 除锈级别 2. 涂刷（喷）品种 3. 分层内容 4. 涂刷（喷）遍数、漆膜厚度	1. m² 2. m	1. 以平方米计算，按设计图示表面积尺寸以面积计算 2. 以米计算，按设计图示尺寸以长度计算	
031202003	一般钢结构防腐蚀		kg	按一般钢结构的理论质量计算	
031202004	管廊钢结构防腐蚀			按管廊钢结构的理论质量计算	
031202005	防火涂料	1. 除锈级别 2. 涂刷（喷）品种 3. 涂刷（喷）遍数、漆膜厚度 4. 耐火极限(h) 5. 耐火厚度(mm)	m²	按设计图示表面积计算	

（续）

项目编码	项目名称	项目特征	计量单位	工程量计算规则	工作内容
031202006	H 型钢制钢结构防腐蚀	1. 除锈级别 2. 涂刷（喷）品种 3. 分层内容 4. 涂刷（喷）遍数、漆膜厚度	m²	按设计图示表面积计算	1. 除锈 2. 调配、涂刷（喷）
031202007	金属油罐内壁防静电				
031202008	埋地管道防腐蚀	1. 除锈级别 2. 刷缠品种 3. 分层内容 4. 刷缠遍数	1. m² 2. m	1. 以平方米计算，按设计图示表面积尺寸以面积计算 2. 以米计算，按设计图示尺寸以长度计算	1. 除锈 2. 刷油 3. 防腐蚀 4. 缠保护层
031202009	环氧煤沥青防腐蚀				1. 除锈 2. 涂刷、缠玻璃布
031202010	涂料聚合一次	1. 聚合类型 2. 聚合部位	m²	按设计图示表面积计算	聚合

清单设置说明：

1）分层内容。指应注明每一层的内容，如底漆、中间漆、面漆及玻璃丝布等内容。

2）如涉及要求热固化需注明。

3）设备筒体、管道表面积：$S = \pi DL$，π 为圆周率，D 为直径，L 为设备筒体高或管道延长米。

4）阀门表面积：$S = \pi D \cdot 2.5DKN$，K 为 1.05，N 为阀门个数。

5）弯头表面积：$S = \pi D \cdot 1.5D \cdot 2\pi (N/B)$，$N$ 为弯头个数，B 值：90° 弯头 $B = 4$；45° 弯头 $B = 8$。

6）法兰表面积：$S = \pi D \cdot 1.5D \cdot KN$，$K$ 为 1.05，N 为法兰个数。

7）设备、管道法兰翻边面积：$S = \pi (D + A)A$，A 为法兰翻边宽。

8）带封头的设备面积：$S = L\pi D + (D^2/2) \cdot \pi KN$，$K$ 为 1.05，N 为封头个数。

9）计算设备、管道内壁防腐蚀工程量，当壁厚大于 10mm 时，按其内径计算；当壁厚小于 10mm 时，按其外径计算。

8.4 绝热工程定额应用及清单项目设置

8.4.1 绝热工程定额应用

1. 绝热结构组成

绝热是减少系统热量向外传递（保温）或外部热量传入系统内（保冷）而采取的一种工程措施。

保温和保冷不同，保冷的要求比保温高。保冷结构的热传递方向是由外向内。在热传递过程中，由于保冷结构的内外温差，结构内的温度低于外部空气的露点温度，使得渗入保冷结构的空气温度降低，将空气中的水分凝结出来，在保冷结构内部积聚，甚至产生结冰现象，导致绝热材料的热导率增大，绝热效果降低甚至失效。为防止水蒸气渗入绝热结构，保冷结构的绝热层外必须设置防潮层，而保温结构在一般情况下不设置防潮层。

绝热材料应选择热导率小、无腐蚀性、耐热、持久、性能稳定、质量轻、有足够的强度、吸湿性小、易于施工成型等要求的材料。

目前绝热材料的种类很多，比较常用的绝热材料有岩棉、玻璃棉、矿渣棉、珍珠岩、硅藻土、石棉、水泥蛭石、泡沫塑料、泡沫玻璃、泡沫石棉等。

绝热结构一般由防腐层、绝热层、防潮层（对保冷结构）、保护层、防腐蚀及识别标志层构成。

保温结构（由内至外）：防腐层—保温层—保护层—识别层。

保冷结构（由内至外）：防腐层—保冷层—防潮层—保护层—识别层。

（1）防腐层　防腐层所用的材料为防锈漆等涂料，它直接涂刷在清洁干燥的管道和设备外表面。通常保温管道和设备的防锈层为刷两道红丹防锈漆，保冷管道和设备刷两道沥青漆。

（2）绝热层　绝热层是绝热结构的最重要的组成部分，其作用是减少管道和设备与外界的热量传递。定额分预制块式、包扎式、填充式、喷涂式、胶泥涂抹式、缠绕式等。

1）预制块式。按管道外径和设备外形，预制成管壳、板块状，用钢丝、钢带、挂钉、粘结剂等，固定于管道或设备外壁上，板块之间用保温泥填缝抹平。块、板材料定额列有珍珠岩、泡沫混凝土、泡沫硅藻土、硅藻土、蛭石、软木等。预制块式保温结构如图 8-6 所示。

2）包扎式。将片状、带状、绳状保温材料缠包在管道外面，抹上保护壳而成。保温材料常用矿渣棉、玻璃棉毡、石棉绳、多孔石棉纸板、毛毡等。这种保温结构如图 8-7 所示。

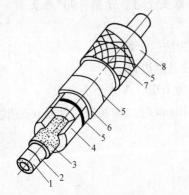

图 8-6　预制块式保温结构

1—管道　2—防锈漆　3—胶泥　4—保温材料
5—镀锌钢丝　6—沥青油毡
7—玻璃丝布　8—防腐漆

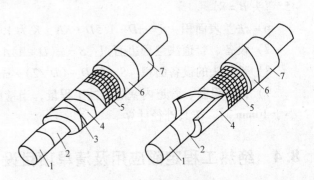

图 8-7　包扎式保温结构

1—管道　2—防锈漆　3—镀锌钢丝　4—保温毡
5—钢丝网　6—保护层　7—防腐漆

3）填充式。管道架设于不通人地沟内，在砌筑的地沟中填满保温材料即可。

4）喷涂式。用专用喷涂设备将聚氨酯泡沫塑料喷涂于管道和设备表面，瞬间发泡形成闭孔型保温（冷）层。

5）粘贴式。粘贴式绝热适用于各种绝热材料加工成型的预制品，它靠粘结剂与被绝热的固体固定，多用于空调系统及制冷系统的绝热。粘贴式所用的粘结剂，应符合绝热材料的特性，常用的粘结剂有沥青玛蹄脂、101 胶、醋酸乙烯乳胶、酚醛树脂、环氧树脂等。粘贴式保温结构如图 8-8 所示。

6）钉贴式。钉贴式绝热是矩形风管采用较多的一种绝热方法，它用保温钉代替粘结剂将泡沫塑料绝热板固定在风管表面上。施工时，先用粘结剂将保温钉粘贴在风管表面上，粘贴的间距为：顶面每平方米不少于 4 个，侧面每平方米不少于 6 个，底面每平方米不少于 12 个。保温钉粘上后，将绝热板对准位置，轻轻拍打绝热板，保温钉便穿过绝热板面，然后套上垫片压紧即可。保温钉的种类有铁质、尼龙、一般垫片、自锁垫片等。

如图 8-9 所示，铝箔玻璃棉毡在风管上的保温即是采用这种方法。

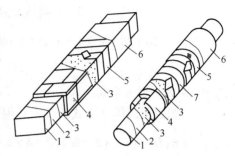

图 8-8　粘贴式保温结构
1—管道　2—防锈漆　3—粘结剂　4—保温材料
5—玻璃丝布　6—防腐漆　7—聚氯乙烯膜

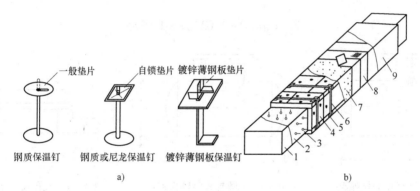

图 8-9　钉贴式保温层结构
a）保温钉子　b）钉贴法保温层结构
1—风管　2—防锈漆　3—保温钉　4—保温板　5—铁垫片
6—包扎带　7—粘结剂　8—玻璃丝布　9—防腐漆

（3）防潮层　防潮层是为防止大气中水分子凝结成水珠浸入保冷层，使其免受影响或损坏而设置的。一般用阻燃沥青胶或沥青漆粘贴聚乙烯薄膜、玻璃丝布而成防潮层。

（4）保护层　保护层是为防止雨水对保温、保冷、防潮等层的侵蚀而设置的，起到延长寿命，增加美观的作用。常用材料有玻璃丝布、塑料布、抹石棉水泥等。

2. 工程量的计算

（1）管道　管道绝热工程量的计算按"m³"计算，计算管道长度时不扣除法兰、阀门、管件所占长度。其保温工程量按正式计算或查定额附录相关内容：

$$V_{管} = L\pi(D + \delta + \delta \times 3.3\%) \times (\delta + \delta \times 3.3\%)$$

或

$$V_{管} = L\pi(D + 1.033\delta) \times 1.033\delta \tag{8-12}$$

式中，D 为管道外径；δ 为保温层厚度；3.3% 为绝热层偏差。

管道绝热工程按保温材质不同，使用相应子目。铝箔玻璃棉筒、棉毡可使用毡类制品安装定额或按实计算。

（2）设备体　设备体绝热工程量的计算按"m³"计算。筒体（立式、卧式）保温工程量计算。

1）平封头筒体（立式、卧式）保温工程量计算（图8-10）
$$V_平 = 筒体保温体积 + 两个平封头保温体积$$

$$V_平 = (L + 2\delta + 2\delta \times 3.3\%)\pi(D + \delta + \delta \times 3.3\%)(\delta + \delta \times 3.3\%) + \pi\left(\frac{D}{2}\right)^2(\delta + \delta \times 3.3\%)n$$

(8-13)

式中，n 为平封头个数。

2）圆封头筒体（立式、卧式）保温工程量计算（图8-11）

$$V_平 = L\pi(D + \delta + \delta \times 3.3\%)(\delta + \delta \times 3.3\%) + \pi\left(\frac{D + \delta + \delta \times 3.3\%}{2}\right)^2(\delta + \delta \times 3.3\%) \times 1.6n$$

(8-14)

式中，1.6 为封头展开面积系数。

3）当有人孔和管接口时，还必须加上这些保温体积，如图8-12所示，按式（8-15）计算工程

$$V_孔 = \pi h(d + 1.033\delta) \times 1.033\delta \qquad (8-15)$$

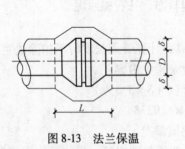

图8-10　平封头筒体保温　　　图8-11　圆封头筒体保温　　　图8-12　人孔及管接口保温

（3）法兰　法兰保温工程量以"m^3"计算，可按下式计算（图8-13）
$$V_{法兰} = 1.5\pi D \times 1.05D(\delta + \delta \times 3.3\%)n \ 或：V_{法兰} = 1.6274\pi D^2\delta n \qquad (8-16)$$

（4）阀门　阀门保温工程量以"m^3"计算，可按下式计算（图8-14）
$$V_{阀门} = 2.5\pi D \times 1.05D(\delta + \delta \times 3.3\%)n \ 或 \ V_{阀门} = 2.7116\pi D^2\delta n \qquad (8-17)$$

式中，D 为直径；δ 为保温层厚度；3.3% 为绝热层偏差系数；1.5、1.05、2.5 为法兰、阀门的表面系数。

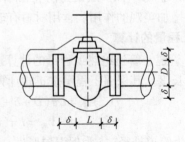

图8-13　法兰保温　　　　　　　图8-14　阀门保温

在部分省市编制的估价表中，法兰、阀门工程量也有用"个"为单位计算的。

（5）通风管道　通风管道保温工程量以"m^3"计算，可按下式计算

$$V_{风管} = 2\delta l(A + B + 2\delta)$$ (8-18)

式中，l 为风管长度；δ 为保温层厚度；A、B 为矩形边长。

（6）保护层制作安装工程量 保护层制作安装工程量以"m²"计算，计算方法与管道、设备保温后刷油工程量计算方法相同。

3. 使用定额应注意

1）伴热管道、设备绝热工程量计算方法是：主绝热管道或设备的直径加伴热管道的直径、再加 10 ~ 20mm 的间隙作为计算的直径，即：$D = D_主 + d_伴 + (10 ~ 20mm)$。

2）依据 GB 50185—2010《工业设备及管道绝热工程施工质量验收规范》要求，当采用一种绝热制品，保温厚度≥100mm、保冷厚度≥80mm 时应分层施工，工程量分层计算。但是如果设计要求保温厚度 <100mm、保冷厚度 <80mm 也需分层施工时，也应分层计算工程量。

3）管道绝热工程，除法兰、阀门外，其他管件均已考虑在内；设备绝热工程，除法兰、人孔外，其封头已考虑在内。

4）保护层：

a. 镀锌薄钢板的规格按 1000mm × 2000mm 和 900mm × 1800mm，厚度 0.8mm 以下综合考虑，若采用其他规格镀锌薄钢板时，可按实际调整。厚度大于 0.8mm 时，其人工乘以系数 1.2；卧式设备保护层安装，其人工乘以系数 1.05。

b. 此项也适用于铝皮保护层，主材可以换算。

5）采用不锈钢薄钢板作保护层安装，执行定额金属保护层相应项目，其人工乘以系数 1.25，钻头消耗量乘以系数 2.0，机械乘以系数 1.15。

6）矩形管道绝热需要加防雨坡度时，其人工、材料、机械应另行计算。

7）管道绝热均按现场安装后绝热施工考虑，若先绝热后安装时，其人工乘以系数 0.9。

8）卷材安装应执行相同材质的板材安装项目，其人工、铁线消耗量不变，但卷材用量损耗率按 3.1% 考虑。

8.4.2 绝热工程工程量清单项目设置

绝热工程工程量清单项目、设置项目特征描述的内容、计量单位及工程量计算规则，应按表 8-5 的规定执行。

表 8-5 绝热工程

项目编码	项目名称	项目特征	计量单位	工程量计算规则	工作内容
031208001	设备绝热	1. 绝热材料品种 2. 绝热厚度 3. 设备形式 4. 软木品种	m³	按图示表面积加绝热层厚度及调整系数计算	1. 安装 2. 软木制品安装
031208002	管道绝热	1. 绝热材料品种 2. 绝热厚度 3. 管道外径 4. 软木品种			
031208003	通风管道绝热	1. 绝热材料品种 2. 绝热厚度 3. 软木品种	1. m³ 2. m²	1. 以立方米计量，按图示表面积加绝热层厚度及调整系数计算 2. 以平方米计量，按图示表面积及调整系数计算	

（续）

项目编码	项目名称	项目特征	计量单位	工程量计算规则	工作内容
031208004	阀门绝热	1. 绝热材料 2. 绝热厚度 3. 阀门规格	m³	按图示表面积加绝热层厚度及调整系数计算	安装
031208005	法兰绝热	1. 绝热材料 2. 绝热厚度 3. 法兰规格			
031208006	喷涂、涂抹	1. 材料 2. 厚度 3. 对象	m²	按图示表面积计算	喷涂、涂抹安装
031208007	防潮层、保护层	1. 材料 2. 厚度 3. 层数 4. 对象 5. 结构形式	1. m² 2. kg	1. 以平方米计量，按图示表面积加绝热层厚度及调整系数计算 2. 以千克计量，按图示金属结构计算	安装
031208008	保温盒、保温托盘	名称	1. m² 2. kg	1. 以平方米计量，按图示表面积计算 2. 以千克计量，按图示金属结构计算	制作、安装

清单设置说明：

1）设备形式指立式、卧式或球形。

2）层数指一布二油、两布三油等。

3）对象制设备、管道、通风管道、阀门、法兰、钢结构。

4）结构形式指钢结构：一般钢结构、H型钢制结构、管廊钢结构。

5）如设计要求保温、保冷分层施工需注明。

6）设备筒形、管道绝热工程量 $V = \pi(D + 1.033\delta) \cdot 1.033\delta L$，$\pi$ 为圆周率，D 为直径，1.033 为调整系数，δ 为绝热层厚度，L 为设备筒体高或管道延长米。

7）设备筒体、管道防潮和保护层工程量 $S = \pi(D + 2.1\delta + 0.0082)L$，2.1 为调整系数，0.0082 为捆扎线直径或钢带厚。

8）单管伴热管、双管伴热管（管径相同，夹角小于90°时）工程量：$D' = D_1 + D_2 + (10 \sim 20mm)$，$D'$ 为伴热管道综合值，D_1 为主管道直径，D_2 为伴热管道直径，（10～20mm）为主管道与伴热管道之间的间隙。

9）双管伴热（管径相同，夹角大于90°时）工程量：$D' = D_1 + 1.5D_2 + (10 \sim 20mm)$。

10）双管伴热（管径不同，夹角小于90°时）工程量：$D' = D_1 + D_{伴大} + (10 \sim 20mm)$。

将8）9）10）的 D' 带入6）7）公式即是伴热管道的绝热层、防潮层和保护层工程量。

11）设备封头绝热工程量：$V = [(D + 1.033\delta)/2]^2 \pi \cdot 1.033\delta \cdot 1.5N$，$N$ 为设备封头个数。

12）设备封头防潮和保护层工程量：$S = [(D + 2.1\delta)/2]^2 \pi \cdot 1.5N$，$N$ 为设备封头个数。

13）阀门绝热工程量：$V = \pi(D + 1.033\delta) \cdot 2.5D \cdot 1.033\delta \cdot 1.05N$，$N$ 为阀门个数。

14）阀门防潮和保护层工程量 $S = \pi(D + 2.1\delta) \cdot 2.5D \cdot 1.05N$，$N$ 为阀门个数。

15）法兰绝热工程量：$V = \pi(D + 1.033\delta) \cdot 1.5D \cdot 1.033\delta \cdot 1.05N$，1.05 为调整系数，$N$ 为法兰个数。

16）法兰防潮和保护层工程量 $S = \pi(D + 2.1\delta) \cdot 1.5D \cdot 1.05N$，$N$ 为法兰个数。

17）弯头绝热工程量：$V = \pi(D + 1.033\delta) \cdot 1.5D \cdot 2\pi \cdot 1.033\delta(N/B)$，$N$ 为弯头个数，B 值：90°弯头 $B = 4$，45°弯头 $B = 8$。

18）弯头防潮和保护层工程量 $S = \pi(D + 2.1\delta) \cdot 1.5D \cdot 2\pi(N/B)$，$N$ 为弯头个数，B 值：90°弯头 $B = 4$，45°弯头 $B = 8$。

19）拱顶罐封头绝热工程量：$V = 2\pi r(h + 1.033\delta) \cdot 1.033\delta$。

20）拱顶罐封头防潮和保护层工程量：$S = 2\pi r(h + 2.1\delta)$。

21）绝热工程第二层（直径）工程量：$D = (D + 2.1\delta) + 0.0082$，以此类推。

22）计算规则中调整系数按注中的系数执行。

23）绝热工程前需除锈、刷油，应按《通用安装工程工程量计算规范》附录 M.1 "刷油工程" 相关项目编码列项。

[例8-2]　试对表6-39中的通风管道绝热工程进行综合单价分析。

解：表8-6所示是通风管道绝热工程进行综合单价分析表。

表8-6　综合单价分析表

工程名称：　广东省某市建筑工程学校办公楼空调工程　　　　　　标段：　　　　　　第　页　共　页

项目编码	031208003001	项目名称		通风管道绝热			计量单位			m^3

清单综合单价组成明细

定额编号	定额名称	定额单位	数量	单价（元）				合价（元）			
				人工费	材料费	机械费	管理费和利润	人工费	材料费	机械费	管理费和利润
C11-9-616	铝箔玻璃棉筒（毡）安装铝箔玻璃棉毡	m^3	1.000	304.83			117.54	304.83			117.54
人工单价			小计					304.83			117.54
51.00 元/工日			未计价材料费					1906.42			
清单项目综合单价								2328.79			

	主要材料名称、规格、型号			单位	数量	单价（元）	合价（元）	暂估单价（元）	暂估合价（元）
材料费明细	保温胶钉			10 套	48.000	9.60	460.80		
	粘结剂			kg	10.000	12.41	124.10		
	铝箔粘胶带 $2\frac{1}{2} \times 50m$			卷	2.000	5.56	11.12		
	玻璃棉毡 $\delta = 30mm$			m^3	1.040	1260.00	1310.40		
	其他材料费					—		—	
	材料费小计					—	1906.42	—	

8.5 绝热、刷油、防腐蚀工程定额应用及清单项目设置应注意的问题

8.5.1 定额应用应注意的问题

1. 子目系数和综合系数

（1）脚手架搭拆费 按下列系数计算，其中人工工资占25%。

1）刷油工程：按人工费的8%。

2）防腐蚀工程：按人工费的12%。

3）绝热工程：按人工费的20%。

（2）操作超高增加费 以设计标高正负零为准，当安装高度超过±6.00m时，人工和机械分别乘以表8-7所示的系数。

表8-7 操作超高增加费系数

20m 以内	30m 以内	40m 以内	50m 以内	60m 以内	70m 以内	80m 以内	80m 以上
0.30	0.40	0.50	0.60	0.70	0.80	0.90	1.00

（3）厂区外 1~10km 施工增加的费用 按超过部分的人工和机械乘以系数1.10计算。

（4）安装与生产同时进行增加的费用 按人工费的10%计算。

（5）在有害身体健康的环境中施工增加的费用 按人工费的10%计算。

2. 主要材料损耗率（表8-8）

表8-8 主要材料损耗率表

序号	材 料 名 称	损耗率（%）	序号	材 料 名 称	损耗率（%）
1	保温瓦块（管道）	8.00	11	软木瓦（设备）	12.00
2	保温瓦块（设备）	5.00	12	软木瓦（风道）	6.00
3	聚苯乙烯泡沫塑料瓦（管道）	2.00	13	岩棉瓦块（管道）	3.00
4	聚苯乙烯泡沫塑料瓦（设备）	20.00	14	岩板（设备）	3.00
5	聚苯乙烯泡沫塑料瓦（风道）	6.00	15	矿棉瓦块（管道）	3.00
6	泡沫玻璃（管道）	8~15 瓦块/20 板	16	矿棉席（设备）	2.00
7	泡沫玻璃（设备）	8 瓦块/20 板	17	玻璃棉毡（管道）	5.00
8	聚氨酯泡沫（管道）	3 瓦块/20 板	18	玻璃棉毡（设备）	3.00
9	聚氨酯泡沫（设备）	3 瓦块/20 板	19	超细玻璃棉毡（管道）	4.50
10	软木瓦（管道）	3.00	20	超细玻璃棉毡（设备）	4.50

8.5.2 清单设置应注意的问题

1）一般钢结构（包括吊、支、托架、梯子、栏杆、平台）、管廊钢结构以"kg"为计量单位，大于400mm型钢及H型钢制结构以及"m^2"为计量单位按展开面积计算。

2）由钢管组成的金属结构的刷油按管道刷油相关项目编码；由钢板组成的金属结构的刷油按H型钢刷油相关项目编码。

复习思考题

1. 金属表面除锈方法有哪些? 锈蚀等级分几种?
2. 管道刷油工程量如何计算?
3. 金属结构刷油工程量如何计算?
4. 钢结构刷涂料工程量如何计算?
5. 绝热结构一般由哪几部分组成? 其中绝热层有几种施工方法?
6. 管道及设备绝热工程量分别如何计算?

第9章

建设工程招标投标及施工合同

9.1 建设工程招标投标的基本概念

9.1.1 建设工程招标投标的基本概念

建筑工程招标投标是指以建筑产品作为商品进行交换的一种交易形式，它由唯一的买主设定标的，招请若干个卖主通过秘密报价进行竞争；买主从中选择优胜者并与之达成交易协议，随后按照协议实现标的。建设工程招标投标最突出的优点是将竞争机制引入到工程建设领域，将工程项目的发包方、承包方和中介方统一纳入到建筑市场体系当中，实行公开交易，通过严格、规范、科学合理的运作程序与监管机制充分保证竞争在公平、公正、公开的环境下进行，从而最大限度地实现投资效益的最优化。

工程招标和投标是招标投标工作的两个方面，工程招标是指招标人用招标文件将委托的工作内容和要求告知有兴趣参与竞争的投标人，让他们按规定条件提出实施计划和价格；然后通过评审比较选出信誉可靠、技术能力强、管理水平高、报价合理的可信赖单位，以合同形式委托其完成。各投标人依据自身能力和管理水平，按照招标文件规定的统一投标，争取获得实施资格。

《中华人民共和国招标投标法》于2000年1月1日起施行，它将招标与投标的过程纳入法制管理的轨道，主要内容包括通行的招标投标程序；招标人和投标人应遵循的基本规则；任何违反法律规定应承担的后果责任等。该法的基本宗旨是：招标投标活动属于当事人在法律规定范围内自主进行的市场行为，但必须接受政府行政主管部门的监督。

（1）标　标是指发包单位公开的建设项目的规模、内容、条件、工程量、质量、工期、适用标准等要求，以及不公开的标底价。标的公开部分是招标投标过程中发包单位和所有投标单位必须遵守的条件，是投标单位报价和评比竞争的基础。

（2）招标　招标是指工程发包单位利用报价的经济手段择优选择承包单位的商业行为。发包单位在发包建设工程项目、购买物资之前，以文件形式标明参加条件和工程（物资）内容、要求，由符合条件的承包单位按照文件内容和要求提出自己的价格，参与竞争，经过评比，选择优胜者作为该项目承包者。

（3）投标　投标是工程承包单位根据招标要求提出价格和条件，供招标单位选择，以期获得承包权的活动。投标过程实质是一个商业竞争过程，它不只是在价格方面的竞争，还包括信誉、管理、技术、实力、经验等多方面的综合竞争。投标的目的在于中标，在投标过程中应正确理解招标条件和要求，投标文件中要充分体现、证明自己在各方面的优势。

（4）开标　开标是指招标单位在规定的时间和地点，在有公证监督和所有投标单位出席的情况下，当众公开拆开投标书，宣布投标各单位投标项目、投标价格等主要内容，并加以记录和认可的过程。开标过程必须按法定的程序进行。

（5）评标　评标是指由招标单位组织专门的评标委员会，按照招标文件和有关法规的要求，对投标单位递交的投标资料进行审查、评比，择优选择中标单位的过程。评标过程要按招标要求，对投标单位提供的投标文件中的投标工程价格、质量、期限、商务条件等进行全面的审查，因此要求生产、质量、检验、供应、财务和计划等各方面的专业人员和公证机关参加。

（6）中标　招标单位以书面的形式通知在评标中择优选出的投标单位，被选中的投标单位为中标单位，即该投标单位中标。

9.1.2　建设工程招标投标的分类

1. 建设工程招标按照工程承发包范围分类

（1）工程总承包招标　是指对工程建设项目的全部内容（项目调研评估、工程勘察设计、施工与竣工验收等）或实施阶段的内容（勘察、设计、施工等）进行的招标投标。

（2）施工承包招标　是指对工程的建筑安装工程内容进行的招标投标。

（3）专业分包招标　是指对建筑安装工程中规模比较大、施工比较复杂、专业性比较强或有特殊要求的分部或分项工程进行的招标投标。一般其由总包单位进行招标确定，由建设单位选定的叫做指定分包商，但合同还是与总包单位签订。

2. 建设工程招标按照工程的构成分类

按照建设项目的构成可以分为建设工程招标、单项工程招标、单位工程招标和分项工程招标等，但应强调的是我国为了防止任意肢解工程发包，一般不允许分部和分项工程招标，但特殊专业工程不受限制（打桩工程、大型土石方工程等）。

9.1.3　建设工程招标投标的方式

招标方式是指招标人与投标人之间为达成交易而采取的联系方式，一般分为公开招标、邀请招标及协议招标等三种形式。

（1）公开招标　公开招标是指招标人以招标公告的方式邀请不特定的法人或其他组织投标，采用这种方式一般需通过报纸、专业性刊物或其他媒体发布招标公告，公开招请承包商参加投标竞争，凡符合规定条件的承包商均可参与投标。公开招标是目前应用最广的一种方式，这种方式通常适用于工程数量大、技术复杂、报价水平悬殊不易掌握的大中型建设项目及采购数量多、金额大的设备或材料的供应等，但其招标时间过长、招标费用较高、工作繁杂，不太适合比较紧迫的工程或小型工程。应当公开招标的项目是：全部使用国有资金投资或者国有资金投资占控股或者主导地位的项目。

（2）邀请招标　邀请招标是指招标人向预先选择的若干家具备相应资质、符合招标条件的法人组织发出邀请函，并将招标工程的概况、工作范围和实施条件等作出简要说明，请他们参加投标竞争。邀请对象的数目以 5 ~ 7 家为宜，但不应少于 3 家。被邀请人同意参加投标竞争后，从招标人处获取招标文件，按规定要求进行投标报价。邀请招标的优点是不需要发布招标公告和设置资格预审程序，节约招标费用和节省时间；由于对招标人以往的业绩和履约能力比较了解，减少了合同履行过程中承包方违约的风险。为了体现公平竞争和便于招标人选择综合能力最强的投标人中标，仍要求在投标书内报送表明投标人资质能力的有关部门证明材料，作为评标时的评审内容之一（通常称为资格后审）。邀请招标的缺点是，由于邀请范围较小，选择面窄，可能排斥了某些在技术或报价上有竞争实力的潜在投标人，因此投标竞争的激烈程度相对较差。

可以采用邀请招标的项目有：

1）因技术复杂、专业性强或者其他特殊要求等原因，只有少数几家潜在投标人可以选择的项目。

2）采购规模小，为合理减少采购费用和采购时间而不适宜公开招标的项目。

3）法律或者国务院规定的其他不适宜公开招标的情形。

（3）协议招标　又称议标，招标单位直接向一个或几个承包单位发出招标通知，双方通过谈判，就招标条件、要求和价格等达成协议。

议标是一种无竞争性招标。适用于专业性强、工期要求紧、工程性质特殊（如有保密要求）、设计资料不完整需要承包单位配合，或主体工程的后续工程等。

此外，按招标项目的工作范围，招标可分为全过程招标和工程各环节招标。

全过程招标又称"交钥匙工程"招标，是指包括从工程的可行性研究、勘测、设计、材料设备采购、施工、安装调试、生产准备、试运行到竣工交付使用整个过程的全部内容的招标。工程各环节的招标包括勘察设计招标、工程施工招标和材料、设备采购招标等，其内容为全过程招标中的某一部分。

9.1.4　建设工程招标投标的范围

由于招标投标在提高工程经济效益和保证工程质量等方面具有显著作用，世界各国和一些国际组织都规定某些工程建设必须实行招标投标，特别是对于政府投资建设的工程或对社会影响重大的工程都必须实行招标投标，并从法律制度上进行了严格的规定，在执行过程中还要接受政府有关部门的监督检查。我国在《中华人民共和国招标投标法》中对工程招标范围进行了明确规定。主要内容包括：

1）大型基础设施、公用事业等关系社会公共利益、公众安全的项目。

2）全部或者部分使用国有资金投资或者国家融资的项目。

3）使用国际组织或外国政府贷款、援助资金的项目。

4）对于不适宜公开招标的国家或地方重点项目，经有关部门批准后可实行邀请招标。

以上内容规定比较粗略，其具体范围和规模标准一般可由各部委和地方政府制定具体的实施细则，但不能与《中华人民共和国招标投标法》中的有关规定相冲突，并应报国务院批准。

各类工程项目的建设活动，达到下列标准之一者，必须进行招标：

1）施工单位合同估算价在200万元人民币以上。

2）重要设备、材料等货物的采购，单项合同估算价在100万人民币以上。

3）勘察、设计、监理等服务的采购，单项合同估算价在50万元人民币以上。

为了防止将应该招标的工程项目化整为零规避招标，即使单项合同估算价低于以上第1）、2）、3）项规定的标准，但项目总投资在3000万元人民币以上的勘察、设计、施工、监理及与工程建设有关的重要设备、材料等的采购，也必须采用招标方式委托工作任务。

按照规定，属于下列情形之一的，可以不进行招标，采用直接委托的方式发包建设任务：

1）涉及国家安全、国家秘密的工程。

2）抢险救灾工程。

3）利用扶贫实行以工代赈、需要使用农民工等特殊情况。

4）建筑造型有特殊要求的设计。

5）采用特定专利技术、专有技术进行勘察、设计或施工。

6）停建或者缓建后恢复建设的单位工程，且承包人未发生变更的。

7）施工企业自建自用的工程，且该施工企业资质等级符合工程要求的。

8）在建工程追加的附属小型工程或者主体加层工程，且承包人未发生变更的。

9）法律、法规、规章规定的其他情形。

9.1.5　建设工程招标投标应具备的条件

原建设部颁布的《工程建设施工招标投标管理办法》中从建设单位资质和建设项目两方面作了详细规定。

1. 建设单位招标应具备的条件

1）具有法人资格或依法成立的其他组织。

2）有与招标工程相适应的经济、技术管理人员。

3）有组织编制招标文件的能力。

4）有审查投标单位资质的能力。

5）有组织开标、评标、定标的能力。

不具备上述2）~5）项条件的建设单位必须委托具有相应资质的招标代理机构代理招标。

2. 建设项目招标应具备的条件

1）概算已经批准。

2）建设项目已正式列入国家、部门或地方的年度固定资产投资计划。

3）建设用地的征用工作已经完成。

4）有能够满足施工需要的施工图样及技术材料。

5）建设资金和主要建筑材料、设备的来源已经落实。

6）已经得到建设项目所在地规划部门批准，施工现场的"三通一平"已经完成或一并列入施工招标范围。

9.1.6　建设工程招标投标的运行机制

建筑市场是由建筑市场主体、建筑市场客体和建筑市场交易行为三个要素相互作用和相互依靠组成的统一体。建筑市场中的各类交易关系包括供求关系、竞争关系、协作关系、经济关系、服务关系、监督关系和法律关系等。

建设工程招标投标活动一般受到市场机制和组织机制的双重作用。买卖双方的行为一方面要受到市场机制的自发调节作用，另一方面还要通过组织机制对其运作过程进行有目的的人为控制，从而避免产生不公正的交易行为。招标投标活动的运行机制如图9-1所示。

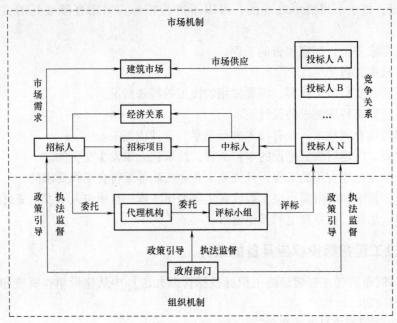

图9-1　招标投标活动的运行机制

9.2　建设工程招标投标的实施

9.2.1　建设工程招标投标程序

建设工程招标投标的基本程序如图9-2所示。

9.2.2　建设工程招标投标过程

招标是招标选择中标人并与其签订合同的过程，而投标则是投标人力争获得实施合同的竞争过程，招标人和投标人均需遵循招标投标法律和法规的规定进行招标投标活动。按照招标人和投标人参与程度，可将招标过程划分成招标准备阶段、招标投标阶段和决标成交阶段。

1. 招标准备阶段主要工作

招标准备阶段的工作由招标人单独完成，投标人不参与。主要工作包括以下几个方面：

（1）选择招标方式　依据工程项目的特点、招标前准备工作的完成情况、合同类型等因素的影响程度，确定招标方式。

（2）办理招标备案　招标人向建设行政主管部门办理申请招标手续。招标备案文件应说明：招标工作范围、招标方式、计划工期、对投标人的资质要求、招标项目的前期准备工作的完成情况、自行招标还是委托代理招标等内容，获得认可后才可开展招标工作。

（3）编制招标有关文件　招标准备阶段应编制好招标过程中可能涉及的有关文件，保证招标活动的正常进行。这些文件大致包括招标广告、资格预审文件、招标文件、合同协议书，以及资格预审和评标的方法。

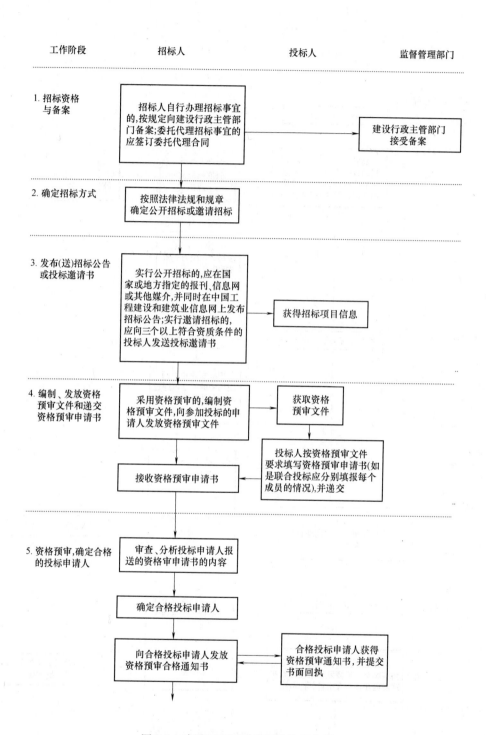

图 9-2 建设工程招标投标基本程序图

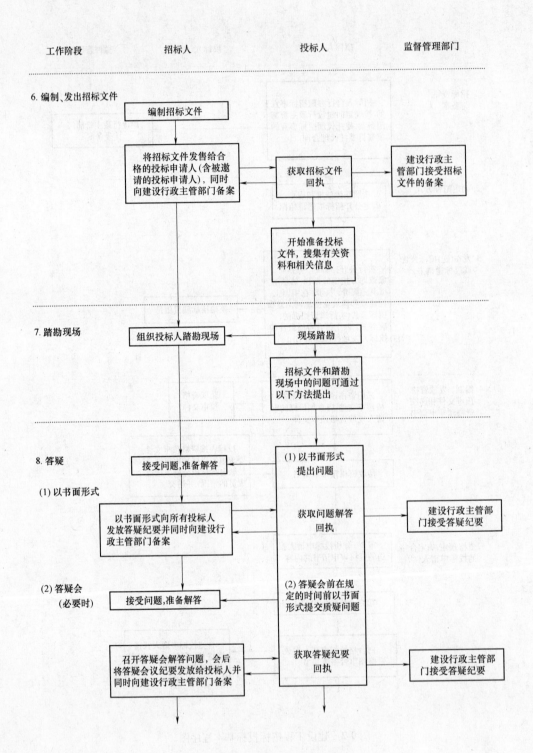

图 9-2　建设工程招标投标基本程序图（续 1）

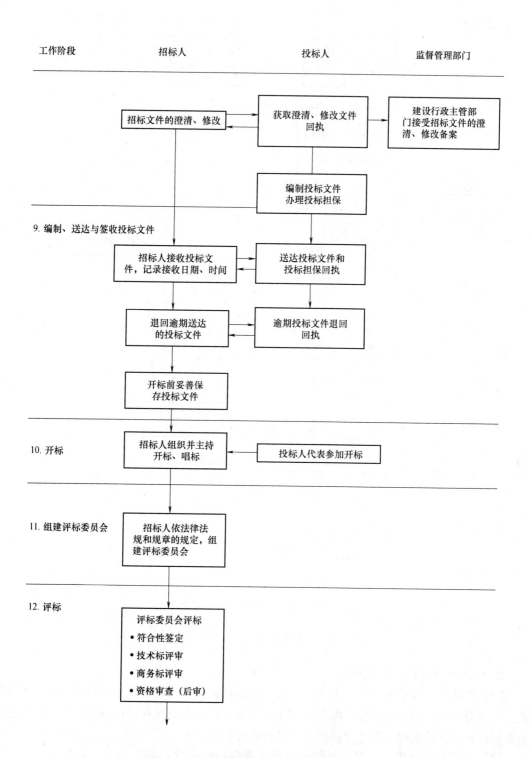

图 9-2　建设工程招标投标基本程序图（续 2）

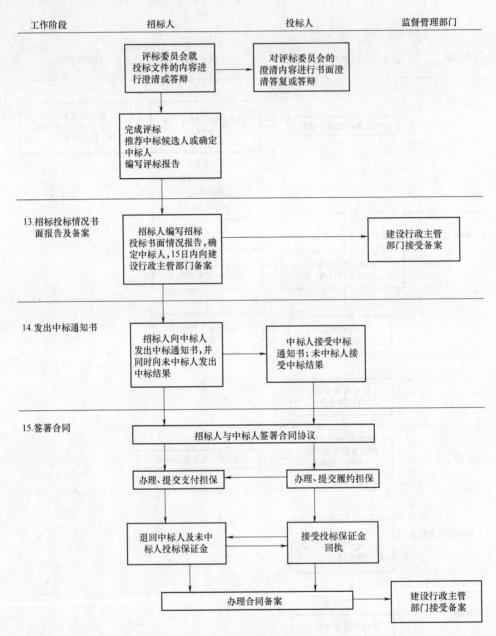

图9-2　建设工程招标投标基本程序图（续3）

2. 招标阶段的主要工作内容

公开招标时，从发布招标公告开始，若为邀请招标，则从发出投标邀请函开始，到投标截止日期为止的期间称为招标投标阶段。在此阶段，招标人应做好招标的组织工作，投标人则按招标有关文件的规定程序和具体要求进行投标报价竞争。

（1）发布招标公告　招标公告的作用是让潜在投标人获得招标信息，以便进行项目筛选，确定是否参与竞争。招标公告或投标邀请函的具体格式可由招标人自定，内容一般包括：招标单位名称，建设项目资金来源，工程项目概况和本次招标工作范围的简要介绍，购买资格预审文件的地点、时间和价格等有关事项。

（2）资格预审　资格预审的目的是对潜在投标人进行资格审查，主要考察该企业总体能力是否具备完成招标工作所要求的条件。招标人依据项目的特点编写资格预审文件，资格预审文件分为资格预审须知和资格预审表两大部分。资格预审表列出对潜在投标人资质条件、实施能力、技术水平、商业信誉等方面需要了解的内容，以应答形式给出的调查文件。

（3）招标文件的发售　招标人根据招标项目特点和需要编制招标文件，它是投标人编制投标文件和报价的依据，因此应当包括招标项目的所有实质性要求和条件。招标文件通常分为投标须知、合同条件、技术规范、图样和技术资料、工程量清单几大部分内容。

（4）现场考察　招标人在投标须知规定的时间组织投标人自费进行现场考察。设置此程序的目的，一方面让投标人了解工程项目的现场情况、自然条件、施工条件以及周围环境条件，以便于编制投标书；另一方面也是要求投标人通过自己的实地考察确定投标的原则和策略，避免合同履行过程中投标人以不了解现场情况为理由推卸应承担的合同责任。

（5）解答投标人的质疑　投标人研究招标文件和现场考察后会以书面形式提出某些质疑问题，招标人应及时给予书面解答。招标人对任何一位投标人所提问题的回答，必须发给每一位投标人保证招标的公开和公平，但不必说明问题的来源。回答函件作为招标文件的组成部分，如果书面解答的问题与招标文件中的规定不一致，以函件的解答为准。

3. 决标成交阶段的主要工作内容

从开标日到签订合同这一期间称为决标成交阶段，是对各投标书进行评审比较，最终确定中标人的过程。

（1）开标　公开招标和邀请招标均应在规定的时间和地点由招标人主持开标会议，所有投标人均应参加，并邀请项目建设有关部门代表出席。开标时，由投标人或其推选的代表检验投标文件的密封情况。确认无误后，工作人员当众拆封，宣读投标人名称、投标价格和投标文件的其他主要内容。开标过程应当记录，并存档备查。开标后，任何投标人都不允许更改投标书的内容和报价，也不允许再增加优惠条件。投标书经启封后不得再更改招标文件中说明的评标、定标办法。

在开标时，如果发现投标文件出现下列情形之一，应当作为无效投标文件，不再进入评标：

1）投标文件未按照招标文件的要求予以密封。

2）投标文件中的投标函未加盖投标人的企业及企业法定代表人的印章，或者企业法定代表人委托代理人没有合法、有效的委托书（原件）及委托代理人的印章。

3）投标文件的关键内容字迹模糊、无法辨认。

4）投标人未按照招标文件的要求提供投标保证金或者投标保函。

5）组成联合体投标的，投标文件未附联合体各方共同投标协议。

（2）评标　评标是对各投标书优劣的比较，以便最终确定中标人，由评标委员会负责评标工作。

1）评标委员会的组成。评标委员会由招标人的代表和有关技术、经济等方面的专家组成，成员人数为5人以上单数，其中招标人以外的专家不得少有成员总数的2/3。专家人选应来自于国务院有关部门或省、自治区、直辖市政府有关部门提供的专家名册中以随机抽取方式确定。

2）评标工作程序。大型工程项目的评标通常分为初评和详评两个阶段进行。

a. 初评。评标委员会以招标文件为依据，审查各投标书是否为响应性投标，确定投标书的有效性。检查内容包括：投标人的资格、投标保证有效性、报送资料的完整性、投标书与招标文件的要求无实质性的背离、报价计算的正确性等。

b. 详评。评标委员会对各投标书实施方案和计划进行实质性评价与比较。评审时不应再采用招标文件中要求投标人考虑因素以外的任何条件作为标准。

详评通常分为两个步骤进行。首先对各投标书进行技术和商务方面的审查，评定其合理性，以及若将合同授予该投标人在履行过程中可能给招标人带来的风险。评标委员会认为必要时可以单独约请该投标人对标书中含义不明确的内容作必要的澄清或说明，但澄清或说明不得超出投标文件的范围或改变投标文件的实质性内容。澄清内容也要整理成文字材料，作为投标书的组成部分。在对投标书审查的基础上，评标委员会会依据评标规则量化比较各投标书的优劣，并编写评标报告。

3）评标报告。评标报告是评标委员会经过对各投标书评审后向招标人提出的结论性报告，作为定标的主要依据。评标报告应包括评标情况说明、对各个合格投标书的评价、推荐合格的中标候选人等内容。

（3）定标 招标人应该根据评标委员会提出的评标报告和推荐的中标候选人，也可以授权评标委员会直接确定中标人。中标人确定后，招标人向中标人发出中标通知书，同时将中标结果通知未中标的投标人并退还他们的投标保证金或保函。中标通知书对招标人和中标人具有法律效力，招标人改变中标结果或中标人拒绝签订合同均要承担相应的法律责任。

中标通知书发出后的30天内，双方应按照招标文件和投标文件订立书面合同。招标人确定中标人后15天内，应向有关行政监督部门提交招标投标情况的书面报告。

《中华人民共和国招标投标法》规定，中标人的投标应当符合下列之一：能够最大限度地满足招标文件中规定的各项综合评价标准；能够满足招标文件各项要求，并经评审的价格最低，但投标价格低于成本的除外。

[例9-1] 某工程项目，经过有关部门批准后，决定由业主自行组织施工公开招标。该工程项目为政府的公共工程，已经列入地方的年度固定资产投资计划，概算已经主管部门批准，但征地工作尚未完成，施工图及有关技术资料齐全。因估计除本市施工企业参加投标外，还可能有外省市施工企业参加投标，因此业主委托咨询公司编制了两个标底，准备分别用于对本市和外省市施工企业投标的评定。业主要求将技术标和商务标分别封装。某承包商在封口处加盖了本单位的公章，并由项目经理签字后，在投标截止日期的前1天将投标文件报送业主，当天下午，该承包商又递交了一份补充材料，声明将原报价降低5%，但是业主的有关人员认为，一个承包商不得递交2份投标文件，因而拒收承包商的补充材料。开标会议由市招标投标管理机构主持，市公证处有关人员到会。开标前，市公证处人员对投标单位的资质进行了审查，确认所有投标文件均有效后正式开标。业主在评标之前组建了评标委员会，成员共8人，其中业主人员占5人，招标工作主要内容如下：①发投标邀请函；②发放招标文件；③进行资格后审；④召开投标质疑会议；⑤组织现场勘察；⑥接收投标文件；⑦开标；⑧确定中标单位；⑨评标；⑩发出中标通知书；⑪签订施工合同。问题：

1. 招标中有哪些不当之处？

2. 招标工作的内容是否正确？如果不正确请改正，并排出正确顺序。

答：1. 招标中的不当之处体现在：

1）因征地工作尚未完成，因此不能进行施工招标。

2）一个工程不能编制两个标底，只能编制一个标底。

3）在招标中，业主违反了招标投标法的规定，以不合理的条件排斥了潜在的投标人。

4）承包商的投标文件若由项目经理签字，应由法定代表人签发授权委托书。

5）在投标截止日期之前的任何一天，承包商都可以递交投标文件，也可以对投标文件作出补充与修正，业主不得拒收。

6）开标工作应由业主主持，而不应由招标投标管理机构主持。

7）市公证处人员无权对投标单位的资质进行审查。

8）评标委员会必须是5人以上的单数，而且业主方面的专家最多占1/3，本项目评标委员会不符合要求。

2. 招标工作内容中的不正确之处为：

1）不应发布投标邀请函，因为是公开招标，应发招标公告。

2）应进行资格预审，而不能进行资格后审。

施工招标的正确排序为：①→③→②→⑤→④→⑥→⑦→⑨→⑧。

9.3　施工合同的订立

9.3.1　施工合同示范文本

1. 合同示范文本

《中华人民共和国合同法》第12条规定："当事人可以参照各类合同的示范文本订立合同。"合同示范文本是将各类合同的主要条款、式样等制定出规范的、指导性的文本，在全国范围内积极宣传和推广，引导当事人采用示范文本签订合同，以实现合同签订的规范化。示范文本使当事人订立合同更加认真、更加规范，对于当事人在订立合同时明确各自的权利义务、减少合同约定缺款少项、防止合同纠纷，起到了积极的作用。

在建设工程领域，自1991年起就陆续颁布了一些示范文本。1999年10月1日实施《中华人民共和国合同法》（简称《合同法》）后，原建设部与原国家工商行政管理局联合颁布了《建设工程施工合同（示范文本)》《建设工程勘察合同（示范文本)》《建设工程设计合同（示范文本)》《建设工程委托监理合同（示范文本)》，使这些示范文本更符合市场经济的要求，对完善建设施工合同管理制度起到了极大的推动作用。

2. 施工合同示范文本的组成

作为推荐使用的施工合同范本由《协议书》《通用条款》《专用条款》三部分组成，并附有三个附件。

（1）协议书　合同协议书是施工合同的总纲性法律文件，经过双方当事人签字盖章后合同即成立。标准化的协议书格式需要结合承包工程特点填写的约定主要内容包括工程概况、工程承包范围、合同工期、质量标准、合同价款、合同生效时间，并明确对双方有约束力的合同文件组成。

（2）通用条款　"通用"的含义是所列条款的约定不区分具体工程的行业、地域、规模等特点，只要属于建筑安装工程均可适用。通用条款是规范承发包双方履行合同义务的标准化条款。通用条件包括词语定义及合同文件、双方一般权利和义务、施工组织设计和工期、质量与检验、安全施工、合同价款与支付、材料设备供应、工程变更、竣工验收与结算、违约、索赔和争议、其他等 11 个部分，共 47 个条款。通用条款在使用时不作任何改动。

（3）专用条款 由于具体实施工程项目的工作内容各不相同，施工现场和外部环境条件各异，因此还必须有反映招标工程具体特点和要求的专用条款的约定。合同范本中的"专用条款"部分只为当事人提供了编制具体合同时应包括内容的指南，具体内容由当事人根据发包工程的实际要求细化。

（4）附件 范本中为使用者提供了"承包人承揽工程项目一览表""发包人供应材料设备一览表"和"房屋建设工程质量保修书"三个标准化附件。

3. FIDIC 土木施工合同条款

《土木施工合同条款》是国际咨询工程师协会"FIDIC"总结各国在土木建筑工程施工承包方面的经验，几经改编完善，从法律、技术、管理、经济等方面详细规定了发包方、承包方和监理方的责任、义务和权益的国际通用的合同。《土木施工合同条款》已被许多国家广泛采用，成为国际工程承包合同的范本。各国也根据该合同内容，结合本国特点制定土建工程的合同范本。了解 FIDIC 土木施工合同条款，对于完善我国施工合同，以及我国施工企业进行国际工程承包谈判、承包国际工程项目都有积极作用。

（1）组成部分 FIDIC 土木施工合同由通用条款、专用条款、投标书及附件、协议书组成。通用条款涉及各方的责任和权益、工程劳务、材料和设备、工期、付款、变更、合同管理等各方面内容。条款共有 72 条 194 款，内容包括定义及解释；工程师及工程师代表，转让及分包，合同文件，一般义务，劳务，材料，工程设备和工艺，暂时停工、开工及延误，缺陷责任，变更、增添和省略，索赔程序，承包商设备、临时工程和材料，计量，备用金，指定的分包商，信用证与支付，补救措施，特殊风险，解除合同，纠纷处理，通知，业主违约，费用和法规的变更，货币及汇率等 25 个小节。通用条款是一个全面的标准合同范本，普遍适用于各种工程项目。

尽管通用条款针对地区、各行业已分类编制了详尽的合同样本，但由于各个工程的具体特点和工程所在地的具体情况不同，实际的合同不能照搬通用条款，而要对其中的个别项目适当调整。专用条款是根据具体工程特点，对于通用条款的选择、补充或修正。专用条款的序号应与所调整的通用条款序号相同。

专用条款包括以下三方面内容：

1）疏浚与填筑工程的有关条款。

2）对于通用条款的修正、补充或替代条款。

3）作为合同文件组成部分的某些文件的标准格式。

FIDIC 土木施工合同编制了标准的投标书、协议书和投标书的附件。标准的投标书和投标书的附件由投标人在规定的空格或表格中填写后递交。标准协议书由双方在空格处填写响应的内容，签字或盖章后即可生效。

（2）有关条款按条款功能不同，FIDIC 土木施工合同可划分为权益性条款、管理性条款、经济性条款、技术性条款和法律性条款五个方面。

1）权益性条款。权益性条款分为四个方面的内容：

a. 合同文件组成和术语定义。FIDIC 土木施工合同规定的合同文件由合同协议书、中标通知书、投标书、专用条款、通用条款和组成合同的其他文件共同组成，体现合同完整的法律效力。术语定义是明确合同中各术语的涵义和解释语言，以免由于发生理解歧义，引起纠纷。

b. 业主的权益。业主有对工程的发包、指定分包权利，业主对工程质量、进度控制的权利。业主应承担向承包商提供施工场地、图样，向承包商按期付款，协助承包商工作等义务；应承担由于战乱、政变、污染、无法预测的自然力产生的风险，由于设计不当或提前使用造成的损失等。

c. 承包商的权益。承包商有付款或奖金合理要求，有获取由于业主或监理方原因造成损失的赔偿的权利。承包商应承认合同，并承担合同中规定的本方的全部义务，不得没有经过业主同意将合同或合同的一部分转让给第三方，遵守工程所在地的法律法规，执行监理工程师指令，照管工程、材料、设备和人员安全，完成工程和负责修补缺陷等。

d. 监理方权力和职责。监理工程师可以执行合同中规定或从合同中必然引申出的权力。监理工程师有权任命监理工程师代表和反对承包商授权的承包方施工监督管理人员；有权要求暂停施工、负责审核承包商索赔申请。监理工程师的职责包括接受业主委托监督管理承包商的施工、向承包商发布指示及解释合同文件、评价承包商建议、保证材料质量和工艺符合规定、批准工程测量值和校核承包商向业主提交的付款申请、调解业主与承包商之间的合同争议和纠纷等。

2）管理性条款：

a. 合同责任方面的条款。主要有承包商有向业主提交履约保证金的责任；保管施工图样、现场材料、设备和临时工程的责任；处理交通、设施使用费和专利、污染等问题的责任；向业主移交发掘出的文物古迹，由业主根据相应法律和法规处理的责任；向同一施工现场其他承包商提供方便的责任；执行监理方指令的责任；按时开工、按进度计划和质量要求施工的责任等。

b. 管理程序方面的条款。包括签订合同前业主有关手续的办理，并向承包商移交程序；工程款支付的方式和程序；工程竣工验收和移交程序；由于业主违约，承包商要求解除合同的程序等。

3）技术性条款。包括进度控制和质量控制两方面内容。进度控制条款包含合同签订后承包方提供施工进度计划和说明，施工中定期进度报告，工程进度延缓后的赶工，非承包商责任造成的工期延长等。质量控制条款包括承包商应按照合同、图样和监理工程师要求施工，工程中使用的材料、设备和采用的工艺必须符合合同要求，并接受监理工程师的检查，承包商按照监理工程师要求对工程缺陷进行修补、重建。

4）经济性条款。包括工程保险、承包商设备保险、人身保险和第三者责任保险等各种保险的投保规定；合同执行过程中中期付款、竣工结算条款和备用金使用、滞留金扣留和退还等条款，合同被迫终止时结算的有关条款；有关变更涉及的经济方面问题的条款；其他由于额外实验、检查，货币和价格调整，国家法律、法令或政策变更等引起的经济问题。

5）法律性条款。主要包括选择并明确使用的法律，解决和仲裁争端的条款，劳务人员的工资标准、劳动条件、安全健康、食宿遣返、宗教习俗等条款和其他涉及法律问题的条款。

9.3.2 施工合同订立

根据合同范本订立施工合同时必须明确通用条款及专用条款中的相关问题。

1. 工期和合同价格

(1) 工期　在合同协议书内应明确注明开工日期、竣工日期和合同工期总日历天数。如果是招标选择的承包人，工期总日历天数应为投标书内承包人承诺的天数，不一定是招标文件要求的天数。因为招标文件通常规定本招标工程最长允许的完工时间，而承包人为了竞争，申报的投标工期往往短于招标文件限定的最长工期，此项因素通常也是评标比较的一项内容。

合同内如果有发包人要求分阶段移交的单位工程或部分工程时，在专用条款内还需明确约定中间交工工程的范围和竣工时间。此项约定也是判定承包人是否按合同履行了义务的标准。

(2) 合同价款

1) 合同约定的合同价款。在合同协议书内要注明合同价款。非招标工程的合同价款，由当事人双方依据工程预算书协商后，填写在协议书内。

2) 追加合同价款。在合同的许多条款内涉及"费用"和"追加合同价款"两个专用术语。追加合同价款是指合同履行中发生需要增加合同价款的情况，经发包人确认后，按照计算合同价款的方法给承包人增加的合同价款。费用指不包含在合同价款之内的应当由发包人或承包人承担的经济支出。

3) 合同的计价方式。通用条款中规定有三类可选择的计价方式，合同采用哪种方式需在专用条款中说明。可选择的计价方式有：

a. 固定价格合同，是指在约定的风险范围内价款不再调整的合同。这种合同的价款并不是绝对不可调整，而是约定范围内的风险由承包人承担。工程承包活动中采用的总价合同和单价合同均属于此类合同。双方需在专用条款内约定合同价款包含的风险范围、风险费用的计算方法和承包风险范围以外对合同价款影响的调整方法，在约定的风险范围内合同价款不再调整。

b. 可调价格合同，是指发包人和承包人在招标投标阶段和签订合同时不可能合理预见到一年半以后物价浮动和后续法规变化对合同价款的影响，为了合理分担外界因素影响的风险，可采用可调价合同。通常用于工期较长的施工合同，如工期在18个月以上的合同。对于工期较短的合同，专用条款内也要约定因外部条件变化对施工产生成本影响可以调整合同价款的内容。可调价合同在专用条款内应明确约定调价的计算方法。

c. 成本加酬金合同，是指发包人负担全部工程成本，对承包人完成的工作支付相应酬金的计价方式。这类计价方式通常用于紧急工程施工，如灾后修复工程；或采用新技术新工艺施工，双方对施工成本均心中无底，为了合理分担风险采用此种方式。合同双方应在专用条款内约定成本构成和酬金的计算方法。

4) 工程预付款的约定。施工合同的支付程序中是否有预付款，取决于工程的性质、承包工程量的大小以及发包人在招标文件中的规定。预付款是发包人为了帮助承包人解决工程施工前期资金紧张的困难，提前给付的一笔款项。在专用条款内应约定预付款总额、一次或分阶段支付的时间及每次付款的比例（或金额）、扣回的时间及每次扣回的计算方法、是否需要承包人提供预付款保函等相关内容。

5）支付工程进度款的约定。在专用条款内约定工程进度款的支付时间和支付方式。工程进度款支付可以采用按月计量支付、按里程碑完成工程的进度分阶段支付或完成工程后一次性支付等方式。

2. 对双方有约束力的合同文件

在协议书和通用条款中规定，对合同当事人双方有约束力的合同文件包括签订合同时已形成的文件和履行过程中构成对双方有约束力的文件两大部分。

订立合同时已形成的文件包括：①施工合同协议书；②招标通知书；③投标书及其附件；④施工合同专用条款；⑤施工合同通用条款；⑥标准、规范及有关技术文件；⑦图样；⑧工程量清单；⑨工程报价单或预算书。

合同履行过程中，双方有关工程的洽商、变更等书面协议或文件也构成对双方有约束力的合同文件，将其视为协议书的组成部分。

通用条款规定，上述合同文件原则上应能够互相解释、互相说明。但当合同文件中出现含糊不清或不一致时，订立合同时已形成的文件的序号就是合同的优先解释顺序。如果双方不同意这种次序安排，可以在专用条款内约定本合同的文件组成和解释次序。

3. 标准和规范

标准和规范是检验承包人施工应遵循的准则及判定工程质量是否满足要求的标准。国家规范中的标准是强制性标准，合同约定的标准不得低于强制性标准，但发包人从建筑产品功能要求出发，可以对工程或部分工程部位提出更高的质量要求。在专用条款内必须明确规定本工程及主要部位应达到的质量要求，以及施工过程中需要进行质量检测和试验的时间、试验内容、试验地点和方式等具体约定。

对于采用新技术、新工艺施工的部分，如果国内没有相应标准、规范时，在合同内也应约定对质量检验的方式、检验的内容及应达到的指标要求，否则无从判定施工的质量是否合格。

4. 发包人和承包人的工作

（1）发包人的义务 通用条款规定以下工作属于发包人应完成的工作。

1）办理土地征用、拆迁补偿、平整施工场地等工作，使施工场地具备施工条件，并在开工后继续解决以上事项的遗留问题。专用条款内需要约定施工场地具备施工条件的要求及完成的时间，以便承包人能够及时接收适用的施工现场，按计划开始施工。

2）将施工所需水、电、电信线路从施工场地外部接至专用条款约定地点，并保证施工期间需要，专用条款内需要约定三通的时间、地点和供应要求。某些偏僻地域的工程或大型工程，可能要求承包人自己从水源地（如附近的河中取水）或自己用柴油机发电解决施工用电，则也应在专用条款内明确。

3）开通施工场地与城乡公共道路的通道，以及专用条款约定的施工场地内的主要交通干道，保证施工期间的畅通，满足施工运输的需要。专用条款内需要约定移交给承包人交通通道或设施的开通时间和应满足的要求。

4）向承包人提供施工场地的工程地质和地下管线资料，保证数据真实，位置准确。专用条款内需要约定向承包人提供工程地质和地下管线资料的时间。

5）办理施工许可证和临时用地、停水、停电、中断道路交通、爆破作业及可能损坏道路、管线、电力、通信等公共设施法律、法规规定的申请批准手续及其他施工所需的证件（证明承包人自身资质的证件除外）。专用条款内需要约定发包人提供施工所需证件、批件的名称和时间，以便承包人合理进行施工组织。

6）确定水准点与坐标控制点，以书面形式交给承包人，并进行现场交验。专用条款内需要分项明确约定放线依据资料的交验要求，以便合同履行过程中合理区分放线错误的责任归属。

7）组织承包人和设计单位进行图样会审和设计交底。专用条款内需要约定具体的时间。

8）协调处理施工现场周围地下管线和邻近建筑物、构筑物（包括文物保护建筑）、古树名木的保护工作，并承担有关费用。专用条款内需要约定具体的范围和内容。

9）发包人应做的其他工作，双方在专用条款内约定。专用条款内需要根据项目的特点和具体情况约定相关的内容。

虽然通用条款内规定上述工作内容属于发包人的义务，但发包人可以将上述部分工作委托承包方办理，具体内容可以在专用条款内约定，其费用由发包人承担。属于合同约定的发包人义务，如果出现不按合同约定完成导致工期延误或给承包人造成损失时，发包人应赔偿承包人的有关损失，延误的工期相应顺延。

（2）承包人义务 通用条款规定，以下工作属于承包人的义务。

1）根据发包人的委托，在其设计资质允许的范围内，完成施工图设计或与工程配套的设计，经工程师确认后使用，发生的费用由发包人承担。如果属于设计施工总承包合同或承包工作范围内包括部分施工图设计任务，则专用条款内需要约定承担设计任务单位的设计资质等级及设计文件的提交时间和文件要求（可能属于施工承包人的设计分包人）。

2）向工程师提供年、季、月工程进度计划及相应进度统计报表。专用条款内需要约定应提供计划、报表的具体名称和时间。

3）按工程需要提供和维修非夜间施工使用的照明、围栏设施，并负责安全保卫。专用条款内需要约定具体的工作位置和要求。

4）按专用条款约定的数量和要求，向发包人提供在施工现场办公和生活的房屋及设施，发生的费用由发包人承担。专用条款内需要约定设施名称、要求和完成时间。

5）遵守有关部门对施工场地交通、施工噪声及环境保护和安全生产等的管理规定，按管理规定办理有关手续，并以书面形式通知发包人。发包人承担由此发生的费用，因承包人责任造成的罚款除外。专用条款内需要约定需承包人办理的有关内容。

6）已竣工工程未交付发包人之前，承包人按专用条款约定负责已完成工程的成品保护工作，保护期间发生损坏，承包人自费予以修复。要求承包人采取特殊措施保护的单位工程的部位和相应追加合同价款，在专用条款内约定。

7）按专用条款的约定做好施工现场地下管线和邻近建筑物、构筑物（包括文物保护建筑）、古树名木的保护工作。专用条款内约定需要保护的范围和费用。

8）保证施工场地清洁符合环境卫生管理的有关规定。交工前清理现场达到专用条款约定的要求，承担因自身原因违反有关规定造成的损失和罚款。专用条款内需要根据施工管理规定和当地的环保法规，约定对施工现场的具体要求。

9）承包人应做的其他工作，双方在专用条款内约定。

承包人不履行上述各项义务，造成发包人损失的，应对发包人的损失给予赔偿。

5. 材料和设备的供应

目前很多工程采用包工部分包料承包的合同，主材经常采用由发包人提供的方式。在专用条款中应明确约定发包人提供材料和设备的合同责任。施工合同范本附件提供了标准化的表格格式，见表 9-1。

表 9-1　发包人供应材料设备一览表

序　号	材料设备品种	规 格 型 号	单　位	数　量	单　价	质量等级	供应时间	送达地点	备　注

6. 担保和保险

（1）履行合同的担保　合同是否有履约担保不是合同有效的必要条件，按照合同具体约定来执行。如果合同约定有履约担保和预付款担保，则需在专用条款内明确说明担保的种类、担保方式、有效期、担保金额及担保书的格式。担保合同将作为施工合同的附件。

（2）保险责任　工程保险是转移工程风险的重要手段，如果合同约定有保险的话，在专用条款内应约定投保的险种、保险的内容、办理保险的责任及保险金额。

7. 解决合同争议的方式

发生合同争议时，应按如下程序解决：双方协商和解解决；达不成一致时请第三方调解解决；调解不成，则需通过仲裁或诉讼最终解决。因此在专用条款内需要明确约定双方共同接受的调解人，以及最终解决合同争议是采用仲裁还是诉讼方式、仲裁委员会或法院的名称。

[**例 9-2**]　某埋地管道土方工程施工，业主与承包商签订了工程施工合同，合同中含两个子项工程，估算工程量甲项为 2300m³，乙项为 3200m³，经协商合同价甲项为 180 元/m³，乙项为 160 元/m³。承包合同规定：

1）开工前业主应向承包商支付合同价款的 20% 的预付款。

2）业主自第一个月起，从承包商的工程款中，按 5% 的比例扣留滞留金。

3）当工程项目实际工程量超过估算工程量 10% 时，可进行调价，调整系数为 0.9。

4）根据市场情况规定价格调整系数平均按 1.2 计算。

5）专业工程师签发月度付款最低金额为 25 万元。

6）预付款在最后两个月扣除，每月扣 50%。

承包商每月实际完成并经专业工程师签证确认的工程量见表 9-2。

表 9-2　承包商每月实际完成并经专业工程师签证确认的工程量　　（单位：m³）

月　份	1	2	3	4
甲项	500	800	800	600
乙项	700	900	800	600

第一个月工程量价款为：$(500 \times 180 + 700 \times 160)$ 万元 $= 20.2$ 万元

应签证的工程款为：20.2 万元 $\times 1.2 \times (1 - 5\%) = 23.028$ 万元

由于合同规定专业工程师签发的最低金额为 25 万元，故本月专业工程师不予签发付款凭证。

问题：

1. 预付款是多少？

2. 从第二个月起每月工程量价款是多少？专业工程师应签证的工程款是多少？实际签发的付款凭证金额是多少？

解： 1. 预付款金额为：$(2300 \times 180 + 3200 \times 160)$ 万元 $\times 20\% = 18.52$ 万元

2. （1）第二个月

工程量价款为：$(800 \times 180 + 900 \times 160)$ 万元 $= 28.8$ 万元

应签证的工程款为：28.8 万元 $\times 1.2 \times 0.95 = 32.832$ 万元

本月专业工程师实际签发的付款凭证金额为：$(23.028 + 32.832)$ 万元 $= 55.86$ 万元

（2）第三个月

工程量价款为：$(800 \times 180 + 800 \times 160)$ 万元 $= 27.2$ 万元

应签证的工程款为：$(27.2 \times 1.2 \times 0.95)$ 万元 $= 31.008$ 万元

应扣预付款为：18.52 万元 $\times 50\% = 9.26$ 万元

应付款为：$(31.008 - 9.26)$ 万元 $= 21.748$ 万元

专业工程师签发月度付款最低金额为 25 万元，所以本月专业工程师不予签发付款凭证。

（3）第四个月

甲项工程累计完成工程量为 2700m³，比原估算工程量 2300m³ 超出 400m³，已超过估算工程量的 10%，超出部分其单价应进行调整。

超过估算工程量 10% 的工程量为：$[2700 - 2300 \times (1 + 10\%)]$ m³ $= 170$m³

这部分工程量单价应调整为：(180×0.9) 元/m³ $= 162$ 元/m³

甲项工程工程量价款为：$[(600 - 170) \times 180 + 170 \times 162]$ 万元 $= 10.494$ 万元

乙项工程累计完成工程量为 3000m³，比原估算工程量 3200m³ 减少 200m³，不超过估算工程量，其单价不予进行调整。

乙项工程工程量价款为：600×160 万元 $= 9.6$ 万元

本月完成甲、乙两项工程量价款合计为：$(10.494 + 9.6)$ 万元 $= 20.094$ 万元

应签证的工程款为：$(20.094 \times 1.2 \times 0.95)$ 万元 $= 22.907$ 万元

本月专业工程师实际签发的付款凭证金额为：$(21.748 + 22.907 - 18.52 \times 50\%)$ 万元 $= 35.395$ 万元

9.4 合同的履行、变更和终止

9.4.1 合同的履行

合同履行，是指合同各方当事人按照合同的规定，全面履行各自的义务，实现各自的权利，使各方的目的得以实现的行为。合同依法成立，当事人就应当按照合同的约定，全部履行自己的义务。合同履行的原则包括：

1. 全面履行的原则

当事人应当按照约定全面履行自己的义务。即按合同约定的标价、价款、数量、质量、地点、期限、方式等全面履行各自的义务。按照约定履行自己的义务，既包括全面履行义务，也包括正确适当履行合同义务。施工合同订立后，双方应当严格履行各自的义务，不按期支付预付款、工程款，不按照约定时间开工、竣工，都是违约行为。

2. 诚实信用原则

当事人应当遵守诚实信用原则，根据合同性质、目的和交易习惯履行通知、协助和保密的义务。当事人首先要保证自己全面履行合同约定的义务，并为对方履行义务创造必要的条件。当事人双方应关心合同履行情况，且发现问题应及时协商解决。一方当事人在履行过程中发生困难，另一方当事人应在法律允许的范围内给予帮助。在合同履行过程中应信守商业道德，保守商业秘密。

9.4.2　合同的变更

合同变更是指当事人对已经发生法律效力，但尚未履行或者尚未完全履行的合同，进行修改或补充所达成的协议。《合同法》规定，当事人协商一致可以变更合同。

合同变更必须针对有效的合同，协商一致是合同变更的必要条件，任何一方都不得擅自变更合同。由于合同签订的特殊性，有些合同需要有关部门的批准或登记，对于此类合同的变更需要重新登记或批准。合同的变更一般不涉及已履行的内容。

有效的合同变更必须要有明确的合同内容的变更。如果当事人对合同的变更约定不明确，视为没有变更。

合同变更后原合同债消灭，产生新的合同债。因此，合同变更后，当事人不得再按原合同履行，而必须按变更后的合同履行。

9.4.3　合同的终止

合同终止指当事人之间根据合同确定的权利义务在客观上不复存在，据此合同不再对双方具有约束力。按照《合同法》的规定，有下列情形之一的，合同的权利义务终止：①债务已经按照约定履行；②合同解除；③债务相互抵消；④债务人依法将标的物提存；⑤债权人免除债务；⑥债权债务同归于一人；⑦法律规定或者当事人约定终止的其他情形。

1. 债务已按照约定履行

债务已按照约定履行即是债的清偿，是按照合同约定实现债权目的的行为。其含义与履行相同，但履行侧重于合同动态的过程，而清偿则侧重于合同静态的实现结果。

清偿是合同的权利义务终止的最主要和最常见的原因。施工合同也不例外，双方当事人按照合同的约定，各自完成了自己的义务，实现了自己的权利，就是清偿。清偿一般由债务人为之，但不以债务人为限，也可能由债务人的代理人或者第三人进行合同的清偿。清偿的标的物一般是合同规定的标的物，但是若债权人同意，也可用合同规定的标的物以外的物品来清偿其债务。

2. 合同解除

合同解除是指对已经发生法律效力、但尚未履行或者尚未完全履行的合同，因当事人一方的意思表示或者双方的协议而使债权债务关系提前归于消灭的行为。合同解除可分为约定解除和法定解除两类。

（1）约定解除 约定解除是当事人通过行使约定的解除权或者双方协商决定而进行的合同解除。当事人协商一致可以解除合同，即合同的协商解除。当事人也可以约定一方解除合同的条件，解除合同条件成就时，解除权人可以解除合同，即合同约定解除权的解除。

合同的这两种约定解除有很大的不同。合同的协商解除一般是合同已开始履行后进行的约定，且必然导致合同的解除；而合同约定解除权的解除则是合同履行前的约定，它不一定导致合同的真正解除，因为解除合同的条件不一定成就。

（2）法定解除 法定解除是解除条件直接由法律规定的合同解除。当法律规定的解除条件具备时，当事人可以解除合同。它与合同约定解除权的解除都是具备一定解除条件时，由一方行使解除权；区别则在于解除条件的来源不同。

在下列情形之一的，当事人可以解除合同：

1）因不可抗力致使不能实现合同目的的。

2）在履行期限届满之前，当事人一方明确表示或者以自己的行为表明不履行主要债务。

3）当事人一方延迟履行主要债务，经催告后在合理的期限内仍未履行。

4）当事人一方延迟履行债务或者有其他违法行为，致使不能实现合同目的的。

5）法律规定的其他情形。

9.5 合同违约责任

合同违约责任是指当事人任何一方不履行合同义务或者履行合同义务不符合约定而应当承担的法律责任。违约行为的表现形式包括不履行和不适当履行。不履行是指当事人不能履行或者拒绝履行合同义务。不能履行合同的当事人一般也应承担违约责任。不适当履行则包括不履行以外的其他所有违约情况。当事人一方不履行合同义务，或履行合同义务不符合约定的，应当承担继续履行、采取补救措施或者赔偿损失等违约责任。当事人双方都违反合同的，应各自承担相应的责任。

9.5.1 承担违约责任的条件和原则

1. 承担违约责任的条件

当事人承担违约责任的条件，是指当事人承担违约责任应当具备的条件。按照《合同法》规定，承担违约责任的条件采用严格责任原则，只要当事人有违约行为，即当事人不履行合同或者履行合同不符合约定的条件，就应当承担违约责任。

2. 承担违约责任的原则

《合同法》规定的承担违约责任是以补偿性为原则的。补偿性是指违约责任旨在弥补或者补偿因违约行为造成的损失，对于财产损失的赔偿范围，《合同法》规定，赔偿损失额应当相当于因违约行为所造成的损失，包括合同履行后可获得的利益。

但是，违约责任在有些情况下也具有惩罚性。如合同约定了违约金，违约行为没有造成损失或者损失小于约定的违约金；约定了定金，违约行为没有造成损失或者损失小于约定的定金等。

9.5.2　承担违约责任的方式

1. 继续履行

继续履行是指违反合同的当事人不论是否承担了赔偿金或者承担了其他违约责任，都必须根据对方的要求，在自己能够履行的条件下，对合同未履行的部分继续履行。承担赔偿金或者违约金责任不能免除当事人的履约责任。

特别是金钱债务，违约方必须继续履行，因为金钱是一般等价物，没有别的方式可以替代履行。因此，当事人一方未支付价款或者报酬的，对方可以要求其支付价款或者报酬。

当事人一方不履行非金钱债务或者履行非金钱债务不符合约定的，对方也可以要求继续履行。但有下列情形之一的除外：

1）法律上或者事实上不能履行。

2）债务的标的不适于强制履行或者履行费用过高。

3）债权人在合理期限内未要求履行。

当事人就延迟履行约定违约金的，违约方支付违约金后，还应当履行债务。这也是承担继续履行违约责任的方式。如施工合同中约定了延期竣工的违约金，承包人没有按照约定期限完成施工任务，承包人应当支付延期竣工的违约金，但发包人仍然有权要求承包人继续施工。

2. 采取补救措施

所谓的补救措施主要是指《中华人民共和国民法通则》和《合同法》中所确定的，在当事人违反合同的事实发生后，为防止损失发生或者扩大，而由违反合同一方依照法律规定或者约定采取的修理、更换、重新制作、退货、减少价格或者报酬等措施，以给权利人弥补或者挽回损失的责任形式。采取补救措施的责任形式，主要发生在质量不符合约定的情况下。施工合同中，采取补救措施是施工单位承担违约责任常用的方法。

采取补救措施的违约责任，对于质量不合格的违约责任，有约定的，从其约定；没有约定或约定不明的，双方当事人可再协商确定；如果不能通过协商达成违约责任的补充协议的，则按照合同有关条款或者交易习惯确定，以上方法都不能确定违约责任时，可适用《合同法》的规定，即质量要求不明确的，按照国家标准、行业标准履行；没有国家标准、行业标准的，按照通常标准或者符合合同目的的特定标准履行。但是，由于建设工程中的质量标准往往都是强制性的，因此，当事人不能约定低于国家标准、行业标准的质量标准。

3. 赔偿损失

当事人一方不履行合同义务或者履行合同义务不符合约定的，给对方造成损失的，应当赔偿对方的损失。损失赔偿应当相当于因违约所造成的损失，包括合同履行后可以获得的利益，但不得超过违约合同一方订立合同时预见或应当预见的因违反合同可能造成的损失。这种方式是承担违约责任的主要方式。

当事人一方不履行合同义务或履行合同义务不符合约定的，在履行义务或采取补救措施后，对方还有其他损失的，应承担赔偿责任。当事人一方违约后，对方应当采取适当措施防止损失的扩大，没有采取措施致使损失扩大的，不得就扩大的损失请求赔偿，当事人因防止损失扩大而支出的合理费用，由违约方承担。

4. 支付违约金

当事人可以约定一方违约时应当根据违约情况向对方支付一定数额的违约金，也可以约定因违约产生的损失额的赔偿办法。约定违约金低于造成损失的，当事人可以请求人民法院或仲裁机构予以增加；约定违约金过分高于造成损失的，当事人可以请求人民法院或仲裁机构予以适当减少。违约金与赔偿损失不能同时采用。如果当事人约定了违约金，则应当按照支付违约金承担违约责任。

5. 定金罚则

当事人可以约定一方向对方给付定金作为债权的担保。债务人履行债务后定金应当抵作价款或收回。给付定金的一方不履行约定债务的，无权要求返还定金；收受定金的一方不履行约定债务的，应当双倍返还定金。

当事人既约定违约金，又约定定金的，一方违约时，对方可以选择适用违约金或定金条款。但是，这两种违约责任不能合并使用。

9.5.3 因不可抗力无法履约的责任承担

因不可抗力不能履行合同的，根据不可抗力的影响，部分或全部免除责任。当事人延迟履行后发生的不可抗力，不能免除责任。当事人因不可抗力不能履行合同的，应当及时通知对方，以减轻给对方造成的损失，并应当在合理的期限内提供证明。

当事人可以在合同中约定不可抗力的范围。为了公平的目的，避免当事人滥用不可抗力的免责权，约定不可抗力的范围是必要的。在有些情况下还应当约定不可抗力的风险分担责任。

9.6 施工索赔

施工索赔是当事人在合同实施过程中，根据法律、合同规定及惯例，对不应由自己承担责任的情况造成损失，向合同的另一方当事人提出给予赔偿或补偿要求的行为。在工程建设的各个阶段，都有可能发生索赔，但在施工阶段索赔发生较多。

9.6.1 施工索赔的分类

1. 按索赔目的分类

（1）工期索赔 由于非承包人责任的原因而导致施工进程延误，要求批准顺延合同工期的索赔，称之为工期索赔。工期索赔形式上是对权利的要求，以避免在原定合同竣工日不能完工时，被发包人追究拖期违约责任。一旦获得批准合同工期顺延后，承包人不仅免除了承担拖延期违约赔偿的严重风险，而且可能提前工期得到奖励，最终仍反映在经济收益上。

（2）费用索赔 费用索赔的目的是要求经济补偿。当施工的客观条件改变导致承包人增加开支，要求对超出计划成本的附加开支给予补偿，以挽回不应由他承担的经济损失。

2. 按索赔事件的性质分类

（1）工程延误索赔 因发包人未按合同要求提供施工条件，如未及时交付设计图样、施工现场、道路等，或因发包人指令工程暂停或不可抗力事件等原因造成工期拖延的，承包人对此提出索赔。这是工程中常见的一类索赔。

（2）工程变更索赔　由于发包人或监理工程师指令增加或减小工程量或增加附加工程、修改设计、变更工程顺序等，造成工期延长和费用增加，承包人对此提出索赔。

（3）合同被迫终止的索赔　由于发包人或承包人违约及不可抗力事件等原因造成合同非正常终止，无责任的受害方因其蒙受经济损失而向对方提出索赔。

（4）工程加速索赔　由于发包人或工程师指令承包人加快施工速度，缩短工期，引起承包人人、财、物的额外开支而提出的索赔。

（5）意外风险和不可预见因素索赔　在工程实施过程中，因人力不可抗拒的自然灾害、特殊风险及一个有经验承包人通常不能合理预见的不利施工条件或外界障碍，如地下水、地质断层、溶洞、地下障碍物等引起的索赔。

（6）其他索赔　如因货币贬值、汇率变化、物价、工资上涨、政策法令变化等原因引起的索赔。

9.6.2　索赔程序

承包人的索赔程序通常可分为以下几个步骤：

1. 承包人提出索赔要求

（1）发出索赔意向通知　索赔事件发生后，承包人应在索赔事件发生后的 28 天内向工程师递交索赔意向通知，声明将对此事提出索赔。该意向通知是承包人就具体的索赔事件向工程师和发包人表示的索赔愿望和要求。如果超过这个限期，工程师和发包人有权拒绝承包人的索赔要求。索赔事件发生后，承包商有义务做好现场施工的同期记录，工程师有权随时检查和调阅，以判断索赔事件造成的实际损害。

（2）递交索赔报告　索赔意向通知提交后的 28 天内，或工程师可能同意的其他合理时间，承包人应递送正式的索赔报告。索赔报告的内容应包括事件发生的原因、对其权益影响的证据资料、索赔的依据、此项索赔要求补偿的款项和工期展延天数的详细计算等有关材料。

如果索赔事件的影响持续存在，28 天内还不能算出索赔额和工期展延天数时，承包人应按工程师合理要求的时间间隔（一般为 28 天），定期陆续报出每一个时间段内的索赔证据资料和索赔要求。在该项索赔事件的影响结束后的 28 天内，报出最终详细报告，提出索赔论证资料和累计索赔金额。

2. 工程师审核索赔报告

接到承包人的索赔意向通知后，工程师应建立自己的索赔档案，密切关注事件的影响，检查承包人的同期记录时，随时就记录内容提出他的不同意见或他希望应予以增加的记录项目。

在接到正式索赔报告以后，认真研究承包人报送的索赔资料。首先在不确认责任归属的情况下，客观分析事件发生的原因，分析合同的有关条款，研究承包人的索赔证据，并检查同期施工记录；其次通过对事件的分析，工程师再依据合同条款划清责任界限，必要时还可以要求承包人进一步提供补充资料。尤其是对承包人与发包人或工程师都负有一定责任的事件影响，更应划出各方应该承担合同责任的比例。最后再审查承包人提出索赔补偿要求，剔除其中不合理部分，拟定自己计算的合理索赔款额和工期顺延天数。

工程师判定承包人索赔成立的条件为：

1）与合同相对照，事件已造成了承包人施工成本的额外支出，或总工期延误。

2）造成费用增加或工期延误的原因，按合同约定不属于承包人应承担的责任，包括行为责任或风险责任。

3）承包人按合同规定的程序提交了索赔意向通知和索赔报告。

上述三个条件没有先后主次之分，应当同时具备。只有工程师认定索赔成立后，才处理应该给予承包人补偿额。

3. 对索赔报告的审查

1）事态调查。通过对合同实施的跟踪、分析了解事件经过、前因后果，掌握事件详细情况。

2）损害事件原因分析。即分析索赔事件是由何种原因引起，责任应由谁来承担。在实际工作中，损害事件的责任有时是多方面原因造成，故必须进行责任分解，划分责任范围，按责任大小，承担损失。

3）分析索赔理由。主要依据合同文件判明索赔事件是否属于未履行合同规定义务或未正确履行合同任务导致，是否在合同规定的索赔范围之内。只有符合合同规定的索赔要求才有合法性，才能成立。例如：某合同规定，在工程总价5‰范围内的工程变更属于承包人承担的风险，则发包人指令增加工程量在这个范围内，承包人不能提出索赔。

4）证据资料分析。主要分析证据资料的有效性、合理性、正确性，这也是索赔要求有效的前提条件。如果在索赔报告中提不出证明其索赔理由、索赔事件的影响、索赔值计算方面的详细资料，索赔要求是不能成立的。如果工程师认为承包人提出的证据不能足以说明其要求的合理性时，可以要求承包人进一步提交索赔的证据资料。

4. 确定合理的补偿额

（1）工程师与承包人协商补偿　工程师核查后初步确定应予以补偿的额度往往与承包人的索赔报告中要求的额度不一致，甚至差额较大。主要原因大多为对承担事件损害责任的界限划分不一致，索赔证据不充分，索赔计算的依据和方法分歧较大等，因此双方应就索赔的处理进行协商。

（2）工程师索赔处理决定　工程师收到承包人送交的索赔报告和有关资料后，于28天内给予答复或要求承包人进一步补充索赔理由和证据。《建设工程施工合同示范文本》规定：工程师收到承包人递交的索赔报告和有关资料后，如果在28天内既未予答复，也未对承包人作进一步要求的话，则视为承包人提出的该项索赔要求已经认可。

工程师在经过认真分析研究，与承包人、发包人广泛讨论后，应该向发包人和承包人提出自己的"索赔处理决定"。

不论工程师与承包人协商达到一致，还是单方面作出的处理决定，批准给予补偿的款额和顺延工期的天数如果在授权范围之内，则可将此结果通知承包人，并抄送发包人。如果批准的额度超过工程师权限，则应报请发包人批准。

通常，工程师的处理决定不是终局性的，对发包人和承包人都不具有强制性的约束力。承包人对工程师的决定不满意，可以按合同中的争议条款提交约定的仲裁机构仲裁或诉讼。

5. 发包人审查索赔处理

当工程师确定的索赔额超过其权限范围时，必须报请发包人批准。

发包人首先根据事件发生的原因、责任范围、合同条款审核承包人的索赔申请和工程师的处理报告，在依据工程建设的目的、投资控制、竣工投产日期要求及针对承包人在施工中的缺陷或违反合同规定等的有关情况，决定是否同意工程师的处理意见。例如：承包人某项索赔理由成立，工程师根据相应条款规定，既同意给予一定的费用补偿，也批准顺延相应的工期。但发包人权衡了施工的实际情况和外部条件的要求后，可能不同意顺延工期，而宁可给承包人增加费用补偿额，要求承包人采取赶工措施，按期或提前完工。这样的决定只有发包人才有权作出。

索赔报告经发包人同意后，工程师即可签发有关证书。

6. 承包人是否接受最终索赔处理

承包人接受最终的索赔处理决定，索赔事件的处理即告结束。如果承包人不同意，就会导致合同争议。合同争议按和解、调解、仲裁或诉讼的方式来解决。

[例9-3]　某纺织厂业主与承包商签订了一项厂房地基处理工程施工合同，该地基处理工程包括开挖土方、填方、点夯、满夯等施工过程。在合同中规定，承包商必须严格按照施工图及承包合同规定的内容及技术要求进行施工，工程量由专业工程师负责计量。在工程开工前，承包商向现场专业工程师提交了施工组织设计和施工方案，并获得批准。问题：

1. 在工程施工过程中，当进行到施工图所规定的处理范围边缘时，承包商为了使夯击质量得到保证，将夯击范围适当扩大，施工完成后，承包商将扩大范围内的施工工程量向现场工程师提出计量付款的要求，问承包商能否得到该部分的付款？

2. 在土方开挖过程中，出现了两项原因使得工期发生了拖延，一是土方开挖时遇到了一些在工程地质勘探中没有探明的孤石，排除孤石拖延了一定的时间；二是施工过程中遇到几天正常季节小雨，由于雨后土壤含水量过大不能立即进行强夯施工，耽误了部分工期。随后，承包商向业主提出了要求延长工期和停工期间的窝工损失索赔，问承包商能否得到相应的补偿？

答：1. 承包商不能得到该部分的付款，理由如下：

1）因为在合同中已明确规定，承包商必须严格按照施工图及承包合同规定的内容及技术要求进行施工，该部分的工程量超出了施工图的要求，不属于计量的范围。

2）该部分的施工是属于承包商为了保证施工质量而采取的技术措施，其费用应由承包商自己承担。

2. 两起索赔的处理情况如下：

1）对于承包商因处理孤石而引起的索赔。由于这是属于承包商事先无法预计的情况，索赔理由成立，应给予相应的补偿。

2）对于由于季节小雨造成的工期延期和窝工费用，这是有经验的承包商预先应该估计到的因素，应在合同工期内加以考虑，所以，索赔理由不成立。

复习思考题

1. 工程招标方式可分为哪几种？
2. 《中华人民共和国招标投标法》中对工程的招标范围做了哪些规定？
3. 建设工程招标投标的基本程序是什么？
4. 施工合同可分为哪几种？施工合同一般应包括哪些内容？
5. 承担违约责任的方式有哪些？

6. 合同索赔可分为哪几种类型？为什么会发生合同索赔？

7. 如何解决合同争议？

8. 某国有企业计划投资 700 万元新建一栋办公大楼，建设单位委托了一家符合资质要求的监理单位进行该工程的施工招标代理工作，由于招标时间紧，建设单位要求招标代理单位采取内部议标的方式选取中标单位，共有 A、B、C、D、E 五家投标单位参加了投标，开标时出现了如下情形：①A 投标单位的投标文件未按招标文件的要求而是按该企业的习惯做法密封；②B 投标单位虽按招标文件的要求编制了投标文件但有一页文件漏打了页码；③C 投标单位投标保证金超过了招标文件中规定的金额；④D 投标单位投标文件记载的招标项目完成期限超过招标文件规定的完成期限；⑤E 投标单位某分项工程的报价有个别漏项。为了在评标时统一意见，根据建设单位的要求评标委员会有 6 人组成，其中 3 人是由建设单位的总经理、总工程师和工程部经理参加，3 人由建设单位以外的评标专家库中抽取；经过评标委员会，最终由低于成本价格的投标单位确定为中标单位。问题：①采取的内部招标方式是否妥当？说明理由；②五家投标单位的投标文件是否有效或应被淘汰？分别说明理由；③评标委员会的组建是否妥当？若不妥，请说明理由；④确定的中标单位是否合理？说明理由。

9. 某建设单位与 A 公司签订了一大型设备安装合同，在施工中发生了以下几项事件：事件 1：因租赁的大型吊装机具大修，晚开工 2 天，造成人员窝工 8 个工日；事件 2：因设备运输原因，到达施工现场又晚 2 天；事件 3：A 公司在进行基础实验时，发现预埋螺栓偏移较大，A 公司提出修改方案，并得到监理认可，A 公司按修改方案修改，符合要求，又使吊装日期拖延 2 天。问题：①上述三种情况能否要求索赔？为什么？②如何进行索赔？③索赔成立的条件是什么？

第 10 章

施工组织设计与施工进度计划

10.1　施工组织设计

建筑设备安装是一项复杂的生产过程，涉及各专业工种在时间上和空间上的配合，要合理安排人力、材料、机械、技术和资金等各生产因素，才能保证施工过程能有组织、有秩序、按计划地进行。施工组织设计是对拟安装工程施工过程进行规划和部署，以指导施工全过程的技术经济文件。

施工组织设计的具体任务包括确定开工前必须完成的各项准备工作；确定在施工过程中，应执行和遵循国家的法令、规程、规范和标准；从全局出发，确定施工方案，选择施工方法和施工机具，做好施工部署；合理安排施工程序，编制施工进度计划，确保工程按期完成；计算劳动力和各种物资资源的需用量，为后期供应计划提供依据；合理布置施工现场平面图；提出切实可行的施工技术组织措施。

10.1.1　施工组织设计的分类

根据施工对象的规模和阶段、编制内容的深度和广度，施工组织设计可分为施工组织总设计、单位工程施工组织设计和分部工程施工组织设计。

1. 施工组织总设计

施工组织总设计是以整个建设项目群或大型单项工程为对象，对项目全面的规划和部署的控制性组织设计。是在初步设计阶段，根据现场条件，由工程总承包单位组织建设单位、设计单位和施工分包单位共同编制的。施工组织总设计的主要内容有：

（1）工程概况　工程概况是对拟建工程的总说明，主要说明工程的性质、规模、建设地点、总投资、总工期，工程要求，建设地区的交通、资源及其他与施工有关的自然条件，人力、材料、预制件和机具的供应等。

（2）施工部署　施工部署是对如何完成整个工程项目施工总设想的说明，是施工组织总设计的核心，主要内容包括确定拟建工程各项目的开、竣工程序，规划各项准备工作，明确各分包施工单位的任务，规划整个工地大型临时设施的布置等。

（3）总进度计划　施工总进度计划是根据施工部署所确定的工程开竣工程序，对单位工程施工在时间上的安排。主要内容是确定施工准备时间、各单位工程的开竣工时间，各项工程的搭接关系，工程人力、材料、成品、半成品和水电的需用量和调配情况，各临时设施的面积等。

（4）施工准备工作　其作用在于为施工过程创造有利的施工条件，保证工程施工能按施工进度计划进行。包括技术准备、现场施工准备、物资准备和施工队伍准备等。

（5）劳动力和主要物资需要量计划 是施工过程中劳动力和各种物资供应安排的依据，便于在施工中提前安排劳动力和各种物资。包括劳动力需要量计划，主要材料、成品、半成品等需要量计划和主要机具的需要量计划。

（6）施工总平面图 施工总平面图是包括施工工区范围内已建及拟建的建筑物、构筑物、各种临时设施、临时建筑、运输线路和供水供电等内容的总规划和布置图，是施工现场空间组织方案。

（7）技术经济指标 技术经济指标是评价一个施工组织总设计优劣的依据。主要包括以下指标：工期指标、劳动生产率指标、工程质量指标、安全生产指标、机械化施工程度指标、劳动力不平衡系数、降低成本率等。

2. 单位工程施工组织设计

单位工程施工组织设计是以单位工程为对象对施工组织总设计的具体化，是指导单位工程施工准备和现场施工过程的技术经济文件。它是由施工单位根据施工图设计和施工组织总设计所提供的条件和规定编制的，具有可实施性。单位工程施工组织设计主要包括以下内容：

1）工程概况和施工条件。单位工程的地点、工程内容、工程特点、施工工期和工程的其他要求。

2）施工方案。确定单位工程施工程序，划分施工段，确定主要项目的施工顺序、施工方法和施工机械，制定劳动组织技术措施。

3）施工进度计划。确定单位工程施工内容及计算工程量，确定劳动量和施工机械台班数，确定各分部分项工程的工作日；考虑工作的搭接，编排施工进度计划。

4）施工准备计划。单位工程的技术准备，现场施工准备，劳动力准备，施工机具和各种施工物资准备。

5）资源需要量计划。单位工程劳动力、材料、成品、半成品和机具等的需要量计划。

6）施工现场平面图。各种临时设施的布置，各施工物资的堆放位置，水电管线的布置等。

7）各项经济技术指标。单位工程工期指标、劳动生产率指标、工程质量和安全生产指标、主要工种机械化施工程度指标、降低成本指标和主要材料节约指标等。

8）质量及安全保障措施和有关规定。

3. 分部工程施工组织设计

分部工程施工组织设计是以分部工程为对象，用于具体指导分部工程施工的技术经济文件。所涉及的内容与单位工程施工组织设计相同，但更具体详尽。

10.1.2 施工组织设计编制的程序

施工组织设计的编制必须根据工程计划任务书或上一级施工组织设计要求、建设单位的要求，依据设计文件和图样、有关勘测资料及国家现行的有关施工规范和质量标准、操作规程、技术定额等来进行，同时还要考虑施工企业拥有的资源状况、施工经验和技术水平及施工现场条件等。施工组织编制的程序如图10-1所示。

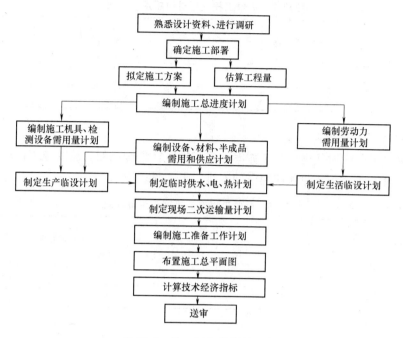

图 10-1　施工组织编制的程序

10.1.3　资源供应计划

1. 劳动力需用量计划

劳动力需用量计划是在施工过程中对各工种劳动力的需要安排，是调配劳动力的依据。劳动力需用量计划是根据施工进度计划、施工预算及劳动定额的要求编制的。具体编制方法是：先将施工进度计划中各施工项目每日所需的各工种的工人人数统计汇总，再将每日需求汇总成周、旬、月的需求，将汇总结果填入表 10-1 中。

表 10-1　单位工程劳动力需用量计划

序　号	工种名称	总工日数	人　数	月			月			月			备　注
				上	中	下	上	中	下	上	中	下	

2. 主要材料需用量计划

单位工程主要材料需用量计划根据施工进度计划、施工预算及材料消耗定额的要求编制，它主要为材料的储备、进料，仓库、堆放场面积，组织运输等提供依据。各种材料的需用量及需要时间可以从施工预算和施工进度计划中计算汇总得出。常用单位工程主要材料需用量计划表格见表 10-2。

表 10-2　单位工程主要材料需用量计划

表 10-2　单位工程主要材料需用量计划

序　号	材料名称	规　格	需用量		供应时间	备　注
			单　位	数　量		

3. 施工机械需用量计划

施工机械需用量计划是根据施工方案和施工进度计划编制的，反映施工过程中各种施工机械的需用数量、类型、来源和使用时间安排，形式见表 10-3。

表 10-3　单位工程施工机械需用量计划

序　号	机械名称	规格型号	需用量		来　源	使用起止时间	备　注
			单　位	数　量			

10.1.4　施工平面图设计

单位工程施工平面图是一个单位工程施工现场的布置图，图中需表示施工现场的临时设施、加工厂、材料仓库、大型施工机械、交通运输和临时供水供电管线等的规划和布置。它是以总平面图为基础，单位工程施工方案在现场空间的体现，反映施工现场各种已建、待建的建筑物、构筑物和临时设施等之间的空间关系。

10.2　流水施工

流水施工是科学、有效的工程项目施工组织方法，它可以充分地利用工作时间和操作空间，减少非生产性劳动消耗，提高劳动生产率，保证工程施工连续、均衡、有节奏地进行，对提高工程质量、降低工程造价、缩短工期有着显著的作用。

10.2.1　组织施工的方式

考虑工程项目的施工特点、工艺流程、资源利用、平面或空间布置等要求，其施工可以采用依次、平行、流水等组织方式。

为说明三种施工方式及其特点，假设某安装公司承接了某幢三层办公建筑的设备安装任务，其层号分别为Ⅰ、Ⅱ、Ⅲ，设备安装任务可分解为 A、B、C 三个施工过程，分别由相应的专业队按施工工艺要求依次完成，每个专业队在每层的施工时间均为 5 周，各专业队的人数分别为 10 人、16 人和 8 人。该建筑的设备安装工程施工的不同组织方式如图 10-2 所示。

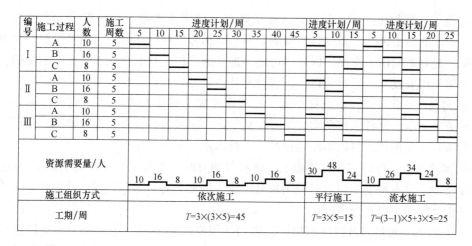

图 10-2　施工组织方式

1. 依次施工

依次施工方式是将拟建工程项目中的每一个施工对象分解为若干个施工过程，按施工工艺要求依次完成每一个施工过程；当一个施工对象完成后，再按同样的顺序完成下一个施工对象，依次类推，直至完成所有施工对象。这种方式的施工进度安排、总工期及劳动力需求曲线如图 10-2 "依次施工"栏所示。

依次施工方式具有以下特点：①没有充分利用工作面进行施工，工期长；②如果按专业成立工作队，则各专业队不能连续作业，有时间间歇，劳动力及施工机具等资源无法均衡使用；③如果由一个工作队完成全部施工任务，则不能实现专业化施工，不利于提高劳动生产率和工程质量；④单位时间内投入的劳动力、施工机具、材料等资源量较少，有利于资源供应的组织；⑤施工现场的组织、管理比较简单。

2. 平行施工

平行施工方式是组织几个劳动组织相同的工作队，在同一时间、不同的空间，按施工工艺要求完成各施工对象。这种方式的施工进度安排、总工期及劳动力需求曲线如图 10-2 "平行施工"栏所示。

平行施工方式具有以下特点：①充分利用工作面进行施工，工期短；②如果每一个施工对象均按专业成立工作队，则各专业队不能连续作业，劳动力及施工机具等资源无法均衡使用；③如果由一个工作队完成一个施工对象的全部施工任务，则不能实现专业化施工，不利于提高劳动生产率和工程质量；④单位时间内投入的劳动力、施工机具、材料等资源量成倍地增加，不利于资源供应的组织；⑤施工现场的组织、管理比较复杂。

3. 流水施工

流水施工方式是将拟建工程项目中的每一个施工对象分解为若干个施工过程，并按照施工过程成立相应的专业工作队，各专业队按照施工顺序依次完成各个施工对象的施工过程，同时保证施工在时间和空间上连续、均衡和有节奏地进行，使相邻两专业队能最大限度地搭接作业。这种方式的施工进度安排、总工期及劳动力需求曲线如图 10-2 "流水施工"栏所示。

与依次施工及平行施工相比，流水施工方式具有以下特点：

（1）施工工期较短，可以尽早发挥投资效益　由于流水施工的节奏性、连续性，可以加快各专业队的施工进度，减少时间间隔。特别是相邻专业队在开工时间上可以最大限度地进行搭接，充分地利用工作面，做到尽可能早地开始工作，从而达到缩短工期的目的，使工程尽快交付使用或投产，尽早获得经济效益和社会效益。

（2）实现专业化生产，可以提高施工技术水平和劳动生产率　由于流水施工方式建立了合理的劳动组织，使各工作队实现了专业化生产，工人连续作业，操作熟练，便于不断改进操作方法和施工机具，可以不断地提高施工技术水平和劳动生产率。

（3）连续施工，可以充分发挥施工机械和劳动力的生产效率　由于流水施工组织合理，工人连续作业，没有窝工现象，机械闲置时间少，增加了有效劳动时间，从而使施工机械和劳动力的生产效率得以充分发挥。

（4）提高工程质量，可以增加建设工程的使用寿命和节约使用过程中的维修费用　由于流水施工实现了专业化生产，工人技术水平高，而且各专业队之间紧密地搭接作业，互相监督，可以使工程质量得到提高。因而可以延长建设工程的使用寿命，同时可以减少建设工程使用过程中的维修费用。

（5）降低工程成本，可以提高承包单位的经济效益　由于流水施工资源消耗均衡，便于组织资源供应，使得资源储存合理，利用充分，可以减少各种不必要的损失，节约材料费；由于流水施工生产效率高，可以节约人工费和机械使用费；由于流水施工降低了施工高峰人数，使材料、设备得到合理供应，可以减少临时设施工程费；由于流水施工工期较短，可以减少企业管理费。工程成本的降低，可以提高承包单位的经济效益。

10.2.2　流水施工的表达方式

1. 横道图

流水施工主要用横道图来表示。横道图也称甘特图，是美国人甘特（Gantt）在20世纪20年代提出的。由于其形象、直观，且易于编制和理解，因而长期以来被广泛应用于施工进度控制之中。

用横道图表示的建设工程进度计划，一般包括两个基本部分，即左侧的工作名称及工作的持续时间等基本数据部分和右侧的横道线部分。图10-3所示即为用横道图表示的某空调工程施工进度计划。该计划明确地表示出各项工作的划分、工作的开始时间和完成时间、工作的持续时间、工作之间的相互搭接关系，以及整个工程项目的开工时间、完工时间和总工期。

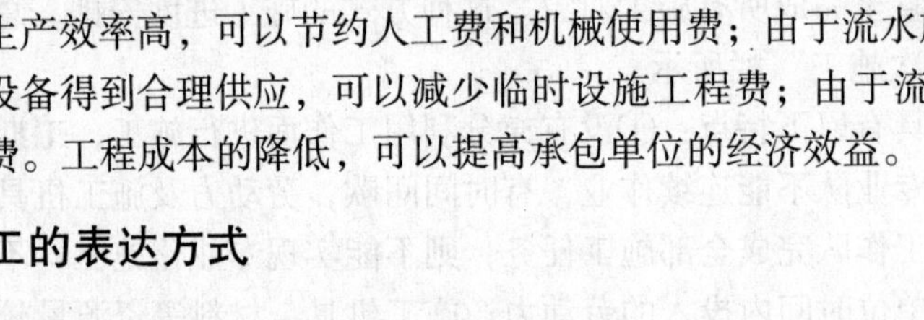

序号	工作名称	持续时间/天	进度/天										
			2	4	6	8	10	12	14	16	18	20	22
1	风管制作	4											
2	设备安装	4											
3	风管安装	12											
4	风管保温	6											
5	系统调试	2											

图10-3　某空调工程施工进度计划横道图

2. 流水施工在横道图上的表示方法

图 10-4 所示是某安装工程流水施工的横道图。图中的横坐标表示流水施工的持续时间；纵坐标表示施工过程的名称或编号。4 条带有编号的水平线段表示 n 个施工过程或专业工作队的施工进度安排，其编号①、②、…表示不同的施工段。

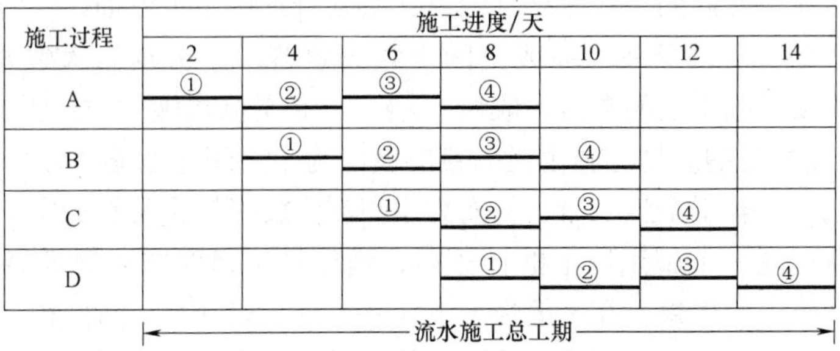

施工过程	施工进度/天						
	2	4	6	8	10	12	14
A	①	②	③	④			
B		①	②	③	④		
C			①	②	③	④	
D				①	②	③	④

←——————— 流水施工总工期 ———————→

图 10-4　流水施工横道图表示方法

横道图表示法的优点在于绘图简单，施工过程及其先后顺序表达清楚，时间和空间状况形象直观，使用方便，因而被广泛用来表达施工进度计划。

10.2.3　流水施工参数

为了说明组织流水施工时，各施工过程在时间和空间上的开展情况及相互依存关系，这里引入一些描述工艺流程、空间布置和时间安排等方面的状态参数—流水施工参数，包括工艺参数、空间参数和时间参数。

1. 工艺参数

工艺参数主要是指在组织流水施工时，用以表达流水施工在施工工艺方面进展状态的参数，通常包括施工过程和流水强度两个参数。

（1）施工过程　组织建设工程流水施工时，根据施工组织及计划安排需要而将计划任务划分成的子项称为施工过程。施工过程划分的粗细程度由实际需要而定；当编制控制性施工进度计划时，组织流水施工的施工过程可以划分得粗一些，施工过程可以是单位工程，也可以是分部工程。当编制实施性施工进度计划时。施工过程可以划分得细一些，施工过程可以是分项工程，甚至是将分项工程按照专业工种不同分解而成的施工工作。

施工过程的数目一般用 n 表示，它是流水施工的主要参数之一。

（2）流水强度　流水强度是指流水施工的某施工过程（专业工作队）在单位时间内所完成的工程量，如风管制作过程的流水强度是指每工作班制作的风管面积（m²）。

流水强度可用公式（10-1）计算求得

$$V = \sum_{i=1}^{x} R_i S_i \tag{10-1}$$

式中，V 为某施工过程（队）的流水强度；R_i 为投入该施工过程中的第 i 种资源量（施工机械台数或工人数）；S_i 为投入该施工过程中第 i 种资源的产量定额；x 为投入该施工过程中的资源种类数。

2. 空间参数

空间参数是指在组织流水施工时，用以表达流水施工在空间布置上开展状态的参数。通常包括工作面和施工段。

(1) 工作面　工作面是指供某专业工种的工人或某种施工机械进行施工的活动空间。工作面的大小，表明能安排施工人数或机械台数的多少。每个作业的工人或每台施工机械所需工作面的大小，取决于单位时间内其完成的工程量和安全施工的要求。工作面确定的合理与否，直接影响专业工作队的生产效率。因此，必须合理确定工作面。

(2) 施工段　将施工对象在平面或空间上划分成若干个劳动量大致相等的施工段落，称为施工段或流水段。施工段的数目一般用 m 表示，它是流水施工的主要参数之一。

1) 划分施工段的目的。划分施工段的目的就是为了组织流水施工。由于建设工程体形庞大，可以将其划分成若干个施工段，从而为组织流水施工提供足够的空间。在组织流水施工时，专业工作队完成一个施工段上的任务后，遵循施工组织顺序又到另一个施工段上作业，产生连续流动施工的效果。在一般情况下，一个施工段在同一时间内，只安排一个专业工作队施工，各专业工作队遵循施工工艺顺序依次投入作业，同一时间内在不同的施工段上平行施工，使流水施工均衡地进行。组织流水施工时，可以划分足够数量的施工段，充分利用工作面，避免窝工，尽可能缩短工期。

2) 划分施工段的原则。由于施工段内的施工任务由专业工作队依次完成，因而在两个施工段之间容易形成一个施工缝。同时，由于施工段数量的多少，将直接影响流水施工的效果。为使施工段划分得合理，一般应遵循下列原则：

a. 同一专业工作队在各个施工段上的劳动量应大致相等，相差幅度不宜超过 10% ~ 15%。

b. 每个施工段内要有足够的工作面，以保证相应数量的工人、主导施工机械的生产效率，满足合理劳动组织的要求。

c. 施工段的界限应尽可能与结构界限（如沉降缝、伸缩缝等）相吻合，或设在对建筑结构整体性影响小的部位，以保证建筑结构的整体性。

d. 施工段的数目要满足合理组织流水施工的要求。施工段数目过多，会降低施工速度，延长工期；施工段过少，不利于充分利用工作面，可能造成窝工。

e. 对于多层建筑物、构筑物或需要分层施工的工程，应既分施工段，又分施工层，各专业工作队依次完成第一施工层中各施工段任务后，再转入第二施工层的施工段上作业，依此类推。以确保相应专业队在施工段与施工层之间，组织连续、均衡、有节奏地流水施工。

3. 时间参数

时间参数是指在组织流水施工时，用以表达流水施工在时间安排上所处状态的参数，主要包括流水节拍、流水步距和流水施工工期等。

(1) 流水节拍　流水节拍是流水施工的主要参数之一，它表明流水施工的速度和节奏性。流水节拍小，其流水速度快，节奏感强；反之则相反。流水节拍决定着单位时间的资源供应量，同时，流水节拍也是区别流水施工组织方式的特征参数。

同一施工过程的流水节拍，主要由所采用的施工方法、施工机械以及在工作面允许的前提下投入施工的工人数、机械台数和采用的工作班次等因素确定。有时，为了均衡施工和减少转移施工段时消耗的工时，可以适当调整流水节拍，其数值最好为半个班的整数倍。

流水节拍可分别按下列方法确定：

1) 定额计算法。如果已有定额标准时，可按式（10-2）或式（10-3）确定流水节拍

$$t_{j,i} = \frac{Q_{j,i}}{S_j R_j N_j} = \frac{P_{j,i}}{R_j N_j} \tag{10-2}$$

$$t_{j,i} = \frac{Q_{j,i} H_j}{R_j N_j} = \frac{P_{j,i}}{R_j N_j} \tag{10-3}$$

式中，$t_{j,i}$ 为第 j 个专业工作队在第 i 个施工段的流水节拍；$Q_{j,i}$ 为第 j 个专业工作队在第 i 个施工段要完成的工程量或工作量；S_j 为第 j 个专业工作队的计划产量定额；H_j 为第 j 个专业工作队的计划时间定额；$P_{j,i}$ 为第 j 个专业工作队在第 i 个施工段需要的劳动量或机械台班数量；R_j 为第 j 个专业工作队所投入的人工数或机械台数；N_j 为第 j 个专业工作队的工作班次。

如果根据工期要求采用倒排进度的方法确定流水节拍时，可用上式反算出所需要的工人数或机械台班数。但在此时，必须检查劳动力、材料和机械供应的可能性，以及工作面是否足够等。

2）经验估算法。对于采用新结构、新工艺、新方法和新材料等没有定额可循的工程项目，可以根据以往的施工经验估算流水节拍。

（2）流水步距　流水步距是指组织流水施工时，相邻两个施工过程（或专业工作队）相继开始施工的最小间隔时间。流水步距一般用 $K_{j,j+1}$ 来表示，其中 j（$j = 1，2，\cdots，n-1$）为专业工作队或施工过程的编号。它是流水施工的主要参数之一。

流水步距的大小取决于相邻两个施工过程（或专业工作队）在各个施工段上的流水节拍及流水施工的组织方式。确定流水步距时，一般应满足以下基本要求：

1）各施工过程按各自流水速度施工，始终保持工艺先后顺序。

2）各施工过程的专业工作队投入施工后尽可能保持连续作业。

3）相邻两个施工过程（或专业工作队）在满足连续施工的条件下，能最大限度地实现合理搭接。

根据以上基本要求，在不同的流水施工组织形式中，可以采用不同的方法确定流水步距。

（3）流水施工工期　流水施工工期是指从第一个专业工作队投入流水施工开始，到最后一个专业工作队完成流水施工为止的整个持续时间。由于一项建设工程往往包含有许多流水组，故流水施工工期一般均不是整个工程的总工期。

（4）间歇时间及提前插入时间　间歇时间，是指相邻两个施工过程之间由于工艺或组织安排需要而增加的额外等待时间，包括工艺间歇时间和组织间歇时间。由于有间歇时间，会导致施工工期延长。

提前插入时间，是指相邻两个专业工作队在同一施工段上共同作业的时间。在工作面允许和资源有保证的前提下，专业工作队提前插入施工，可以缩短流水施工工期。

10.2.4　流水施工的基本组织方式

在流水施工中，由于流水节拍的规律不同，决定了流水步距、流水施工工期的计算方法等也不同，甚至影响到各个施工过程的专业工作队数目。因此，有必要按照流水节拍的特征将流水施工进行分类，其分类情况如图 10-5 所示。

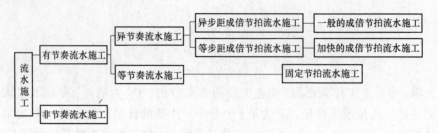

图 10-5　流水施工的分类

1. 有节奏流水施工

有节奏流水施工是指在组织流水施工时，每一个施工过程在各个施工段上的流水节拍都各自相等的流水施工，它分为等节奏流水施工和异节奏流水施工。

（1）等节奏流水施工　等节奏流水施工是指在有节奏流水施工中，各施工过程的流水节拍都相等的流水施工。

（2）异节奏流水施工　异节奏流水施工是指在有节奏流水施工中，各施工过程的流水节拍各自相等而不同施工过程之间的流水节拍不尽相等的流水施工。在组织异节奏流水施工时，又可以采用等步距和异步距两种方式。

1）等步距异节奏流水施工。等步距异节奏流水施工是指在组织异节奏流水施工时，按每个施工过程流水节拍之间的比例关系，成立相应数量的专业工作队而进行的流水施工，也称为加快的成倍节拍流水施工。

2）异步距异节奏流水施工。异步距异节奏流水施工是指在组织异节奏流水施工时，每个施工过程成立一个专业工作队，由其完成各施工段任务的流水施工，也称为一般的成倍节拍流水施工。

2. 非节奏流水施工

非节奏流水施工是指在组织流水施工时，全部或部分施工过程在各个施工段上的流水节拍不相等的流水施工。这种施工是流水施工中最常见的一种。

10.2.5　等节奏流水施工

1. 等节奏流水施工的特点

等节奏流水施工是一种最理想的流水施工方式，其特点如下：

1）所有施工过程在各个施工段上的流水节拍均相等。

2）相邻施工过程的流水步距相等，且等于流水节拍。

3）专业工作队数等于施工过程数，即每一个施工过程成立一个专业工作队，由该队完成相应施工过程所有施工段上的任务。

4）各个专业工作队在各施工段上能够连续作业，施工段之间没有空闲时间。

2. 等节奏流水施工工期

等节奏流水施工工期 T 可按式（10-4）计算

$$T = (n-1)t + \sum G + \sum Z - \sum C + mt = (m+n-1)t + \sum G + \sum Z - \sum C \qquad (10\text{-}4)$$

式中，n 为施工过程；m 为施工段；t 为流水节拍；$\sum Z$ 为组织间歇时间之和；$\sum G$ 为工艺间歇时间之和；$\sum C$ 为提前插入时间之和。

[**例 10-1**]　某安装工程分部工程拟按下述方案组织流水施工：施工过程数 $n=4$、施工段数 $m=3$、各施工过程流水节拍 t 均为 3 天；其中，工作 Ⅱ、Ⅲ 之间由于工艺要求需间歇 1 天，工作 Ⅳ 由于工作面许可可以提前 2 天进行施工。试求该流水施工工期及绘制横道图。

解：本分部工程可按等节奏流水施工组织施工，其工期按式（10-4）计算。

其中，$m=3$、$n=4$、$t=3$ 天、$\sum G=1$ 天、$\sum C=2$ 天；

$$T=\left[(3+4-1)\times 3+1-2\right]\text{天}=17\text{天}$$

其横道图如图 10-6 所示。

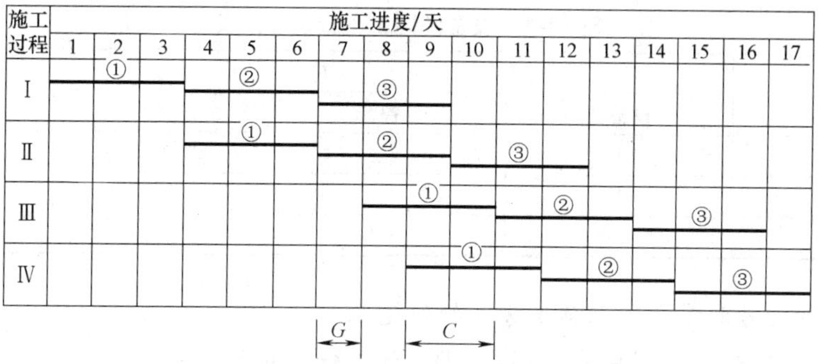

施工过程	施工进度/天																
	1	2	3	4	5	6	7	8	9	10	11	12	13	14	15	16	17
Ⅰ		①			②			③									
Ⅱ					①			②			③						
Ⅲ								①				②			③		
Ⅳ										①			②			③	

图 10-6　例 10-1 的横道图

10. 2. 6　非节奏流水施工

1. 非节奏流水施工的特点

在组织流水施工时，经常由于工程结构形式、施工条件不同等原因，使得各施工过程在各施工段上的工程量有较大差异，或因专业工作队的生产效率相差较大，导致各施工过程的流水节拍随施工段的不同而不同，且不同施工过程之间的流水节拍又有很大差异。这时，流水节拍虽无任何规律，但仍可利用流水施工原理组织流水施工，使各专业工作队在满足连续施工的条件下，实现最大搭接。这种非节奏流水施工方式是建设工程流水施工的普遍方式。非节奏流水施工具有以下特点：

1）各施工过程在各施工段的流水节拍不全相等。

2）相邻施工过程的流水步距不尽相等。

3）专业工作队数等于施工过程数。

4）各专业工作队能够在施工段上连续作业，但有的施工段之间可能有空闲时间。

2. 流水步距的确定

在非节奏流水施工中，通常采用"累加数列错位相减取大差法"计算流水步距。这种方法简捷、准确，便于掌握。累加数列错位相减取大差法的基本步骤如下：

1）对每一个施工过程在各施工段上的流水节拍依次累加，求得各施工过程流水节拍的累加数。

2）将相邻施工过程流水节拍累加数列中的后者错后一位，相减后求得一个差数列。

3）在差数列中取最大值，即为这两个相邻施工过程的流水步距。

3. 流水施工工期的确定

流水施工工期可按式（10-5）计算

$$T = \sum K + \sum t_n + \sum Z + \sum G - \sum C \qquad (10\text{-}5)$$

式中，T 为流水施工工期；$\sum K$ 为各施工过程（或专业工作队）之间流水步距之和；$\sum t_n$ 为最后一个施工过程（或专业工作队）在各施工段流水节拍之和；$\sum Z$ 为组织间歇时间之和；$\sum G$ 为工艺间歇时间之和；$\sum C$ 为提前插入时间之和。

[例10-2] 某工厂需要修建4台设备的基础工程，施工过程包括基础开挖、基础处理和浇筑混凝土。因设备型号与基础条件等不同，使得4台设备（施工段）的各施工过程有着不同的流水节拍（单位：周），见表10-4。计算流水施工工期并绘制流水施工横道图。

表10-4 设备基础工程流水节拍表

施工过程	施工段			
	设备A	设备B	设备C	设备D
基础开挖1	2	3	2	2
基础处理2	4	4	2	3
浇混凝土3	2	3	2	3

解： 本工程应按非节奏流水施工方式组织施工。

（1）确定施工流向由设备 A→B→C→D，施工段数 $m = 4$。

（2）确定施工过程数 $n = 3$，包括基础开挖、基础处理和浇混凝土。

（3）采用"累加数列错位相减取大差法"求流水步距：

1）各施工过程的流水节拍的累加数列：

基础开挖1：[2，5，7，9]；基础处理2：[4，8，10，13]；浇混凝土3：[2，5，7，10]。

2）流水步距：

$$
\begin{array}{r}
2,\quad 5,\quad 7,\quad 9\\
-)\qquad 4,\quad 8,\quad 10,\quad 13\\
\hline
\end{array}
$$

$$K_{1,2} = \max \; [2,\; 1,\; -1,\; -1,\; -13] = 2$$

$$
\begin{array}{r}
4,\quad 8,\quad 10,\quad 13\\
-)\qquad 2,\quad 5,\quad 7,\quad 10\\
\hline
\end{array}
$$

$$K_{2,3} = \max \; [4,\; 6,\; 5,\; 6,\; -10] = 6$$

（4）计算流水施工工期：

$$T = \sum K + \sum t_n = [(2 + 6) + (2 + 3 + 2 + 3)] \text{周} = 18 \text{周}$$

（5）绘制非节奏流水施工进度计划，如图10-7所示。

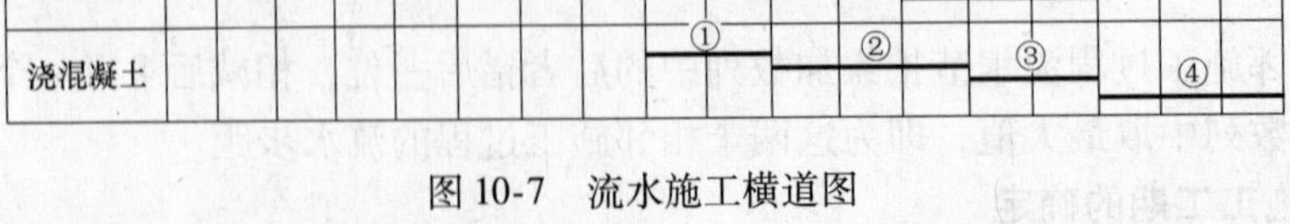

图10-7 流水施工横道图

10.3　网络计划

10.3.1　网络图

网络计划技术自 20 世纪 50 年代末诞生以来，已得到迅速发展和广泛应用，是用于控制施工进度的最有效工具。

图 10-8 所示是某安装工程进度计划的网络图。网络图由工作、事项和线路三部分组成。

1. 工作

工作是需要消耗人力、物资和时间的某一作业过程，如图 10-8 所示的 A、B、C、D、E、F、G 等表示工作。根据工作（施工过程）表达方式的不同，网络图分为单代号网络图和双代号网络图。

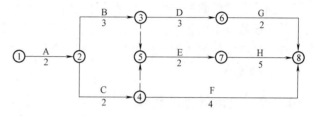

图 10-8　某安装工程进度计划的网络图

单代号网络图上的一个节点代表一个工作，节点圆圈中标出工作的编号、名称和作业时间，节点之间的箭线只表示工作之间的衔接顺序，箭头所指方向为工作进行方向（图 10-9）。双代号网络图中一个工作由两个节点圆圈内的编号表示，两个节点之间的箭杆代表工作，箭头所指方向为工作进行方向，工作名称标在箭杆上面，工作作业时间标在箭杆下面（图 10-10）。根据它们之间的关系，工作可分为紧前工作、紧后工作、平行工作和虚工作。

图 10-9　工作的单代号表示　　　　图 10-10　工作的双代号表示

紧前工作指紧接在某工作之前的工作，如图 10-8 所示，A 为 B、C 的紧前工作，只有 A 工作完成以后，B、C 工作才能开始施工。

紧后工作指紧接在某工作之后的工作，如图 10-8 中，H 为 E 的紧后工作，G 为 D 的紧后工作。

与某工作平行的工作称为平行工作，如图 10-8 中，B、C 为平行工作。

虚工作只反映其前后两个工作的逻辑关系，不消耗人力、物资和时间，如图 10-8 中，3、5 节点及 4、5 节点之间的工作。利用 3、5 节点之间的虚工作将工作 B 及 E 联系起来，B 变成了 E 的紧前工作。同样，利用 4、5 节点之间的虚工作将工作 C 及 E 联系起来，C 也变成了 E 的紧前工作。也就是说，只有 B、C 工作都完成以后，E 工作才能开工。

2. 事项

事项是指网络图中的节点，反映某工作开始或结束的瞬间，不消耗人力、物资和时间。根据事项发生时的状态，事项可分成开始事项、结束事项、起点事项和终点事项。开始事项和结束事项分别反映工作的开始和结束；起点事项和终点事项分别反映工程的开始和结束。网络图中两工作之间的节点既代表前面工作的结束事项，也代表后续工作的开始事项。

3. 线路

线路是指从起点事项开始，顺着箭头所指方向，经过一系列事项和箭线，最终到达终点事项的一条通路。线路经过的所有工作的作业时间之和就是该线路所需的时间。在一个网络图中，一般都有多条线路，由于每条线路经过的事项和箭线有差别，各线路的时间也不一定相同，在图 10-8 中，共存在 4 条线路，其中，线路 1-2-3-6-8 所需时间为 10 天，线路 1-2-3-5-7-8 所需时间为 12 天，线路 1-2-4-5-7-8 所需时间为 11 天，线路 1-2-4-8 所需时间为 8 天。

时间最长的线路为关键线路，在图 10-8 中，线路 1-2-3-5-7-8 所需时间为 12 天，为关键线路。关键线路控制整个工程的总工期，此线路上的任何工作的延误必然影响总工期。

关键线路上的各工作为关键工作，在图 10-8 中，关键工作为 A、B、E、H。要缩短总工期，就必须压缩关键工作的施工时间。关键线路一般用黑粗线、双线或红线表示，以区别与非关键线路。

10.3.2　进度计划的编制

当应用网络计划技术编制施工进度计划时，其编制程序一般包括四个阶段 10 个步骤，见表 10-5。

表 10-5　施工进度计划编制程序

编 制 阶 段	编 制 步 骤	编 制 阶 段	编 制 步 骤
Ⅰ. 计划准备阶段	1. 调查研究	Ⅲ. 计算时间参数及确定关键线路阶段	6. 计算工作持续时间
	2. 确定网络计划目标		7. 计算网络计划时间参数
Ⅱ. 绘制网络图阶段	3. 进行项目分解		8. 确定关键线路和关键工作
	4. 分析逻辑关系	Ⅳ. 网络计划优化阶段	9. 优化网络计划
	5. 绘制网络图		10. 编制优化后网络计划

1. 计划准备阶段

（1）调查研究　调查研究的目的是为了掌握足够充分、准确的资料，从而为确定合理的进度目标、编制科学的进度计划提供可靠依据。调查研究的内容包括工程任务情况、实施条件、设计资料，有关标准、定额、规程、制度，资源需求与供应情况，资金需求与供应情况，有关统计资料、经验总结及历史资料等。

（2）确定网络计划目标　网络计划的目标由工程项目的目标所决定，一般可分为以下三类：

1）时间目标。时间目标也即工期目标，是指施工合同中规定的工期或有关主管部门要求的工期。工期目标的确定应以建筑安装工程工期定额为依据，同时充分考虑类似工程实际进展情况、气候条件及工程难易程度和建设条件的落实情况等因素。施工进度安排必须以建筑安装工程工期定额为最高时限。

2）时间-资源目标。所谓资源，是指在施工过程中所需要投入的劳动力、原材料及施工机具等。在一般情况下，时间-资源目标分为两类：

a. 资源有限，工期最短。即在一种或几种资源供应能力有限的情况下，寻求工期最短的计划安排。

b. 工期固定，资源均衡。即在工期固定的前提下，寻求资源需用量尽可能均衡的计划安排。

3）时间-成本目标。时间-成本目标是指以限定的工期寻求最低成本时的工期安排。

2. 绘制网络图阶段

（1）进行项目分解　将工程项目由粗到细进行分解，是编制网络计划的前提。如何进行工程项目的分解，工作划分的粗细程度如何，将直接影响到网络图的结构。对于控制性网络计划，其工作划分得应粗一些，而对于实施性网络计划，工作应划分得细一些。工作划分的粗细程度，应根据实际需要来确定。

（2）分析逻辑关系　分析各项工作之间的逻辑关系时，既要考虑施工程序或工艺技术过程，又要考虑组织安排或资源调配需要。对施工进度计划而言，分析其工作之间的逻辑关系时，主要应考虑施工工艺的要求、施工方法和施工机械的要求、施工组织的要求、施工质量的要求、当地的气候条件、安全技术的要求。分析逻辑关系的主要依据是施工方案、有关资源供应情况和施工经验等。

（3）绘制网络图　根据已确定的逻辑关系，即可按绘图规则绘制网络图。既可以绘制单代号网络图，也可以绘制双代号网络图。还可根据需要，绘制双代号时标网络计划。

3. 计算时间参数及确定关键线路阶段

（1）计算工作持续时间　工作持续时间是指完成该工作所花费的时间。其计算方法有多种，既可以凭以往的经验进行估算，也可以通过试验推算。当有定额可用时，还可利用时间定额或产量定额并考虑工作面及合理的劳动组织进行计算。

（2）计算网络计划时间参数　网络计划是指在网络图上加注各项工作的时间参数而成的工作进度计划。网络计划时间参数一般包括工作最早开始时间、工作最早完成时间、工作最迟开始时间、工作最迟完成时间、工作总时差、工作自由时差、节点最早时间、节点最迟时间、计算工期等。应根据网络计划的类型及其使用要求选算上述时间参数。

（3）确定关键线路和关键工作　在计算网络计划时间参数的基础上，便可根据有关时间参数确定网络计划中的关键线路和关键工作。

4. 网络计划优化阶段

（1）优化网络计划　当初始网络计划的工期满足所要求的工期及资源需求量能得到满足而无需进行网络优化时，初始网络计划即可作为正式的网络计划。否则，需要对初始网络计划进行优化。根据所追求的目标不同，网络计划的优化包括工期优化、费用优化和资源优化三种。应根据工程的实际需要选择不同的优化方法。

（2）编制优化后网络计划　根据网络计划的优化结果，便可绘制优化后的网络计划，同时编制网络计划说明书。网络计划说明书的内容应包括：编制原则和依据，主要计划指标一览表，执行计划的关键问题，需要解决的主要问题及其主要措施，以及其他需要说明的问题。

10.3.3　网络图的绘制

1. 双代号网络图的绘制

当已知每一项工作的紧前工作时，可按下述步骤绘制双代号网络图：

1）绘制没有紧前工作的工作箭线，使它们具有相同的开始节点，以保证网络图只有一个起点节点。

2）依次绘制其他工作箭线。这些工作箭线的绘制条件是其所有紧前工作箭线都已经绘制出来。在绘制这些工作箭线时，应按下列原则进行：

a. 当所要绘制的工作只有一项紧前工作时，则将该工作箭线直接画在其紧前工作箭线之后即可。

b. 当所要绘制的工作有多项紧前工作时，应按以下四种情况分别予以考虑：

a）对于所要绘制的工作（本工作）而言，如果在其紧前工作之中存在一项只作为本工作紧前工作的工作（即在紧前工作栏目中，该紧前工作只出现一次），则应将本工作箭线直接画在该紧前工作箭线之后，然后用虚箭线将其他紧前工作箭线的箭头节点与本工作箭线的箭尾节点分别相连，以表达它们之间的逻辑关系。

b）对于所要绘制的工作（本工作）而言，如果在其紧前工作之中存在多项只作为本工作紧前工作的工作，应先将这些紧前工作箭线的箭头节点合并，再从合并后的节点开始，画出本工作箭线，最后用虚箭线将其他紧前工作箭线的箭头节点与本工作箭线的箭尾节点分别相连，以表达它们之间的逻辑关系。

c）对于所要绘制的工作（本工作）而言，如果不存在情况 a）和情况 b）时，应判断本工作的所有紧前工作是否都同时作为其他工作的紧前工作（即在紧前工作栏目中，这几项紧前工作是否均同时出现若干次）。如果上述条件成立，应先将这些紧前工作箭线的箭头节点合并后，再从合并后的节点开始画出本工作箭线。

d）对于所要绘制的工作（本工作）而言，如果既不存在情况 a）和情况 b），也不存在情况 c）时，则应将本工作箭线单独画在其紧前工作箭线之后的中部，然后用虚箭线将其各紧前工作箭线的箭头节点与本工作箭线的箭尾节点分号 1 相连，以表达它们之间的逻辑关系。

3）当各项工作箭线都绘制出来之后，应合并那些没有紧后工作之工作箭线的箭头节点，以保证网络图只有一个终点节点（多目标网络计划除外）。

4）当确认所绘制的网络图正确后，即可进行节点编号。网络图的节点编号在满足前述要求的前提下，既可采用连续的编号方法，也可采用不连续的编号方法，如 1、3、5、…或 5、10、15、…等，以避免以后增加工作时而改动整个网络图的节点编号。

以上所述是已知每一项工作的紧前工作时的绘图方法，当已知每一项工作的紧后工作时，也可按类似的方法进行网络图的绘制，只是其绘图顺序由前述的从左向右改为从右向左。

[例 10-3] 已知各工作之间的逻辑关系见表 10-6，则可按下述步骤绘制其双代号网络图。

表 10-6 工作逻辑关系表

工 作	A	B	C	D
紧前工作	—	—	A、B	B

解：（1）绘制工作箭线 A 和工作箭线 B，如图 10-11a 所示。

（2）按前述原则 b 中的情况 a）绘制工作箭线 C，如图 10-11b 所示。

（3）按前述原则 a 绘制工作箭线 D 后，将工作箭线 C 和 D 的箭头节点合并，以保证网络图只有一个终点节点。当确认给定的逻辑关系表达正确后，再进行节点编号。表10-6给定逻辑关系所对应的双代号网络图如图10-11c所示。

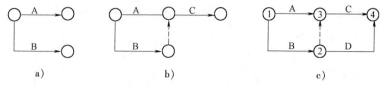

图10-11　例10-3绘图过程

[**例10-4**]　已知各工作之间的逻辑关系见表10-7，则可按下述步骤绘制其双代号网络图。

表10-7　工作逻辑关系表

工　作	A	B	C	D	E	G
紧前工作	—	—	—	A、B	A、B、C	D、E

解：（1）绘制工作箭线A、工作箭线B和工作箭线C，如图10-12a所示。

（2）按前述原则b中的情况c）绘制工作箭线D，如图10-12b所示。

（3）按前述原则b中的情况a）绘制工作箭线E，如图10-12c所示。

（4）按前述原则b中的情况b）绘制工作箭线G。当确认给定的逻辑关系表达正确后，再进行节点编号。表10-7给定逻辑关系所对应的双代号网络图如图10-12d所示。

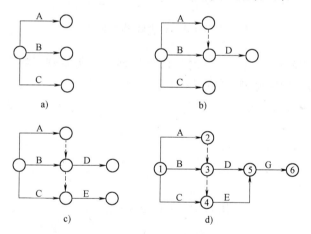

图10-12　例10-4绘图过程

[**例10-5**]　已知各工作之间的逻辑关系见表10-8，则可按下述步骤绘制其双代号网络图。

表10-8　工作逻辑关系表

工　作	A	B	C	D	E
紧前工作	—	—	A	A、B	B

解：（1）绘制工作箭线A和工作箭线B，如图10-13a所示。

（2）按前述原则a分别绘制工作箭线C和工作箭线E，如图10-13b所示。

（3）按前述原则 b 中的情况 d）绘制工作箭线 D，并将工作箭线 C、工作箭线 D 和工作箭线 E 的箭头节点合并，以保证网络图的终点节点只有一个。当确认给定的逻辑关系表达正确后，再进行节点编号。表 10-8 给定逻辑关系所对应的双代号网络图如图 10-13c 所示。

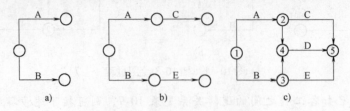

图 10-13   例 10-5 绘图过程

2. 双代号时标网络图的绘制

（1）直接绘制法   所谓直接绘制法，是指不计算时间参数而直接按无时标的网络计划草图绘制时标网络计划。现以图 10-14 所示网络计划为例，说明时标网络计划的绘制过程。

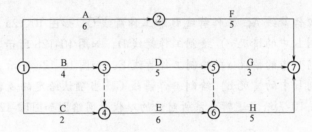

图 10-14   双代号网络计划

1）将网络计划的起点节点定位在时标网络计划表的起始刻度线上。如图 10-15 所示，节点①就是定位在时标网络计划表的起始刻度线"0"位置上。

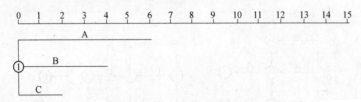

图 10-15   直接绘制法第一步

2）按工作的持续时间绘制以网络计划起点节点为开始节点的工作箭线。如图 10-16 所示，分别绘出工作箭线 A、B 和 C。

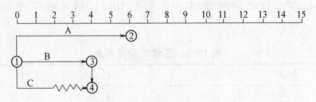

图 10-16   直接绘制法第二步

3）除网络计划的起点节点外，其他节点必须在所有以该节点为完成节点的工作箭线均绘出后,定位在这些工作箭线中最迟的箭线末端。当某些工作箭线的长度不足以到达该节点时,须用波形线补足,箭头画在与该节点的连接处。例如在本例中,节点②直接定位在工作箭线 A 的末端;节点③直接定位在工作箭线 B 的末端;节点④的位置需要在绘出虚箭线 3-4 之后,定位在工作箭线 C 和虚箭线 3-4 中最迟的箭线末端,即坐标"4"的位置上。此时,工作箭线 C 的长度不足以到达节点④,因而用波形线补足,如图 10-16 所示。

4)当某个节点的位置确定之后,即可绘制以该节点为开始节点的工作箭线。例如在本例中,在图 10-16 基础上,可以分别以节点②、节点③和节点④为开始节点绘制工作箭线 F、工作箭线 D 和工作箭线 E,如图 10-17 所示。

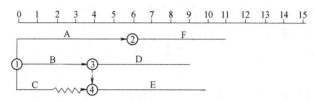

图 10-17　直接绘制法第三步

5)利用上述方法从左至右依次确定其他各个节点的位置,直至绘出网络计划的终点节点。例如在本例中,在图 10-17 基础上,可以分别确定节点⑤和节点⑥的位置,并在它们之后分别绘制工作箭线 G 和工作箭线 H,如图 10-18 所示。

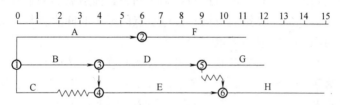

图 10-18　直接绘制法第四步

最后,根据工作箭线 F、工作箭线 G 和工作箭线 H 确定出终点节点的位置。本例所对应的时标网络计划如图 10-19 所示,图中双箭线表示的线路为关键线路。

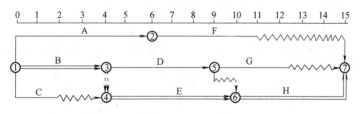

图 10-19　双代号时标网络计划

在绘制时标网络计划时,特别需要注意的问题是处理好虚箭线。首先,应将虚箭线与实箭线等同看待,只是其对应工作的持续时间为零;其次,尽管它本身没有持续时间,但可能存在波形线,因此,要按规定画出波形线。在画波形线时,其垂直部分仍应画为虚线(如图 10-19 所示,时标网络计划中的虚箭线 5-6)。

(2)间接绘制法　所谓间接绘制法,是指先根据无时标的网络计划图计算其时间参数并确定关键线路,然后在时标网络计划表中进行绘制。在绘制时应先将所有节点按其最早时间定位在时标网络计划表中的相应位置，然后再用规定线型（实箭线和虚箭线）按比例绘出工作和虚工作。当某些工作箭线的长度不足以达到该工作的完成节点时，须用波形线补足，箭头应画在与该工作完成节点的连接处。

10.3.4 网络图时间参数计算

没有时间参数的网络图只相当于工艺流程图，仅仅反映工作之间的衔接关系，加上时间参数，网络图才能反映工作的活动状态。网络图时间参数分为节点时间参数和工作时间参数。计算时，一般先计算节点时间参数，再根据节点时间参数计算工作时间参数，最后计算时差。下面以图示的网络图为例阐述网络图时间参数的计算方法。

1. 节点时间参数计算

（1）节点最早时间（ET）　节点最早时间是指在某事项以前各工作完成后，从该事项开始的各项工作最早可能开工时间。在网络图上表示为以该节点为箭尾节点的各工作的最早开工时间，反映从起点到该节点的最长时间。起点节点 $ET_1 = 0$，其他节点最早时间的确定方法如下

$$ET_j = \max\{ET_i + D_{i-j}\} \tag{10-6}$$

式中，ET_j 为工作 $i-j$ 的完成节点 j 的最早时间；ET_i 为工作 $i-j$ 的开始节点 i 的最早时间；D_{i-j} 为工作 $i-j$ 的持续时间。

当只有一个箭头指向节点时，该节点的最早时间为紧前节点的最早时间加上其紧前工作作业时间；当有两个以上的箭头指向节点时，该节点的最早时间为各紧前节点的最早时间与对应紧前工作作业时间之和中取最大值。

（2）节点最迟时间（LT）　节点最迟时间是指某一事项为结束的各工作最迟必须完成的时间。在网络图上表示为以该节点为箭头节点的各工作的最晚开工时间，反映从终点到该节点的最短时间。终点节点 $LT_n = T_p$，其他节点最迟时间的确定方法如下

$$LT_i = \min\{LT_j - D_{i-j}\} \tag{10-7}$$

式中，LT_i 为工作 $i-j$ 的开始节点 i 的最迟时间；LT_j 为工作 $i-j$ 的完成节点 j 的最迟时间。

当只有一个箭头从节点引出时，该节点的最迟时间为紧后节点的最迟时间减去其紧后工作作业时间；当有两个以上的箭头从节点引出时，该节点的最迟时间为各紧后节点的最迟时间与对应紧后工作作业时间之差中取最小值。

图 10-20 所示是按节点时间参数计算方法计算的图 10-13 的各节点的时间参数。

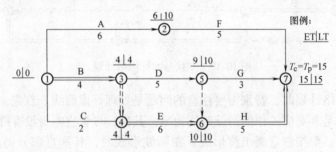

图 10-20　节点时间参数计算方法计算的各节点的时间参数

2. 工作时间参数计算

（1）工作最早开始时间和最早完成时间　工作最早开始时间是指一个工作在其所有紧前工作全部完成之后，本工作有可能开始的最早时刻。在双代号网络计划中，工作 i-j 的最早开始时间用 ES_{i-j} 表示。工作最早完成时间是指在其所有紧前工作作完成后，本工作有可能完成的最早时刻，工作 i-j 的最早完成时间用 EF_{i-j} 表示。

工作的最早开始时间和最早完成时间的计算应从网络计划的起点节点开始，顺着箭线方向依次进行。以网络计划起点节点为开始节点的工作，当未规定其最早开始时间时，其最早开始时间为零。其他工作的最早开始时间应等于其紧前工作最早完成时间的最大值。工作的最早完成时间则等于其最早开始时间与工作持续时间之和。即

$$ES_{i-j} = \max\{EF_{h-i}\} = \max\{ES_{h-i} + D_{h-i}\} \tag{10-8}$$

式中，ES_{i-j} 为工作 i-j 的最早开始时间；EF_{h-i} 为工作 i-j 的紧前工作 h-i（非虚工作）的最早完成时间；ES_{h-i} 为工作 i-j 的紧前工作 h-i（非虚工作）的最早开始时间；D_{h-i} 为工作 i-j 的紧前工作 h-i（非虚工作）的持续时间。

$$EF_{i-j} = ES_{i-j} + D_{i-j} \tag{10-9}$$

网络计划的计划工期应等于以网络计划终点节点为完成节点的工作的最早完成时间的最大值。即

$$T_c = \max\{EF_{i-n}\} = \max\{ES_{i-n} + D_{i-n}\} \tag{10-10}$$

（2）工作最迟完成时间最迟开始时间　工作的最迟完成时间是指在不影响整个任务按期完成的前提下，本工作必须完成的最迟时刻。工作的最迟开始时间是指在不影响整个任务按期完成的前提下，本工作必须开始的最迟时刻。在双代号网络计划中，工作 i-j 的最迟开始时间用 LS_{i-j} 表示。工作 i-j 的最迟完成时间用 LF_{i-j} 表示。

工作的最迟开始时间和最迟完成时间的计算应从网络计划的终点节点开始，逆着箭线方向依次进行。以网络计划终点节点为完成节点的工作，其最迟完成时间为网络计划的计划工期。其他工作的最迟完成时间应等于其紧后工作最早开始时间的最小值。工作的最迟开始时间则等于其最迟完成时间与工作持续时间之差。即

$$LF_{i-j} = \min\{LS_{j-k}\} = \min\{LF_{j-k} - D_{j-k}\} \tag{10-11}$$

式中，LF_{i-j} 为工作 i-j 的最迟完成时间；LS_{j-k} 为工作 i-j 的紧后工作 j-k（非虚工作）的最迟开始时间；LF_{j-k} 为工作 i-j 的紧后工作 j-k（非虚工作）的最迟完成时间；D_{j-k} 为工作 i-j 的紧后工作 j-k（非虚工作）的持续时间。

$$LS_{i-j} = LF_{i-j} - D_{i-j} \tag{10-12}$$

（3）工作总时差　它是一个工作在不影响总工期的情况下所拥有的机动时间的极限值。工作的总时差用 TF_{i-j} 表示。工作的总时差等于该工作最迟完成时间与最早完成时间之差

$$TF_{i-j} = LF_{i-j} - EF_{i-j} = LS_{i-j} - ES_{i-j} \tag{10-13}$$

需要指出的是，关键线路是总时差为零的线路。

（4）工作自由时差　它是在不影响其紧后工作最早开始时间的情况下，工作所具有的机动时间。工作的自由时差用 FF_{i-j} 表示。工作自由时差应按两种情况分别考虑。

1）对于有紧后工作的工作，其自由时差等于本工作之紧后工作最早开始时间减本工作最早完成时间所得之差的最小值，即

$$FF_{i-j} = \min\{ES_{j-k} - EF_{i-j}\} = \min\{ES_{j-k} - ES_{i-j} - D_{i-j}\} \tag{10-14}$$

式中，FF_{i-j} 为工作 $i-j$ 的自由时差；ES_{j-k} 为工作 $i-j$ 的紧后工作 $j-k$（非虚工作）的最早开始时间；EF_{j-k} 为工作 $i-j$ 的最早完成时间；D_{i-j} 为工作 $i-j$ 的持续时间。

2）对于无紧后工作的工作，也就是以网络计划终点节点为完成节点的工作，其自由时差等于计划工期与本工作最早完成时间之差，即

$$FF_{i-n} = T_p - EF_{i-n} = T_p - ES_{i-n} - D_{i-n} \tag{10-15}$$

式中，FF_{i-n} 为以网络计划终点节点 n 为完成节点的工作 $i-n$ 的自由时差；T_p 为网络计划的计划工期；EF_{i-n} 为以网络计划终点节点 n 为完成节点的工作 $i-n$ 的最早完成时间；ES_{i-n} 为以网络计划终点节点 n 为完成节点的工作 $i-n$ 的最早开始时间；D_{i-n} 为以网络计划终点节点 n 为完成节点的工作 $i-n$ 的持续时间。

需要指出的是，以网络计划终点节点为完成节点的工作，其自由时差等于总时差。

3. 网络图上参数计算步骤

1）从起点事项顺着箭杆计算各节点的最早时间 TE，直到终点事项。

2）从终点事项逆着箭杆计算各节点的最迟时间 TL，直到起点事项。

3）计算工作最早开始时间 ES、工作最迟开始时间 LS、最早结束时间 EF。

4）计算工作总时差 TF 和自由时差 FF。

5）将第3）步和第4）步的计算结果按一定排列顺序标在箭杆附近。

4. 关键线路和关键工作的确定

关键线路是网络图中需，要时间最长的线路，线路上的所有工作都是关键工作。关键线路长短决定工程的工期，反映工程进度中的主要矛盾。关键线路经常有以下特点：

1）关键线路中各工作的自由时差总和为零。

2）关键线路是从起点事项到终点事项之间最长的线路。

3）在一个网络图中，关键线路不一定只有一条。

4）如果非关键线路中各工作的自由时差都被占用，次要线路变成关键线路。

5）非关键线路中的某工作占用了工作总时差时，该工作成为关键工作。

在网络图中计算各工作的总时差，总时差为零的工作为关键工作；由关键工作组成的线路即为关键线路。

[例10-6] 试计算图10-16所示的网络图的时间参数。

解：（1）利用式（10-11）～式（10-18）计算。首先计算各工作的最早开始时间及最早完成时间，计算方法为从起点节点开始顺着箭头方向依次进行；其次计算各工作的最迟完成时间及最迟开始时间，计算方法由终点节点逆着箭头方向进行；最后计算总时差和自由时差，将计算结果填入表10-9中。

表10-9　网络图时间参数计算表

序号	工作代号	节点编号	紧前工作	紧后工作	持续时间 D_{i-j}	最早时间 ES_{i-j}	最早时间 EF_{i-j}	最迟时间 LS_{i-j}	最迟时间 LF_{i-j}	总时差 TF_{i-j}	自由时差 FF_{i-j}	关键工作
1	A	1-2	无	F	6	0	6	4	10	4	0	否
2	B	1-3	无	D、E	4	0	4	0	4	0	0	是

（续）

序 号	工作代号	节点编号	紧前工作	紧后工作	持续时间 D_{i-j}	最早时间		最迟时间		总时差 TF_{i-j}	自由时差 FF_{i-j}	关键工作
						ES_{i-j}	EF_{i-j}	LS_{i-j}	LF_{i-j}			
3	C	1-4	无	E	2	0	2	2	4	2	2	否
4	F	2-7	A	无	5	6	11	10	15	4	4	否
5	D	3-5	B	G、H	5	4	9	5	10	1	0	否
6	虚	3-4	B	E	0	4	4	4	4	0	0	是
7	E	4-6	B、C	H	6	4	10	4	10	0	0	是
8	G	5-7	D	无	3	9	12	12	15	3	3	否
9	虚	5-6	D	H	0	9	9	10	10	1	1	否
10	H	6-7	D、E	无	5	10	15	10	15	0	0	是

（2）将计算结果标示在图上，如图 10-21 所示。

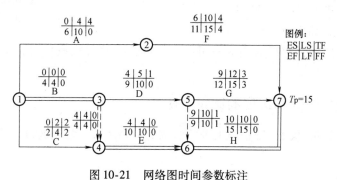

图 10-21　网络图时间参数标注

10.4　进度计划的检查和调整

10.4.1　进度偏差

确定建设工程进度目标，编制一个科学、合理的进度计划是施工管理人员实现进度控制的首要前提。但是在工程项目的实施过程中，由于外部环境和条件的变化，进度计划的编制者很难事先对项目在实施过程中可能出现的问题进行全面的估计。气候的变化、不可预见事件的发生及其他条件的变化均会对工程进度计划的实施产生影响，从而造成实际进度偏离计划进度，如果实际进度与计划进度的偏差得不到及时纠正，势必影响进度总目标的实现。为此，在进度计划的执行过程中，必须采取有效的监测手段对进度计划的实施过程进行监控，以便及时发现问题，并运用行之有效的进度调整方法来解决问题，确保进度总目标的实现。进度调整的系统过程如图 10-22 所示。

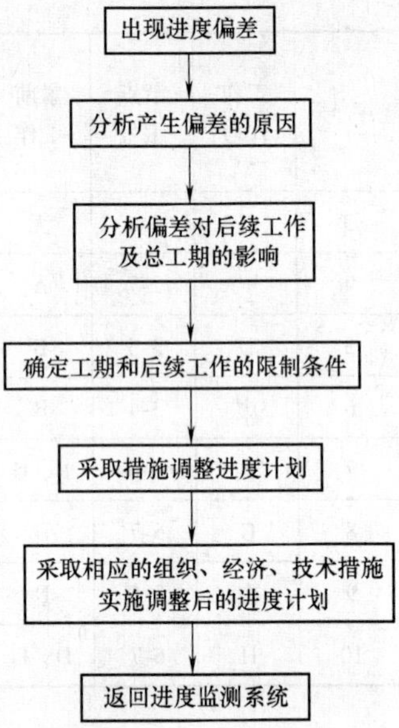

1. 分析进度偏差产生的原因

通过实际进度与计划进度的比较，发现进度偏差时，为了采取有效措施调整进度计划，必须深入现场进行调查，分析产生进度偏差的原因。

2. 分析进度偏差对后续工作和总工期的影响

当查明进度偏差产生的原因之后，要分析进度偏差对后续工作和总工期的影响程度，以确定是否应采取措施调整进度计划。

3. 确定后续工作和总工期的限制条件

当出现的进度偏差影响到后续工作或总工期而需要采取进度调整措施时，应当首先确定可调整进度的范围，主要指关键节点、后续工作的限制条件以及总工期允许变化的范围。这些限制条件往往与合同条件有关，需要认真分析后确定。

4. 采取措施调整进度计划

采取进度调整措施，应以后续工作和总工期的限制条件为依据，确保要求的进度目标得到实现。

5. 实施调整后的进度计划

进度计划调整之后，应采取相应的组织、经济、技术措施执行它，并继续监测其执行情况。

图 10-22　建设工程进度调整系统过程

10.4.2　实际进度与计划进度的比较方法

实际进度与计划进度的比较是施工进度监测的主要环节。常用的进度比较方法有前锋线和列表比较法。

1. 前锋线比较法

前锋线比较法是通过绘制某检查时刻工程项目实际进度前锋线，进行工程实际进度与计划进度比较的方法，它主要适用于时标网络计划。所谓前锋线，是指在原时标网络计划上，从检查时刻的时标点出发，用点画线依次将各项工作实际进展位置点连接而成的折线、前锋线比较法就是通过实际进度前锋线与原进度计划中各工作箭线交点的位置来判断工作实际进度与计划进度的偏差，进而判定该偏差对后续工作及总工期影响程度的一种方法。采用前锋线比较法进行实际进度与计划进度的比较，其步骤如下：

（1）绘制时标网络计划图　工程项目实际进度前锋线是在时标网络计划图上标示，为清楚起见，可在时标网络计划图的上方和下方各设一时间坐标。

（2）绘制实际进度前锋线　一般从时标网络计划图上方时间坐标的检查工期开始绘制，依次连接相邻工作的实际进展位置点，最后与时标网络计划图下方坐标的检查日期相连接。

工作实际进展位置点的标定方法有两种：

1）按该工作已完任务量比例进行标定。假设工程项目中各项工作均为匀速进展，根据实际进度检查时刻该工作已完任务量占其计划完成总任务量的比例，在工作箭线上从左至右按相同的比例标定其实际进展位置点。

2）按尚需作业时间进行标定。当某些工作的持续时间难以按实物工程量来计算而只能凭经验估算时，可以先估算出检查时刻到该工作全部完成尚需作业的时间，然后在该工作箭线上从右向左逆向标定其实际进展位置点。

（3）进行实际进度与计划进度的比较　前锋线可以直观地反映出检查日期有关工作实际进度与计划进度之间的关系。对某项工作来说，其实际进度与计划进度之间的关系可能存在以下三种情况：

1）工作实际进展位置点落在检查日期的左侧，表明该工作实际进度拖后，拖后的时间为两者之差。

2）工作实际进展位置点与检查日期重合，表明该工作实际进度与计划进度一致。

3）工作实际进展位置点落在检查日期的右侧，表明该工作实际进度超前，超前的时间为两者之差。

（4）预测进度偏差对后续工作及总工期的影响　通过实际进度与计划进度的比较确定进度偏差后，还可根据工作的自由时差和总时差预测该进度偏差对后续工作及项目总工期的影响。由此可见，前锋线比较法既适用于工作实际进度与计划进度之间的局部比较，又可用来分析和预测工程项目整体进度状况。

值得注意的是，以上比较是针对匀速进展的工作。

[**例 10-7**]　某工程项目时标网络计划如图 10-23 所示。该计划执行到第 6 周末检查实际进度时，发现工作 A 和 B 已经全部完成，工作 D、E 分别完成计划任务量的 20% 和 50%，工作 C 尚需 3 周完成，试用前锋线法进行实际进度与计划进度的比较。

解：根据第 6 周末实际进度的检查结果绘制前锋线，如图 10-23 中点画线所示。通过比较可以看出：

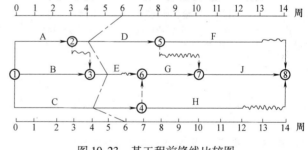

（1）工作 D 实际进度拖后 2 周，将使其后续工作 F 的最早开始时间推迟 2 周，并使总工期延长 1 周。

（2）工作 E 实际进度拖后 1 周，既不影响总工期，也不影响其后续工作的正常进行。

图 10-23　某工程前锋线比较图

（3）工作 C 实际进度拖后 2 周，将使其后续工作 G、H、J 的最早开始时间推迟 2 周。由于工作 G、J 开始时间的推迟，从而使总工期延长 2 周。

综上所述，如果不采取措施加快进度，该工程项目的总工期将延长 2 周。

2. 列表比较法

当工程进度计划用非时标网络图表示时，可以采用列表比较法进行实际进度与计划进度的比较。这种方法是记录检查日期应该进行的工作名称及其已经作业的时间，然后列表计算有关时间参数，并根据工作总时差进行实际进度与计划进度比较的方法。

采用列表比较法进行实际进度与计划进度的比较，其步骤如下：

1）对于实际进度检查日期应该进行的工作，根据已经作业的时间，确定其尚需作业时间。

2）根据原进度计划计算检查日期应该进行的工作从检查日期到原计划最迟完成时尚余时间。

3）计算工作尚有总时差，其值等于工作从检查日期到原计划最迟完成时间尚余时间与该工作尚需作业时间之差。

4）比较实际进度与计划进度，可能有以下几种情况：

a. 如果工作尚有总时差与原有总时差相等，说明该工作实际进度与计划进度一致。

b. 如果工作尚有总时差大于原有总时差，说明该工作实际进度超前，超前的时间为两者之差。

c. 如果工作尚有总时差小于原有总时差，且仍为非负值，说明该工作实际进度拖后，拖后的时间为两者之差，但不影响总工期。

d. 如果工作尚有总时差小于原有总时差，且为负值，说明该工作实际进度拖后，拖后的时间为两者之差，此时工作实际进度偏差将影响总工期。

[例10-8] 某工程项目进度计划如图10-24所示。该计划执行到第10周末检查实际进度时，发现工作A、B、C、D、E已经全部完成，工作F已进行1周，工作G和工作H均已进行2周，试用列表比较法进行实际进度与计划进度的比较。

解：根据工程项目进度计划及实际进度检查结果，可以计算出检查日期应进行工作的尚需作业时间、原有总时差及尚有总时差等，计算结果见表10-10。通过比较尚有总时差和原有总时差，即可判断目前工程实际进展状况。

表 10-10 工程进度检查比较表

工作代号	工作名称	检查计划时尚需作业周数	到计划最迟完成时尚余周数	原有总时差	尚有总时差	情况判断
5-8	F	4	4	1	0	拖后1周，但不影响工期
6-7	G	1	0	0	-1	拖后1周，影响工期1周
4-8	H	3	4	2	1	拖后1周，但不影响工期

10.4.3 进度计划实施中的调整方法

在施工过程中，当通过实际进度与计划进度的比较，发现有进度偏差时，需要分析该偏差对后续工作及总工期的影响，从而采取相应的调整措施对原进度计划进行调整，以确保工期目标的顺利实现。

1. 分析进度偏差对后续工作及总工期的影响

进度偏差的大小及其所处的位置不同，对后续工作和总工期的影响程度是不同的，分析时需要利用网络计划中工作总时差和自由时差的概念进行判断。分析步骤如下：

（1）分析出现进度偏差的工作是否为关键工作 如果出现进度偏差的工作位于关键线路上，即该工作为关键工作，则无论其偏差有多大，都将对后续工作和总工期产生影响，必须采取相应的调整措施；如果出现偏差的工作是非关键工作，则需要根据进度偏差值与总时差和自由时差的关系作进一步分析。

（2）分析进度偏差是否超过总时差 如果工作的进度偏差大于该工作的总时差，则此进度偏差必将影响其后续工作和总工期，必须采取相应的调整措施；如果工作的进度偏差未超过该工作的总时差，则此进度偏差不影响总工期。至于对后续工作的影响程度，还需要根据偏差值与其自由时差的关系作进一步分析。

（3）分析进度偏差是否超过自由时差　如果工作的进度偏差大于该工作的自由时差，则此进度偏差将对其后续工作产生影响，此时应根据后续工作的限制条件确定调整方法；如果工作的进度偏差未超过该工作的自由时差，则此进度偏差不影响后续工作，因此，原进度计划可以不作调整。

进度偏差的分析判断过程如图 10-24 所示。通过分析，进度控制人员可以根据进度偏差的影响程度，制定相应的纠偏措施进行调整，以获得符合实际进度情况和计划目标的新进度计划。

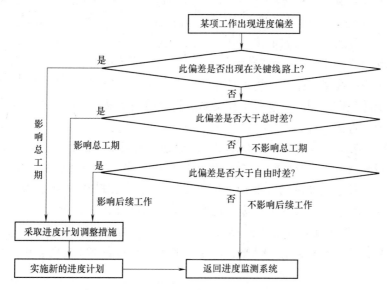

图 10-24　进度偏差对后续工作和总工期影响分析过程图

2. 进度计划的调整方法

当实际进度偏差影响到后续工作、总工期而需要调整进度计划时，其调整方法主要有两种。

（1）改变某些工作间的逻辑关系　当工程项目实施中产生的进度偏差影响到总工期，且有关工作的逻辑关系允许改变时，可以改变关键线路和超过计划工期的非关键线路上的有关工作之间的逻辑关系，达到缩短工期的目的。例如，将顺序进行的工作改为平行作业、搭接作业及分段组织流水作业等，都可以有效地缩短工期。

[**例 10-9**]　某风管安装工程项目包括风管制作、风管安装、风管保温等三个施工过程，各施工过程的持续时间分别为 9 天、15 天和 6 天，如果采取顺序作业方式进行施工，则其总工期为 30 天。为缩短总工期，如果在工作面及资源供应允许的条件下，将工程划分为工程量大致相等的三个施工段组织流水作业，试确定其计算工期，并绘制该工程流水作业网络计划。

解：按表 10-11 组织流水施工，按"累加数列，错位相减取大差法"计算工期为 20 天。比顺序施工节约工期 10 天。该工程流水施工网络计划如图 10-25 所示。

表 10-11　流水施工的流水节拍

施工过程	施 工 段		
	①	②	③
风管制作	3	3	3
风管安装	5	5	5
风管保温	2	2	2

（2）缩短某些工作的持续时间　这种方法是不改变工程项目中各项工作之间的逻辑关系，而通过采取增加资源投入、提高劳动效率等措施来缩短某些工作的持续时间，使工程进度加快，以保证按计划工期完成该工程项目。这些被压缩持续时间的工作是位于关键线路和超过计划工期

序号	工作名称	进度/天									
		2	4	6	8	10	12	14	16	18	20
1	风管制作	①	②	③							
2	风管安装		①		②			③			
3	风管保温								①	②	③

图 10-25　某安装工程流水施工网络计划

的非关键线路上的工作。同时，这些工作又是其持续时间可被压缩的工作。这种调整方法通常可以在网络图上直接进行。

[例 10-10]　某工厂建设工程按如图 10-26 的进度计划正在进行。箭线上方的数字为工作缩短一天需增加的费用（元/天），箭线下括弧外的数字为工作正常施工时间，箭线下括弧内的数字为工作最快施工时间。原计划工期是 170 天，在第 75 天检查时，工作 1-2（基础工程）已全部完成，工作 2-3（厂房及构件安装）刚刚开工。由于工作 2-3 是关键工作，所以它拖后 15 天，将导致总工期延长 15 天完成。问题：为使计划按原工期完成，则必须赶工，调整原计划，问应如何调整原计划，既经济又保证计划在 170 天内完成？

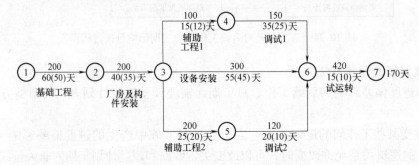

图 10-26　例 10-10 的网络进度计划

解： 在调整网络计划时必须注意：①只有调整关键工作的工作时间才会影响工期；②当有多项关键工作可供调整时，应调整增加费用最少的工作的工作时间。计划调整过程见表 10-12。

表 10-12　计划调整过程

调整过程	关键工作	费率/(元/天)	调整方案			增加费用/元	备　注
			工作	费率/(元/天)	天数/天		
第1次	2-3	200	2-3	200	5	1000	
	3-6	300					
	6-7	420					

（续）

调整过程	关键工作	费率/(元/天)	调整方案			增加费用/元	备　注
			工作	费率/(元/天)	天数/天		
第 2 次	3-6	300	3-6	300	5	1500	压缩后不能变成非关键工作
	6-7	420					
第 3 次	3-6	300	3-6 及 3-4	400	3	1200	3-6 与 3-4-6 为平行工作，均为关键线路，必须同时压缩 3-6 及 3-4 或 3-6 及 4-6 才能使两条线路都保持关键线路地位
	3-4	100					
	4-6	150					
	6-7	420					
第 4 次	3-6	300					
	4-6	150					
	6-7	420	6-7	420	2	840	
合计					15	4540	

调整后的网络计划如图 10-27 所示。

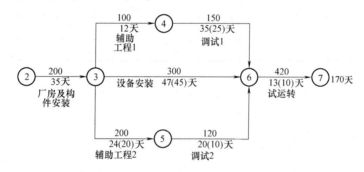

图 10-27　例 10-10 调整后的网络进度计划

复习思考题

1. 单位工程施工组织设计应包括哪些内容？

2. 施工组织设计应按什么程序编制？

3. 施工平面图设计应包括哪些内容？

4. 施工方案应从哪几个方面进行比较？

5. 如何进行网络计划的编制？

6. 如何对进度计划进行调整？

7. 某工程项目，建设单位通过招标将土建工程承包给 A 施工单位，将设备安装承包给 B 安装公司，A、B 分别与建设单位签订了施工合同。B 安装公司的设备安装工程合同工期为 20 个月，建设单位委托某监理公司承担施工阶段监理任务。经总监理工程师审核批准的施工进度计划如图 10-28 所示（时间单位：月），各项工作均匀速施工。

问题 1：如果工作 B、C、H 要由一个专业施工队顺序施工，在不改变原施工进度计划总工期和工作工艺关系的前提下，如何安排该三项工作最合理？此时该专业施工队最少工作间断时间为多少？

问题 2：由于负责土建施工的 A 单位施工未能按时完成，总监理工程师指令 B 承包单位开工日期推迟 4 个月，工期相应顺延 4 个月。推迟 4 个月开工后，当工作 G 开始之时检查实际进度，发现此前施工进度

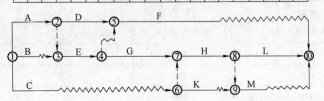

图 10-28　某工程时标网络计划

正常。此时，建设单位要求仍按原竣工日期完成工程，承包单位提出如下赶工方案，得到总监理工程师的同意。该方案将 G、H、L 三项工作均分成两个施工段组织流水施工，数据见表 10-13。那么，G、H、L 三项工作流水施工的工期为多少？此时工程总工期能否满足原竣工日期要求？

表 10-13　施工段及流水节拍

施工段 流水节拍/月 工作	①	②
G	2	3
H	2	2
L	2	3

第 11 章
工程质量与安全管理

11.1 工程质量管理

11.1.1 工程质量管理的基本概念

工程质量是国家现行的有关法律、法规、技术标准和设计文件及施工合同中对工程的安全、使用、经济、美观等特性的综合要求。

任何工程项目都是由分项工程、分部工程和单位工程所组成，而工程项目的建设，则是通过一道道工序来完成，是在工序中创造的。所以，工程质量包含工序质量、分项工程质量、分部工程质量和单位工程质量。

1. 工程质量的特点

工程质量的特点主要表现在：

1）影响因素多。如决策、设计、材料、机械、环境、施工工艺、施工方案、操作方法、技术措施、管理制度、施工人员素质等均直接或间接地影响工程的质量。

2）质量波动大。工程建设因其具有复杂性、单一性，不像一般工业产品的生产（有固定的生产流水线、规范化的生产工艺、完善的检测技术、成套的生产设备、稳定的生产环境），所以其质量波动性大。

3）质量变异大。由于影响工程质量的因素较多，任一因素出现质量问题，均会引起工程建设中的系统性质量变异，造成工程质量事故。

4）质量隐蔽性。在施工过程中，由于工序交接多，中间产品多，隐蔽工程多，若不及时检查并发现存在的质量问题，可能会将不合格的产品认为是合格的产品。

5）最终检验局限大。工程项目建成后，不可能像某些工业产品那样，可以拆卸或解体来检查内在的质量，工程项目最终检验验收时难以发现工程内在的、隐蔽的质量缺陷。

所以，对工程质量更应重视事前控制、事中严格监督，防患于未然，将质量事故消灭于萌芽之中。

2. 工程质量的影响因素

在施工过程中，影响工程质量的因素主要有施工人员、施工机械、工程材料、施工方法和施工环境等五大方面（简称"人、机、料、法、环"）。

1）施工人员。施工人员指直接参与工程建设的决策者、组织者、指挥者和操作者，施工人员的综合素质是影响质量的首要因素。为了避免人为失误、调动施工人员的主观能动性，增强责任感和质量意识，必须对施工人员进行政策法规教育、政治思想教育、劳动纪律教育、职业道德教育、专业技术知识培训。

2）工程材料。工程材料（包括原材料、成品、半成品、构配件等）是施工的物质条件，因此工程材料质量是工程质量的基础，工程材料质量不符合要求，工程质量也就不可能符合标准。

3）施工机械。施工机械是实现施工机械化的重要物质基础，是现代化工程建设中必不可少的设施，机械设备的选型、主要性能参数和使用操作要求对工程项目的施工进度和质量均有直接影响。

4）施工方法。这里所指的方法，包含施工过程中所采取的技术方案、工艺流程、组织措施、检测手段、施工组织设计等。方法是否正确得当，是直接影响工程项目进度、质量、投资控制三大目标能否顺利实现的关键。

5）施工环境。影响工程质量的环境因素较多，有工程技术环境，如工程地质、水文、气象等；工程管理环境，如质量保证体系、质量管理制度等；劳动环境，如劳动组合、劳动工具、工作面等。环境因素对工程质量的影响，具有复杂而多变的特点，如气象条件就变化万千，温度、大风、暴雨、酷暑、严寒都直接影响工程质量。

11.1.2 工程质量控制程序

工程质量控制过程是一个从对投入原材料的质量控制开始，直到完成工程质量检验验收和交工后服务的系统过程，如图 11-1 所示，其形成的全过程可分七个阶段：施工准备阶段，材料、构配件、设备采购阶段，原材料检验与施工工艺试验阶段，施工作业阶段，使用功能、性能试验阶段，工程项目交竣工验收阶段，回访与保修阶段。在这些阶段中，对各项影响施工质量的因素（人、机、料、法、环），采用"计划（Plan）、实施（Do）、检查（Check）、处理（Action）"，即 PDCA 循环方法或质量控制统计技术方法进行有效控制，是确保工程项目质量符合设计意图和国家规范、标准要求的重要手段。

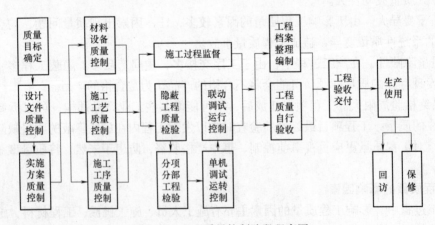

图 11-1　工程质量控制阶段程序图

1. 施工准备阶段质量控制

依据施工合同，确定工程项目质量总目标，然后按项目各层次分解成质量分目标，并落实到相关部门及责任人。从技术质量的角度来讲，施工准备阶段的质量控制主要是做好图样学习与会审、编制施工组织设计和进行技术交底，为确保施工生产和工程质量创造必要的条件。

2. 施工阶段的质量控制

施工阶段是形成工程项目实体的过程，也是形成最终产品质量的重要阶段，因此必须做好质量控制工作，以保持施工过程的工程总体质量处于稳定受控状态。施工阶段的质量控制主要包括工程设备与材料进场检验验收，施工工艺、方法、工序质量监督，隐蔽工程质量检验，分部分项工程质量检验和试验，单机调试和试运转，系统联动调试和试运行等主要内容。

（1）工序质量监控　工程的施工过程，是由一系列相互关联、相互制约的工序所构成的。工序质量直接影响项目的整体质量。工序质量包含两个相互关联的内容，一是工序活动条件的质量，即每道工序投入的人、材料、机械设备、方法和环境是否符合要求；二是工序活动效果的质量，即每道工序施工完成的工程产品是否达到有关质量标准。

工序质量监控的对象是影响工序质量的因素，特别是对主导因素的监控，其重点内容包括以下四个方面：

1）设置工序质量控制点。即对影响工序质量的重点或关键部位、薄弱环节，在一定时期内和一定条件下进行强化管理，使之处于良好的控制状态。工序质量控制点涉及面较广，它可能是技术要求高、施工难度大的结构部位，也可能是对质量影响大的关键和特殊工序、操作或某一环节等。

2）严格遵守工艺规程。施工工艺和操作规程，施工操作的依据和法规，是确保工序质量的前提，任何人都必须严格执行，不得违反。

3）控制工序活动条件的质量。将影响质量的五大因素切实有效地控制起来，以保证每道工序的正常、稳定。

4）及时检查工序活动效果的质量。通过质量检查，及时掌握质量动态，一旦发现质量问题，随即研究处理。

（2）过程质量检验　过程质量检验主要指工序施工中或上道工序完工即将转入下道工序时所进行的质量检验，目的是通过判断工序施工内容是否合乎设计或标准要求，决定该工序是否继续进行、转交或停止。具体形式有质量自检，互检和专业检查，工序交接检查，工程隐蔽验收检查等工作。

1）质量自检和互检。自检是指由工作的完成者依据规定的要求对该工作进行的检查。互检是指工作的完成者之间对相应的施工工程或完成的工作任务的质量所进行的一种制约性检查。互检往往是对自检的一种复核和确认。操作者应依据质量检验计划，按时、按确定项目、内容进行检查，并认真填写检查记录。

2）专业质量监督。施工企业必须建立专业齐全、具有一定技术水平和能力的专职质量监督检查队伍和机构，弥补自检、互检的不足。企业质量监督检查人员应按规定的检验程序，对工序施工质量及施工班组自检记录进行核查、验证，如对给水管道的强度试验、排水管道的通球试验、防雷装置的接地电阻的测试等。当工序质量出现异常时，除可作出暂停施工的决定外，并向主管部门和上级领导报告。专业质量检查人员应做好专业检查记录，清晰表明工序是否正常及其处理情况。

3）工序交接检查。工序交接检查是指上道工序施工完毕即将转入一下道工序施工之前，以承接方为主，对交出方完成的施工内容的质量所进行的一种全面检查，因为需要有专门人员组织有关技术人员及质量检查人员参加，所以是一种不同于互检和专检的特殊检查形式。按承交双方的性质不同，可分为施工班组之间、专业施工队之间和承包工程的企业之间等几种交接检查类型。交出方和承接方通过资料检查及实体核查，对发现的问题进行整改，达到设计、技术标准要求后，办理工序交接手续，填写工序交接记录，并由参与各方签字确认。

4）隐蔽工程验收。隐蔽工程验收是指将被其他分项工程所隐蔽的分项工程或分部工程，在隐蔽前进行的检查和验收，是一项防止质量隐患，保证工程质量的重要措施。各类专业工程都有规定的隐蔽验收项目，如空调工程中的管道保温、室外排水管道的埋地敷设等。隐蔽工程验收后，应办理验收手续，列入工程档案。对于验收中提出的不符合质量标准的问题，要认真处理，经复核合格并写明处理情况。未经隐蔽工程验收或验收不合格的，不得进行下道工序施工。

(3) 成品保护　在施工过程中，有些分项、分部工程已经完成，其他部位或工程尚在施工，对已完成的成品，如不采取妥善的措施加以保护，就会造成损伤，影响质量。成品保护工作主要是合理安排施工顺序和采取有效的防护措施两个方面。如按正确的施工流程组织施工，不颠倒工序，可防止下一道工序损坏或污染上一道工序；通过采取提前防护、包裹、覆盖和局部封闭等产品防护措施，防止可能发生的损伤、污染、堵塞。此外，还必须加强对成品保护工作的检查。

3. 工程验收阶段质量控制

工程交工验收，应以单位工程为主体进行检查验收。单位工程施工全部完成，达到设计要求，工业建设项目达到能够生产合格产品，民用建设项目达到能够正常使用，经检查验收合格后，办理移交手续。工程验收阶段质量控制主要包括坚持竣工标准、做好竣工预检及整理工程竣工验收资料等方面。

4. 回访保修阶段质量控制

(1) 工程回访　工程项目在竣工验收交付使用后，按照有关规定，在保修期限和保修范围内，施工单位应主动对工程进行回访，听取建设单位或用户对工程质量的意见，对属于施工单位施工过程中的质量问题，负责维修，不留隐患，如属设计等原因造成的质量问题，在征得建设单位和设计单位认可后，协助修补。

(2) 工程保修　在工程竣工验收的同时，由施工单位向建设单位发送安装工程保修证书，保修证书的内容主要包括：工程简况，设备使用管理要求，保修范围和内容，保修期限、保修情况记录（空白），保修说明，保修单位名称、地址、电话、联系人等。

根据《建设工程质量管理条例》，保修期限确定为：竣工验收完毕之日的第二天计算，电气管线、给排水管道、设备安装工程保修期为两年，采暖和供冷工程为两个采暖期或两个供冷期。

11.1.3　工程质量事故的处理

1. 工程质量事故的调查与分析

安装工程常见的工程质量事故发生的原因主要包括违反施工程序，违反有关法规和施工合同规定，施工方案不正确，设计方案不正确；工程设备质量差；材料材质不合格；使用建筑物、构筑物不当；施工管理问题；未经设计单位同意擅自修改设计；偷工减料或不按图施工；图样未经会审仓促施工，或不熟悉图样盲目施工；不按有关的施工规范或操作规程施工；缺乏安装工程基础知识，不懂装懂，蛮干施工；管理紊乱，施工方案考虑不周，施工顺序混乱错误；技术交底不清，违章作业，瞎指挥；疏于检查、验收等；自然条件和环境影响，如对影响安装质量的空气温度、湿度、暴雨、风、洪水、雷电、日晒和环境恶劣等因素未采取有效的措施等。

（1）质量事故的调查　为了弄清工程质量事故的原因，防止同类事故重复发生，必须对发生的工程质量事故进行调查。通过调查确定质量事故的范围、性质、影响和原因，为事故处理提供依据。

质量事故的调查包括：

1）对事故进行细致的现场调查，包括发生时间、性质、操作人员、现状及发展变化的情况，充分了解与掌握事故的现场和特征。

2）收集资料，包括所依据的设计图样、使用的施工方法、施工工艺、采用的材料、施工机械、真实的施工记录、施工期间环境条件、施工顺序及质量控制情况等，摸清事故对象在整个施工过程中所处的客观条件。

3）对收集到可能引发事故的原因进行整理，按"人、机、料、法、环"五个方面内容进行归纳，形成质量事故调查的原始资料。

（2）质量事故的分析　质量事故原因的分析，要建立在事故情况调查的基础上，避免情况不明就主观分析推断事故的原因。尤其是有些质量事故，其原因往往涉及设计、施工、材料、设备质量和管理等方面，只有对调查提供的数据、资料进行详细分析后，才能去伪存真，找到造成质量事故的主要原因。

对某些质量事故（如吊装设备发生事故），一定要结合专门的计算进行验证，才能作出综合判断，找出其真正原因。

（3）质量事故调查报告　质量事故调查与分析后，应整理撰写成"质量事故调查报告"，其内容包括工程概况，重点介绍质量事故有关部分的工程情况；质量事故情况，事故发生时间、性质、现状及发展变化的情况；是否需要采取临时应急保护措施；事故调查中的数据资料；事故原因分析的初步判断；事故设计人员与主要责任者的情况等。

2. 质量事故的处理

质量事故处理的目的是消除质量缺陷或隐患，以达到设备或建筑物的安全可靠和正常使用的各项功能要求，并保证施工正常进行。对质量事故特别是重大质量事故均应贯彻"三不放过"原则（事故原因分析不清不放过、事故责任者与群众未受到教育不放过、没有防范措施不放过），才能改进管理，吸取教训，加强质量控制，提高责任人的责任心，避免类似问题的重复发生。质量事故处理的程序如图 11-2 所示。

质量事故处理后，应提交完整的事故处理报告，其内容包括事故调查的原始资料、测试数据，事故原因分析、论证，事故处理依据，事故处理方案、方法及技术措施，检查复验记录，事故毋需处理的论证，事故处理结论等。

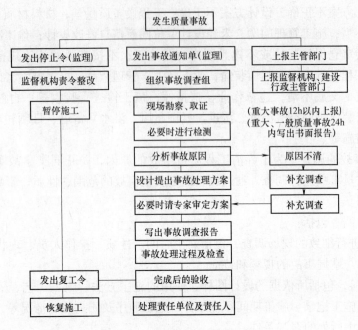

图 11-2 工程质量事故处理程序

11.2 施工安全管理与应急预案

11.2.1 施工安全控制的程序

安全控制是为满足生产安全，涉及对生产过程中的危险进行控制的计划、组织、监控、调节和改进等一系列管理活动。安全控制的目标是减少或消除人的不安全行为，减少或消除设备、材料的不安全状态，改善生产环境和保护自然环境，改善管理缺陷，以达到减少和消除生产过程中的事故，保证人员健康安全和财产免受损失的目的。

建设工程项目施工安全控制的程序如图11-3所示。

11.2.2 施工安全技术措施计划及其实施

安全技术措施是以保护从事工作的员工健康和安全为目的的一切技术措施。在建设工程项目施工中，安全技术措施计划是施工组织设计的重要内容之一，是改善劳动条件和安全卫生设施，防止工伤事故和职业病，搞好安全生产工作的一项行之有效的重要措施。

安全措施计划的范围应包括改善劳动条件、防止伤亡事故、预防职业病和职业中毒等，主要应从安全技术（如防护装置、保险装置、信号装置和防爆炸装置等）、职业卫生（如防尘、防毒、防噪声、通风、照明、取暖、降温等措施）、辅助房屋及措施（如更衣室、休息室、淋浴室、消毒室、妇女卫生室、厕所和冬季作业取暖室等）、宣传教育的资料及设施（如职业健康安全教材、图书、资料、安全生产规章制度、安全操作方法训练设施、劳动保护和安全技术的研究与实验等）等方面实施。

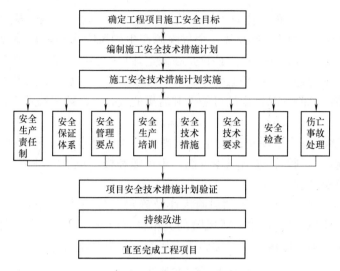

图 11-3　工程项目施工安全控制程序

1. 施工安全技术措施计划的制订

制订施工安全技术措施计划可以按照图 11-4 所示的基本步骤进行。

（1）危险源的辨识

1）危险源。危险源是可能导致伤害或疾病、财产损失、工作环境破坏或这些情况组合的根源或状态。

根据危险源在事故发生发展中的作用把危险源分为两大类。通常把产生能量的能量源或拥有能量的能量载体作为第一类危险源来处理，如施工过程中存在的可能发生意外释放（如爆炸、火灾、触电、辐射）而造成伤亡事故的能量和危险物质，包括机械伤害、电能伤害、热能伤害、光能伤害、化学物质伤害、放射和生物伤害等；造成约束、限制能量措施失效或破坏的各种不安全因素称作第二类危险源。在正常情况下，生产过程中的能量或危险物质受到约束或限制，不会发生意外释放，即不会发生事故。但一旦这些约束或限制措施受到破坏

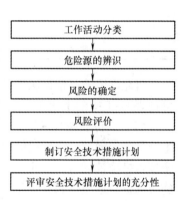

图 11-4　制订施工安全技术措施计划的基本步骤

或失效（故障），则将发生事故。第二类危险源包括人的不安全行为、物的不安全状态和不良环境条件三个方面。如机械设备、装置、部件等性质低下而不能实现预定功能，即物的不安全状态；人的行为结果偏离被要求的标准，即人的不安全行为；人与物的存在环境中，温度、湿度、噪声、振动、照明或通风换气等方面的问题，促使人的失误或物的故障发生。

事故的发生是两类危险源共同作用的结果：第一类危险源是事故发生的前提，第二类危险源的出现是第一类危险源导致事故的必要条件。在事故的发生和发展过程中，两类危险源相互依存，相辅相成。第一类危险源是事故的主体，决定事故的严重程度；第二类危险源出现的难易，决定事故发生的可能性大小。

2）危险源识别。危险源辨识的首要任务是辨识第一类危险源，在此基础上再辨识第二类危险源。第二类危险源所有工作场所（常规和非常规）或管理过程的活动；所有进入施工现场人员（包括外来人员）的活动，安装项目经理部内部和相关方的机械设备、设施

（包括消防设施）等；施工现场作业环境和条件；施工人员的劳动强度及女职工保护等。

（2）风险的确定 由某一个或某几个危险源产生的风险宜通过风险评价来衡量其风险水平，确定该风险是否可允许。风险评价是在假定计划的和已有的控制措施均已实施的情况下作出主观评价，同时还需考虑控制措施的有效性及控制失效后可能发生的后果。

风险是某一特定危险情况发生的可能性和后果的组合。风险等级可以用以下公式表达

$$R = pf \tag{11-1}$$

式中，R 为风险等级；p 为危险情况发生的可能性，通常把危险情况发生的可能性用很大、中等和极小三种情况来判断，还可以用可能、不可能和极不可能三种情况来判断；f 为发生危险造成后果的严重程度。

（3）风险评价 风险评价是评估风险大小及确定风险是否可允许的全过程。根据风险等级的表达式，可简单地按表11-1对风险的大小进行分级。表中Ⅰ类为可忽略风险，Ⅱ类为可允许风险，Ⅲ类为中度风险，Ⅳ类为重大风险，Ⅴ类为不可允许风险。

表 11-1 简单的风险等级评估表

风险等级 R 后果 f 可能性 p	轻度损失（轻微伤害）	中度损失（伤害）	重大损失（严重伤害）
很大	Ⅲ	Ⅳ	Ⅴ
中等	Ⅱ	Ⅲ	Ⅳ
极小	Ⅰ	Ⅱ	Ⅲ

可允许风险是根据法律义务和职业健康安全方针，已降低组织可接受程度的风险。一般可把表11-1中的Ⅰ和Ⅱ两个等级视为可允许风险。

（4）制订安全技术措施计划 制订安全技术措施计划是针对风险评价中发现的、需要重视的任何问题，根据风险评估的结果，对不可允许等级的风险采取的控制措施。在制订安全技术措施计划时，应充分考虑现有的风险控制措施的适当性和有效性。对新的风险控制措施应保证其适应性和有效性。表11-2是一个根据不同的风险水平而制订的简单控制措施计划的例子，说明安全技术措施应该与风险等级相适应。

表 11-2 基于不同风险水平的简单控制措施计划表

风险	措施
可忽略的	不采取措施且不必保留文件记录
可允许的	不需要另外的控制措施，应考虑投资效果更佳的解决方案或不增加额外成本的改进措施，需要监视来确保控制措施得以维持
中度的	应努力降低风险，但应仔细测定并限定预防成本，并在规定的时间期限内实施降低风险的措施。在中度风险与严重伤害后果相关的场合，必须有进一步的评价，以更准确地确定伤害的可能性，并确定是否需要改进控制措施
重大的	直至风险降低后才能开始工作。为降低风险有时必须配给大量的资源。当风险涉及正在进行中的工作时，就应采取应急措施
不允许的	只有当风险已经降低时，才能开始或继续工作。如果无限地资源投入也不能降低风险，就必须禁止工作

应根据风险评价的结果，列出按照优先顺序排列的安全控制措施清单，在清单中应包含新设计的控制措施、拟保持原有的控制措施或应改进的原有控制措施等。

建设工程施工安全技术措施计划的主要内容：

1）建设工程施工安全技术措施计划的主要内容包括工程概况、控制目标、控制程序、组织结构、职责权限、规章制度、资源配置、安全措施、检查评价、奖惩制度等。

2）对结构复杂、施工难度大、专业性较强的工程项目，除制订项目总体安全保证计划外，还必须制定单位工程或分部分项工程的安全技术措施。

3）对高处作业、井下作业等专业性强的作业，电器、压力容器等特殊工种作业，应制定单项安全技术规程，并应对管理人员和操作人员的安全作业资格和身体状况进行合格检查。

4）制定和完善施工安全操作规程，编制各施工工种，特别是危险性较大工种的安全施工操作要求，作为规范和检查考核员工安全生产行为的依据。

5）施工安全技术措施包括安全防护设施的设置和安全预防措施，主要有 17 方面的内容：防火、防毒、防爆、防洪、防尘、防雷击、防触电、防坍塌、防物体打击、防机械伤害、防起重设备滑落、防高空坠落、防交通事故、防寒、防暑、防疫、防环境污染等。

（5）评审安全技术措施计划的充分性　所制订的安全技术措施计划应该在实施前予以评审。评审需要包含以下方面内容：

1）更改的控制措施是否使风险降至可允许水平。

2）是否产生了新的危险源。

3）是否已选定了成本效益最佳的解决方案。

4）受影响的人员如何评价更改的预防措施的必要性和实用性。

5）更改的预防措施是否会用于实际工作中，以及在面对诸如完成工作任务的压力等情况下是否将不被忽视。

2. 施工安全措施计划的实施

（1）建立安全生产责任制　建立安全生产责任制是施工安全技术措施计划实施的重要保证。安全生产责任制是指企业对项目经理部各级领导、各个部门、各类人员所规定的在他们各自职责范围内对安全生产应负责任的制度。

（2）进行安全教育和培训　不断增强企业全体职工的安全意识，并使之掌握和运用安全管理的方法和技术，通过安全教育，使职工牢固树立"安全第一，预防为主"的思想，懂得安全生产是企业实现文明施工、取得好的经济效益的重要手段，不仅是满足企业生存发展的需要，而且是保证职工自身免受伤害的需求。

安全教育的内容包括思想政治教育、安全生产方针政策教育、安全技术知识教育、生产技术知识教育、一般安全技术知识教育、专业安全技术知识教育、典型经验和事故教训教育。

（3）安全技术交底　工程开工前，工程技术负责人要将工程概况、施工方法、安全技术措施等向全体职工进行详细交底。分项、分部工程施工前，施工员向所管辖的班组进行安全技术措施交底，如交底到劳务队长而不包括作业人员时，劳务队长还应向作业人员进行书面交底。两个以上施工队或工种配合施工时，施工员要按工程进度向班组长进行交叉作业的安全技术交底。班组长要认真落实安全技术交底，每天要对工人进行施工要求、作业环境的安全交底。

安全技术交底主要内容包括本工程项目的施工作业特点和危险点，针对危险点的具体预防措施，应注意的安全事项，相应的安全操作规程和标准，发生事故时应及时采取的避难和急救措施。

（4）安全检查 安全检查的目的，是通过检查增强职工的安全意识，促进企业对劳动保护和安全生产方针、政策、规章制度的贯彻落实，解决安全生产上存在的问题，以利于改善企业的劳动条件和安全生产状况，预防工伤事故发生；通过互相检查、相互督促、交流经验、取长补短，进一步推动企业搞好安全生产。

11.2.3 应急预案

应急预案是针对具体设备、设施、场所和环境，在安全评价的基础上，为降低事故造成的人身、财产与环境损失，就事故发生后的应急救援机构和人员，应急救援的设备、设施、条件和环境，行动的步骤和纲领，控制事故发展的方法和程序等，预先作出的科学而有效的计划和安排。企业应急预案由企业根据自身情况负责组织制订。

1. 应急预案的主要内容

应急预案主要内容应包括：

1）总则：说明编制预案的目的、工作原则、编制依据、适用范围等。

2）组织指挥体系及职责：明确各组织机构的职责、权利和义务，以突发事故应急响应全过程为主线，明确事故发生、报警、响应、结束、善后处理处置等环节的主管部门与协作部门；以应急准备及保障机构为支线，明确各参与部门的职责。

3）预警和预防机制：包括信息监测与报告，预警预防行动，预警支持系统，预警级别及发布。

4）应急响应：包括分级响应程序（原则上按一般、较大、重大、特别重大四级启动相应预案），信息共享和处理，通信，指挥和协调，紧急处置，应急人员的安全防护，群众的安全防护，社会力量动员与参与，事故调查分析、检测与后果评估，新闻报道，应急结束等15个要素。

5）后期处置：包括善后处置、社会救助、保险、事故调查报告和经验教训总结及改进建议。

6）保障措施：包括通信与信息保障，应急支援与装备保障，技术储备与保障，宣传、培训和演习，监督检查等。

7）附则：包括有关术语、定义，预案管理与更新，奖励与责任，制定与解释部门，预案实施或生效时间等。

8）附录：包括相关的应急预案、预案总体目录、分预案目录、各种规范化格式文本、相关机构和人员通信录等。

2. 应急预案的编制方法

应急预案的编制一般可以分为五个步骤，即组建应急预案编制队伍、开展危险与应急能力分析、预案编制、预案评审与发布和预案的实施。

（1）组建编制队伍 预案从编制、维护到实施都应该有各级各部门的广泛参与。在预案实际编制工作中往往会由编制组执笔，但是在编制过程中或编制完成之后，要征求各部门的意见。

（2）危险与应急能力分析

1）法律法规分析。分析国家法律、地方政府法规与规章，如安全生产与职业卫生法律、法规，环境保护法律、法规，消防法律、法规与规程，应急管理规定等。

2）风险分析。风险分析通常应考虑历史情况、地理因素、技术问题、人的因素、物理因素等。

3）应急能力分析。对每一紧急情况应考虑所需要的资源与能力是否配备齐全，外部资源能否在需要时及时到位，是否还有其他可以优先利用的资源。

3. 应急培训与演习

应急救援培训与演习的指导思想应以加强基础、突出重点、边练边战、逐步提高为原则。

基本应急培训主要包括以下几方面：报警、疏散、火灾应急培训、不同水平应急者培训。在具体培训中，通常将应急者分为五种水平，即初级意识水平应急者、初级操作水平应急者、危险物质专业水平应急者、危险物质专家水平应急者、事故指挥者水平应急者。

4. 应急预案的有效性评价

应急管理部门应定期依照应急预案组织演练，在演练后，对应急预案及措施进行评估，找出存在的不足并进行修改。在实施时，有可能达不到预期的要求，在事故或紧急情况发生后，再对应急预案的有效性进行评价。

应急预案的有效性主要从控制事故发生的有效性、一旦事故发生后能否将事故控制住的有效性、减少事故损失的有效性等几方面进行评价。

11.2.4　安全事故的处理

1. 安全事故的分级

在安装工程施工现场的人员伤亡事故主要有高处坠落、机械伤害、物体打击、触电、坍塌事故等几种情况。伤亡事故有多种不同的分类方法。

《关于进一步规范房屋建筑和市政工程生产安全事故报告和调查处理工作的若干意见》（中华人民共和国建设部，2007 年 11 月）把安全事故分为四个等级：

（1）特别重大事故　是指造成 30 人以上死亡，或者 100 人以上重伤，或者 1 亿元以上直接经济损失的事故。

（2）重大事故　是指造成 10 人以上 30 人以下死亡，或者 50 人以上 100 人以下重伤，或者 5000 万元以上 1 亿元以下直接经济损失的事故。

（3）较大事故　是指造成 3 人以上 10 人以下死亡，或者 10 人以上 50 人以下重伤，或者 1000 万元以上 5000 万元以下直接经济损失的事故。

（4）一般事故　是指造成 3 人以下死亡，或者 10 人以下重伤，或者 1000 万元以下 100 万元以上直接经济损失的事故。

需要注意的是，上述等级划分所称的"以上"包括本数，所称的"以下"不包括本数。

2. 安全事故的处理程序

（1）伤亡事故的报告　图 11-5 所示是事故报告流程图。发生伤亡事故后，负伤者或最先发现事故人，应立即报告领导。企业领导在接到重伤、死亡、重大死亡事故报告后，应按规定用快速方法，立即向工程所在地建设行政主管部门以及国家安全监察部门、公安、工会等相关部门报告。各有关部门接到报告后，应立即转报各自的上级主管部门。

一般伤亡事故在 24h 以内，重大和特大伤亡事故在 2h 以内报到主管部门，图 11-5 所示是事故报告流程图。重大事故发生后，事故发生单位应根据建设部相关的要求，在 24h 内写出书面报告，按规定逐级上报。

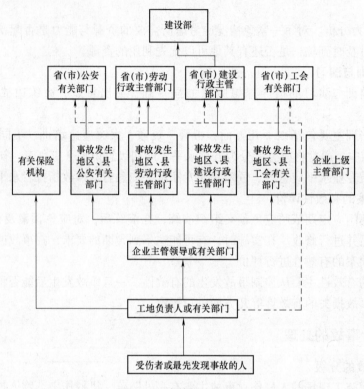

图 11-5　事故报告流程图

（2）保护事故现场，组织调查组

1）事故现场的保护。事故发生后，事故单位必须迅速抢救伤员并派专人严格保护事故现场。未经调查和记录的事故现场，不得任意变动。因抢救伤员、疏导交通、排除险情等原因，需要移动现场物件时，应当作出标志，绘制现场简图并作出书面记录，妥善保存现场重要痕迹、物证，有条件的可以拍照或录像。清理事故现场，应在调查组确认无可取证，并充分记录后，经有关部门同意后，方能进行。

2）组织事故调查组。接到事故报告后，事故发生单位领导人除应立即赶赴现场帮助组织抢救外，还应及时着手事故的调查工作。

轻伤、重伤事故，由企业负责人或由其指定人员组织生产、技术、安全等有关人员以及工会成员参加的事故调查组，进行调查。

重大死亡事故，由事故发生地的市、县级以上的建设行政主管部门组织事故调查组，进行调查。调查组成员由建设行政主管部门、事故发生单位的主管部门和国家安全监察部门、工会、公安等有关部门的人员组成，并可邀请检察机关派员参加。必要时，调查组可以聘请有关方面的专家协助进行技术鉴定、事故分析和财产损失的评估工作。

（3）现场勘查及事故调查　事故发生后，调查组必须及早到现场进行勘查。现场勘查是技术性很强的工作，涉及广泛的科技知识和实践经验。对事故现场的勘查应该做到及时、全面、细致、客观。现场勘察的主要内容有笔录、现场拍照或录像、绘制事故图、事故事实材料和证人材料搜集等。

在现场勘查的基础上要立即进行事故情况调查。人身事故主要调查伤亡人员和有关人员的具体情况、事故发生前的工作情况、事故发生的经过、现场救护情况，以及事故发生前伤亡人员和相关人员的技术水平、安全教育记录、特殊工种持证情况和健康状况，过去的事故记录，违章违纪情况等。

人身事故也应了解现场规程制度是否健全，规程制度本身及其执行中暴露的问题；了解企业管理、安全生产责任制和技术培训等方面存在的问题；事故涉及两个及以上单位时，应了解相关合同或协议。

（4）分析事故原因，明确责任者　图 11-6 所示是事故分析流程图。事故调查组在事故调查的基础上，分析并明确事故发生、扩大的直接原因和间接原因。必要时，事故调查组可委托专业技术部门进行相关计算、试验、分析。通过充分的调查，查明事故经过，弄清造成事故的各种因素，包括人、物、生产管理和技术管理等方面的问题，经过认真、客观、全面、细致、准确的分析，确定事故的性质和责任。

事故调查组在确认事实的基础上，分析是否人员违章、过失、违反劳动纪律、失职、渎职；安全措施是否得当；事故处理是否正确等。

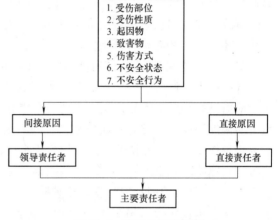

图 11-6　事故分析流程图

根据事故调查的事实，通过对直接原因和间接原因的分析，确定事故直接责任者和领导责任者。根据其在事故发生过程中的作用，确定事故发生的主要责任者、次要责任者、事故扩大的责任者。

分析事故原因时，应根据调查所确认的事实，从直接原因入手，逐步深入到间接原因，通过对直接原因和间接原因的分析，确定事故的直接责任者和领导责任者，再根据其在事故发生过程中的作用，确定主要责任者。

凡事故原因分析中存在下列与事故有关的问题，确定为领导责任：企业安全生产责任制不落实；规程制度不健全；对职工教育培训不力；现场安全防护装置、个人防护用品、安全工器具不全或不合格；防范事故措施和安全技术劳动保护措施计划不落实；同类事故重复发生；违章指挥；不安全行为。

事故调查组应根据事故发生、扩大的原因和责任分析，提出防止同类事故发生、扩大的组织措施和技术措施。

（5）提出处理意见，写出调查报告　根据对事故原因的分析，对已确定的事故直接责任者和领导责任者，根据事故后果和事故责任人应负的责任提出处理意见。同时，应制定防范措施并加以落实，防止类似事故重复发生，切实做到"四不放过"，即事故的原因分析不清不放过，事故责任者和群众没有受到教育不放过，没有防范措施不放过，事故的责任者没受到处罚不放过。

调查组应着重把事故的经过、原因、责任分析和处理意见及本次事故教训和改进工作的建议等写成文字报告，经调查组全体人员签字后报批。

（6）事故的处理结案　调查组在调查工作结束后十日内，应当将调查报告送批准组成调查组的人民政府和建设行政主管部门及调查组其他成员部门。经组成调查组的部门同意，调查组调查工作即告结束。

[**例 11-1**]　某电厂安装工程，业主通过公开招标与 A 电力总工程公司签订了施工工程总承包合同。由于 A 公司任务多，该工程又工期紧，因此 A 公司将厂房的一台汽轮机的安装任务分包给了具有吊装专业资质的且是独立法人的 B 安装公司。B 单位派来了一台 35t 汽车吊，施工现场由于起重工临时病假，为了不拖延工期，一名富有经验的大货车司机自告奋勇上机操作。结果，在吊装时，由于操作不当，使起重机发生倾翻，设备坠落地面，负责地面指挥吊装的一名架子工负轻伤。问题：（1）按事故的严重程度分，这次事故属于什么性质的事故。（2）这次事故应由谁负责调查、处理、结案。（3）本次事故产生的原因是什么。（4）在本次事故中各单位分别应承担什么责任。事故造成的损失应由谁来承担。

答：（1）本次事故属于轻伤事故。（2）本次事故应由总包 A 公司及时向本单位和上级主管部门报告。根据"轻伤事故和重伤事故由施工企业调查、处理、结案"的规定，本次事故应由具有相应资质和独立法人的吊装单位 B 公司负责调查、处理和结案，总包 A 公司负责协调外部关系。（3）本次事故产生的原因如下：1）直接原因：起重机司机和吊装指挥均为特种作业人员，应持证上岗，但大货车司机不是汽车起重机司机，不能上岗操作。吊装指挥应由熟练的起重工担任，而不能用架子工代替。他们的证件与岗位不符，可以认为是无证上岗。2）间接原因：安全管理有缺陷。（4）因为吊装单位为独立法人，又有相应的资质，一切经济责任应由吊装单位负责。总包 A 公司应负选择队伍不当和现场监督不严的责任。

复习思考题

1. 影响工程质量的因素有哪些？
2. 安装工程常见的工程质量事故发生的原因主要包括哪些？发生工程质量事故后如何处理？
3. 什么是施工过程的危险源？如何进行危险源的识别？
4. 何谓风险评价？如何进行风险评价？
5. 安全事故发生以后应按什么程序进行处理？

参 考 文 献

[1] 中华人民共和国建设部．全国统一安装工程预算定额 [M]．北京：中国计划出版社，2000．

[2] 住房和城乡建设部标准定额研究所，四川省建设工程造价管理总站．GB 50500—2013 建设工程工程量清单计价规范 [S]．北京：中国计划出版社，2013．

[3] 住房和城乡建设部标准定额研究所，四川省建设工程造价管理总站．GB 50856—2013 通用安装工程工程量计算规范 [S]．北京：中国计划出版社，2013．

[4] 万建武．建筑设备工程 [M]．北京：中国建筑工业出版社，2000．

[5] 全国造价工程师执业资格考试培训教材编审委员会．工程造价计价与控制 [M]．北京：中国计划出版社，2009．

[6] 周承绪．安装工程概预算手册 [M]．北京：中国建筑工业出版社，2001．

[7] 陶学明．工程造价计价与管理 [M]．北京：中国建筑工业出版社，2004．

[8] 李作富，李德兴．电气设备安装工程预算知识问答 [M]．北京：机械工业出版社，2004．

[9] 张银龙．工程量清单计价及企业定额编制与应用 [M]．北京：中国石化出版社，2004．

[10] 丁云飞，等．安装工程预算与工程量清单计价 [M]．北京：化学工业出版社，2012．

[11] 广东省建设厅．广东省安装工程综合定额（2010）[M]．北京：中国计划出版社，2010．

[12] 广东省建设厅．广东省安装工程计价办法（2010）[M]．北京：中国计划出版社，2010．

[13] 广东省建设工程造价管理总站．建设工程计价应用与案例：安装工程 [M]．北京：中国建筑工业出版社，2011．

[14] 电子工业部第十设计研究院．空气调节设计手册 [M]．2 版．北京：中国建筑工业出版社，2005．

[15] 杨万高．建筑电气安装工程手册 [M]．北京，中国电力出版社，2005．

[16] 中国建设监理协会．建设工程合同管理 [M]．北京：知识产权出版社，2013．

[17] 中国建设监理协会．建设工程进度控制管理 [M]．北京：知识产权出版社，2013．

[18] 丁云飞．建筑设备工程施工技术与管理 [M]．北京：中国建筑工业出版社，2013．

[19] 全国一级建造师执业资格考试用书编写委员会．机电工程管理与实务 [M]．北京：中国建筑工业出版社，2010．

[20] 王智伟．建筑设备安装工程经济与管理 [M]．北京：中国建筑工业出版社，2003．

信息反馈表

尊敬的老师：您好！

感谢您多年来对机械工业出版社的支持和厚爱！为了进一步提高我社教材的出版质量，更好地为我国高等教育发展服务，欢迎您对我社的教材多提宝贵意见和建议。另外，如果您在教学中选用了《建筑安装工程造价与施工管理》第 2 版（丁云飞 编著），欢迎您提出修改建议和意见。索取课件的授课教师，请填写下面的信息，发送邮件即可。

一、基本信息

姓名：_____ 性别：_____ 职称：_____ 职务：_____

邮编：_____ 地址：_____

学校：_____ 院系：_____ 专业：_____

任教课程：_____ 手机：_____ 电话：_____

电子邮件：_____ QQ：_____

二、您对本书的意见和建议
（欢迎您指出本书的疏误之处）

三、您对我们的其他意见和建议

请与我们联系：

100037　机械工业出版社·高等教育分社

Tel：010-8837 9542（O）　刘编辑

E-mail：ltao929@163.com

http：//www.cmpedu.com（机械工业出版社·教育服务网）

http：//www.cmpbook.com（机械工业出版社·门户网）